Rich致富353

一往無前
雷軍親述小米熱血十年
（小米官方授權傳記）

范海濤　著

高寶書版集團

致一往無前的你

推薦序

凡是過往，皆為序章——
小米十年再出發

雷軍

小米創始人、董事長兼 CEO

今年 4 月 6 日，小米十歲生日那天，我和小米全體高管一起重走了創業路：從北京中關村保福寺橋的銀谷大廈起步，到望京的卷石天地，再到清河的五彩城，最後到我們自己建的小米科技園。從起點到終點，從地圖上算，直線距離不過 6.9 公里，我們卻已經走了十年。

「要做最好的手機，賣一半的價錢，推動智慧型手機在全球普及。」

十年前，我們十來個人，在一間很小的辦公室裡開始創業時，簡直「無知無畏」。毫無經驗，赤手空拳，居然還有那麼多人相信我們並願意一起幹，實在太不可思議。

創業最動人的部分就在於此。

那時的我們，無所畏懼，哪怕面對最頂尖的全球巨頭，哪怕無數次被供應鏈拒絕，被無數人懷疑，我們都沒有一絲猶豫遲疑，毅然站上全球競爭最激烈的舞臺。

　　那時候的我們，朝氣蓬勃，希望用互聯網思維來改變中國製造業，讓中國品牌在全球崛起。我們相信，立足中國強大的製造實力，中國品牌一定可以做好。那時的我們，意氣風發，希望建立商家和用戶之間朋友式的關係，讓全球每個人都能享受科技帶來的美好生活。我們相信，只要不斷做出「感動人心、價格厚道」的好產品，就能和使用者成為真正的朋友。

　　十年過去了，小米還在，而且還在不斷長大，我們的夢也正逐步成為現實。世界前六的手機品牌中，已有四家來自中國。世界各地都有小米的粉絲，很多人因為我們而見識了中國製造和中國設計的榮光。透過生態鏈模式，我們和很多志同道合的創業者一起，改變了很多行業，也逐漸改變了人們的日常生活。

　　但我們最在乎的，還是一切剛開始時，那個「小餐館」的夢。它不必很大，但門口常有人排隊，每一位食客幾乎都是老朋友，真心喜歡我們的真材實料、用心厚道。小米想像這樣的小餐館一樣，始終被信任、被喜愛。

　　小米是什麼？這是十年來，我被問和自問最多的問題。

　　小米就是工程師的夢想，靠技術和產品親手改變世界，讓世上每一份的認真投入，都能有公道的回報。

　　小米就是工程師追求的信任。證明最好的產品能有最好的價格，讓用戶可以「閉著眼睛買」。

　　因為我們相信，「東西更好，價格更平」是所有人的嚮往；人們終究還是欣賞為人厚道，嚮往世間公道。

　　小米的十年就是一群最簡單執著的工程師，懷著最簡單純粹的想法，用最簡單專注的方式，追求最簡單坦誠的信任。因為簡單純

粹，所以無所畏懼；因為無所畏懼，所以一往無前！

十年一路，精彩很多，磨難更多。小米十週年之際的這本書，是向參與創辦這家公司的創業者致敬；為眼下和未來的小米人，提供一份更完整的小米序章總結；為跋涉在創業路上的人們提供一份可供參考的得失樣本；也是給十年來關心、關注、支持或懷疑小米的所有朋友，一份坦誠的告白。

真實，是我們對這本書最大也是唯一的期待。感謝本書的作者范海濤女士，感謝她大量辛勤的工作，感謝她用最平實的視角，客觀記錄這家小公司十年來的成長軌跡、漫長征程的序章。

小米的十年序章，只是行動互聯網創業洶湧大潮中的一朵浪花，但我們希望它終能呼應、推動一個屬於全球每個人的更美好的未來。

因為指向未來，所以上下求索。在北京知春路或中關村創業大街，在上海漕河涇或張江，在杭州濱江或文二路，在深圳深南大道或華強北，在美國矽谷，在印度邦加羅爾⋯⋯都有著一樣在午夜燃燒的眼神，或者於晨光中篤定的面孔，澎湃咆哮、洪流奔湧。

因為美好，因為屬於每一個人，才值得嚮往。讓所有人，不論什麼膚色、什麼信仰，來自什麼地方，受過什麼教育，都能輕鬆享受科技帶來的美好生活，才是我們認定的星辰大海征途。

凡是過往，皆為序章。更深的海，更狂的浪，潮聲轟鳴，總在前方。相信相信的信念，相信相信的力量，相信相信的航向，無論晴空萬里，抑或風雨如晦，我們注定一往無前！

前言

小米十年，生而逢時

探索，讓未來多一種可能。

2019 年 9 月 24 日下午 2 點，在北京海澱區安寧莊北路小米科技園 D 棟地下一樓的籃球場上，即將舉辦一場新品發布活動。整個籃球場的燈光按照約定的時間暗淡了下來，如同一場戲劇就要拉開帷幕，聚光燈打到舞臺的中央，整場戲的主角就要登臺。

半分鐘後，音樂退去，小米集團創始人雷軍邁著輕鬆的步伐走上舞臺，黃色的燈光追隨著他。今天，他穿著一塵不染的白襯衫、深藍色的牛仔褲、一件和牛仔褲顏色相近的休閒西裝外套，腳踩一雙白色的休閒鞋。看得出來，今天他的頭髮經過了仔細打理，黑亮且一絲不亂。

從青年時代開始在中國科技創業界打拚，雷軍幾乎經歷了整個中國科技互聯網時代的跌宕起伏之旅，有著如同電影《少年 Pi 的奇幻漂流》主人公一樣的心路歷程。從軟體時代到 PC 時代，再到互聯網時代，每一次科技更迭，他都是親歷者，對浩如煙海的往事如數家珍。如同很多第一代創業者一樣，他經歷過自我成就的高光時刻，感受到了光輝歲月的垂青；又如同很多當時的探路者一樣，他也經歷過低至塵埃的至暗時刻，感受過那種真實而壯烈的疼痛。他在創業的過程中認識自己，摸索著世界的規律。

十年前，又一次產業週期的更迭悄然而至，行動互聯網的崛起即將掀起巨大浪潮，雷軍立志終結中國山寨手機橫行於世的亂象，並改造中國製造業。他和夥伴們在盤古大觀酒店咖啡廳的餐巾紙上，寫下了他們內心深處的願景——「硬體＋軟體＋互聯網」，讓人們享受科技帶來的美好生活。隨後，雷軍不斷召集同行者，創建了這家叫作小米的公司。

一路走來，小米已經從餐巾紙上的構想，成長為一家年銷售額超過 2000 億元[1]、在九十多個國家和地區擁有市占率的全球化公司。那個鮮明有力的橙色標誌「MI」成為很多人心中一盞有溫度的科技明燈。數億創新技術和工業設計完美結合的產品走進了千家萬戶，為人們帶來奇酷有趣的生活體驗。在很多海外市場，人們也驚訝於來自一家中國公司、帶著 MI 字樣的科技產品，可以做得如此淋漓盡致。

十年的蛻變既有趣又令人深思，循著小米公司十年的成長歷程，人們可以描繪出一家新興的中國科技公司在全球市場權重變化的路徑圖，也可以追蹤到中國力量崛起的影子。這正是十年行動互聯網大潮的一種寫照——在新的產業大潮來臨之際，總會有新興的公司脫穎而出，而越來越多的中國新興力量，已經有了屹立於世界潮頭的能力。

另一個更有力的佐證是，僅僅經過十年時光，小米就成為了最年輕的世界 500 強公司。而小米在這個名單上的出現，使得中美互聯網公司之間的力量對比發生了改變。 2018 年，互聯網服務領域

---

1 若無特別標示幣別，本書所指的皆為人民幣。人民幣兌台幣約為 1：4.35。

的中美公司數量對比還勢均力敵──阿里巴巴、騰訊、京東對陣亞馬遜、Google、Facebook。而到 2019 年，因為小米的加入，在互聯網創新的高地上，中國首次反超美國。

從 2010 年到 2020 年的這十年間，很多像小米這樣有價值的中國公司不斷湧現。龐大的互聯網用戶基數和豐富的應用場景、不斷疊代的新技術以及不斷增速的網路頻寬，為中國互聯網巨頭的誕生奠定了基礎。在這樣的背景之下，美團、滴滴、字節跳動、快手、螞蟻金服等企業以及微信等通訊工具誕生了，並且徹底改變人們的生活方式。仔細數來，中國的獨角獸企業已經占據了全球範圍高達30%的比例，它們的市值占比也高達四成。在全球市值排名前十的互聯網公司中，有五家是中國公司。

另外，在全球化的進程中，中國的海爾、海信、萬向、首鋼等企業早已遠征海外，而聯想併購 IBM 的個人電腦業務、吉利併購富豪、TCL 併購施耐德等案例，都預示著中國企業正在超越以往的範圍去配置資源。[2] 而小米也正在把它的品牌授權店開到全球各地。可以說，中國企業翻越國界的實例和玩法層出不窮。

這樣的變化頗有深意，正如經濟學家所希望的那樣：在新的商業環境和商業文明中，中國應該引領全球。在近現代歷史中，東方與西方的交流多是單向的，但是中國不會永遠做追隨者、複製者，隨著中國的再次崛起，東西方「雙向交流」的時代已經到來。尤其值得注意的是，在行動互聯網時代，擁有世界最龐大手機用戶群的中國得以用最快的速度累積行動數據。

---

2 王德培 (2020)。中國經濟 2020〔M〕。北京：中國友誼出版公司。

　　中國的數據優勢不容小覷，在快速疊代的互聯網世界，中國創造並蒐集了詳細的大量數據，中國的行動食品配送速度是美國的 10 倍，行動支付普及率是美國的 50 倍，共用單車設施數量是美國的 300 倍。在即將到來的人工智慧時代，更多的數據將播種下持續增長的種子。

　　如果說，2009 年到 2019 年是中國行動互聯網公司脫穎而出的十年，那麼在未來的新經濟的成長空間中，時代將創造更多波瀾起伏的創業故事。在這個過程中，小米正是給全球經濟打上「中國烙印」的一個經典案例。

　　此時此刻，小米的兩萬多名員工，正在小米銀灰色玻璃外牆的辦公大樓裡忙碌著，很多個會議室裡正進行著關於中國科技最前沿問題的激烈爭論。而樓下，一場重要的發布會正在進行。它的主題是「探索不可能，讓未來多一種可能」。安靜的園區裡湧動著一個消息：今天，會有一個令人尖叫的產品問世，它採用的，依然是引領世界的技術。

　　舞臺上神色輕鬆的雷軍正在揮灑自如地介紹著自己的產品，這是普通公眾可以看到的小米 —— 高通旗艦 5G 手機，不斷改進的 MIUI（手機作業系統）新版本，無邊框、全螢幕互聯網智慧電視，領先的無線反充技術，小愛智慧音箱結合人工智慧的功能試圖搶占新的入口。甚至在介紹小愛音箱時，雷軍還幽默地提到了「格力」，他說，「小愛音箱可以輕鬆搞定格力空調」，引來了全場的會心大笑。

　　舞臺上的雷軍所代表的小米公司，是熱烈的、濃縮的、燦爛的。而舞臺之下，一個日常的、公眾不易感知的小米公司，每天都

充滿激情地快速奔跑著。可以說，這十年是小米公司驚人成長的十年，是雷軍作為創業者升級蛻變的十年，也是跟隨小米公司一路走來的一群人的黃金十年。

9 月 23 日，就在雷軍為這次重要的新品發布會進行彩排時，小米中國區副總裁張劍慧已經如陀螺般奔忙了一天。作為中國區線下業務負責人，她現在的主要任務是理順並拓展小米的線下管道。

9 月 23 日也被小米內部稱為「瘋狂的星期一」，這一天張劍慧有很多例會要參加。這個小圓臉、眼睛細長、梳著馬尾辮的河南姑娘穿著一雙白色的跑鞋，以便在各個樓層間奔跑。張劍慧儘管年紀不大，卻掌管著五千人的團隊，很多小米的中堅力量都是她的同時代人。值得注意的是，九年前，她是從小米的售後主管做起的。

就在這一天晚上，她參加了當天最重要的業務會議——小米全國二十三個區域代理全部來到了小米科技園述職。這些被稱為「省總」的區域代表正是小米線下策略的重要執行人。在 H 棟 8 樓的大會議室裡，「省總」們按照規定，身著白襯衫來參加會議。他們輪流上臺，緊張地回顧 2019 年中秋節期間的銷售情況。

2019 年 9 月 23 日，對於小米的海外業務高管、小米高級副總裁王翔來說，同樣也是分外忙碌的一天。

這一天早上，全球研究智慧型手機最知名的數據公司 GFK，派來一個八人的高管團隊與小米的國際業務團隊進行交流。當 GFK 談到碎片化的東歐市場時，王翔敏銳地發現了數據公司指出的問題——東歐的市場機會比小米想像的要大。他馬上走出辦公室，用手機聯繫了東歐市場的負責人。王翔曾任高通全球副總裁和大中華區總裁，他於 2015 年 7 月離開這家知名外企，加入了小米。

2019 年 9 月 23 日這一天晚上，小米的 80 後高管、首席財務官周受資剛剛從深圳飛回北京。因為前一天晚上談投資業務到凌晨 3 點，這時他坐在自己辦公室的沙發裡，捧著一杯星巴克咖啡，說自己有點睏。周受資是新加坡人，於 2015 年被雷軍從 DST（知名國際投資機構）招致麾下，後來具體負責了小米在香港的上市業務。

那一天，他剛剛參加完 TCL 的重要會議，和 TCL 董事長李東生交流回來。小米今天的投資布局，已經靜悄悄地開始向上游挺進，雷軍一直有一個推動製造業進步的夢想，因此小米成立了一支上百億規模的產業基金，目前正在向深入參與中國製造業方面探索。根據這個策略，小米的上游生態鏈正在慢慢形成。

這些在鏡頭之外暗流湧動的東西，是公眾無法在無數個尋常之日看到的小米公司 —— 在凌晨時刻小米園區依舊燈火通明的辦公室，工程師為了新技術突破而進行的一次又一次嘗試，小米員工從自己熟悉的領域向不熟悉的領域的跨越，某個人因為小米公司而發生的命運改變，這些是小米每天都在發生的故事。這些人物和命運，是時代與機遇的產物，他們也能闡釋小米這家公司為時代和人帶來的更為深邃的東西。

鏡頭回到 2019 年 9 月 24 日的小米科技園籃球場。

終於，那款傳說會橫空出世的產品在舞臺上發布了。雷軍在眾人的期待下，一次次點亮它的螢幕，它就是全球首款環繞螢幕 5G 手機 —— 小米 MIX Alpha，搭載 1 億畫素鏡頭。它全身通透，發散著藍寶石一樣的閃閃電光，璀璨奪目，像一個傲視群雄的宇宙英雄。人們高舉自己的手機開始拍照，現場星光一片，尖叫聲此起彼伏。大家驚嘆於這來自科技世界的又一次出其不意的心靈撞擊 ——

MIX Alpha 突破了硬體領域對螢幕的限制，這是小米有史以來最具顛覆性的產品。

在一片沸騰的情緒中，現場播放起了影片，這是工程師們在研發這個產品時經歷的一段「奧德賽之旅」。在影片中，工程師們談到了產品研發過程中的種種艱難困苦，談到了如何攻克那些名字聽上去就十分拗口的技術——環繞形態分層貼合、嵌入式組裝、螢幕發聲、超音波距離感應、雙側壓感螢幕、軟性螢幕下指紋辨識……還談到了攻克這些技術難題時堅定的信念。

沒有人比工程師們更清楚這個過程，兩年前這個產品專案成立時，軟性螢幕技術剛剛起步，沒有人可以保證這種探索一定能夠成功。如果沒有創始人拍板同意大膽嘗試，沒有對創新所需的真金白銀投入的寬容，就不可能有今天這個產品的問世。

其實，這正是十年來小米對創新和新技術一以貫之的態度。無論是在高歌猛進的順境，還是在暗流湧動的逆境，也無論外界多麼浮躁喧囂，在小米黑科技的世界裡，始終有一群人，在探索最不可思議的技術。

十年裡，小米頻繁調整組織架構，努力應對不確定的外部壓力和殘酷的產業競爭。你可以從新產品的不斷誕生中感受到一種摧枯拉朽的生命力，你可以從和很多小米人的交談中感受到，小米人始終相信小米誕生之初他們就相信的東西——那些讓你感受鮮活、熱烈、沸騰、不服輸的東西。這些東西和小米人立志達到的目標非常一致，比如，讓每個人都能享受科技生活的樂趣；再比如，永遠相信美好的事情即將發生。

2019 年下半年，中美貿易摩擦帶來行業劇變。在全行業承壓的

情況下，在小米的千人幹部大會上，雷軍談到了小米中國區面臨的挑戰。

同時，雷軍還談道，在巨大的挑戰面前，還有巨大的機遇，當5G時代最終來臨時，隨著手機單價的上漲以及市場規模的擴大，小米將在2020年迎來30％～40％的上漲空間。面對目前這種市場壓力，在小米中國區的情緒略有焦慮的情況下，雷軍告訴整個小米管理層，小米未來的路沒有捷徑，小米通往未來唯一的道路就是——技術立業，苦練內功。

此時此刻，MIX Alpha 的面世，彷彿是對小米這種信念的一種回應。

小米的十年，如果是一部電影，鏡頭將不斷向上拉伸。我們會看到中國座標下的小米故事，我們會看到世界座標體系裡的小米故事，我們會看到處於商業文明進程中的小米故事，我們還會看到科技文明不斷升級疊代中的小米故事。

這最終是一個怎樣的故事呢？

這不僅僅是一段簡簡單單的十年光陰的旅程，它更像是一個充滿了個人成長史的故事。故事的主角們走進陌生的領域，操盤全新的事物，從盲人摸象到看見全部風景，從莫名恐懼到最終戰勝恐懼。

這不僅僅是一個探索新技術，讓工程師衝破產品思維邊界、在「無人區」獨孤求敗的故事，還是一個有關科技進化史的故事，它描述了技術追隨者經過漫長的蟄伏，最終得到獎賞並開始引領浪潮的歷程。

這不僅僅是一家公司勇於試錯、不斷跟隨市場變化進行戰略調整、逐步理順自己節奏的故事，更是一部充滿跌宕起伏劇情的公司

成長史，一家公司可以在狂風暴雨中依然堅守自己相信的東西，現在正在逆風飛揚、將來可能逆勢稱雄的故事。

這不僅僅是一個人和一家公司的故事，還是一個關於中國崛起的故事。這是一個在風投系統逐漸成熟、行動互聯網全面崛起、產業正在用相似方式全力追趕以及消費升級時代來臨時，一個國家和一個時代如何成就創新者的故事。

這是另一個剛剛開始。

小米 MIX Alpha 揭幕的這一刻，時空彷彿穿越了，小米再一次複製了逆風飛揚的故事。很多人彷彿回到了 2016 年小米 MIX 橫空出世的那一刻，甚至有人淚眼婆娑，認為時間回到了更早的 2011 年 8 月 16 日，小米手機 1 在北京 798 藝術區發布的那一歷史時刻。

大螢幕上繼續播放著對雷軍的採訪影片。雷軍說，探索就是要進入一個無人區，去走沒有人走過的路，中國科技公司就應該有這樣的使命感，我們就是要做一個很酷的東西、顛覆性的東西來滿足米粉對我們的期待，也滿足我們在技術領域的探索。

小米永遠要做米粉心中最酷的公司！

這一刻分外令人激動。此情此景應該配上一首歌曲：

沒有什麼能夠阻擋

你對自由的嚮往

天馬行空的生涯

你的心了無牽掛……

探索不可能，讓未來多一種可能。生活，注定熱血沸騰！

C o n t e n t s

第一部分
小米的誕生與崛起

2010 ─ 2014

第二部分
在憂患中前行　2014 — 2017

第六章 ∷ 手機登頂和隱憂初現

第七章 ∷ 低谷到來，危機初現

第八章 ∷ 狂風暴雨中的一年

第三部分
最年輕的世界 500 強

2017 — 2020

第十一章 ∷ 新時代，新征程

第一部分

小米的誕生與崛起

第一章∷ 雷軍的重新出發

拉麵館前停下的賓士

2009 年 6 月的一個午後，一輛閃閃發亮的賓士車「唰」地一下停在了一家馬蘭拉麵館門口，兩位年輕人走下車來，他們的相遇其實不是偶然。

半個小時之前，晨興資本一位年輕的投資經理正行走在北京交道口南大街附近的一片樹蔭之下，陽光有些灼人，他要趕去參加晨興資本投資的一家公司——推出 UCWeb 瀏覽器的 UC 優視公司的董事會會議。會議在風險投資公司聯創策源的辦公室裡召開，地點就是他現在正趕往的秦老胡同 35 號。

和北京那些有著悠久歷史的老胡同一樣，秦老胡同有些狹窄，汽車開進去有些費勁。從大路往胡同裡拐的過程中，所有的車都要把速度降下來，使得胡同口出現了一段堵塞。年輕的投資經理一邊步行，一邊打量著這段路況，目測著車輛在胡同裡穿行的速度。這時，一輛黑色的賓士車停在了他身旁，車窗降了下來，一個略帶沙啞的聲音和他打招呼：

「吃飯了嗎？」

「還沒。」

「走，一起吃個飯。」

　　車裡的人在業內已經很久沒有公開露面了，他是中關村最早一代創業者之一，也是 UCWeb 瀏覽器的早期投資人，他是一個「年輕的老前輩」。現在離會議時間還有一個小時，他們正好可以一邊吃飯一邊聊天。

　　參加被投企業的董事會總是這樣，可以讓平時各忙各的投資人有機會見見面，除了討論被投的企業外，也可以討論一些其他的內容，比如產業走向、未來的機會、自己某個靈光一現的想法等等。從 1980 年代改革開放開始，國際投資巨頭進入中國，本土創投也一路崛起，成敗得失的故事一直上演。在互聯網 1.0 年代，那些早期在中國布局的機構已經賺得盆滿缽滿。而現在，一些行動互聯網領域的機會開始紛紛出現。像 UCWeb 這樣的手機瀏覽器產品，正是目前風險投資界看好的絕佳賽道。

　　年輕的投資經理知道，眼前這位他剛剛遇到的人，是一位有故事的人，他的創業經歷早已被演繹成江湖傳奇。兩年前，他已經轉型為一名天使投資人，現在正在新的領域尋找戰機。

　　今天，這個人的裝扮和往常差不多，他頭髮黑亮，梳著旁分頭，穿著一條深藍色的牛仔褲，上身穿著一件沒有皺褶的白襯衫，肩頭掛著一個普通的黑色尼龍背包，一眼望去，他還保留著一些工程師的氣質。

　　他的身高大約 180 公分，偏瘦，眼睛裡總是帶著一種似有似無的笑意，說起話來，右側臉頰上一個淺淺的酒窩若隱若現。今天，他不用承擔那種在一線帶兵殺敵的壓力了，因此，他略帶沙啞的聲音帶著輕鬆愉悅。

　　「看看我身上這件白襯衫怎麼樣？你猜多少錢？」眼前的人笑

著對投資經理提出了問題。

「也就幾十塊吧。」

「你怎麼知道？這是凡客誠品出的，80 支，免燙。」

從襯衫工藝開始，這位「年輕的老前輩」在車裡興致勃勃地談起了電子商務、衣服剪裁、紡紗細度以及物流配送，這一切都讓人不禁感嘆——每次投資一個新的企業，他都會迅速變成該領域的專家。

他，就是雷軍。

雷軍是中國第一代中關村創業者，他是一名天才程式設計師，也是少年成名的創業者，90 年代就進入金山軟件公司，經歷了辦公軟體 WPS（文字處理系統）最如日中天的年代。

後來，金山 WPS 和跨國巨頭微軟在桌面文書處理軟體領域進行過一場轟轟烈烈的大戰。由於金山的文書處理軟體曾經深深影響中國第一批電腦用戶，而微軟是一個來自西方世界的電腦巨頭，因此雙方的這場鏖戰，被人們賦予了比普通商戰更加濃厚的民族主義色彩。

1996 年，微軟與金山簽署了一份協定——雙方都透過自己軟體的中間層 RTF 格式來讀取對方的檔案。這個舉措在後來被證明是一個致命的錯誤。就這樣，金山將自己「具有天然壟斷性」的 WPS 格式向微軟「友好」地開放了。隨著微軟 Windows 95 的發布，WPS 用戶逐漸透過格式開放，大量轉移到微軟的 Word 辦公軟體之下。在與微軟的競爭中，金山潰敗，而 1996 年成為微軟拿下中國市場的標誌性年份。

對於親歷者雷軍來說，那是他創業人生的至暗時刻。那一年，

雷軍只有二十七歲。當時，李彥宏還在美國讀書，馬化騰還在到處籌錢想辦法創建自己的第一家公司，馬雲還在和合夥人一起創辦「中國黃頁」。

再後來的故事就像一部戰爭片，在這場大衛與歌利亞的戰爭中，雷軍就像一個前線指揮官，在危急關頭向公司立下生死狀。

微軟很強大，因此金山不能總是待在正面戰場。雷軍當時替金山定下的戰術是，一方面堅持優化 WPS 的用戶體驗，不求勝速；另一方面以戰養戰，專門在微軟不做的市場縫隙裡發力。這才有了後來《金山詞霸》和《金山毒霸》的誕生，事後證明，這些產品對金山走出困境至關重要。

另外，在這場略帶苦情色彩的持久戰中，忽如一夜春風來，中國電腦產業迎來了從桌面軟體到互聯網時代的全面轉型。那些原來在暗處默默耕耘的互聯網創業新秀開始崛起。如果說，1995 年張樹新在中關村南大街上豎起的那塊看板——「中國人離信息高速公路還有多遠——向北一千五百公尺」只是中國互聯網發展的一首暖場序曲，那麼 1997 年以後，互聯網的熱潮就像一首交響樂，每天都在彈奏狂野的旋律。新浪、網易、搜狐三大入口網站先後成立，開啟了改變中國網路用戶取得資訊方式的革命。

2000 年，新浪、網易、搜狐先後在美國納斯達克上市，安裝了 Pentium®III、Pentium® 4 處理器的個人電腦更廣泛地走入千家萬戶。2000 年，中國上網用戶已經達到 890 萬人，比三年前有了高達 14 倍的增長。

金山和微軟打架的這段時間，曾先後在美國華爾街、矽谷從業的李彥宏回國創立了百度，主營搜尋引擎業務；曾經差點以 50 萬元

賣掉自己產品的馬化騰創立了騰訊;而馬雲創立的中國黃頁,幾經更迭早已經成為電子商務公司阿里巴巴。

在新秀崛起的時代,雷軍面臨的一個課題是,如何帶領金山這樣的軟體企業在新的產業週期裡突圍前進,一家傳統的軟體企業要怎麼做才能闖過市場風雲變幻的大風大浪。在產業週期的更迭浪潮裡,當時的金山面臨的是一種典型的「創新的兩難」。

「真正具有顛覆性的創新可能會被原有的巨頭選擇性忽視,然後這些創新會在某個節點突然爆發,並改變整個行業格局。」哈佛商學院教授克雷頓・克里斯汀生(Clayton Christensen)在《創新的兩難》(*The Innovator's Dilemma*)裡這樣說。某個原來在市場上占有優勢的公司,在顛覆性創新方面,反而處在弱勢地位。這也是當時金山面臨的困境。

其實,因為看到了行業趨勢,雷軍早在 1999 年就在金山單獨成立了一個部門,準備進軍互聯網,最初嘗試的方向是軟體下載網站。但是事實證明,下載網站只是金山進軍互聯網的一個小探索,這並不是一個好的生意,不斷提高的頻寬成本無法帶來商業變現和用戶營運價值。於是,雷軍將互聯網部門從金山分拆了出來,在 2000 年成立了一個單獨的電子商務網站,這就是最早的卓越網。雷軍的想法源起於美國的電子商務網站亞馬遜——一家透過互聯網平臺向消費者出售飲料、書籍等商品的公司。

在這個業務上,雷軍聯合其他股東一共投入了 2000 萬元。

雷軍對互聯網的癡迷程度絕不亞於對軟體的迷戀程度。每天一上班,他都要先花半個小時的時間檢查卓越網的每一個網頁連結,核對每一個廣告是否正確,甚至卓越網賣的書,他都要一本一本地

翻翻，看看是不是真的值得向讀者推薦。忙了一整天後，他和高管們每天晚上 12 點會準時開個電話會議，核對一下當天的經營狀況。

隨著訂單規模不斷擴大，庫存的壓力直線上升。把貨放滿貨架，再打造好全套流水線，最少要 1000 萬美元，卓越網每天都在燒錢。雷軍忽然意識到，國內的資訊化水準還比較低，中國電子商務要達到成熟水準至少還需要 5 ～ 10 年的時間。而卓越網想要實現穩健盈利，至少還需要 10 億元。他心目中最偉大的電子商務公司──亞馬遜也經歷了同樣一段韜光養晦的時光（亞馬遜創立於 1994 年，到 2002 年才開始獲利）。

然而卓越網卻因為極度缺乏資金而沒有堅持那麼久，尤其是它的誕生有些生不逢時。 2000 年 5 月卓越網成立之際，正值全球互聯網泡沫破滅的前夜，卓越網的成長期幾乎貫穿了全球風投撤離互聯網行業的全過程，一直到卓越網考慮出售的 2004 年 9 月，整個行業還處在低谷期，這意味著卓越網不可能像早期的互聯網公司一樣，依靠巨額融資支撐下去。

經過很多次賣還是不賣的靈魂拷問，最終，雷軍決定以 7500 萬美元的價格，將卓越網賣給亞馬遜。這次出售讓他內傷不淺，有長達半年的時間，他不上卓越網，也不見卓越網的老同事。那個時候，中國創業者對賣公司的接受度比較低。雷軍感覺，賣掉卓越就如同賣掉了自己的兒女，撕心裂肺。

2004 年下半年，雷軍繼續推動金山向網路遊戲方面轉型。金山轉戰到風險與難度比較大的網路遊戲陣地，雷軍把這次轉型取名叫「X-Mission」，靈感來自湯姆・克魯斯主演的系列動作電影《不可能的任務》。

透過在網遊方面的探索，在國產軟體步履維艱的現實情況下，金山慢慢走出了一條另闢蹊徑的轉型之路。隨著新的網遊不斷出爐，網路遊戲最終成為金山源源不斷的現金奶牛，這也讓金山最終逃離了「微軟之下，寸草不生」的魔咒，有了自己的生存方式。

2007 年 10 月，金山成功登陸香港聯交所，完成了登陸資本市場的夢想。因為之前有三次失敗的經歷，因此金山的上市過程顯得尤為不易。在上市之前，雷軍到香港、新加坡、倫敦、紐約參加路演。高密度的行程安排，再加上投資者的尖銳盤問，參與者都極度疲憊，而雷軍更是幾乎每天晚上都要見很多投資者。奔走在異國他鄉的路上，這位三十多歲的年輕人幾度快要落淚——旁人也許很難體會十六年征程的風雨艱辛。

金山在香港上市的這一年，馬雲帶領阿里巴巴 B2B 業務也在香港上市。騰訊、百度、阿里巴巴的市值在當時都超過了 100 億美元。同期（10 月 6 日），新浪的市值是 26.83 億美元，搜狐是 14.54 億美元，網易是 21.13 億美元，三大入口網站的市值總和不到 100 億美元。而以騰訊、百度、阿里巴巴為代表的新三大巨頭格局，正在去三大門戶化而形成。中國互聯網上市公司的總市值也被推升至 700 億美元。

跌宕起伏的商戰和多災多難的突圍，正面戰場的衝擊和另闢蹊徑的艱難，這些經歷都內化在雷軍心裡。金山和微軟豪賭、賣掉卓越網、開發網路遊戲，這些經歷讓雷軍不再是那個在武漢大學演講時高喊「我要用未來十年和微軟來一場豪賭」的年輕人了。豪情壯志無法簡單地解決商業的問題，雷軍開始用理性精神看待商業世界。

他用十多年的親身經歷證明，企業家並不是超人和圓桌騎士的

混合化身。真正的創業者，要有縝密的分析、嚴密的系統，還要辛勤工作，但是首先是縝密的分析。決定一個企業是否能決勝千里最重要的事，不是天道酬勤，而是順勢而為。

雷軍最終意識到，作為一個創業者，一定要找到趨勢。人不能推著石頭往山上走，這樣會不堪重負。在創業的路上，首先要做的是爬到山頂，再隨便踢塊石頭下去。

離開金山是個既痛苦又複雜的故事。金山在香港上市之後，內心深處對金山懷有濃烈愛意的雷軍，出於各種原因選擇了放棄。這個過程中他備感掙扎矛盾，承受的情感重擊更是要十倍於賣掉卓越的痛苦。雖然求伯君和張旋龍苦苦挽留，但是最終，雷軍還是選擇了離開，轉身去擁抱「大勢」。他甚至覺得，也許離開金山，轉去做天使投資，就不需要再對任何一家公司用情太深。

始終置身於這個時代浪潮的最前沿，以及數年一線作戰的經驗，賦予了雷軍一種判斷商業機會的本能，他清楚地知道，隨著新技術的不斷發展，一場新革命的大幕正在拉開。他和所有在時代前線工作的人一樣，開始準備擁抱又一個新產業週期——行動互聯網時代的到來。

其實，雷軍的天使投資人生涯並不是從金山退出之後才開始的。他一直浸潤在新舊世界交替的土壤裡，感受著產業界一次又一次的潮起潮落。2003年，他看到人們開始討論3G。2004年，他體會到整個互聯網市場從低谷中逐漸回歸。從那個時候開始，他每時每刻都在思考新的產業機遇是什麼，「下一局」的方向在哪裡。每當看到希望的火種時，他就會出手做一些投資，因此慢慢地形成了自己的「雷軍系」天使投資。

這些投資主要聚焦在三個方向：行動互聯網、電商和社群網路。像 UCWeb 瀏覽器這個產品，正是雷軍作為天使投資人的得意之作。

手機狂熱者雷軍的夢想

對 UCWeb 的投資發生在金山上市之前的 2007 年年初，雷軍和幾個朋友共同出資 400 萬投資了這家當時幾乎彈盡糧絕的公司，其中雷軍自己出資 200 萬，占公司 10%的股份。

手機上網這個在今天看來如此家常便飯的事，在當時還是新鮮事。那個時候，人們透過手機上網的速度很慢，但是 UCWeb 瀏覽器可以使 PC 網頁轉到手機上的流量消耗變小，因此加快了手機上網的速度，被網路用戶譽為最省錢的瀏覽器。另外，UCWeb 還可以在手機上打開多個網頁，緩解了人們等待的焦慮。

決定投資 UCWeb 時雷軍沒有絲毫的猶豫。因為他相信，隨著 3G 時代的到來，更多人會選擇用手機上網，如果創業者能夠在手機上建造所有人上網的通路——瀏覽器，那麼未來就可以繁衍出無限的商業模式。在他眼中，UCWeb 就是未來手機上的 Google。

事實上，2007 年之後，雷軍就給自己立下了一個規矩，那就是在辦公室和家裡都不再使用電腦，所有的資訊處理都盡量只用手機完成。在這個過程中，他體會著即將到來的行動時代一點一滴的演進。

就在 UC 手機瀏覽器得到第二輪投資的 2007 年，大洋彼岸發生

了對產業影響深遠的變化 —— 蘋果公司在 2007 年 1 月 9 日的 Macworld 大會上發布了自己的行動作業系統 iOS 和 iPhone。幾個月後，iPhone 正式橫空出世。

iPhone 是蘋果公司花了兩年半左右的時間才研發出來的產品，整個過程歷盡波折。這也是蘋果公司創始人賈伯斯回歸蘋果後最重磅的手筆，它將蘋果重新推向了繁榮之路。

蘋果設計長強尼・艾夫（Jonathan Paul Ive）在其傳記《蘋果設計的靈魂：強尼・艾夫傳》（*Jony Ive: The Genius Behind Apple's Greatest Products*）中這樣說：

每樣東西都是新生事物，而且沒有一樣能正常運行。觸控式螢幕是新的，加速器是新的，我們每走一步都在掙扎，每一步都是如此，在過去的兩年半時間裡，我們無時無刻不在掙扎中度過。

儘管歷經艱辛，但 iPhone 一亮相就風靡世界。《成為賈伯斯》（*Becoming Steve Jobs：The Evolution of a Reckless Upstart into a Visionary Leader*）裡這樣記述：

在史蒂夫的演示下，多點觸控螢幕彷彿擁有了魔力，在螢幕上滑一下就能滾動列表，按兩下網址就能打開網頁，一切似乎一氣呵成。當蘋果商店的店門打開的時候，每一次都會引發一場大混亂，熱鬧的場景就像狂歡節一樣。

截至 2007 年年底，在短短的半年時間內，iPhone 銷量達到 370

萬部。到 2008 年第一季度，iPhone 的銷量就已經超過蘋果旗下整個 Mac 系列的銷量總和；而到那年年底，iPhone 一個季度的銷量就是 Mac 的 3 倍，這帶動了蘋果公司的收入和利潤的飛漲。

iPhone 問世四個月後，蘋果推出軟體開發套件，供任何想為 iPhone 開發軟體的人使用。頃刻間，這個消息傳遍了矽谷和投資界，幾百家小公司爭先恐後地爭搶資金進入蘋果開發平臺。明眼人一看就知道——iPhone 永遠地改變了手機行業的遊戲規則。

就在全球颳起「蘋果旋風」之後的半年，Google 於 2007 年 11 月 5 日正式公布安卓（Android）智慧作業系統。不久之後，這個綠色小機器人便開始在全球風靡起來，它的勢頭較蘋果的 iOS 系統有過之而無不及。

安迪・魯賓（Andy Rubin）被稱為「安卓之父」，他是一個對技術有著狂熱摯愛的工程師，是極客（Geek）文化的代表，曾經供職於蘋果和微軟。2003 年，安迪・魯賓成立了安卓公司，致力於實現自己要研製新一代智慧型手機的夢想，目標是開發一個向所有軟體設計者開放的行動手機平臺。

在朋友的幫助下，2005 年 3 月，安迪・魯賓的安卓專案被 Google 收購。在其後的兩年時間內，安卓都是 Google 內部一個權重不高的專案，安迪帶著收進來的一個十人小團隊在 Google 總部偏安一隅，不疾不徐地做著開發工作，甚至 Google 都沒有給他們明確的目標和產品發布時間。然而，當蘋果發布自己的作業系統後，安卓的權重陡然上升。

2007 年 11 月 5 日，距離蘋果發布第一代 iPhone 僅四個月，Google 公司正式公布安卓作業系統，並且宣布與三十四家手機廠

商、營運商成立「開放手機聯盟」（OHA）。自此，這個基於 Linux 內核的安卓系統正式登上歷史舞臺。

安卓系統的底層作業系統是 Linux，作為一款免費、易得、可以任意修改原始程式碼的作業系統，Linux 凝聚了全球無數程式設計師的心血。安卓的開源模式，打破了以往作業系統平臺的授權模式，不僅降低了廠商的成本，也賦予了他們更多自由發揮的空間，更提升了他們支持安卓的熱情，這是安卓平臺能夠快速成熟、快速成長的源泉。[3]

蘋果系統和安卓系統於 2007 年這個具有分水嶺意義的年份，在大洋彼岸先後發布，為全球科技界帶來了嶄新的面貌和機遇。網景公司聯合創始人馬克·安德森（Marc Andreessen，後來成為矽谷的風險投資家）看到這些變化，發出了感慨：新技術的問世「翻轉了矽谷的兩極」。以前，技術的發展是由軍隊、大企業推動的，只有這些資金雄厚的實體才買得起零部件。但是現在情況變了，技術的發展由普通消費者推動。

彼時，奔邁公司的 Treo 手機上市已經有幾年時間，RIM 公司（現更名為黑莓公司）生產的黑莓手機銷量也不錯。這些手機都帶有小型鍵盤，所以螢幕不大，但使用者查看郵件、查看日曆、查找連絡人都不成問題。然而，這些手機的銷量每況愈下。

iPhone 的發布，安卓的橫空出世，對於大洋這一邊一家普普通通的、剛剛拿到 1000 萬美元投資的創業公司 UC 優視會有什麼影響？而這又和 2009 年 6 月這個普通的夏日午後，中國的兩位風險投

---

3 王彥恩 (2011)。智慧手機新「引擎」解讀 Android 發展之路。中關村線上。
 檢自 http://zdc.zol.com.cn/251/2511825.html?_t=t (Sep. 9, 2011)。

資人在一家簡陋的拉麵館裡的對談有什麼關係？

　　走進有些陰暗簡陋的拉麵館，雷軍找了一個靠窗的座位坐下。

　　「你對 UCWeb 怎麼看？」雷軍開門見山地問道。

　　對面年輕的投資經理敏銳地捕捉到了這個問題的深層涵義。他知道，這個問題比表面看起來的要深刻得多，它和兩年前地球那邊發生的那場科技革命息息相關。敏感的中國前沿科技工作者都在觀察著這場科技革命如何攪動行動互聯網的大局。這涉及一批像 UC 優視這樣與手機相依相伴的公司，在新技術系統來臨之際如何取捨的問題。很顯然，雷軍在其中看到了安卓帶來的巨大機會。

　　雷軍曾經是這位投資經理心中一個遙不可及的偶像，但此時這位投資經理已經是一個由連續創業者轉型成功的投資人了，儘管年紀不大，但是他也從 GPRS 時代一路摸爬滾打到了 3G 時代，可以用親身經歷談論服務提供者的原罪、蘋果的創新和安卓開源的奧妙。此時此刻，他已經可以和雷軍進行真正的對話。在 UCWeb 以前，他和雷軍還曾經聯手投資了拉卡拉[4]。

　　「我和你的看法當然一樣，安卓有機會。」對方回答。

　　UC 瀏覽器最早根植於 Symbian 系統。這是在蘋果 iOS 和安卓問世之前，全球第一大手機廠商諾基亞使用的手機作業系統。而到 2009 年，iOS 和安卓已經問世兩年，除了微軟完全封閉的 Windows Mobile 系統，如同 PC 時代一樣，全球行動平臺的兩大系統已經逐漸形成兩大陣營。雷軍對 UC 瀏覽器問題思考的本質是，安卓系統已經發布一段時間了，UC 瀏覽器是否應該從 Symbian 系統轉移到

---

4 拉卡拉支付股份有限公司，是一間已上市的金融服務公司。

安卓系統上，從而使 UC 瀏覽器將來能夠和更多安卓手機相容？

除此之外，雷軍更進一步的思考是，相比於蘋果 iOS、Symbian 和 Windows Mobile 系統，安卓是否會在未來的行動互聯網市場有更廣闊的空間？

對於密切觀察產業前沿的極客來說，蘋果系統和安卓系統的先後發布，彷彿是某種熟悉的科技產業週期更迭的重現。敏感的觀察者不由自主地會想到 1980 年代 PC 時代的崛起，而雷軍也在思考，這會不會帶來另一次不同尋常的歷史重演？

人們對那段歷史太熟悉了，很多有關賈伯斯的傳記和矽谷歷史的書籍都對此津津樂道。《成為賈伯斯》中也毫無例外地記載了這一點：

賈伯斯堅持認為系統必須封閉，才能夠和硬體有更相符的體驗，而比爾·蓋茲意識到半導體晶片和電路是完成任務的載體，作業系統就如同在程式設計師和半導體之間架起了橋梁。標準化的操作能讓整個電腦產業受益，也會為開發公司帶來具體利潤。只有比爾·蓋茲意識到了這一點，其他人都沒有。

個人電腦產業剛剛開始時，蘋果就選擇了封閉的道路，而微軟選擇了開放道路。最終，「Wintel」模式因為它的相容性和開放性，在個人電腦市場上占據了主動。

雷軍在大一期間就讀過《矽谷之火》（*Fire in the Valley: The Birth and Death of the Personal Computer*），對於賈伯斯和比爾·蓋茲的故事、蘋果和微軟的故事、Mac 和 Windows 的故事，他早就爛熟於

心，因此在他眼裡，UC 瀏覽器現在面臨的問題，不只是一家公司
的道路選擇問題。

談了一小會兒對 UC 瀏覽器的看法，雷軍推開桌上的碗，轉過
身去，把掛在椅子上的黑色尼龍背包打開，然後拿出了幾部手機。
他一部一部地把這些手機並排擺在飯桌上，然後饒有興趣地開始介
紹：「這是 iPhone，這是 Google G1。」

「我們來看看，安卓的機會到底怎麼樣。」雷軍說，然後拿起
手機一個一個把玩起來。這完全是一個手機狂熱者的狀態，他對面
前手機的參數如數家珍，對手機介面的設計也一一論述。雷軍好像
開始沉浸在未來世界裡。

其實，雷軍已經背著這些手機很多天了。自從 iPhone 和安卓出
現之後，他就開始研究智慧型手機了。他曾經買過幾十部 iPhone 送
朋友，也買過不少 Google G1。在手機這個新天地裡，雷軍興致勃
勃、孜孜不倦地研究著。他有一種感覺，儘管 Symbian 系統還在看
似穩定繁榮地運行，但是這種穩定很快就會被打破。儘管蘋果也做
了開發者平臺，但是雷軍的直覺是，以歷史的眼光看，蘋果的開放
度肯定有限。而安卓在當時看來還不是很耀眼，但是以它的開源精
神來看，很可能會為產業帶來不同凡響的改變。

2009 年還是產業裂變的前夜，舊的格局尚未打破，新的格局也
未完全形成。但是見證了十六年的江湖激戰、經歷過軟體業向互聯
網行業全面轉型的整個週期的雷軍，此時對創業的機遇和前景的判
斷非常敏銳，這幾乎是一個創業者的本能。

在這個不起眼的小餐館裡，雷軍談了 UC 瀏覽器的未來，又談
了安卓和蘋果的未來。他與年輕的投資經理探討了未來是三分天

下，還是只有兩大陣營的問題；他們探討了哪一部手機的介面更加人性化，哪一部手機又做得差強人意。兩個人都興致勃勃。

經過兩年的休整，雷軍再次有了一種躍躍欲試的衝動。這段時間，他的那個尼龍背包從未離身，很多次這樣的場景在重演：他把市面上的手機排成一行，然後興致高漲地一一講解。那時候，一些和雷軍熟悉的人都有一種隱隱約約的感覺，也許雷軍很快就要重出江湖了，而他可能進軍的行業，就是手機。

商業領域需要一場效率革命

《矽谷之火》第一版於 1984 年發行，講述了截至當時擁有「二十世紀唯一而且數額最大的合法累積財富」的那些人的故事，其中包括蓋茲和賈伯斯早年的創業傳奇。

書中還講到蘋果公司完成第一單生意的過程：一天，賈伯斯遇到了保羅‧特雷爾（Paul Terrell），此人當時開著一家經營電子產品的小店鋪，這個店鋪日後發展成為美國第一家電腦零售連鎖店——比特商店（Byte Shop）。特雷爾看完蘋果公司的第一款產品蘋果 I 型電腦後，禮貌性地對賈伯斯說了句「保持聯繫」。第二天，穿著拖鞋的賈伯斯就來到了特雷爾的商店，對他說：「我想與你保持聯繫。」

賈伯斯提出讓對方銷售他的產品，磨不過他的特雷爾花 500 美元下了個 50 臺的訂單，但要求 30 天內供貨。賈伯斯和他的合作夥伴史蒂夫‧沃茲尼克（Stephen Wozniak）隨即開始了繁忙的裝配工

作。人手不夠，賈伯斯就把自己的妹妹叫來幫忙。他們在合約到期前一天交了貨，賺到蘋果公司的第一桶金。

這些故事深深地烙印在了十七歲的雷軍心裡。

1987 年，雷軍正在武漢大學電腦系讀大學一年級，他在武漢大學圖書館讀到了《矽谷之火》這本書，如癡如醉。沉浸在矽谷故事裡，他深受其中所傳遞的矽谷精神的感召，一扇窗戶在他的心中慢慢敞開。他激動地在武大的操場上走了兩圈，內心好像燃燒著一團火。

他第一次明白了自己內心的一種強烈需求——在中國這片土地上，像賈伯斯一樣創辦一家世界一流的公司，創造出一些偉大的產品，改變每個人的生活。

這就是雷軍自驅力的重要來源之一。在那段時間裡，武漢大學電腦系 87 級軟體二班的同學們親眼見證了一個優秀程式設計師的誕生。雷軍是班上程式設計水準最高的學生，他在大學三年級時就知道底層彙編、DOS 內核、加解密、病毒自傳染等技術，他的大學同學多是上了研究生以後才接觸到的。在大二期間的某一天，雷軍和他同宿舍的下鋪兄弟崔寶秋去食堂盛飯，走在下坡的路上，雷軍告訴崔寶秋，他已經可以使用駭客技術製造出病毒了，這讓崔寶秋驚訝不已。雷軍的知識儲備，比同班同學至少要提前一年到一年半的時間。

軟體二班的同學都喜歡曹家恆教授講授的「組合語言」這門課，曹教授的教學風格深入淺出，語言生動，還能自己編寫教材，於是大家給曹教授起了一個雅號——「曹彙編」。雷軍這門課的成績尤為突出，拿到了滿分。第二年，雷軍的課後作業被編進了「曹

彙編」新寫的教材裡。後來這種情況不斷出現，在邢馥生教授編寫的 Pascal 程式語言教材裡，雷軍的名字也出現過幾次。

雷軍對自己的專業達到了癡迷的程度。當年電腦還非常稀少，為了增加自己的上機功力，他用紙把鍵盤拓了下來，然後在這張「紙鍵盤」上每日練習盲打。後來這種方法成為武大電腦系最出名的練習方式，很多時候，老師在上面講課，整個班的同學都在下面敲桌子。

大學三年級時，當其他同學還在忙著自己的功課，雷軍已經修完了學分，開始在武漢的電子一條街出沒。他幫助當時的一些電腦公司解決問題，經常拎著一個裝著 5.25 吋磁碟片的盒子回來，裡面放滿了磁碟片和他拷貝的軟體。收集軟體是當時極客們的最大愛好，雷軍是這樣，他的大學同學也是如此。

80 年代末的大學理工男的宿舍也會有臥談會之類的傳統。在雷軍的宿舍，大家晚上爭論的話題大多是關於當時的黑科技，崔寶秋還曾經因為一個問題和雷軍發生了分歧，他們為此打了一個賭。崔寶秋認為，電腦處理自然語言的能力遠遠不夠，因此讓電腦寫作是不可能的事情。但是雷軍卻對這件事持相對樂觀的態度。他認為，只要語料足夠，電腦可以從語料庫裡拿出語料組合出文章。

那時還是沒有互聯網的年代，大家卻在為遠期人工智慧的實現能力而爭論。崔寶秋甚至出了一個題目給雷軍：你能不能讓電腦寫出一篇作文，題目是「爺爺和足球」。在崔寶秋眼裡，爺爺和足球是兩個關係較遠的中文詞彙，用語料堆砌的方法，沒有辦法講出一個帶有真情實感的故事。

大三期間，雷軍建構了自己的專家系統知識庫，把病毒碼放到

庫裡，提供反病毒和診斷病毒的依據。他把自己的研究成果寫成論文投到了一個學術機構，結果被選中，因此他有了一個可以在全國青年電腦學會演講的機會。雷軍自己準備了一些投影片去成都進行演講。回到學校以後，他自嘲地說：「本來是 40 分鐘的演講，沒想到我 15 分鐘就講完了。剩下的時間我有點不知道該幹什麼，就把這些內容又講了一遍！」聽完雷軍的話，宿舍裡的同學哈哈大笑。

在很多同學眼中，雷軍一直在自己的小世界裡踐行著極客精神。他是個狂熱者、程式設計師，喜歡下圍棋，外表看起來就是個三好學生，但是其實內心深處有點「野」。

後來雷軍離開了學校分配的單位，自己創業過一段時間，之後進入金山公司。十七歲時，他開始擔任金山公司的總經理，做 WPS、與微軟激戰、做卓越網、帶領金山轉型做網遊，然後又經歷金山上市，雷軍一直以一個創業者的姿態踐行著他年輕時在《矽谷之火》中領略的矽谷精神。漸漸地，他從一名活躍的大學生，成長為一個經常出現在新聞裡的人物。大學同學經常在新聞裡見到他，了解到 WPS 誕生、盤古軟體失敗等故事，也會聽到紅色正版風暴、政府採購金山等一系列消息。

從某種程度上來說，大學宿舍的臥談會一直沒有中斷過。畢業後，一些同學去美國讀博士，雷軍和他們從 1998 年開始透過郵件聯繫，經常探討中美互聯網界發生的種種趣事。以前，同學們總是對雷軍說，希望從報紙上看到你的好消息。現在，他們打開互聯網就可以輕鬆得知雷軍的動態。

只要雷軍去美國，都會第一時間和在美的同學取得聯繫。有時候同學會去接機，有時候他們還會徹夜長談。

　　而在美國的同學也越來越多地親眼見證雷軍的一些重要時刻。2007 年金山上市，雷軍在美國路演期間，還在洛杉磯的一家叫作 Double Tree 的酒店大廳和崔寶秋聊到了深夜。他們暢談互聯網在中國的發展，也談到一些後起之秀如何正在中國快速發展。互聯網這個江湖還很大，雷軍的夢想也還有很多。另外，雷軍談道，金山一路走來，路途非常曲折，最後上市的市值也不是最高的，在雷軍內心，上市是對大家的一個交代，但是對於雷軍自己來說，他真的不甘心。

　　2007 年，崔寶秋聽說了雷軍退出金山軟件，轉型為天使投資人的消息。他內心深處有兩種複雜的感受在碰撞，一方面，他的第一反應覺得這不可能，因為這不是雷軍的風格。如果雷軍決定偃旗息鼓，這和雷軍從大學時期就給他留下的一貫印象產生了偏差。另一方面，他替雷軍感到惋惜，儘管做投資也是實現創業夢想的途徑，但是這個途徑和真正用創業的方式實現夢想並不一樣。此時，崔寶秋眼前浮現的是大學時期雷軍和同學一起下圍棋的場景，他總是在宿舍的桌子上鋪開一張藍色的塑膠布棋盤，然後宣布開戰。那時的雷軍兩眼放光，絕不服輸。

　　其實，雷軍的內心深處從來沒有偃旗息鼓過。

　　從金山時期開始，雷軍就涉足風險投資領域。而在退出金山，真正轉型到風險投資領域的兩年時間裡，他慢慢地投出了具有自己特色的「雷軍系」企業，甚至還花 200 萬元投資了一個叫樂訊的手機論壇。當時大家都覺得這個案子太小，沒有什麼意思。但是雷軍堅持做了這項投資，他認為透過這個平臺可以近距離觀察手機行業的發展，了解什麼叫行動互聯網。

　　雷軍正透過投資這種方式近距離觀察與思索新的產業機會，觀望下一個時代風口。雷軍身邊的朋友此時對雷軍的感覺是一致的——他不會甘於寂寞。他們不約而同地認為，雷軍正在醞釀一個大計畫。他們堅信，總有一天，雷軍會宣布一件令他們感到震驚的大事。

　　從 90 年代開始，雷軍經常會去美國，有的時候是去開會，有的時候是去路演，有的時候是去度假。深受矽谷精神感召的他，終於有機會在矽谷停留，感受這裡的萬物生長。

　　2007 年，蘋果手機發布，雷軍作為狂熱者，第一時間購買了 iPhone。

　　iPhone 改變了手機的形態。在欣賞蘋果手機工業設計的同時，手機後面印著的一行字也引起了雷軍的注意：「Designed by Apple in California, Assembled in China」（加州蘋果設計，中國組裝製造）。這一行小字讓雷軍很感慨——世界對於中國製造的印象還停留在組裝上。最好的工業設計都是來自美國本土，世界級的品牌也大多來自西方世界。這讓他除了思考手機本身以外，也開始思考品牌的力量以及中國製造業和西方國家的差距。

　　《定位》（*Positioning: The Battle for Your Mind*）的作者之一傑克・屈特（Jack Trout）曾調查過「China」（中國）對於牌意味著什麼，調查的結果「Made in China」就是質劣價廉的代名詞。雷軍想到，中國到今天還沒有真正的世界級品牌，還依然是世界工廠。就拿他最關注的手機市場來說，2009 年這一年，在中國市場上，諾基亞依然以 53.1% 的關注比例獨占半壁江山，成為最受用戶關注的手機品牌。排第二名的是三星。那一年，三星用機海戰術在中國的高中低

檔手機市場全面開花。同時，三星作為中國 3G 營運商終端訂製合作夥伴，在 3G 市場也有較大作為。索尼愛立信排在中國市場的第三名，獲得 7.2% 的關注度，隨後是摩托羅拉、LG。國產手機獲得的關注度並不高。

在國產品牌的手機獲得的關注寥寥無幾的同時，山寨手機卻橫行於世。2008 年，中國山寨手機的出貨量已經達到 1.01 億部；到 2009 年，這個數字達到了 1.45 億。[5]

在金山時期，雷軍和 Google 公司合作過《金山詞霸》手機版產品，在各種手機上嘗試過適配；在做天使投資人期間，雷軍又投資了 UCWeb，體會過各種手機作業系統的流暢性。可以說，雷軍對當時市場上所有的手機型號爛熟於心，也注意到了山寨機對市場的侵蝕。

看似在投資界「休息」的雷軍，對這樣的市場狀況思考了很多。比如，蘋果和安卓未來會在行動市場如何大顯身手？比如，中國製造業的廉價形象能否徹底改變？再比如，如果自己再次出手，應該在哪個領域深耕細作？

除卻國產手機品牌在國際市場的缺失，雷軍也時常思考手機行業之外存在的問題。比如，他開始研究整個製造鏈條中的效率問題。那個時候他時常覺得商場裡賣的東西簡直是天價，昂貴得不合道理。比如，一件成本 15 美元的襯衫，在中國的商店裡往往要賣到 150 美元，定倍率[6] 有 10 倍之多，而一雙鞋的定價往往要在成本價

---

5 荊文靜 (2018)。山寨手機之城衰落：一年賣一億部，曾讓馬化騰認慫，今被電商殺死。AI 財經社。檢自 https://baijiahao.baidu.com/s?id=1613442653685182047&wfr=spider&for=pc (Oct. 5, 2018)。

6 商品的零售價格除以成本所得出的數字。

的基礎上再加 5 ～ 10 倍，這樣的例子不勝枚舉。

　　觀察到這個現象，雷軍很長時間都在思考，為什麼製造業中生產和流通的效率長期得不到提升？為什麼商業運轉中間環節的巨大耗損要讓消費者買單？所有針對削減成本的努力為什麼都只集中在10%的生產成本裡，而從不向90%的營運交易成本開刀？

　　「商業領域需要一場深刻的效率革命。」雷軍最終得出了自己的結論。

　　這一系列由點及面的想法慢慢地浮出水面，再次創業要做什麼這個問題的答案也開始在雷軍內心逐漸清晰：創建一家以安卓為底層、手機硬體為核心、軟硬體一體的行動互聯網公司，製造中國最好的手機硬體和手機操作系統。另外，用一種高效的方法解決中國製造的核心問題，改善整個社會運作效率低下的現象，用一種更好的方式，比如電子商務，讓產品直接面對消費者，從而讓商品具有極致的性價比。這樣一來，他就可以從手機開始，逐漸地改變中國的製造業，創建有影響力的中國品牌。

　　想好這一切，雷軍篤定了自己未來的方向。他就像《矽谷之火》裡描述的那些年輕人一樣，非常清楚自己內心的需求，他也相信《矽谷之火》裡的那段描述：

　　我們今天正處於這樣一個時代：充滿幻想的人們發現他們獲得了他們曾經夢寐以求的力量，並且可以利用這個力量來改造我們的世界。

往前衝， 控制好節奏

2010 年年初的一天晚上，晨興資本董事總經理劉芹正在家裡休息，突然，他的諾基亞 N97 手機響了起來，他看了一眼來電顯示——雷軍。於是他拿起手機走進書房，他知道，這將是一次時間很長的通話。從 2003 年相識開始，雷軍和他已經共同投資了拉卡拉、UCWeb、YY 語音、多看閱讀等十幾個專案，他和雷軍之間的每一次交談，時間都不會短，他的書房裡有幾塊備用電池。儘管經常在不同的董事會上見面，他們依然需要經常在私下討論一些細節。

劉芹深知，總有一天，雷軍會和他說重出江湖的事情。雷軍曾半開玩笑地和他說，再幹就不是 10 億美元的事情了，要幹就幹個百億美元的生意。他早就感受到了雷軍內心的那種躍躍欲試。

2003 年第一次在辦公室見到雷軍時，劉芹只有二十九歲，只是一個進入投資行業不到三年的投資經理，由於長著一張娃娃臉，劉芹看上去比實際年齡更加年輕。用劉芹自己的話來說，他當時就是一個在前臺跑專案的小孩子，而雷軍已經是中關村一名帶著光環的年輕企業家了，經常出現在各種新聞裡。第一次去見雷軍時，他還背負著去見「偶像」的心理壓力。但是沒有想到的是，雷軍沒有一點架子，就穿著一件普通的 T 恤，頂著一頭長髮出來見他，像一個工程師一樣和他暢所欲言。

第一次在金山見面，劉芹明顯感覺到金山正在以「非常痛苦」的形式做網路遊戲。劉芹當時很年輕，說話有點口不擇言，本來是去和雷軍請教迅雷下載前景的，卻順勢評論了一下金山。他對雷軍說：「金山的遊戲研發能力非常強，但是也可能造成一個問題，那

就是不願意快速地抓住外部便利的資源！」聽完這話，雷軍陷入了短暫的沉默。他非常明白劉芹指出的問題是什麼，那時候，陳天橋的盛大網路正做得如日中天，主要是靠代理韓國的網路遊戲，因此賺錢顯得很輕鬆。晨興資本投資的九城遊戲，也是靠代理韓國和美國的遊戲大作盈利。很明顯，劉芹看到了眼前的一些問題，生發出了自己的思考。但是雷軍就是這樣一個非常相信工程師能力的人，他更願意依靠自己。

雖然劉芹比雷軍年輕四歲多，而且當時兩個人的「江湖地位」有著巨大懸殊，但是他們一見如故，此後也經常在一起交流，有的時候假期還會一起去滑雪。 2009 年，已經成為天使投資圈內著名投資人的雷軍和劉芹聊天時，希望劉芹總結一下自己投資的方法論，比如，怎樣才能成為一個成功的投資人？做投資最關鍵的是什麼？劉芹覺得這些問題很宏觀，想了一下說：「做投資肯定有很多值得總結的道理，但是我覺得做投資最重要的素質是勤奮。我相信，作為一名投資人，你必須足夠勤奮才可能成功。」雷軍馬上反駁道：「我現在最不相信的就是天道酬勤。」

雷軍總是說，自己是被天道酬勤「耽誤」的。從金山退出後，雷軍一直在進行痛苦的回顧，在和劉芹交流時也會有一些真情流露。他還會談起自己沒有在互聯網崛起之初抓住機會的核心原因，以及自己錯過了哪些機遇。最簡單的一個例子是，1999 年雷軍去美國考察時，就注意到了剛剛崛起的 Google，他甚至還在回國後寫了一篇文章詳細描述了這家公司的新銳模式和理念，但是出於各種原因，他沒有後續動作。這讓他深刻地體會到一點：在互聯網創業領域，必須快速行動。

　　機遇這個詞，時常會出現在他們的對話中。作為天使投資人，沒有人比他們對把握機遇有更多的發言權了，也沒有人比他們更相信機遇背後潛藏的巨大勢能。看到機遇，把握機遇，在機遇的洪流中縱身一躍，幾乎是他們的本能和天職。

　　2009 年 6 月，中信出版社出版了麥爾坎・葛拉威爾（Malcolm Gladwell）的《異類：不一樣的成功啟示錄》（*Outliers: The Story of Success*）[7]。作者對社會中那些成功人士進行了分析，讓人們看到了一連串頗感意外的統計結果：英超聯賽大部分球員都是 9 月到 11 月出生的；比爾・蓋茲和史蒂夫・賈伯斯都出生於 1955 年；紐約有很多著名律師事務所的開創者竟然都是猶太人後裔，他們的祖輩都是在紐約從事服裝生意。

　　這些結果讓人意外，但是看到統計背後的故事就會恍然大悟。英超球員註冊的時間是 9 月，在同期的球員中，9 月份出生的人實際上比 8 月份出生的人幾乎大了一歲。一歲的差距對他們的職業生涯有著不可低估的影響。賈伯斯和比爾・蓋茲都是 1955 年出生的，在他們大學畢業或輟學的時候，個人電腦行業剛剛開始發展。出生太早，無法擁有個人電腦，而出生太晚，電腦革命的時機又被別人搶占了。

　　說到底，異類從來不是異類。成功者都是歷史與環境的產物，是機遇與累積的結晶。

　　劉芹在讀過《異類》之後，便成了葛拉威爾的信徒，對機遇的概念也有了更深刻的認識。他發現國內 PC 互聯網創業者也存在這

7　繁體中文版為《異數：超凡與平凡的界線在哪裡？》（時報出版）。

種巧合。雷軍、丁磊、李彥宏、馬化騰都是在 1960 年代末、1970 年代初出生的，而互聯網在國內興起之時，正是這群人大學畢業兩年左右。

劉芹和雷軍曾分享過閱讀《異類》這本書的心得，現在他和雷軍一樣，相信比起十足的勤奮，機遇和趨勢是成敗的關鍵因素。他們清楚地感知到，跟隨中國風險投資的發展，其與互聯網產業結合的大勢，未來還會看到不一樣的風景。

創業投資作為一種投資方式發源於美國。 1946 年，美國第一家風險投資公司成立。隨後，風險投資和矽谷的創新越來越多地連結在一起。矽谷 1.0 時代造就了一批風投專家，為矽谷後來的起飛打下了堅實的基礎。 Google、eBay、思科和 Facebook 等公司的成功，為矽谷締造了一批又一批新貴。

中國創業投資的概念最早於 1980 年代提出，最初的創業投資由國家層面推動，一切都在嘗試和學習中開始。 1990 年代初，美國國際集團、中創公司、富達、泛亞、摩根士丹利登陸中國市場。劉芹擔任合夥人的晨興資本是香港陳氏家族創立的家族基金，於 1992 年進入中國。劉芹正是在中國第一批互聯網公司開始欣欣向榮的 1999 年進入晨興資本工作的。那個時候，他就開始和像雷軍一樣的年輕企業家交流、交往，為自己累積經驗和打下判斷能力的基礎。

從 1998 年開始，中國的創業投資者以及私募股權投資也開始活躍。隨著晨興資本在國內投資搜狐、攜程、九城、正保教育、鳳凰網並且大獲成功，一向低調的劉芹開始在創投圈嶄露頭角。人們也開始熟悉這個模式——資本可以對創業者進行加持，讓創業公司

得到快速增長，劉芹正是這機遇洪流的一分子。

2009 年，一個新的沸騰時代正在開啟。而雷軍和劉芹面臨的機遇是什麼呢？

2009 年年初，業界期待已久的 3G 牌照終於發放，中國工信部部長李毅中親手將牌照發放到三家營運商手中，業內對 3G 時代充滿想像。

全球範圍內，智慧型手機 2009 年的銷量較上年同期增長了 3300 萬部。 2008 年，蘋果在智慧型手機市場的占有率為 8.6％，2009 年，蘋果將這個數字提高至 14.4％，超過 Windows Mobile 手機在全球的市場占有率。

安卓手機則是 2009 年同比增幅最大的，其市場占有率提高了 7 倍，達 3.9％。 RIM 公司的黑莓手機銷量較上年增加了 1100 萬部，在智慧型手機市場的份額略長了幾個百分點，占據著 20％的市場份額。

由於微軟 Windows Mobile 系統停滯不前，致使其手機銷量在 2009 年出現顯著下降。很多人對於其使用者介面設計以及架構布局等都不習慣，針對這些問題，HTC 推出了全球首款基於安卓系統深度優化的 Sense UI，在當年，這是最好用的使用者介面之一。那時有專家預言，2010 年手機市場發展的重心仍然在於作業系統和應用商店，硬體本身則不會有太大革新。

而必不可少的另一個機遇是 —— 風險投資業在中國逐漸成熟。2005 年之後，中國創業投資發展迎來第二個黃金時期，很多投資人看到了其中的機會，中國消費者的潛在需求很大，創業者創造大型公司的機會依然存在。

　　面對這些大趨勢，那一天，雷軍拿起電話，終於說出那句劉芹已經預感到並期待了很久的話：「劉芹，我覺得咱倆可以聊一聊手機了。」劉芹的內心一點也不覺得意外，他知道，那個百億美元的大生意，雷軍終於想好了。為了這一天，雷軍已經做了很多體系化的準備。

　　這一通電話竟然持續了十二個小時。劉芹的妻子曾經三次來到書房看劉芹是否通完電話了。但是每一次，她都沒有看出這通電話有要結束的意思。最終她關上門，任由他去了。

　　在這通電話裡，雷軍和劉芹談到了他們看到的蘋果公司的演進歷程。透過兩年時間的觀察，已經證明 iPhone 是一個斷代的產品，它的顛覆性不言而喻。最重要的是，蘋果不僅僅是一家硬體公司，它還是一個用戶平臺。這種軟硬一體的極致體驗為用戶帶來了更多的可能性。它也聚合了無數的開發者，形成了一個廣闊的開發者平臺。

　　劉芹在這通電話裡提到了一家叫作維珍電信（Virgin Mobile）的公司，他對雷軍說：「維珍電信沒有電信營運商基站，它是一個虛擬營運商，它定義了用戶關係，也定義了用戶的生命週期，所以，你將來要做的，絕對不能僅僅是一個手機公司。」

　　劉芹知道，雷軍想做的事情，是個百億美元的生意無疑，而這就是那個雷軍醞釀了很久的「大計畫」。在這一通長達十二小時的通話中，兩個人越談思路越清晰，越談越豪情萬丈，越談越覺得要做的很多事情是史無前例的。

　　而那個在雷軍內心推演了無數遍的商業模式，此時被清楚地描繪了出來：做具有頂級配置、極致性能的智慧型手機，搭載高度客

製化、體驗絕佳的系統和應用軟體，按成本定價，然後以最高效的電商管道取代所有中間環節，將產品直接送到用戶手中，最後持續提供互聯網服務，以實現商業變現。在這個商業模式裡，硬體、軟體、互聯網，三大要素將互相支撐，形成一個循環，這就是後來人們看到的「鐵人三項」模式。

雷軍和劉芹認為，在 2010 年這個時間點，支持「鐵人三項」模式的客觀基礎已經形成。在硬體方面，中國本身就是製造業大國，全世界最完整的硬體製造代工廠都在這裡集結。在軟體方面，雷軍帶領的金山曾經是最早涉及互聯網介面互動體驗的公司之一，這是雷軍最擅長的領域之一。而在互聯網平臺方面，雷軍則因為從零開始做過卓越網從而建立了一整套對電商的認知，更何況，他作為天使投資人也投資了垂直電商凡客誠品和樂淘網。

在大眾消費領域，人們網路購物的習慣已經形成。 2010 年，淘寶網已經誕生了七年，支付寶在 2004 年就解決了人們的信用問題和網路支付難題。淘寶商城在 2009 年第一次舉辦了「雙十一」，電商已經改變了中國的零售方式。

這一次長談，彷彿是對雷軍最近思索的所有問題的一次痛快的宣洩、梳理、展望和確認，也堅定了他縱身一躍的決心。

當然，雷軍也在這通電話裡面展示了最真實的一面，他花了很長時間和劉芹談論了一個重要問題——風險。沒有人比雷軍更清楚創業為人生帶來的風險了。雖然他們之前總是在談機遇帶來的巨大機會，但他們也知道機遇和風險永遠是一對孿生兄弟。在創業投資這個圈子裡，生和死每天都在發生，奇蹟和毀滅亦如影隨形。只不過，創造奇蹟的故事永遠被人們稱頌和傳揚，而毀滅和死亡卻總是

無聲無息地跟蹌離場。

雷軍此時已經功名成就。在公眾的眼裡，他是金山的英雄，是中關村的模範，是天使投資界的福音和標竿。光他和劉芹兩個人共同投資的專案，就已獲得數倍的回報，為創業者帶來了信心。最重要的是，雷軍還有創業導師的身分，他經常在這些被投公司的董事會上，為創業者指點迷津，被視為創業者的引領者。

但是成功沒有一勞永逸，雷軍再明白不過創業維艱這四個字的意義，也太懂得每一次創業都是死去活來的痛苦體驗。創業需要的是鋼鐵般的意志力和對那種反覆落入深淵之瀕死感的忍耐力。尤其手機是一個重投入、重研發的行業，一旦失敗，就會滿盤皆輸，所以這次創業將和他以往的軟體創業全然不同，需要很大規模的資金。一旦選擇走出這一步，他面臨的每一個競爭對手都是龐然大物，包括國外的蘋果、三星、摩托羅拉，還有國內的華為、酷派、中興和聯想。

即便是一個曾經身經百戰的創業者，一名屢獲戰功的天使投資人，一個被人們多次提起並且封為圈內傳奇的人，當他再次創業的時候，也不意味著肯定能成功。每一場創業都是前途未卜的豪賭。在這種情況下，雷軍曾經希望自己來承擔所有的創業資金，他甚至在心裡設下了一條止損線——1億美元。如果1億美元花完，公司還沒有起色，他就可以「靜悄悄」地把公司關掉。但是，雷軍正在接觸的一位潛在聯合創始人卻不認同雷軍的想法，他認為引進外部投資者可以讓公司在治理方面更加完善。

雷軍和所有的創業者一樣，對創業既期待又擔心。他也有著創業者最珍貴的品格，比如——願意和本能的恐懼對抗。他曾經好幾

次和劉芹一起去滑雪，事實上，劉芹的滑雪技能就是雷軍手把手教的。在滑雪的過程中，他們很多次站在不同級別的雪道上，那種感覺，曾經讓劉芹瑟瑟發抖。而雷軍總是告訴他「不要怕，往前衝，控制好節奏」。

面對陡峭的雪道，人的本能就是恐懼，但是他們知道，越是恐懼越要往下衝。恐懼可能會使人本能地向後仰，而越向後仰就越會摔跤。

站在雪道上，你別無選擇，只能向下衝。

劉芹知道，雷軍的那一連串問題，其實並不需要別人給出答案。雖然那時的雷軍已經四十歲了，但是他十八歲時的夢想還沒有實現。劉芹也明白，做天使投資並不能真正療癒雷軍在上一段創業中所經受的痛苦和創傷，他需要一段更濃烈的「戀情」來醫治自己。

就是在這通電話裡，劉芹確定了自己的天使投資意向——晨興資本將為雷軍新創公司提供第一筆風險投資，投資金額為 500 萬美元。

劉芹說，做投資，他的風格一向是比較有耐心的，要把眼光放長遠去衡量——這是他希望晨興這個本土基金保持的風格。他內心深處覺得，這是雷軍給他的一個百億美元的機會，因此他信心十足。另外，他堅信由他來做首輪投資，可以讓雷軍背負的心理包袱小一些。

第二章：為發燒而生

尋找同盟者

對於雷軍這樣一個天生的創業者來說，投資人的身分更像是一種過渡，他在投資圈裡休養生息，觀察產業，療癒上一次創業的創傷。然而當時機一到，他就會重新披掛上陣，再次奔赴這個注定讓他傷痕累累的戰場。他就像那些在颶風來臨之際，偏偏還要拿著衝浪板走向海岸線的人，路上的人都在瘋狂地躲閃，只有他興沖沖地不停前行。創業，有時候更像是創業者的一種需求。

一旦做出決定，雷軍馬上開始組建自己的創業團隊，他迫不及待地將自己推進這個產業風口，開始與時間賽跑。

對於一個創業公司來說，沒有什麼比組建創始團隊更為關鍵的了。尤其是，這個專案的難度如此之大，雷軍需要一批成熟的、業內經驗豐富的、價值觀一致並且相信共同願景的人和他一起奮鬥。他知道，這個團隊的打造肯定不會是一蹴而就的，他需要到頂級公司去尋找最優秀的人才。

雷軍首先想到的人選，竟然是一個長期在外企做高管，十多年來一直享受著外資科技企業優渥待遇，在外人看來最不可能去創業的人，他就是當時的 Google 中國工程研究院副院長、Google 全球技術總監林斌。

　　林斌瘦瘦高高，額頭寬大，戴著窄邊框眼鏡，有些書生氣，笑起來眼睛就會瞇成兩道月牙，他有著在微軟和 Google 兩家美國科技巨頭的從業經驗。 2000 年，受李開復的邀請，林斌回國加入微軟亞洲研究院，僅僅三年多的時間就幫助公司完成了 70 多項技術轉移，貢獻了十多項自主研發的技術。後來，林斌加入 Google，擔任中國工程研究院副院長、全球技術總監。在這期間，他常常去矽谷出差，每次到 Google 總部，他都要和 Google 負責行動業務的副總裁聊一圈，其中就包括安卓之父安迪·魯賓。

　　林斌和安迪·魯賓幾乎每隔兩個月就會見面。林斌提議，某些安卓系統的功能，可以由 Google 中國的工程團隊來完成，安迪欣然同意，此後 Google 總部和 Google 中國在行動方面的合作很多。林斌回憶道，安迪是個十足的技術人。對於安卓要占有多少市場份額，他一開始並沒有野心。但是後來，尤其是蘋果 iOS 發布之後，他的目標就很明確了，他重視中國市場，甚至希望和中國移動做深度客製化的手機作業系統。為了考察中國 ODM[8] 手機廠商的情況，安迪·魯賓幾次飛來北京。

　　此後，林斌開發了 Google 手機地圖、中文語音搜尋、行動資訊、安卓輸入法等行動應用程式和系統框架。除此之外，他還主持開發了 Google 音樂搜尋專案，和金山公司一起開發了手機版本的金山詞霸。作為 Google 行動的負責人，他在 Google 中國的大樓裡搭建了一個小型的實驗室，專門進行各種手機的測試。一方面，工程師需要看看 Google 出品的一些 App 在這些手機上運行得怎麼樣。另

8　ODM，全稱為 original design manufacturer，意為原始設計製造商，指受委託方根據委託方的要求設計和生產產品。受委託方擁有設計能力和技術水準，基於授權合約生產產品。

一方面，他們想知道，手機 ODM 開發的安卓系統到底做得如何。林斌當時有一個習慣，每天背包裡都裝著不同的手機，有 HTC，有諾基亞，還有基於 Java 的各類手機。

此時，一個瀏覽器進入了林斌的視野，那就是 UCWeb。儘管 Symbian 系統當時還不是很好用，但是很多人已經開始在手機上嘗試搜尋這個動作了。林斌從內部的數據看到，Google 在一家叫作 UCWeb 的第三方瀏覽器上份額漲得特別快，因此決定找到這家公司，把 Google 搜尋框嵌入 UCWeb 瀏覽器中，然後雙方進行商業分成。後來，Google 開發出 Google 地圖，也和 UCWeb 進行了合作。

隨著 UCWeb 和 Google 的合作越來越多，林斌也發現了一些亟待解決的問題，他希望可以跟 UCWeb 的董事長聊一聊，而這個董事長，就是雷軍。

林斌第一次見到雷軍是在 2009 年 1 月，在一個只能坐四個人的小會議室裡，雙方聊了 Google 和 UCWeb 如何進行深度綁定，也聊了行動互聯網的未來。林斌發現，雷軍竟然和自己有一個驚人的相似之處，那就是喜歡隨身背著背包，裡面裝著各式各樣的手機。

「我是因為工作原因要做測試，所以隨身帶著這些手機，你呢？」林斌問。

「我是因為喜歡手機。」雷軍回答。

2010 年 Google 退出中國市場之前，來自 Google 總部的壓力以及外企在中國的種種不適應，已經在雙重夾擊著位於清華科技園的 Google 中國。如果說，Google 總部以活潑的小飛俠文化著稱，那麼在清華科技園那個色彩明快的 LOGO 背後，隱藏著 Google 中國很多難以向外人訴說的壓力和隱憂，讓這層明快的色彩蒙上了一層灰

暗的顏色。所以說，Google 退出中國市場，並不是毫無徵兆的。

　　林斌也在此時萌生自己創業的想法。在微軟和 Google 工作的這十幾年讓林斌變得更加沉穩和幹練，但他始終缺乏一個證明自己的機會。新的產業風口即將來臨之時，他也正在思考自己的未來。由於之前主持過 Google 的音樂搜尋專案，他和上百家唱片公司有過深入接觸，所以當時他最想做的創業專案是音樂搜尋。他認為，在將來的行動搜尋裡，音樂會是一個非常有機會的類別。

　　2009 年 11 月初，當雷軍得知林斌的想法後，立刻向他介紹了自己的「硬體＋軟體＋互聯網」鐵人三項的創業想法。他對林斌說：「音樂你就別做了，我們一起做一件大事，更大的事。」毫無疑問，林斌看懂了雷軍描繪的更大的版圖，也感受到其中承載的野心。經過深思熟慮，林斌決定放棄外企的光環和舒適的一切，在眾人驚詫的目光下，跳上了雷軍的艦隊。

　　第一個同行者加入後，雷軍不再是孤軍奮戰。他和林斌開始頻繁地見面、開會，有的時候甚至會在咖啡店的餐巾紙上列出這個商業模式需要繼續尋找的同行者。他們釐清了需要的人才類型——懂技術的、懂作業系統的、懂使用者介面的、做過厲害產品的，並列出了潛在的招募對象名單。

　　此時，雷軍在金山時的老部下黎萬強剛剛從金山離職，來向他的老東家雷軍道別。這樣一來，幾乎像是老天「送」給了雷軍一個合夥人。

　　黎萬強是廣東人，金山人都管他叫阿黎。大學一畢業，阿黎就進入金山擔任軟體介面設計師。後來，他組建了金山用戶體驗和設計團隊，這支團隊可以說是中國軟體產業最早的使用者介面設計團

隊，也是最早在互聯網上做用戶互動研究的團隊。對雷軍來說，黎
萬強正是做手機作業系統中使用者界面設計和互動的最佳人選。

　　阿黎比雷軍年輕七歲，長得虎頭虎腦，戴著一副金邊眼鏡，笑
起來很大聲，還經常帶著一種魔性。由於是設計師出身，又從小酷
愛攝影，因此阿黎對審美有超乎常人的苛刻。有時候為了測試用戶
對一個 LOGO 或者海報的回饋，他能從身邊同事問到食堂的大廚。
為了讓員工看到用戶對金山詞霸的意見回饋，他要設計師把所有的
問卷調查結果用圖像化的方式呈現在黑板上，擺在辦公大樓的走廊
裡，員工一眼就可以看到使用者對產品最滿意和最不滿意的地方，
這成為很多金山員工懂得要注重用戶回饋和溝通途徑的一種啟蒙。

　　在和雷軍敘舊的同時，阿黎說起自己離開金山之後想開個攝影
棚，專門做商業攝影的想法。雷軍說了一句：「別扯淡了，跟我幹
吧。」沒有過多的討論和交流，阿黎選擇了再次跟隨雷軍，開啟創
業之旅。甚至在雷軍沒有全部告訴他再次創業要做什麼之時，阿黎
就已經猜到雷軍想做的東西是手機。這是基於一種長期相處、一起
打過很多仗之後，難以言述的默契。

　　而林斌緊接著又為雷軍介紹了來自微軟的黃江吉，大家都叫他
KK。

　　KK 長得濃眉大眼，說起話來喜歡注視著對方，顯得格外專
注。他在香港長大，1996 年進入微軟總部，一直到 2005 年，他都
在西雅圖負責微軟的核心業務──企業軟體的大規模數據庫管理。
2005 年，看到行動互聯網的機會在美國開始隱約浮現，KK 在林斌
的勸說之下回國發展，他曾經在微軟組建了一支 150 人的團隊，專
門做 Windows Mobile 的模組。從 2005 年到 2009 年，KK 擔任微軟

Windows Mobile 的工程總監，可謂職責重大。也正因為如此，他成為行動互聯網發展的重要親歷者，也親眼見證了微軟 Windows Mobile 的落敗。

事後他進行了回顧，他認為微軟當時有兩千名工程師在做 Windows Mobile，可以說是投入了幾乎雙倍於蘋果的資源。但為什麼微軟最終沒有在手機作業系統上獲得成功？很多人說，那是因為微軟沒有做硬體的基因。但是 KK 認為，微軟落敗的原因是其長年累積使然。微軟在企業用戶裡面有著幾十年的滲透經驗，了解的是商業用戶的需求。當微軟開始做智慧型手機時，把智慧型手機的用戶也當作了商業用戶，沒有去了解普通用戶使用手機的需求。當時微軟內部有一個不可思議的討論，那就是 Windows Mobile 需不需要內建相機功能，微軟的工程師認為，使用者需要時自己安裝就好了。

2007 年，iPhone 橫空出世，這讓已經在 Windows Mobile 團隊工作兩年的 KK 意識到了危機。蘋果手機的誕生對於微軟來說是一個巨大的打擊，它瞬間顛覆了整個行業。到 2009 年，KK 又親眼見證了安卓的崛起。這進一步從另一個角度證明，智慧型手機需要開放的系統，而微軟封閉式的系統發展思維始終建造不起勢能，在手機領域如果繼續使用微軟的打法，就會錯過整個行動互聯網的機會。

2009 年 11 月底，當雷軍在北京翠宮飯店的豹王咖啡見到黃江吉時，他們一起討論了整個產業的發展以及黃江吉在微軟內部見證的一些真實案例，兩個人聊得酣暢淋漓。

一個有趣的細節是，在等待雷軍的時候，愛讀書的 KK 拿出了 Kindle 讀了一會兒書，他不但是一個讀書愛好者，還是電子產品的狂熱者，喜歡各種硬體。在他看來，Kindle 的軟體使用者體驗很糟

糕，因此自己花了兩週的時間寫了一個小程式裝上。沒有想到，雷軍是少有的比 KK 還要了解 Kindle 的玩家，這是基於他之前投資過一家做電子書的公司的經驗。就像拆卸過所有的手機一樣，雷軍也拆卸過 Kindle，還仔細研究過其內部結構。因此，當天兩個人的對話是從電子閱讀器開始的，這一下子把兩個人的距離拉近了。

　　KK 把在翠宮飯店的這次見面，稱為他人生中喝過的最重要的一次咖啡。這場談話持續了將近五個小時，以至耽誤了他當天的其他行程。但是當談話結束時，他就已經感受到自己希望加入雷軍團隊的意願。畢竟，如果要向微軟總部建議做一個你認為很有前途的新產品，你必須得先證明，這是一個可以創收 10 億美元的業務。但是如果你不去做，誰也無法證明這個業務的價值。KK 已經在這樣的環境裡生活了太久。

　　雷軍選擇創始人和員工堅持的一個標準是——候選人到底有沒有創業心態，願意不願意接受降薪而持有公司的選擇權。雷軍知道，只有那些願意冒險的人才會真心創業，只有相信未來的人才會全力以赴。而林斌、黎萬強、黃江吉對這一切都有著一致的理解。這些新加入的同盟者，從此都是一個戰壕的戰友。

　　為了讓大家更好地進入創業狀態，雷軍鼓勵幾位共同創始人力所能及地拿出一些資金，這是對創業最好的宣誓和表態。雷軍帶頭表示創業期間不拿薪資，林斌也做出了同樣的承諾。

　　另外，林斌賣掉了自己持有的微軟全部的股票和 Google 四分之三的股票，在小米的天使輪融資中投入了 75 萬美元現金。後來這件事被媒體渲染成了一個大義凜然的英雄故事，一段外企人士毅然決然投身創業投資的佳話。但是林斌卻坦誠地回憶道，整個過程並

不像大家想像的那樣具有史詩感。事實上，他的父母首先表示反對他創業，而他也一度陷入痛苦的糾結當中。如果僅僅是放棄 Google 提供的那些優渥待遇，並沒有那麼艱難，但是當時的情況是，林斌不僅要放棄現有的東西，還要拿出已有的東西，卻沒有任何人能夠為他保證明天，而林斌也不是那種天生就愛冒險的人。

林斌說，其實是 Google 退出中國市場的決定，最終推了他一把，讓他在太太的鼎力支持下，走出了創業這一步。

小米粥之約

就這樣，雷軍聚齊了林斌、黃江吉、黎萬強三位聯合創始人。大家坐下來，開始為新公司的名字苦思冥想。幾個人認真討論過的名字有「紅星」、「紅辣椒」和「黑米」，並一度非常迷戀「黑」字系的名字，他們覺得黑色莊重神祕，十分酷炫，而且帶「黑」字的公司都有一定規模，比如黑水、黑石，都是世界頂級公司。晨興資本那位年輕的投資經理賴曉凌負責新專案的落地執行，在他為雷軍寫的第一版投資文件裡，公司名稱就是「黑米」，賴曉凌還特意為其配上了英文：BLACK RICE。

儘管公司的名字還沒有最終確定，創始人們已經開始在自己熟悉的範圍內網羅人才了，新公司急需新鮮的血液進入，大家都在尋找符合條件的產品經理和工程師，希望他們來了之後可以馬上展開工作。這段時間，雷軍把 80% 以上的精力用在了招聘和面試上。

那個時候公司還沒有辦公室，面試大多在咖啡館或者茶樓進

行。面試的密度很大，幾乎每時每刻都在進行。一些選擇相信的年輕人，都在這時和這家名不見經傳的小公司產生了交集。這些早期員工，大多來自微軟和金山兩家公司。

林斌也幾乎每天都在找人。他想起了當年在微軟工程院和他一起踢足球的年輕工程師們。那時候這些工程師大多剛剛研究生畢業，2010 年時差不多都是三十歲左右的年紀。因為當年經常在週末一起踢球，他們結下了深厚的友誼。

劉新宇戴著一副金邊眼鏡，皮膚黝黑，說起話來不慌不忙。他是 AC 米蘭的球迷，酷愛踢足球，於是發起成立了微軟足球隊，正是他向林斌申請了一筆預算，讓球隊可以購買球衣、球鞋並且報銷場地費用。劉新宇畢業於北京理工大學電腦系，曾經在微軟研究院實習。 2003 年研究生畢業後，他直接加入微軟工程院，先後負責郵件伺服器和管理主控臺，具體來說就是設定公司的信箱策略。

在微軟期間，劉新宇最好的朋友兼球友，是一個叫范典的男孩。范典畢業於清華大學電腦系，2007 年加入微軟工程院。在微軟期間，他接受了寫代碼最高級別的培訓。微軟會從一個函數、一個對象類別的命名開始培訓，讓工程師寫的每個程式更具可讀性。每一次培訓，范典都在寫程式的細節上得到提升，感受到妙不可言的意境。這一切讓他意識到微軟對程式品質的要求。他說，從那之後，他才開始可以寫具有國際水準的代碼。在微軟工程院期間，范典在 Outlook 郵件伺服器部門工作，先後參與了 Outlook 2007 和 2010 兩個版本的發布。

劉新宇和范典同屬微軟工程院的一個組，都歸林斌領導。在球場上，劉新宇踢左前衛，范典則是中場調度者。范典的傳球技術非

常好，劉新宇則善於衝鋒射門。在球場上，經常是范典一記長傳，劉新宇進攻射門，兩個人配合默契。那個時候的范典經常戴著白色的髮箍，後面是一根長長的帶子，在球場上跑起來非常飄逸，儘管那時他並不是足球選手巴提斯圖達（Gabriel Batistuta）的粉絲。

范典和劉新宇對林斌的印象很一致，他們覺得林斌平時很斯文，但在球場上很瘋狂。在工作中，林斌對程式設計的要求很高。他會召集程式設計師們開會，提醒大家程式設計時如果指針用完了，一定要附上 Null（空值），這一點讓工程院的工程師們一直記到今天。

2009 年年末，在林斌向范典和劉新宇發出加入小米的邀約時，兩人都已經離開了微軟工程院，在阿里雲任職，兩人都是阿里雲的前 30 號員工。沒有經過太多的周折，見過林斌，再和雷軍聊了幾輪，兩個人就加入了創業團隊。對於雷軍要用 iPhone 一半的價格，做出和 iPhone 品質相當的手機，將來再賦予其互聯網服務的理念，這些工程師一聽就懂。就這樣，范典成為小米第 6 號員工，劉新宇是第 7 號。

在微軟的足球隊裡，還有一個年輕人叫孫鵬。他 2005 年加入微軟，黃江吉是他的直屬主管，林斌是部門總監。在微軟的五年時間裡，孫鵬所在的專案組正是黃江吉領導的 Windows Mobile。當時微軟內部正在做一個名為 PINK 的專案，做的是一款叫作 KIN 的手機。2009 年，專案組已經清楚地預見到 KIN 即將失敗的結局，但是負責此專案的副總裁依然堅持要把專案繼續做下去，原因是微軟已經和電信營運商沃達豐集團簽訂了協定，如果這個專案被砍掉，微軟將賠更多錢。最後，這款叫作 KIN 的手機被做了出來，賣了不

到一萬部，這個專案終於就此打住。

孫鵬的英文名叫 Peter，大家取首字母送給他一個雅號——「皮總」。他也是微軟足球隊的一員，范典和劉新宇都對孫鵬在足球場上的「兇猛」印象深刻。當大家覺得他不能再跑了的時候，他還能再往前跑一步。當大家覺得他應該停了的時候，他還能再盤帶幾步。他用這樣一快一慢的速度，來影響對方防守隊員的判斷，不過有時候，他也會煞車不住車直接衝出邊線。

儘管微軟的手機專案失敗了，但是孫鵬做手機的興趣被保留了下來。當他收到林斌請他加入一家新創公司的邀約時，他環顧四周，看到的是幾位微軟的老朋友、那些球場上的隊友已經入職了。沒什麼可猶豫的，他成為小米的第 13 號員工。

同樣來自微軟的還有李偉星。長得瘦瘦小小的李偉星看起來就像一個大男孩，有一雙彷彿時刻都在思考的眼睛。在廣州長大的他從小到大一路保送，一直到 2005 年從中山大學電腦專業研究生畢業。在本科和研究生期間，他最喜歡做的事情就是參加電腦競賽，他曾經連續四年參加至今都很受歡迎、由國際電腦協會（ACM）舉辦的國際大學生程式設計競賽，得到的最差的名次是亞洲分站第 6 名。該競賽的規則是，每一場比賽連續進行五個小時，三個人用同一臺電腦程式設計。而李偉星平時參加的訓練，比這瘋狂得多。

當雷軍邀請李偉星加盟小米，一起做更符合終端體驗的手機作業系統時，李偉星深有感觸。他在微軟期間做了四年 Windows Phone，很早就發現許多設計不符合中國人的需求，但是他的很多想法在微軟無法實現。現在，雷軍邀請他做的，正是他最想做的事情，他甚至沒有想過回報的問題就決定加入。

　　除了來自微軟的年輕同事不斷加入新公司，金山系也有人不斷加盟。比如王海洲，他是黎萬強的下屬，一直在金山從事技術工作。阿黎離開金山的時候，他還沒有離開。當阿黎召喚他加入創業公司時，他帶著對行動互聯網的憧憬和對前主管的一貫信任，成為小米的第 8 號員工。

　　同時期加入小米的，還有胖胖的屈恆。他在 1999 年以高考 639分的成績考進北京航空航太大學電腦系，後來進入金山公司，做的專案是手機上的金山詞霸。他的小組會做一些授權工作，把詞霸的版權出售給很多手機公司，比如摩托羅拉、諾基亞和索尼愛立信，然後得到營收。但是，隨著行動互聯網的興起，屈恆感受到了壓力。大家越來越不習慣在手機上安裝完整的字典，網易有道線上字典就是在那個時候出現的。這一切，不僅促使金山詞霸進行轉型，也促使屈恆加入了雷軍的新公司。

　　秦智帆是金山的使用者介面設計師，早期一直和黎萬強學習介面互動技術。 2009 年，金山詞霸不僅有 PC 版，也開始有了手機版。在金山工作期間，他在實際操作中開始真正體會什麼是使用者介面。黎萬強會手把手地指導他怎麼做出半透明的圖示。在這之前，在西北大學學習設計的秦智帆對於介面設計的理解完全基於審美，在金山工作幾年後，他終於理解，使用者介面不僅僅是視覺方面的體驗，把互動做好，才是真正的使用者介面，介面互動是一個很綜合的事情。在金山期間，黎萬強發現秦智帆海報做得不錯，於是讓他包攬了所有內部海報的製作任務。

　　當時進入創業公司的唯一一名女孩叫管穎智，大家喜歡叫她小管。當年她二十五歲，研究生畢業後在一家國企上班。因為大三的

時候在金山實習過，所以她和金山團隊比較熟悉。2009 年年底到 2010 年 3 月，當雷軍的創業團隊達到十幾個人的規模時，行政和人事的需求自然而然出現，黎萬強想起了管穎智，便把她叫來面試。

面試竟然是雷軍親自進行的，這在當時的小管看來簡直不可思議。當年在金山實習時，雷軍是最大的領導者，她只是聽說過這個人，從來沒有見過。面試時，管穎智和雷軍談起了自己在研究生時期參加「挑戰杯」中國大學生創業計畫競賽的經歷。當年她在中國地質大學人文經管學院就讀，卻和計算機學院的同學一起合作做了單晶片商業化專案。這個專案在「挑戰杯」競賽中獲得了北京市二等獎。

小管加入創業公司之後，做的第一件事情就是替未來的辦公室做個簡單的裝修。她和秦智帆一起，背著大書包整天泡在宜家，為辦公室選擇辦公家具。創業公司最初的辦公室選在中關村銀谷大廈 807 室，辦公室有 400 多平方公尺（約 121 坪），看起來空空蕩蕩。

據說，這個辦公地點的選擇讓創始人們煞費苦心，它位於 Google、微軟和金山的中間地帶，目的是方便未來的員工招募。

新來的年輕工程師們已經開始寫代碼了。雷軍設計了幾款 App，讓團隊迅速開始磨合練兵。大家一起做了幾個產品練手，其中一款 App 叫作「司機小蜜」，司機可以用它在手機上查詢違章紀錄。另一款 App 叫作「小米分享」，是一款為安卓用戶提供線上分享的手機鈴聲、桌布、音樂、電子書和簡訊的開放平臺。還有一個產品叫作「迷人瀏覽器」，是一款基於 WebKit（開源的瀏覽器引擎）內核，全面符合中國用戶使用習慣的瀏覽器。當時程式設計師們有兩個據點，一個是清河橡樹灣的上島咖啡，這個地方離劉新宇

家比較近。另一個是回龍觀附近的上島咖啡，這個地方離屈恆家比較近。他們就像一支新組成的足球隊，正在進行密集的訓練，年紀相仿的他們，也在這種磨合中迅速熟悉起來。

還有很多時候，他們會聚在保福寺橋附近的星巴克裡寫代碼。晨興資本的賴曉凌對這一段游擊創業的日子記憶猶新。早上 8 點 30 分，一群年輕的工程師準時來到星巴克的一個角落，每人點一杯咖啡，然後在那裡坐一整天。因為一天裡不能喝太多咖啡，很多人中途還會出去買瓶水。黎萬強對這段日子最深刻的記憶是，為了鬧中取靜，每個工程師都配有降噪耳機。賴曉凌常常打趣黃江吉和黎萬強：「星巴克怎麼到今天都沒有驅逐你們？」

「黑米」這個名字最終還是被否定了。新來的工程師們都加入了為公司命名的民主討論當中。大家最後確定了幾個取名的原則，比如一定要親民，讀起來朗朗上口，讓人印象深刻，一定要是中文，不需要奇怪的英文翻譯。終於，博覽群書的雷軍想到了他最喜歡的一句話——「佛觀一粒米，大如須彌山」。當有人提議把公司叫作「大米」時，投資人劉芹說：「互聯網天生迴避大而全，我們不取大，取小，我們就叫小米吧。」這個平實且簡單的名字，立刻贏得了所有人的認同。

就這樣，小米公司誕生了。

後來，雷軍進一步闡釋了這個名字的涵義：小米中米的拼音是 MI，可以進一步闡釋為 Mobile Internet，即行動互聯網；MI 也可以理解為 Mission Impossible，表示小米要完成不可能完成的任務。在公司名稱最終確定以後，雷軍向所有人宣告，小米將是他工作的最後一家公司，這是他作為公司創始人的一個承諾。

　　小米公司於 2010 年 4 月 6 日搬入銀谷大廈。對於那一天，大家記憶猶新。公司的行政兼人事主管管穎智按照黎萬強的要求，提前準備好了一個簡單的開幕儀式所需要的東西：吸收裝修氣味的黃金葛已經擺放到位，白色紙碗和蛋糕也擺放在桌子上，還有手持禮炮。她還提前和物業打了招呼，等等可能會送來幾個簡單的花籃。

　　4 月 6 日凌晨 5 點，黎萬強的父親激動得睡不著覺，就起身用一個很大的電鍋煮了一鍋小米粥。早上 10 點，這鍋煮了將近五個小時的粥被一輛轎車運到了銀谷大廈 807 室。所有的創始人和員工都到了，投資人代表劉芹和賴曉凌也到了。熟悉的人相互聊天，不熟悉的人相互介紹。大家都在等待著熱氣騰騰的那一刻。

　　最終，小米粥被搬了進來。白色紙碗派上了用場，管穎智分給了每個人一碗，大家端起碗來合影留念。那一天，大家都穿得極其

普通，和平日一樣。雷軍也穿著他常穿的那條深藍色牛仔褲，一件凡客誠品的條紋襯衫，外面套著一件黑色的皮夾克。可能是因為剛剛創業、事情繁多，他的頭髮沒有及時剪，顯得有點長。

捧著那碗小米粥，雷軍說：「今天，我們正式走上了創業的道路。」就這樣，決心為發燒而生的小米公司成立了。大家歡樂地拉響了自己手中的拉花禮炮，聲音挺大，把物業公司的人都招來了。

那一天看起來如此平淡，甚至有一點鬧哄哄的。拉花禮炮炸得滿地都是，很多人幫忙清掃完散落一地的禮炮碎屑之後，就找到自己的座位開始工作了。

一家嶄新的公司，還有太多事情，在前面等著他們。

創始人逐漸靠攏

在很短的時間內，小米的融資工作就結束了。除了晨興資本投資的 500 萬美元，創始團隊一共投資了 500 萬美元（其中雷軍投入了 400 多萬美元，加上林斌的 75 萬美元，以及黃江吉和黎萬強投入的部分現金），這就是小米設計的天使輪投融資方案至 1000 萬美元的融資額，以及 2500 萬美元的估值非常快就塵埃落定了。而投資界一些熟悉雷軍的朋友，聽聞雷軍已經在創業界「重啟」，迫切地希望為自己的機構爭取一些投資份額——比如啟明創投的童士豪。

在啟明創投工作期間，童士豪和雷軍在三年裡共同投資了四個專案。雷軍的極客風格給童士豪留下了很深的印象。他發現，雷軍對趨勢的分析很透徹，他們一起投資的專案成功機率都很高。他甚

至一度想把雷軍推薦給啟明創投，讓雷軍當自己的老闆。

在小米剛剛成立後的一次朋友小聚中，雷軍把童士豪約到盤古七星酒店喝咖啡。在這次見面中，雷軍把手頭正在做的事情向童士豪介紹了一下。

童士豪的身高有 190 公分，看上去高大威猛，說起話來聲如洪鐘，卻帶著綿軟的臺灣韻味。站起身來，他氣勢如虹，讓人感覺面前站著一堵高牆。生於臺灣的童士豪十三歲時隨父母移民美國，本科就讀於史丹佛大學，之後加入美林證券。2007 年，童士豪加入啟明創投。

童士豪回想起和雷軍這一天的談話，感覺自己在前半個小時幾乎是處於震驚的狀態。他在想，面前的這個人是不是瘋了？歷史上還沒有任何一家公司是從零開始把手機做成功的。iPhone 是因為有了 iMac、iPod 才殺入手機市場的，摩托羅拉是有了其他業務之後再加入新業務的。從零開始做手機，這個想法真的很瘋狂。

半小時後，童士豪冷靜了下來，因為他發現面前的這個人已經把新公司的營運模式想得很細緻，邏輯也很通透。最重要的一點是，他是雷軍，他對趨勢一向敏感，而讓童士豪選擇相信的原因，大多是基於之前合作的成功經驗。童士豪的大腦飛速運轉：如果按照雷軍的軟硬一體、鐵人三項的設想，他的創業團隊應該具備什麼樣的素質？最後，童士豪得出結論：這個團隊要懂互聯網、懂軟體、懂電商，還要懂硬體製造。而雷軍除了沒有做硬體的經驗以外，其他領域全部涉足過。童士豪相信，憑藉雷軍的影響力，一定能夠找到合適的硬體負責人。

在和雷軍交談的第二個小時，童士豪已經認定雷軍的商業邏

輯，儘管雷軍此時並沒有融資的訴求，但是童士豪決定在啟明內部引入這個專案。

在程式設計師們終於擁有自己的辦公室、結束游擊式寫代碼的生涯之後，大家對業務的推進也逐漸走上日常軌道。雷軍和幾位創始人決定，先從打造團隊最擅長的手機作業系統開始，等到作業系統做到優化、流暢、普及之時，再切入手機硬體製造。這是由軟到硬，從易到難的思路，也是創業者最熟悉的路徑。

因為公司已經有了小米這個名字，所以作業系統自然而然地被稱作 MIUI。

這個專案由黎萬強帶隊。工程師們從深度客製化安卓手機系統入手，研究如何做好這款刷機 ROM（系統套裝軟體）。當時手機市場水貨橫行，這些水貨一般都是英文作業系統，需要把它轉換成中國人習慣的中文作業系統才能使用，這個轉換的動作，叫作刷機。為了提供與眾不同的手機操作體驗，當時刷機軟體風行一時，但很多刷機軟體都是個人和一些小團隊做的，他們沒有實力或者持續的精力來真正地做好底層優化。而這正是 MIUI 團隊想攻克的東西。可以說，做最好的刷機 ROM，讓手機狂熱者愛上這款作業系統，是 MIUI 的初心。

因此，為發燒而生，成為 MIUI 誕生的起點。

位於銀谷大廈的小米辦公室也因此「發燒」起來。MIUI 團隊裡的工程師很多都來自微軟的 Windows Mobile 團隊，以前囿於大公司的流程，工程師們很多事情無法自主，很多想法也無從實現。而現在，他們一改往日的克制，彷彿來到了廣闊天地，每天都在自由世界翱翔著。他們熱絡地討論著每個功能該如何優化，做著他們最

想做的事情，熱情無比高漲。

　　與此同時，新的創始人加入，也為團隊帶來了士氣。儘管離職手續還在辦理當中，但是 Google 的前高級產品經理洪鋒已經來到新的辦公室開始工作。洪鋒是林斌在 Google 期間的下屬，是 Google 中國的高級產品經理，他們曾經一同打造了 Google 音樂這個產品。林斌認為洪鋒具有相當不錯的產品思維，所以邀請他加入小米公司。

　　洪鋒是一個極其沉默寡言的程式設計高手，他不喜歡說話，但是只要說話，總是直擊要點，具有總結陳詞一般的效果。

　　他從 2005 年開始在 Google 總部工作，深受 Google 開放文化的浸染。讓他最受觸動的就是 Google 的開放文化以及公司內部充斥著的那種濃濃的公民意識。每個星期五，Google 舉行 TGIF[9] 派對，在這個派對上，所有的 Google 員工都可以和創始人對話，除了涉及法律層面必須保密的事情，員工可以不受限制地提出自己的問題，包括董事會上董事們做了哪些戰略討論，公司有哪些決定，以及做出這些決策的前因後果。如此一來，Google 的員工對於整個公司的方向有一種約束性，對於哪些事情能做，哪些事情不能做，員工們有表達自己意願的權力和勇氣。洪鋒後來說，你很少看到公司因為接了一個很賺錢的政府專案，然後員工揭竿而起的事情，但是在 Google，這樣的情況非常常見。

　　作為工程師，可以選擇參加 20%的自由時間的專案。洪鋒用這個時間參加了後來一鳴驚人的 Google 街景專案。由於要親自上街收集很多數據，Google 的工程師把一輛普通的轎車進行改裝，車頂捆

9　Thank God, It's Friday 的簡稱。

綁了一圈的照相機。由於車上的電源轉換器無法提供大量的電，車上還架了一輛柴油發電機發電。每一次工程師們替轎車加汽油的時候，還得替車頂上這輛柴油發電機加柴油。看上去是奇酷有趣的過程，其實在專案進行中狀況頻出。這輛長相奇怪的轎車冒著黑煙在山景城附近亂跑，經常引來員警攔截盤查。有的時候，車輛在外面跑了一天，但是發現裡面搭載的硬碟裝置因為經歷了太多顛簸已經報廢，數據也沒有收集成功。可以說，Google 街景後來的一鳴驚人，是工程師們用一天天的大冒險換來的。

在矽谷工作了幾年的洪鋒，因為 Google 中國的成立而回到了中國。

當雷軍透過林斌見到這位沉默寡言的工程師時，雷軍的本意是面試一下未來的共同創始人，沒有想到的是，平日裡少言寡語的洪鋒這次竟然一反常態地說了很多話。他準備了上百個問題來問雷軍，而這些問題甚至比雷軍對自己提出的問題都要細緻。與其說，當天是雷軍在面試洪鋒，不如說是洪鋒在面試自己將來的老闆。

最後，洪鋒依然用他總結陳詞一般的風格總結了這次交流：「可以說，這件事情足夠好玩，夢想足夠大，從邏輯上講，足夠靠譜，因此可以挑戰一下。也可以說，這件事情足夠不靠譜，從規模和瘋狂程度上來說，是絕對的不靠譜。但是這很有挑戰性，我決定來挑戰一下。」

洪鋒來到小米之後，為整個團隊帶來了更高一層的極客感。他帶來了一個自製的智慧型機器人，是用一款吸塵器改裝而成的。宜家的洗菜籃子被做成了腦袋，兩個白色垃圾桶做腿，中間安裝一塊螢幕，下面有一個吸塵器轉盤。洪鋒是上海人，每次他回上海的家

時，就用電腦遠端操控機器人。辦公室地面不平，機器人移動時偶爾會被卡住，這時洪鋒的聲音會從螢幕裡面傳出來：「哥兒們，哥兒們，幫忙搬一下。」身邊的人這才回過神來，趕緊幫著機器人挪動一下身體。

MIUI 的系統開發進展得很順利。雖然時間尚短，但是已經有一些狂熱者看到了 MIUI 的誠意。可是問題也隨之而來，當越來越多的狂熱者刷上 MIUI 系統，在驚嘆 MIUI 的快速、美觀和人性化的同時，有時也會遇到系統卡頓的問題。畢竟一個軟體和第三方硬體適配，總是會出現這樣那樣的問題。於是，一個戰略的實施比預想的時間提前了，那就是小米必須盡快做出自己的手機，讓 MIUI 完美地運行在自己的硬體上。

但是這時候的小米，還沒有一個人有硬體相關的經驗。

正式進軍硬體

與資本的對接工作持續進行著。小米的專案在啟明創投的內部稽核沒有童士豪想像的那樣順利，甚至可以說遭遇了一些壓力，導致第一輪內部稽核沒有獲得通過。很多第一次接觸這個投資專案的年輕人，覺得它野心巨大，風險巨大。

童士豪把雷軍、林斌和黃江吉一起邀請到上海，來啟明創投的總部和員工交流思想。童士豪回憶，那些當年還年輕的投資人就像今天的 90 後一樣，個性十足，提出的問題非常犀利，完全不懂和前輩們拍桌子。而林斌對此的回憶是，與和晨興資本的見面會相比，

這個見面會顯得非常正式，問題一個接一個，中間雷軍還出去抽了一根煙。

在這輪情緒不高的見面之後，雷軍內心已經暗暗決定，小米的天使輪融資不再接受任何新的機構投資者。而童士豪非常堅持，他以個人投資者的身分對小米進行了 25 萬美元的投資。

洪鋒的加盟不僅為小米這家新創公司加入了互聯網的元素，他還向雷軍引薦了他在美國讀書時的好友——劉德。這是為未來的手機工業設計挑選的頂級人才。

有趣的是，出生於 1973 年的劉德彼時從未涉足過互聯網和科技界的江湖半步，一直活躍在工業設計圈的他，到 2009 年還不知道雷軍是誰，更不知道行動互聯網是什麼。所以，當洪鋒邀請他從美國回來和雷軍談談的時候，劉德只是把這當成了人生中最普通的一個邀約。

劉德是北京人，從小對畫畫有濃厚的興趣，直到今天他還可以輕鬆地畫出齊派的水墨畫。他最喜歡一些藝術作品中夾帶的失控感，認為那才是真正天才顯現的時刻。

劉德在考大學時，選擇了一個和畫畫沾邊的專業——工業設計。他上大學那時候，工業設計專業還處於中國院校創辦此類專業的早期，學校只是把教授機械工業的老師和教授美術的老師調集在一起為學生們上課，能傳授給學生們的專業知識非常有限。於是劉德成立了「612 工作室」，讓宿舍同學從晚上 6 點～ 12 點自學。那個時候，劉德和他的同學們已經開始研究怎麼參加國際比賽了。

有一年，日本大阪設計大賽舉辦了一個題目為「飄」的國際設計比賽，劉德也提交了自己的設計——用很多大容量可樂瓶組合捆

綁在一起做成的一張漂浮床。那時候國內還沒有列印設計作品的概念，電腦也不是很普及，劉德就用馬克筆畫了一張草圖寄過去。最終這個設計獲獎了，評委會的評語是：它用非常輕鬆的方式表達了設計者的前衛理念。劉德後來理解，設計最終是文化之爭。當時中國的設計水準還相對落後，設計師必須努力提升自己，才能跨越文化的鴻溝。

劉德畢業後留校當了老師，後來成為北京科技大學工業設計系的系主任。他還用業餘時間開了一家設計公司，做過很多「瘋狂」的專案。

後來劉德一路輾轉，在 2003 年來到美國頂級的藝術院校 —— 美國藝術中心設計學院求學。這一年，劉德三十歲。考上這所學校意味著在工業設計的教育領域登上頂峰，在美國求學的這段時間裡，他經歷了西方文化的洗禮，也接受了最大密度的訓練，弄壞過兩臺印表機。他在那個時期畫的設計圖，疊起來有自己的身高那麼高。他第一次知道，原來設計是可以量化的，所有的配色不是靠憑空感受，而是有理論依據和具體邏輯的。學校也經常會邀請一些知名企業帶著他們的真實需求而來，學生們要和這些大公司合作具體案例，實實在在地為他們做出合理的設計。在劉德眼裡，美國藝術中心設計學院不僅是教學生怎麼成為一個好的設計師，還要把學生培養成一個好的企業家和戰略家。

當洪鋒邀請劉德到北京聊聊的時候，劉德其實也正在思考是否回國的問題。 2003 年他決定離開北京去西方尋求更開闊的視野時，大量的外國設計公司正在進入北京。而到 2010 年，他已經在美國沉浸了七年時間，回國的願望越來越迫切，因為在他心中，未來的

大勢還在中國。

當雷軍邀請劉德加入新公司時，劉德其實並不知道雷軍的影響力。站在銀谷大廈某個辦公室等待雷軍的劉德，顯得和高科技環境絲毫不搭。他是一個工業設計師，喜歡在安靜的環境中獨處，因為曾經教書育人，他的身上有著一種高校老師的氣質。

當軟體人才和設計人才均已到位，對硬體人才的需求就顯得更加急迫了。雷軍急需一個懂得做手機硬體的負責人，來統領小米手機這個專案。儘管在軟體行業裡，雷軍的名字幾乎無人不知，但是在硬體領域裡，他的名字對大家來說還很陌生。軟體和硬體，似乎天然地成為彼此隔絕的兩個天地。

為了在自己不熟悉的領域招人，雷軍和林斌發明總結出了一套用 Excel 表格來管理候選人的獨特招聘方法，並且沿用至今。首先，他們會請身邊的熟人推薦適合某個職位的候選人，然後在面試這位候選人時，再請他推薦三位他認可的潛在候選人，他們會把這三個人的名字加入表格。以此類推，Excel 表格不斷得到擴充，隨著時間的推移，他們會對這個行業的人才越來越了解。

但是在聯繫過一百多位手機行業的研發人員後，雷軍和林斌依然沒有找到理想的手機硬體專案負責人，這讓兩個人都很焦急。

曾經有一個候選人其實已經接近面試成功，他在摩托羅拉工作了十幾年，在技術方面是個高手。雷軍為了邀請他加盟，一個多月找他聊了五次，一次平均談十個小時。但是當候選人終於答應進入小米，雙方開始談薪資待遇的時候，雷軍發現，這位候選人不僅不願意放棄外企的薪水，還特別在意自己一年休假的天數，對股票和選擇權卻抱著無所謂的態度。這讓雷軍最終選擇了放棄。雷軍堅

信，一個不具備創業心態的人，技術上再優秀，也不是他想要的人。他需要一個能夠全情投入的創業者。

2010 年 9 月的一天，已經為尋找硬體共同創始人忙了近兩個月的雷軍和林斌，來到五道口的「醉愛」餐廳吃飯。林斌告訴雷軍，他最近遇到了一個叫周光平的硬體負責人，看起來很合適，他們的女兒在同一所學校上學，因此有機會見過幾次面。林斌接著介紹，周光平是個技術人才，曾任美國摩托羅拉總部核心專案組的核心專家工程師、摩托羅拉北京研發中心高級總監。他曾經參與組建摩托羅拉北京研發中心並全面負責北京研發中心硬體部技術管理，領導了很多 GSM、CDMA 和 3G 手機的研發，比如摩托羅拉 A1600、Ming A1200、A78 手機。2008 年，他離開摩托羅拉，成為戴爾投資的一家叫作星耀無線產品的研發副總裁，負責戴爾全球手機的開發，同時也領導戴爾手機和 ODM 廠商的合作。可以說，這是一位對手機研發和供應鏈都非常熟悉的專家。

聽了周光平的履歷，雷軍說：「這個人跳槽時間不長，我感覺再跳槽的可能性不大。」林斌說：「試試看。」「我明天要出差，要不然你先和他聊聊？」「可以。」

林斌說，他和周光平的交流溝通有些出人意料地順利。第一次見面，周光平就答應林斌會加入小米公司，這讓林斌有些喜出望外。之後周光平又和雷軍聊了幾次，最終確認了到職時間。後來林斌才知道，當時戴爾的高層對做手機這件事情一直搖擺不定，這讓周光平的團隊處在各種激烈討論的漩渦當中，很不開心。見到林斌之前，周光平已經完整地搜尋了雷軍的履歷和網路上有關小米的消息，早就已經猜到了林斌的來意，因此雙方的溝通格外順暢。周光

平入職小米後，負責硬體研發和 BSP（開發板支援套裝軟體）部門。最讓人驚喜的是，他帶來了一支由十幾名頂尖工程師組成的硬體團隊，他們將成為打造小米第一款手機產品的黃金團隊。

周光平的加入使得小米最早的七位創始人最終聚攏。這是一支被外界形容為臥虎藏龍的超豪華團隊，其中五位有工程師背景、兩位有設計師背景，而且五人是海歸。他們來自微軟、金山、Google 和摩托羅拉，大多數人都管理過幾百人的團隊。從此刻開始，這些人希望為中國市場打造一款與以往完全不同的產品的野心，有了可以施展的天地。

就在小米公司這段緊張忙碌的招聘和籌備期間，全球智慧型手機市場又有了飛速發展。蘋果在 2010 年 6 月發布的 iPhone 4，毫無懸念地成為全球備受關注的一款智慧型手機，而在 2009 年還排不進

全球前五大作業系統的安卓，在眾多手機廠商的支持下，此時已經成為最大的贏家。

2010 年，安卓在美國成為第一智慧型手機平臺。到 2010 年第三季度，安卓在亞洲擊敗了一直領先的 Symbian 系統，排名手機作業系統第一位。摩托羅拉在這一年推出了 Defy，HTC 推出了搭載安卓系統的 G7，成為 HTC 有史以來最暢銷的智慧機型。Galaxy S 成為三星安卓智慧型手機一個很重要的起點，它讓三星從此成為安卓陣營裡不可忽視的一股力量。

與此同時，一些老牌霸主的防禦性措施也頻頻出爐。為了對抗 iPhone 和安卓，微軟推出了 Windows Phone 系統。而對於諾基亞來說，真正的危機似乎在這一年也到來了。在每況愈下的市場反應下，諾基亞於 2010 年 9 月 21 日宣布，諾基亞原總裁兼 CEO 康培凱（Olli-Pekka Kallasvuo）將由前微軟商業部門總裁史蒂芬·埃洛普（Stephen Elop）代替。

在功能機到智慧機躍遷的這一年，預言者已經預見到智慧型手機將對人類生活做出重要改變。網路人類學家安柏·凱斯（Amber Case）在 2010 年的 TED 演講中說：「智慧型手機已經不僅僅是我們口袋裡的一個設備，它還是更接近於我們自身的數位延伸。這是人類歷史上第一次，我們和智慧型手機以這種方式聯繫在一起。」

在中國市場上，智慧型手機的風口清晰可見，iPhone 4 進入中國市場後掀起了一陣熱潮。HTC 正式宣布進入大陸市場，代替多普達全面接管其在中國大陸市場的相關業務。而國產手機也紛紛進入搭載安卓系統的競爭領地，聯想、酷派、中興各自都有智慧型手機產品上市。在軟體方面，這些廠商多用自己開發的系統。而單純

嘗試軟體的公司，也在這時候湧現出來。例如李開復博士成立的創新工廠，正在孵化一個叫作點心的創業公司，該公司和第三方手機廠商合作，目標是推出一個既便宜又好用，適合年輕互聯網用戶使用的手機平臺，而這個產品曾經被認為是最有可能成為 MIUI 競爭對手的產品。

此時，小米已經意識到只做軟體最終會受制於人，也釐清了自己的優勢和未來可能面臨的問題，由此更加確定軟體與硬體必須一起做的想法。

2011 年 3 月，晨興資本的賴曉凌提供了最新一版小米科技的介紹。這份文件裡清楚地列出了小米科技在過去六個月所取得的進展，也披露了尚未問世的小米手機的配置，比如，高效能、超級省電、重新定義撥號簡訊聯繫人、支援多種音樂播放格式、可取代數位相機的相機品質。

在這份內部文件的最後，赫然寫著小米公司面臨的挑戰：第一，資金門檻；第二，供應商關係。

果不其然，供應商關係，成為小米公司下一步高速成長最迫切要解決的問題。

第三章 ¨ 新物種誕生

具有魔力的參與感

再次創業，雷軍刻意選擇了低調。他知道外界一定會對「雷軍的再次創業」這個話題倍感興趣，一旦公布消息，他馬上就會成為媒體的焦點，這會為整個團隊，包括他自己，帶來巨大的壓力。他曾經做過調研，如果創業者二次起跑時過於高調，往往會導致動作變形。因此，這一次，他選擇低調，希望用產品說話。

與此同時，所有的員工也都簽訂了保密協議，甚至很多員工的家屬都不知道他們在什麼公司工作，具體在做什麼。家裡人只是隱隱約約地知道，他們加入了一家軟體公司，做的東西好像很神祕。

雖然表面看起來風平浪靜，但是小米公司內部正在如火如荼地進行一場革命。幾個月來，一些背景不同又個性強烈的年輕人不斷加入公司。此時的小米求賢若渴，創始人們恨不得網羅全中國最優秀的工程師馬上加入小米，這讓他們對人才的強烈個性很寬容。比如，一名叫彭濤的產品經理，面試的時候直接告訴黎萬強，她可以經受住強度最大的工作，但是每年都要允許她去日本看彩虹樂團的演唱會，她才願意加入。類似這樣的要求，黎萬強都答應了。

銀谷大廈 807 室很快就熱鬧起來，這些年輕人聚在一起，每天對手機痛點進行排序篩選，然後進行大腦風暴，希望以最快的速度

解決使用者使用手機時的各種問題。這裡充滿了不可思議的民主，人們演講、討論、爭辯，甚至經常有人摔門而出。

　　一些剛到職的軟體工程師，通常是剛走進辦公室，就被 MIUI 的開發模式震撼了。

　　剛剛開始打造 MIUI 時，工程師們首先要讓系統快起來，讓使用者感受到順滑流暢。於是，工程師和產品經理需要持續優化桌面的動畫幀速，從每秒 30 幀到 40 幀，再到 60 幀，每一次滑動的時長在不斷縮減。另外，產品經理和工程師需要把打電話、傳簡訊這些核心模組的功能一點一點打磨到最好，讓人們體會到妙不可言的舒適感。比如，傳簡訊給常用的連絡人，一般的系統要用 3 ～ 5 步，MIUI 必須只用 2 步完成，而且過程需要特別人性化。再比如，MIUI 試圖讓使用者不用看手機螢幕就能以最快速的方式調出手電筒，然後只要一鬆手，手電筒的燈光就自動熄滅，不用刻意去關。此外，「好看」的訴求應運而生，所有的一切必須賞心悅目，就連主題桌布都要千姿百態，設計師們屢屢被「美」的要求逼到極限。

　　但是，和其他系統開發的模式不同，對於如何改善和優化產品，小米的產品經理和工程師們都是與用戶直接溝通的，這是一個開先河的系統開發模式。每個小米員工都有一個論壇帳號，無論是工程師、產品經理，還是設計師，都必須登錄 MIUI 論壇，即時和用戶交流使用體驗。在得到真實的使用回饋後，他們會有針對性地對系統和介面進行修改。雷軍也有自己的帳號，他天天潛伏在論壇裡，把自己叫作──小蝦米。

　　這種開發模式得益於雷軍最初對行動互聯網的設想──手機作業系統必須用互聯網的模式開發。這是因為，互聯網的極致都是在

快速疊代中產生的。早在 2008 年，雷軍就總結出了互聯網的七字訣：專注、極致、口碑、快。其中，專注和極致，是產品目標；快，是行動準則；而口碑，則是整個互聯網思維的核心。雷軍認為 MIUI 應該打造一個手機作業系統的維基百科，讓人人參與成為現實，而產品的擴散傳播不應該依靠廣告投放，而是基於口碑。在這種期待之下，雷軍希望替整個產品打造一種氛圍 —— 人人都是產品經理。

「做 MIUI 系統，我們能不能也只依靠口碑傳播？」雷軍問黎萬強。

於是，黎萬強有了主持 MIUI 時的第一個瘋狂想法 —— 能不能先打造一個十萬人的互聯網開發團隊？而這個開發團隊的成員，絕大多數來自用戶。

黎萬強開始滿世界泡論壇，尋找資深用戶，每天在一些知名的安卓論壇上灌水、發廣告，被封號之後就換個帳號繼續發帖。早期用戶就是這樣被黎萬強一個一個從不同的手機論壇上拉過來的。

到 2010 年 8 月 MIUI 第一版發布時，論壇上已經匯聚了一百名核心用戶，他們都是頂尖的手機玩家，對用戶體驗有著獨到見解。他們熱衷新鮮事物，對系統不斷提出自己的想法。為了表達對這一百名核心用戶的濃烈感情，一名叫梁峰的設計師甚至把他們的名字寫到了開機畫面上，MIUI 團隊還為這個開機畫面取了一個名字：「感謝你，勇敢的上帝」。

不論是來自 Google、微軟，還是金山，這些年輕人都有豐富的產品開發經驗。但是無論是誰，都沒有經歷過這種工作方式。黃江吉說，即便是在全球頂級的軟體公司微軟裡，也沒有人和用戶連結

得如此緊密。

小米的年輕人也對這種流程革命倍感興奮。產品經理許斐原來是 Google 中國的產品經理。 2005 年畢業於清華大學的她，經過幾輪殘酷的魔鬼面試，才進入夢寐以求的公司──Google 中國。她是一個性格活潑、愛說愛笑，總是有新奇想法的長髮女生，希望在 Google 中國大幹一場。但是 Google 的工作節奏卻讓她頗不適應，產品的開發需要和總部同事不斷約時間，當好不容易做好產品定義，把產品原型交給設計師時，又開始了新一輪的約等和討論。「當所有的事情以月和季度為單位時，想幾週做成一件事情非常困難。」她說。在 Google 中國工作的幾年裡，她最得意的一件事情是，只花了兩週時間和 Google 總部溝通，就推動了一個拜年簡訊的產品功能在中國發布。這對於 Google 來說已經是一個不可想像的速度了。

許斐進入小米時二十八歲，她是放棄短期之內生孩子的想法，毅然決然進入小米的。到職之後，許斐發現，在這裡，產品疊代的速度幾乎在即時進行，那些曾經束縛她的東西都沒有了。她面對的狂熱者都是手機專家，這些人向她源源不絕地輸送了創意和靈感，作為產品經理，這是一種幸福到起飛的感受。手機的鎖定畫面是往上滑還是橫向滑？有的用戶說為什麼不能讓我自己定義？好的，那就乾脆讓使用者自己定義鎖定畫面，產品經理們將這個設計稱為「百變鎖屏」。在這裡，許斐和夥伴們感到心靈的枷鎖被打破了，整個人都在放飛。辦公室裡經常能聽到她爽朗的大笑聲，有人挪揄她，能不能不要笑得跟大嬸一樣，後來，同事們送給她一個親切的外號──「許嬸兒」。

同樣來自 Google 中國上海辦事處的金凡，也體會到了這種前所

未有的「爆爽」感受。在 Google，一個使用者介面的改動都需要總部某位高管批准，流程的限制不言而喻。而一進入小米，金凡就在用戶回饋——篩選痛點——把回饋做成產品——發版這個過程中，迅速找到了一種以前只有在電子遊戲中才能感受到的快感——即時正向回饋。他說：「在遊戲裡，你槍擊一個蘋果，蘋果會立即一擊而碎，人們的欲望在此時得到滿足，這就是人們沉迷於遊戲的心理機制。」那是還沒有米聊和微信的年代，金凡沉浸在這種令人沉迷的「遊戲」裡，他在 MIUI 上開發了簡訊拜年的優化體驗，用戶在群發拜年簡訊的時候，可以自動插入對方的名字，解決了群發簡訊千篇一律的痛點。

孫鵬是負責底層系統的工程師，統領 MIUI 整個底層系統的開發。他做 Windows Mobile 時那種浩大而傳統的開發方式在小米被徹底顛覆。在小米，他執行著敏捷開發的制度，每天早上和大家站在工作崗位旁，用幾分鐘交流一下今天要做的事情，然後大家坐下分別開始工作，據說這借鑑了豐田的動態系統開發方法，可以最大限度地提高開發效率。在小米這樣的氛圍裡，孫鵬在足球場上的「兇猛」性格被淋漓盡致地顯現出來，他心直口快，遇到什麼問題都很直接，經常和產品經理甚至公司合夥人據理力爭。他曾說過一句名言：「MIUI 更新發版，（代碼品質問題）雷軍說了不算，我說了才算。」因此，除了「皮總」之外，孫鵬又被同事們送了一個「孫大嘴」的美稱。

不僅僅是來自外資互聯網公司的工程師們感受到這種開發流程的劇變，來自本土的軟體公司金山的工程師，同樣面臨著觀念的洗禮。屈恆當年負責金山詞霸的開發，習慣了其特有的開發節奏——

一年只做一個版本。通常來說，這種開發節奏是固定的，前期調研就需要半年，實際開發再做 6～9 個月。而 MIUI 這種每週發布、每天發版的節奏，對於他來說簡直是不敢想像。

隨著產品每週疊代節奏的制定，「橙色星期五」應運而生。除了工程師寫的代碼之外，產品的需求、測試和發布都開放給用戶參與，MIUI 的許多功能設計都透過用戶討論和投票來決定。每個星期二，MIUI 請用戶提交四格體驗報告，工程師們彙整出上一週哪些功能是用戶最喜歡的，哪些功能令人失望，還有哪些功能正受到廣泛期待。

小米設置了一個叫作「爆米花」的獎項來激勵那些得票最高的功能開發者。週五下午，這些得票最高的工程師會得到一桶管穎智購買的爆米花作為獎勵。通常，得獎者會把爆米花桶捧在手裡，然後繞著辦公室遊走一圈，這對於開發者來說是最高的榮譽。相對應的，是一個叫作「豬頭獎」的獎項，這是給那些在本週製造了 bug（漏洞）、影響了用戶體驗的倒楣蛋們的。豬頭其實是個綠色的毛絨靠墊，一旦獲此「殊榮」，綠色的豬頭將放在獲獎者的椅子上一週，以發揮警示作用。

因為所有的評價機制都來自用戶，因此無論是工程師還是產品經理，都產生了強烈的自驅力。能在週五得到一桶爆米花的人，簡直就是漫威英雄；而被迫舉起綠色毛絨豬頭的人，基本上就是顏面掃地，雖然大家只是起哄笑一陣，但也會給拿到豬頭的人一種無形的壓力。他們深知，在社區中，在微博上，如果做得不好，用戶的罵聲會非常刺耳，他們只有知恥而後勇，努力改正錯誤，才能找回顏面。

　　就這樣，負責底層系統的工程師、負責核心 CSP（手機核心通訊工具──通訊錄、簡訊和電話的統稱）的產品經理、負責桌面和小工具的設計師們組合在一起工作。那是 MIUI 一段陽光燦爛的日子，組織結構極度扁平、文化極度開放、氣氛非常炸裂。

　　很多早期員工回憶起這段日子，都覺得那是一段有著不可思議的民主、每天靈感無數、天大地大轟轟烈烈的日子。大家為了好的想法而競爭、辯論，甚至一氣之下摔掉手機。人們興奮、忙碌，經常凌晨兩三點下班。爭吵簡直就是日常工作中的一部分，也是工程師和產品經理在做專案的時候經常會遇到的情況。一個個新功能的發布，通常是先由產品經理設計出互動原型圖，然後交由系統工程師來具體實現，而矛盾也經常由此產生。

　　「這個功能為什麼要做？」

　　「你這麼設計互動，看上去很傻。」

　　「這個功能很好，但是從底層進行系統設計時，根本做不到。」

　　很多時候，產品經理覺得是很好的設計，卻被工程師否定了，因為工程師認為自己更懂產品。通常大家會坐下來平心靜氣地解決問題。但是偶爾，產品經理要艱難地跨越產品經理和工程師之間的「鄙視鏈」，雙方最後都怒不可遏。在爭吵時，他們聲嘶力竭，用詞犀利，而且經常想把對方「裝進麻袋」。

　　每週二的發版會，通常是爭吵最激烈的時候。這一天，大家要提供一個用很清晰的文字描述的「本週更新」，之後，激烈的巔峰對決總是不可避免。大家為自己堅持的產品功能進行辯護，挑戰那些看起來愚蠢的功能和設計，最誇張的時候，某些人甚至有掀掉桌子的衝動。

在這種鬆散和看似隨意的組織之下，MIUI 變得越來越便利，越來越好用。它的撥號面板非常人性化，快速的拼音簡碼搜尋嵌入了電話簿；不同的響鈴讓電話的聲音選擇更多；手電筒功能異常便利；百變鎖屏提供了個性化的鎖定畫面桌布。在安卓還是一片蠻荒的時代，這些技藝高強、熱愛魔鬼般細節的人，在這片鼓勵創新的島嶼上，逐漸築造起一座新的樂園。

MIUI 聚集了越來越多的用戶。從一百個人開始，用戶呈現出指數型增長的趨勢。使用者提出的回饋越多，產品經理得到的靈感就越多。MIUI 逐漸成為安卓系統中做得最開放、最有深度、最出色的手機作業系統。這些論壇高手成為產品經理最熟悉的陌生人，雖然素未謀面，但是他們就像心有靈犀的朋友一樣彼此熱愛。

為了讓更多的用戶參與進來，MIUI 論壇上經常舉辦各式各樣有趣的活動。產品經理姚亮曾經策劃過一個叫作「我是手機控」的話題活動，這個活動可以讓大家標記自己每年使用的手機，並在微博上一鍵分享自己的手機編年史。小米還會替用戶打上一個標籤，上面寫著用戶手機使用的級別，比如菜鳥級、骨灰級和神馬級，像雷軍這樣的手機狂熱者就是神馬級的。這個活動既懷舊又有趣味性，很快就吸引了超過兩百萬人參與。到今天為止，這個活動依然是社群行銷的一個經典案例。

這個時期的小米沒有層級關係。從金山進入小米的刁美玲迄今還記得在辦公室裡和雷軍一起吃便當、討論產品原型時的情景。在金山時，刁美玲離雷軍的層級很遠，她戲稱自己在「公司的六環以外」，但是進入小米之後，她經常和雷軍、黎萬強坐在一起開會。他們在雷軍的辦公室一邊吃著沙縣小吃一邊討論。刁美玲記得：

「那個飯通常會吃得很快，我們經常一邊啃著雞腿，一邊決定把某個產品功能給改了，這種場景時常讓我覺得恍惚。」後來隨著這種討論越來越多，刁美玲才逐漸習慣了這種「奇幻感」。

那個時候，行政專員管穎智每天中午都幫雷軍訂沙縣小吃，偶爾會加個雞腿。而幾乎所有的同事也都在同一家小館下單。多年以後，小米的創始員工都還記得，那家店裡最受歡迎的是「鴨腿飯」，可以單點追加的還有雞腿。員工們曾經強烈建議雷軍把樓下那家沙縣小吃給收購了，以饗員工。

「小蝦米」經常出現在 MIUI 論壇上。有的時候，他會分享自己的感受，比如：「MIUI 要學習的不僅僅是蘋果，還有另外一個遊戲界的神──暴雪。暴雪的產品設計理念是易上手，難精通。手機行業還沒有具有暴雪這樣設計理念的公司。蘋果和暴雪，在有些方面是一樣的，比如極致的產品設計態度，比如高口碑，擁有強大的粉絲群體，還有所有員工對於所從事事業的極度狂熱。」

有的時候，「小蝦米」會孜孜不倦地和產品經理們分享自己的產品建議，比如：「我要上網的時候突然發現手機連不上網了，重新啟動了半天，才發現是關閉了『數據訪問』功能。如果手機連不上網，是否可以先查詢一下數據訪問狀態，如果關閉的時候，就快顯視窗讓用戶選擇呢？或者，手機上顯示有網路標誌，但就是上不了網，我聽說是那個基地臺打電話或者上網的人比較多。此時是否應該有返回錯誤，明確提示使用者呢？再或者，關於智慧撥號，統計每個號碼的使用頻度，常用的電話號碼優先，傳簡訊時輸入電話號碼，可以從通訊歷史中選擇最近連絡人。」

幾乎每個人都知道論壇上活躍著一個叫「小蝦米」的熱心用

戶，但是只有小米員工知道，「小蝦米」神祕的面紗之後，是昔日的中關村少年英雄──雷軍。

獲得高通協議

被摔在地上的手機總要被撿起來，激烈的爭吵最終被一頓或者兩頓串燒化解，而被裝進麻袋這種說法，幾天之後就成了大家哈哈一笑的話題。不管怎麼說，大家的目標是一致的。

黎萬強作為設計師，經常向大家灌輸他最欣賞的設計大師原研哉的理念──設計的原點不是產品，而是人。設計者要創造出順手的東西，創造出良好的生活環境，並由此讓人們感受到生活的喜悅。

很多人後來用「完美」這個詞來形容這段創業早期的日子。也有人用了一個詞──烏托邦。銀谷大廈的辦公室逐漸不夠用了，於是小米搬進了位於望京的卷石天地。在新的辦公室裡，這些年輕人依然繼續進行著系統優化，有著不可思議的自發動力。他們從來沒有打卡制度，也沒有複雜的辦公室政治。所有人的初衷只有一個，那就是把事情做好。因為他們知道，他們都是公司的一分子。

除了真誠和熱愛，這家新創立的公司也使用了合理的薪酬體系來保證員工的內驅力能夠持續。在進入公司之初，大多數人都選擇了降低薪水但盡可能多爭取選擇權的薪資方案。他們知道，只有把事情真正做成，才能在將來得到豐厚的回報。這是讓員工成為創業者、在公司擁有主人翁意識的最佳方式。在矽谷軟體業騰飛的時代，各個初創公司都留出10%～15%的選擇權給普通員工，特聘的

高管選擇權另算。這樣一來，老闆與下屬便從僱傭關係變成了契約合作關係，員工也才成為真正的創業者。而雷軍在初始結構上，給其他合夥人和員工留出了 70% 的股權池，這在很大程度上激發了大家的積極性。

後來，雷軍不但給予員工選擇權，還在員工的請求下接受了員工入股。有一天，一個員工推開雷軍辦公室的門，對他說：「平時我也會有一點點存款用於投資股市，現在公司在進行外部融資，與其這樣，不如把一些投資份額留給員工。」對於這個請求，雷軍欣然應允，他設定了每個員工的投資上限——30 萬元。在群發給全體員工的郵件宣布這個決定後，七十六名員工一共投資了 1000 萬元。在那批最早進入小米的員工裡，女孩管穎智表現得最為熱情。在沒有看清楚這是一封群發郵件的情況下，她不小心把回覆的郵件發送給了所有同事。大家看到了她寫的四個字——「謝謝雷總！」後來，她把自己的嫁妝錢一共 10 萬元投入到了小米公司。

特別有趣的一個現象是，自從員工入股後，雷軍經常遇到主動找他聊天的人。一些員工時不時地來到他的辦公室，開門見山地問：「咱們公司現在狀況怎麼樣了？」顯然，作為員工股東，他們比以前更加關注公司的營運表現。

從某種意義上講，這種機制塑造了公司內部人人都是創業者的心態，也是小米全心投入熱血文化的基石。

每個人工作起來都格外努力，只有在午休的時候，緊張氣氛才稍有緩和。吃過午飯，有人坐著，有人癱著，辦公室如同一個大學生宿舍。偶爾，設計師秦智帆會從角落裡拿出一把吉他，並不熟練地彈奏幾首剛學會的曲子，然後被同事們抗議，「哥兒們，能不能

不要製造雜訊」。

　　偶爾，也會有人出去買幾瓶啤酒，大家一起喝了，然後連線打一會兒《快打旋風》，或者追《鬥破蒼穹》的連載。午休之後，他們又開始了將持續到深夜的工作。

　　可以說，外資互聯網公司進入中國，以及互聯網在中國蓬勃發展的最初十年，為行動互聯網的發展培養了很多本土人才。 2000年以後畢業的大學生，在這些高度市場化的陣地工作鍛鍊十年之後，已經被磨得經驗豐富、鋒芒初現。他們中的一些人正是小米最初的人才構成。

　　在軟體團隊工作的同時，硬體團隊和工程團隊卻正經歷著最煎熬的日子。高通的授權合約文件很長時間沒有到位，這意味著周光平帶領的硬體團隊和工程團隊只能做些最簡單的準備工作。有的員工陷入了迷茫，他們不知道自己是否應該繼續待在這家公司。

　　小米的各位創始人一開始就對他們要打造的手機有著清晰的定位，那就是非蘋果供應商不用、非三星的旗艦供應商不用，而且要採用高通平臺，採用旗艦晶片。只有這樣的頂級配置，才能保證小米手機一出生就是極致產品。因此，硬體團隊一加入，小米就開始尋求和高通公司合作。

　　在模擬技術時代，關鍵通訊技術只掌握在幾家大型製造商手裡，由此形成了技術壟斷。如果他們不公開技術，別人就買不到晶片，也就和這個行業沒有緣分了。

　　而高通的出現則解決了這個問題。高通和那些把技術專利當作護城河的公司不同，它用技術手段研發出晶片，然後透過專業授權的方式將技術釋放出來。這種模式最大的優勢是，它為新的進入者

迅速形成競爭力提供了便利，同時還可以幫助一些全球營運的公司，在有智慧財產權保護的國家降低產權法律糾紛的風險。無論是哪家通訊製造商，只要研發進行得更快，效率更高，就可以憑藉占領市場的能力獲得勝利。

作為消費電子領域最複雜的產品，手機的生產並非採購一批元器件，然後像組裝電腦一樣拼裝起來就行，而是需要手機廠商做大量的研發工作，包括客製化、調試、優化數百個元件，還要考慮天線怎麼設計，內部結構如何堆疊……手機廠商需要跟晶片等核心零組件廠商一起做聯合研發、聯合調試。於是，像高通這樣的核心零組件廠商對手機製造廠商的支持與研發配合就顯得至關重要。

在高通內部，業務線被分成兩條，一條業務線是智慧財產權（IP）授權部門，高通需要收取前置的專利授權費用，然後將技術授權給通訊企業。另一條業務線是半導體晶片（QCT）部門，高通需要調撥專業的工程師和企業一起進行手機研發。高通的中國工程師數量相對固定，能獲得多少工程師的支持，取決於高通對夥伴未來產品的信心。通常情況下，高通會調撥更多的工程師資源給自己看好的生產廠商，這是因為，未來產品在市場上的表現和高通的業績息息相關。每出售一部手機，高通都會收取後置的專利費，大約占每部手機批發價的 5%（這個數字在幾年之後有所調整）。

小米是一家初創企業，是否可以獲得高通的資源，還未可知。

2010 年 9 月 30 日，為了獲得高通公司的專利授權，林斌和周光平在嘉里中心對面的一家酒吧裡，會見了高通中國負責授權業務的高級管理人員羅伯特·安。這是一個三十多歲的年輕人，國字臉，言談舉止彬彬有禮，有著外企人士特有的職業風範。他禮貌地

介紹了要得到高通授權需要的流程和手續，並表示會支持小米進軍手機市場，很快就會發送相關的法律文件給他們。

這一天的會面時間比較短，不到一個小時就結束了，緊接著就是「十一」長假。在假期之後，當林斌收到厚厚的高通格式合約時著實嚇了一跳。這是一份如同天書一般的合約，裡面全是艱深晦澀的英文商務法律條款，每一句都需要仔細研讀。即便是在美國留學、在 Google 工作多年的林斌，也需要借助英文法律詞典來研究這份合約。

在接下來的一個月時間裡，林斌幾乎每天都隨身帶著這本英文法律詞典。即便是在團隊的討論會上，他也很少聽會議的內容，而是撲在合約上寫寫畫畫。有很多次，他都感覺到有點絕望，因為就算借助詞典，他也難以真正理解那些晦澀文字背後的深意。研究了一個月之後，林斌才揣摩出一些條款的深層涵義。

高通的條款比較嚴苛，林斌如同一個嚴謹治學的學者一樣，將合約的每一頁都畫上了線，然後密密麻麻地附上自己的標注，希望將來和高通談判時可以重點討論。而高通方面卻告訴林斌，合約每修改一處，他們都要發回公司總部進行覆核。等待的時間不能確定，從三個月到半年都有可能。

時間在靜悄悄地流逝，大部分的硬體部門的員工此時都在等待。一些員工在午休散步時悄悄議論，目前硬體部分沒有任何進展，是不是公司已經無法繼續推進？而一個員工在一個星期之前剛剛到職，卻在此時選擇了離職。

事實證明，和高通最後簽訂的協議一字未改。雷軍和林斌最終意識到，對於互聯網公司來說，時間就是生命線，競爭對手也許正

在四面潛伏。對於小米這家剛剛出生的嬰兒公司來說，爭取時間才是正道。小米沒有等待三個月到半年的時間與高通進行商業談判的本錢，他們必須快速推進。意識到這一點，11 月中旬的某一天，在卷石天地的辦公室裡，雷軍和林斌看了看對方，然後說：「別談了，閉著眼睛簽吧。」

合約真的一字未改就簽了。這樣的情景，在雷軍二十多年的職業生涯裡，第一次發生。

硬體和軟體是兩個完全不同的世界，兩個世界的商業邏輯以及行走路徑完全不同，當克里斯・安德森（Chris Anderson）的免費理論還在互聯網的世界被捧為聖經並被人們津津樂道時，在硬體世界裡，雷軍和林斌知道，沒有任何東西是免費的，時間是真金白銀的硬性成本。

就這樣，經過兩個月的掙扎猶豫，和高通的智慧財產權協議最終在 2010 年 12 月份得以簽署。此時雷軍和林斌都不知道，這將是小米和所有供應商取得合作的過程中，最順利的一個篇章。

遭多家供應商拒絕

在投資文件中，供應商關係被列為小米面臨的兩大挑戰之一。隨之而來的一場場創業維艱大戲，其實在這個時間點才真正一點一點地拉開帷幕，其中很多劇情是雷軍這種在中國做了二十多年企業的人，也從來沒有遇到過的。周光平博士帶來的整個團隊有著豐富的硬體經驗和供應商資源，對手機供應商非常熟悉。雷軍滿心以

為，在手機供應鏈搭建方面，完全用不著自己操心。直到有一天，周光平告訴他，供應鏈遇到困難了，連一個最簡單的螺絲釘，廠商都不願意和小米合作，這讓整個創始團隊如同遭遇了平地驚雷。

從摩托羅拉到星耀無線，再到小米，顏克勝是一路跟隨周光平博士的團隊成員之一，一直是結構工程師背景並在行業裡浸泡多年，他和很多頂尖手機供應商都是同個戰壕裡的戰友。剛開始為小米找供應商時，他以堆疊手機內部結構那樣的熟練，一個電話就定位到了多年的熟人，他熱情地和對方敘舊、聊天，氣氛特別友好。但是往往到了最後，供應商都直白地告訴他：「克勝，咱們吃飯聊天都沒有問題，但是生意就不要談了。你們這個公司行嗎？別到最後貨款都收不回來。」這讓顏克勝感慨不已，一個螺絲釘其實就是幾分錢的價格，連一分錢都不到，這真的是當時供應商們對小米的認知嗎？

那個時候小米對供應商已經到了渴求的程度。顏克勝會拿著一塊列印出來的綠色電路板給他理想的供應商看，然後告訴對方：「你能做多少，要多少料，都可以，如果你願意全部做，全部都給你也可以。」但是當時並沒有人看好小米的模式。

一家供應商的負責人被林斌請到了雷軍的辦公室，林斌打開他和高通洽談期間就準備好、介紹小米模式和現狀的投影片，向這位負責人全面介紹了小米公司，以及小米是如何用極致性價比的模式切入互聯網服務的。這位負責人當即表示，這種模式非常新穎，他很有興趣，但是沒有表態是否會合作。幾週之後，他們傳來了正式的回應：暫時不和小米合作。

供應商的拒絕帶來的不僅僅是業務上的焦慮，還給員工帶來了

自尊心的挑戰。同樣是來自摩托羅拉團隊的朱丹和劉安昱清楚地記得一個細節，一個做觸控的供應商派來了兩位代表到小米談合作，兩個人半仰在沙發上，明確地告訴兩位年輕人：「我們知道這裡不會有什麼生意。只是老闆要我們來一趟，我們其實就是走個過場。」朱丹和劉安昱從未遭遇過這種差辱，要知道，在摩托羅拉工作時，他們都是供應商的寵兒。這種態度甚至讓兩個人有了想去決鬥的衝動。

這個時候，小米的管理層逐漸意識到，手機廠商的供應鏈關係，遠非甲乙雙方的合約關係那麼簡單，也不是你手裡有充足的現金，就可以隨心所欲地挑選你想合作的供應商。元器件供應商往往要投入資金和採購方一起進行研發，因此很多元器件都是獨家客製化的，而這導致供應商對與新採購方合作極其謹慎。供應商要選擇正確的合作者，很顯然，小米不在「正確者」的名單裡。當時，還沒有什麼人可以真正理解互聯網手機的涵義。

出現這種情況並非供應商保守或者傲慢，而是由於當時很多供應商都深受「山寨手機」之苦，所以對新的品牌略顯抵觸。一些山寨品牌動輒訂幾十萬元的貨，但銷售情況根本無法保證。帳期一到，這些廠商無法正常付款，就變成了老賴（失信被執行人），供應商往往血本無歸。因此，後來很多供應商都對採購方提出要求，合作之前先拿出三年的財務報表，否則不可能合作。當然，這就給沒有任何財務報表的小米造成了困擾。

周光平曾經說，在手機行業浸潤多年，他眼看著上千家供應商起來，又眼看著上千家供應商倒下。見多了風起雲湧，潮起潮落，他知道很多剛開始時很美好的故事，最後都變成了令人狼狽不堪的

事故，所以大家都異常謹慎。

最後，雷軍和林斌決定親自到供應鏈一線和供應商洽談，光是臺灣他們就去了好多次。在軟體和互聯網世界裡一直是傳奇人物的雷軍，對於供應鏈世界來說還是個陌生的名字，他依靠投資界、金融界、軟體界和互聯網界的朋友，和供應商世界建立聯繫。往往前一天，一些在臺灣的老朋友還爭搶著雷軍的時間想和他見個面，第二天，他走進供應商的會議室時，卻要對人們說個開場白：「大家好，我叫雷軍」。

他發現，人生第一次，他需要一遍一遍地做自我介紹。

大立光電、友達、光寶、TPK……按照頂級供應商的名單，兩個人在臺灣約了很多會議，馬不停蹄。在這個過程中，有的供應商被雷軍攻克了。比如做觸控技術的 TPK，早先也是拒絕小米的供應商之一，雷軍想盡辦法調動了所有的資源，透過高盛的臺灣地區合夥人見到了 TPK 的負責人，經過一番艱難的遊說，TPK 終於不再以產能不足拒絕小米。再比如聲學器件供應商瑞聲科技，雷軍親自飛到深圳，經過兩個小時的洽談，終於達成了與對方的合作。當時小米剛剛完成新一輪 2.5 億美元的融資，出於對小米模式的看好，瑞聲科技創始人當場決定對小米投資 250 萬美元。

與供應商的合作協定正在慢慢地達成，但未來小米手機的代工廠是誰，還沒有任何進展。周光平的團隊列出了一個包含富士康在內、全世界前幾大代工廠的名單，輪流去談了一圈，但都無疾而終。其實，越是頂級的公司，和新品牌合作就越謹慎。他們的產能都是充足的，而他們的資源只願意撥給長期合作的老客戶。

大家清點名單後，發現只有最後一家代工廠還沒有徹底拒絕小

米，那就是位於南京的英華達。如果這家英業達集團的子公司最終也拒絕與小米合作，那麼這對創業者來說將是致命一擊。而且，如果代工廠談不下來，談好了供應商又有什麼用呢？

另外，在手機螢幕方面，小米最終鎖定了當時全球頂級的螢幕供應商夏普。這是因為，夏普作為液晶技術之父，是全球久負盛名的供應商之一，也是 iPhone 的主要供應商，對於全面對標 iPhone 的小米而言，這是必須拿下的合作夥伴。但是小米透過各種管道提出的見面請求，都被夏普公司以沒有時間為由拒絕了。

這一切都在困擾著這家初出茅廬的公司。

由於劉德過去有過一些創業的經驗，雷軍最後讓劉德專門負責供應鏈。他讓林斌和劉德一起，繼續去啃那些最難啃的骨頭。讓一個設計師管理供應鏈，這個決定讓劉德驚訝不已，他所有的經驗都集中在工業設計領域，距離硬體供應商的圈子十萬八千里。他離硬體最近的經驗就是，曾經在自己開設計公司期間，給甲方做了一個軍用望遠鏡的外殼，但這只是小打小鬧。對於打造手機供應鏈這件事，他真心怕自己搞砸了。

「搞砸了我不怨你！」雷軍說。

就這樣，2010 年年底，劉德在沒有任何經驗的情況下，接管了小米的供應鏈。他要做的第一件事情，就是幫小米談下唯一那家還有希望的代工廠——位於南京的英華達。

把一個全新的人放在一個全新的崗位上，然後從零開始學習，這對任何一家初創公司來說，其實都是一種常態的打法。如果說大公司講專業分工，創業團隊只講哪裡有缺就盡快頂上。

其實雷軍和林斌當時也沒有供應商的經驗，就像林斌從來沒有

過法務的經驗一樣，他們都在進行跨界學習，努力走出舊世界的框架。這是他們真正體會到創業維艱的時刻。雖然《創業維艱》（*The Hard Thing About Hard Things*）[10] 是 2015 年才出版的，但是這本書裡談到的艱難探索，在 2010 年的小米公司，每時每刻都在發生。他們也是像作者說的那樣去做的：

> 某時某刻，創業者一定要成功，否則我們就得滾蛋，去另謀出路，我們必須是一支緊密團結的隊伍，大家都要經過鍛鍊和提升，創始人唯一要做的就是，把員工推入激流滾滾的大海，告訴他們——好好游。

英華達和夏普

2011 年 2 月的一天，南京英華達的總經理張峰坐在自己的辦公室裡，等待著一家他從未聽說過的公司的到訪，這是他從事通訊行業的第 24 年。

張峰大學一畢業就進入了通訊行業，曾經師從中國 3G 之父李世鶴，參與過中國第一臺行動電話 YD9100 的研發。李世鶴曾經對張峰說：「做技術要沉下心來累積，一旦想賺快錢做商人，就不要想還能做出偉大的技術。」因此，張峰一直踏踏實實地在技術的道路上前進，後來進入臺灣企業英業達集團（英華達的母公司）工作。

---

10 繁體中文版於 2018 年由天下文化出版，書名為《什麼才是經營最難的事？：矽谷創投天王告訴你真實的管理智慧》。

1994 年，張峰在南京組建了英業達南京的通訊團隊。從 1995 年到 2006 年，他領導的研發人員從三百多人增至一千多人。在這個時期，他也參與了很多重要專案的研發，比如為英國電信營運商 BT 的付費電話做支援系統、為貝爾實驗室的電話購物做微弱信號檢測系統。2001 年，張峰的團隊為一家叫作 E28 的公司研發了智慧型電話，大獲成功。這款售價 4000 多元的手機，後來賣了幾十萬部，成為行業標竿。

到 2001 年下半年，E28 公司終止和英業達的合作，準備自己獨立研發手機。這讓張峰面臨一次新的選擇：下一個專案該做什麼？公司未來又該怎麼發展？此時，英華達股份有限公司已經成立，它是英業達集團眾多的子公司之一。張峰作為子公司的負責人，需要為公司指出新的業務方向，並在業績上有所表現。恰在這時，一個新鮮事物出現在英華達眼前──小靈通。

對於那個時期的道路選擇，張峰將其定義為「賺錢的邪路」。但是當時，張峰對此完全沒有意識，他還沉浸在成功的喜悅當中。

他本能地根據市場做出了選擇，看起來收效顯著。2001 年 10 月，英華達和東芝公司簽署了晶片購買協定，四個月之後，小靈通實現了量產。在量產的那一刻，一輛輛貨車在英華達公司的門口排隊，等待提貨，場面蔚為壯觀，也讓張峰感受到了市場的蓬勃。

從那個時候起，英華達開始大規模建設生產線，逐漸從研發公司演變成一家供應鏈企業。雖然張峰也帶領團隊做一些 GSM 全球行動系統終端，比如華為、夏普的手機，但是主要產品還是小靈通。小靈通曾經以綠色環保、資費低廉、超長待機的優勢風靡一時。2005 到 2006 年，光憑小靈通的訂單，英華達的淨利潤就達到

5 億元以上，這讓張峰沉浸在叱吒風雲的感受當中。但是很快地，現實就讓他陷落到淒風冷雨當中。

2009 年，中國工信部發出通知，要求小靈通於 2011 年退網。2009 年 1 月，中國聯通在公布 2008 年業績預告時披露，將小靈通資產進行一定規模的減值準備，這實際上就是將小靈通資產列入貶值資產。2010 年，小靈通確認將於 2011 年 1 月 1 日正式退市。政策的變化對英華達造成了重大打擊，訂單劇烈縮減，昔日穿梭不息的貨車不見了，生產線的產能和工人大量空閒。2010 年是張峰最痛苦的一年。那個時候，英華達主要依靠日本和印度的手機訂單維持產能，其中印度的一個叫作 SPICE 的品牌，一開始大部分在英華達生產。2010 年下半年，英華達開始接一些「中華酷聯」[11] 的訂單業務，維持著相對穩定的出貨量。

在 2011 年 2 月的這天上午，坐在南京英華達總經理辦公室的張峰，正在等待一個叫劉德的人前來拜訪。劉德來自一家他從來沒有聽說過名字的公司——小米。在等待的時間裡，回想過去八年自己所走過的路，張峰意識到，小靈通並非主流技術，但是因為賺錢太過順利，這短暫的狂歡讓他忘記了技術累積的重要性。這是一個虛假的捷徑。

他忽然想起導師李世鶴曾經對他說過的話：「你是想一直做技術累積，後續有持續的爆發力，還是想單純地做一個商人，獲得眼前短期的利益？」現在反思起來，過去 8 年的成功，竟然像一個魔咒。

---

11 指中興、華為、酷派、聯想四間公司。

小米公司的訪客到了。劉德給張峰的第一印象是看起來像一個大學老師，高高瘦瘦的，金邊眼鏡後面是一雙總是略帶笑意的眼睛。此時此刻，劉德是抱著一種背水一戰的心態來拜訪英華達公司的。其他的代工廠全都拒絕了他們，英華達是小米唯一的希望了。他面前的張峰，穿著 T 恤、牛仔褲，頭髮有點長，還有一點點小波浪，舉手投足間有一種臺資企業職場人士特有的嚴謹氣質。而此刻的張峰，內心正渴望著一個對未來有抱負的合作夥伴，來啟動他的生產線和工人，讓他重新走上技術累積之路。畢竟，他已經為英華達投入了幾億，做了幾個 EMC（電磁相容）實驗室。

在寬大的會客室裡，劉德非常詳細地介紹了小米互聯網手機的設想。在一面白板牆上，劉德一邊寫寫畫畫一邊說：「我知道你想知道，我們小米未來能有多大的量，這個目前我們也不知道。不過我們的作業系統 MIUI 已經有幾十萬用戶，這些是我們的種子用戶，將對小米手機的市場轉化發揮巨大的作用。」

此前張峰並沒有特別深入地了解過互聯網思維，但聽了劉德的話，一直在硬體領域工作的他隱約覺得，這應該是一個面向未來的機會。小米現在是什麼都沒有，但它有夢想，張峰願意和這家公司一起，為那些更有意義的想法拚一把。尤其是，小米提出可以先期支付研發費用，這解決了英華達的後顧之憂。

這筆生意最終談成了。隨後，林斌飛到南京和張峰就合約細節和報價進行了詳談。據林斌回憶，在得知報價的前一秒鐘，他坐在廠區的沙發上，內心非常緊張，而張峰最終寫在紙上的價格出乎意料的厚道。看到報價的那一刻，林斌有一種如釋重負的狂喜。小米的商業模式終於可以繼續推進了，而創始團隊把這一刻定義為供應

商英華達對小米鼎力相助的時刻。這也是硬體世界和軟體世界一次握手的重要時刻。

英華達的合約似乎終結了小米的壞運氣，一直沒有塵埃落定的夏普螢幕也終於露出一絲曙光。雷軍透過金山日本分公司的負責人沈海寅找到了夏普方面的負責人，在夏普中國銷售總監陳基偉的幫助下，小米和日本的三井商社取得了聯繫。在這家日本財團的幫助下，小米終於和夏普約好了見面的時間，他們將在 2011 年 3 月 24 日下午 3 點，在位於大阪的夏普總部進行第一次商談。

然而，就在 3 月 11 日下午，一個突發的大事件震驚了全世界──日本仙臺港以東太平洋海域發生九級大地震，連同其引發的海嘯共造成超過一萬五千人死亡。福島第一核電站遭到破壞，核洩漏讓原本熱鬧的街道變得空無一人。整個日本已經變成了災區。

是否按照約定的日期去參加會議？是否需要和夏普討論一下延期？幾位創始人對這些問題進行了幾輪討論。但是地震和核輻射已經是小米在這個時期所遭遇的最小危害了，最終，幾個人決定按期前往。

那一天，從北京飛往大阪的飛機上，只有雷軍、林斌和劉德三個人。

蓄勢待發的小米

在北京飛往大阪的飛機上，他們懷揣著一份專為夏普總部寫的商務報告，這是劉德和夏普中國銷售總監陳基偉在一間星巴克裡討

論了很久才寫成的，裡面寫有小米對夏普螢幕預計採購的數量。陳基偉特別建議，第一次採購不要過於激進。此前有太多的廠商拿出巨大的螢幕採購量，結果都被拒絕了。因此，他們寫出了一個相對合理的數字——30 萬片。

2011 年 3 月 24 日下午 3 點整，在夏普總部大樓裡，三井商社的工作人員已經在前臺等待來自中國的幾位客人。除了雷軍、林斌和劉德以外，日本金山公司負責人沈海寅全程陪同了這次訪問。由於大地震剛剛過去十三天，很多國際商務業務被迫中止，整座大樓顯得有點冷冷清清。

在日本夏普總部 VIP 第一會議室裡，小米公司的三位創始人雷軍、林斌、劉德，經過幾個月的波折，終於見到了夏普公司的大橋康博部長。後來他們知道，他們是那天夏普大樓裡唯一的一組訪客。洽談的氣氛非常友好，幾位創始人按照事先的安排，把小米手機的商業模式講述了一遍，並懇請夏普成為小米的螢幕供應商。

小米的幾位創始人研究過，夏普的一塊螢幕擁有 FWVGA（854×480）的解析度，這是當時的智慧型手機還不具有的優勢。但是一旦採用這塊螢幕，夏普需要修改底部的 FPC（軟性電路板）電路，這意味著夏普要進行額外的成本投入。

原定一個小時的會議持續了三個小時。大橋康博展現出特有的嚴謹認真，他叫來夏普的工程師，現場研究起修改電路的可行性，會議室裡不斷有人進進出出。他們一直輕聲地用日語交流著，一會兒點點頭，一會兒拿著螢幕指指畫畫。

兩個小時之後，大橋康博給出了一個正式結論：「可做！」

雷軍也拿出了自己最終的螢幕訂購方案——30 萬片。小米高管

們已經達成共識，如果小米手機一年可以完成出貨 30 萬部，這將意味著戰鬥的初步勝利。

在晚宴上，大橋康博說出了願意和小米合作的幾個原因，其中最重要的一個原因是三井商社的背書。夏普和三井商社是長期的合作夥伴，雙方的信任度一直很高，因此夏普願意和三井介紹的品牌接觸。另外一個原因是小米的創始人們在大地震之後不久冒險按期來訪，讓他們有些出乎意料，而所有交易的達成都必須依靠面談。

最後，大橋康博說：「這次合作成功，也體現了我們關西人的特點，那就是熱愛冒險。」

一直到今天，夏普公司的工作效率還讓劉德記憶猶新。剛剛從大阪飛回北京的那天，林斌和劉德還沒有吃午飯，他們決定在公司樓下吃碗麵再上去工作。突然劉德的電話響了，樓上的工作人員告訴他：「夏普的工程師到了。」他們匆忙吃了兩口，放下筷子跑上樓去。這家企業一旦決定支持你，他們進入角色的速度是飛快的。

可以說，與夏普的成功合作為小米接下來的供應鏈合作帶來了福音，夏普為小米帶來了背書效應。從這個時候開始，小米的整個供應鏈體系慢慢地開始暢通了。劉德經常會誇張地帶著小米的存款證明去談合作。言下之意是直白地告訴對方：我們和那些小公司不一樣，我們帳上有錢。

劉德對那段滿世界談判的日子印象深刻。當時劉德和一個叫余安兵的同事一起出差，下了飛機他們會租一輛破舊的福斯桑塔納開著四處跑。很多供應商的工廠都非常偏遠，他們借助 GPS 來導航。但是當時是 2011 年年初，很多地方的公路建設並不完善，和 GPS 的信號也不相符。很多時候路還有，信號卻沒了，他們就只能憑感

覺開。劉德在美國生活了七年，養成了開快車的習慣，他經常把余安兵嚇得大叫：「太危險了！」

有的時候，他們會住城中村，住那種他們之前從沒有住過的旅店，一推門就是床，剩下的地方只能放一張極窄的桌子。

有的時候，林斌和劉德也會去供應商比較集中的臺灣出差，一天之內把臺北、新竹、臺南跑一圈。有一次出差途中林斌累到眼底出血，不得不提前飛回北京，劉德只能自己一個人把剩下的行程跑完。在捷運的月臺上，天色昏暗，劉德一個人孤零零地站在那，暈頭轉向地發現自己買錯了票。那一刻，他有些恍惚，自己是誰？在幹什麼？為什麼此時此刻會站在這裡？

在北京的小米辦公室裡，供應商們開始來拜訪了。因為手機涉及幾百個不同的元器件和供應商，因此林斌和劉德每天的日程表都是滿滿的。這是一段無比瘋狂的日子，他們開始了和供應商長達五個月的談判車輪大戰。有時候幾家供應商一起出現在辦公大樓裡，他們不得不在一個會議上中斷 10 分鐘，然後到另一個供應商的會議上接著談 10 分鐘，這樣不停輪換。晚上辦公室鎖門後，他們就把談判現場轉到樓下的星巴克，接著溝通合約細節。

在林斌和劉德與供應商緊鑼密鼓談判的同時，硬體團隊也終於等來了高通的授權合約，小米的這群從摩托羅拉過來的頂級工程師，終於可以在他們的廣闊天地裡大幹一場了。他們也期待更多來自高通的工程師來協助他們，共同把艱難的研發工作做好。

訂購晶片並不是把採購來的晶片放到硬體裡調試運行那麼簡單，尤其是對於旗艦晶片來說，一家企業要把高通的智慧財產權完全消化掉，然後由雙方的工程技術人員一起把系統做穩定，是非常

困難的事情。從過去的經驗來看，如果有一千家企業做智慧型手機，真正能把智慧財產權吃下來的寥寥無幾，對於高通來說，要選對一家合作夥伴，一半靠觀察，一半靠運氣。有的時候，選擇合作夥伴就是一場賭博。

在和高通簽訂授權協議之後，高通全球高級副總裁、大中華區總裁王翔來到了卷石天地。作為和手機行業息息相關的晶片企業的高管，他必須了解趨勢。王翔拜訪客戶時有兩個重要的使命，一是介紹自己的技術，二是了解客戶對於趨勢的判斷，從而決定如何調撥自己的資源。

初次與王翔見面，雷軍就講了三個小時。他主要講了為什麼要成立小米公司，以及小米的商業模式是什麼。他講到了 MIUI 社區，講到了智慧型手機，甚至講到了「從群眾中來，到群眾中去」。所有這一切，都讓王翔感覺新奇。雷軍還講到了自己怎麼做卓越網，怎麼投資凡客，怎麼幫助金山轉型，這些電子商務的經驗將驗證小米未來商業模式的可行性。

雷軍也講到了想扭轉外國人對中國商品都是廉價、劣質商品的印象，這是小米選擇最高端晶片的主要原因。他談到了日本企業的崛起、德國工廠的強盛，這些國家的製造業都經歷過價格便宜、品質不好的階段。但是 1960 年代以來，日本透過幾個品牌，徹底改變了全世界對日本製造的印象，這需要企業家精神和強大的執行力。雷軍所講的這一切引起了王翔的共鳴。

當時高通在中國的主要合夥夥伴是華為、中興、酷派、聯想這些大品牌，除此之外，就是龍旗這樣的設計公司。王翔最大的苦惱是如何調配工程師資源，這考驗著管理層的眼光。很多人不知道的

是，和高通合作的企業成百上千，專案數量繁多，但是所有專案最終的成功率只有 10%，這意味著 90% 的合作專案是失敗的。

但是王翔決定調配更多工程師資源給小米，小米訂購的高通驍龍 MSM8260 旗艦晶片，是高通歷史上功能最強勁的一款處理器，王翔認為這樣的產品值得給有夢想的人去做。通常來說，第一個旗艦晶片使用者叫作阿爾法用戶，做高通的阿爾法用戶往往意味著價格更貴、工程資源投入更多。王翔知道，大多數廠商出於商業的考慮，不願意做旗艦晶片的首發。從某種層面上來說，在智慧型手機剛剛開始的 2010 年年底，中國企業還沒有能力和勇氣切入旗艦手機。當時用旗艦處理器的都是三星、諾基亞這樣的公司。

小米訂購的 30 萬片旗艦晶片，一片價格在 50 美元左右，而其他多數中國企業購買的晶片，價格在 20 ～ 30 幾美元不等。

王翔決定盡自己最大的能力來幫助這家中國公司，進行這次大膽的實驗。

卷石天地裡的氣氛更加熱烈了。MIUI 團隊依舊保持著強勁的競合氛圍，和用戶的溝通無時無刻不在進行著。硬體和工程團隊開始進行堆疊和結構的討論，和所有的手機公司一樣，這個團隊和 ID（工業設計）團隊對於外觀和功能有著非常激烈的爭論。供應鏈團隊還在與供應商進行車輪談判，連喝杯水的時間都顯得非常奢侈。

這一天，有一位員工晚上 11 點才從卷石天地下班。過了馬路，他回過頭，順手對著自己的辦公地點拍了一張照片。卷石天地其他樓層的辦公室燈光大多已經熄滅，只有 12 樓還燈火通明。他不禁感慨地在微博上寫了一句自己的感想，「這裡燃燒著小米人的青春」。

劉德經常會回想起那段每天都有波瀾壯闊的東西在心中湧動的非常態日子。公司還沒有搬離銀谷大廈時,他住在逸成東苑,每天下了班他就步行回家。他一路向北,穿過五道口、清華大學,一直走回逸成東苑。「路上看見誰都像親人,整個世界都特別美好,是愛心滿滿的感覺,當你的心裡有一個特別想全身心傾注的事業時,你感覺渾身有用不完的精力。」公司搬到卷石天地之後,劉德必須開車上下班,但是他通常會先把他招來的兩個海歸設計師李寧寧、陳露送回家才放心。兩個女孩剛從上海搬過來,在公司附近合租了一間房子,面對每天如此緊張的工作節奏,劉德常常擔心地想:「這麼忙,萬一她們嫁不出去怎麼辦?」

很多人在問,為什麼小米的管理是如此的扁平?雷軍曾經回答過這個問題:「扁平化是基於小米相信優秀的人本身就有很強的自驅力和自我管理的能力。我們的員工都有想做最好的東西的衝動,公司有這樣的產品信仰,管理就變得簡單了。」

據說,小米的創始人們早期確實買過一臺打卡機,但是到今天也沒有使用過。

米1的搖滾式發布

為了調撥更多高通工程師到小米公司協助研發,王翔需要取得高通總部的認可。然而,高通總部對中國公司的認知,還停留在既有的印象當中。十年前,中國手機企業展示出來的工程能力和技術把控能力都和今天相差甚遠,中國手機品牌占全球市場的份額也非

常少。王翔需要讓總部的人理解，為什麼要把工程師資源調撥給市場份額尚未可知的小米。

王翔幾次邀請高通全球 CEO 保羅．雅各（Paul Jacobs）與雷軍見面，並且親自擔任翻譯。對於小米的模式，他已經爛熟於心，對互聯網模式、和使用者做朋友、極致性價比這些概念也能脫口而出。另外，王翔特地邀請時任高通營運半導體的品質控制技術部總裁史蒂夫．莫倫科夫（Steven Mollenkopf）來到小米公司，讓他看到雷軍手上展示的 MIUI 作業系統是什麼樣子的，也讓他親自感受那個系統在手心當中滑動的感覺。王翔知道，只有親臨現場，才能讓直接決策者了解這是一家什麼樣的公司。可以看出，史蒂夫雖然剛開始滿腹狐疑，心中有個大大的問號，但是最終，他的眼睛中逐漸露出理解了這家公司的溫和目光。

在這樣的努力之下，高通給小米配備了盡可能多的優質工程師資源。MIUI 團隊那種熱辣的工作氛圍很快傳導到了硬體和工程團隊。憋了兩個月的硬體團隊此時如同開閘放水一樣酣暢淋漓。負責手機系統軟體的劉安昱還清楚地記得大家拿到高通授權合約時，整個團隊那種如獲至寶的樣子。大家一個詞一個詞地研究著那些英文條款，彷彿要把它們吃到肚子裡。

整個房間裡充滿了青春的荷爾蒙的味道。創始人、MIUI 團隊、行政、財務、硬體團隊，包括當時剛成立的米聊團隊，都坐在同一個空間裡。所有的人相隔都不太遠，有了問題大家就站起來喊一聲，立刻有人走過來協助解決。公司的氛圍非常融洽，辦公室裡滿是創業前線的戰場感，勝則舉杯相慶，敗則拚死相救。

做硬體設計的朱丹是周光平博士從摩托羅拉團隊帶出來的工程

師，直到今天，他仍懷念當時的那個黃金團隊，雖然人數不太多，但是每個人都能力強大，至少有 7 ～ 8 年的工作經驗，整個團隊呈倒金字塔形結構，即頂級工程師在上面，占最大的比例，所以整個團隊的設計能力是頂尖的。「這是一支精銳部隊，正好遭遇摩托羅拉走下坡，小米把這支隊伍給撈過來了，這可能是小米的運氣之一。」朱丹說。

此時的朱丹有一種在前線征戰的感覺，光一個 PCB 板（印製電路板），他都要畫三遍，並不是第一遍不夠好，而是他希望得到最優解，因此他一遍一遍地計算著在一個 10 毫米的空間裡，如何完美地走好九條線，以保證空間利用率的最大化。

負責 BSP 系統軟體的劉安昱此時早已經走出和供應商交流的那種挫敗感，全身心沉浸在工作的亢奮當中。2011 年 3 月 4 日，是他終生難忘的一天。這一天，他去南京英華達的工廠打板，等待硬體工程師許春利拿出已經做好的核心電路板，然後他需要讓軟體在這塊電路板上運行並進行調試，最後將整個螢幕點亮。這個過程將證明，主系統、記憶體、螢幕等可以以最小系統正式運行。

但是第一次點亮螢幕並不順利。晚上 8 點之後，板子做出來了，劉安昱一次一次地嘗試運行軟體，但螢幕就是毫無動靜，房間裡死一般的寂靜。各種待查的原因他都檢查了一遍，就是找不到問題所在。

「那種感覺真不是用絕望可以形容的，簡直是頭皮發麻，因為我們完全不知道是硬體的問題還是軟體的問題。如果是板子本身的問題，那最終的結果有可能是把硬體拿回去重做，這樣的話，整個專案就會被推遲幾個月，後果簡直不堪設想。」在回憶這段經歷

時，劉安昱臉上彌漫著的那種類似於上屆奧運會的冠軍在這屆奧運會預賽階段就已經被淘汰出局的悲壯。他完全不知道，如果帶回這個結果給團隊，會為那個戰場帶來怎麼樣的精神打擊。

那一次，劉安昱出差訂的是錦江之星酒店，但是他根本就沒有入住，下了飛機他就到了英華達的生產線工作，一遍一遍地如同盲人摸象一樣調試著整個系統，每一次調到最後都前功盡棄。凌晨4點，劉安昱調整了一個小小的細節，忽然之間，螢幕亮了起來，一些 Log（程式日誌）正在輸出。儘管是性格不易激動的工程師，劉安昱在那一刻也幾乎快抱頭痛哭了。

張國全是負責電話模組的工程師，他至今還記得 2011 年 4 月 20 日中午小米手機第一次接通電話的情景。從嚴格意義上來講，那還不是完整的小米手機，只是在一塊綠色板子上面扣著一款螢幕，上面接著一個外置天線，整個外觀還非常醜陋。但是在這個時候，張國全需要打通一個電話，來證明整個硬體通路是運作的，手機設計的 P0 階段已經完成。

「叮零零……」當這塊並不完美的電路板響起來的時候，已經在手機行業工作長達十年的張國全，也難以形容內心的澎湃，因為這是一款他真正想做的手機。大家興奮地招呼雷軍來到他的辦公桌前，希望他趕緊體會一下這個重要的光輝時刻。雷軍彎著腰，像傾聽嬰兒的啼哭那樣，把耳朵緊緊地貼在桌子邊上，捕捉這個美妙的聲音。這彎著腰側耳傾聽的一刻，被小米的員工拍了下來，成為小米進程中值得銘記的歷史瞬間。

直起身來，雷軍帶領大家鼓了鼓掌，對團隊表示了祝賀，看上去完全是一個創業者在某個關鍵階段來臨時波瀾不驚的狀態。張國

全的內心在驚呼：「天啊！老大！老大！你知不知道這一刻意味著什麼？！」他真想抓起雷軍那雙細長的手幫助他在空中揮舞兩下，他本能地希望雷軍更興奮一些。

無論是硬體團隊還是軟體團隊，都意識到即將誕生的這款產品可能是一款在市場上給競品一記重拳的產品——第一款雙核 1.5G 手機、4 英寸螢幕、800 萬畫素鏡頭、通話時間 900 分鐘、待機時間 450 小時，所有的一切都是頂級配置。硬體團隊知道，這種搭配將是夢幻一般的組合。市場會有什麼樣的反應？他們不敢想像。

而在軟體團隊這邊，MIUI 已經聚集了五十萬論壇粉絲，其中三十萬是活躍用戶。很多人不斷在論壇上披露自己的真實身分，有的是水果店店長，有的是香港內衣設計師，還有很多來自不同國家的粉絲。MIUI 允許用戶重新編譯，這種開放策略吸引了很多國外狂熱者，他們發布了 MIUI 英語版本、西班牙語版本、葡萄牙語版本。到 2011 年 7 月底，大約有二十四個國家的粉絲自發地把 MIUI 升級為當地語言。2011 年，有人在推特上說：「我在 Google Nexus 上安裝了 MIUI，它就像新鮮空氣，感覺好極了。」

就在硬體和軟體齊頭並進時，雷軍也無時無刻不在進行商業上的思考。當初他設想的商業模式正在一步一步變成現實，現在他不停地在思考和衡量新的手機該如何定價，這也是他沒有張國全預期的那樣興奮的其中一個原因。如何定價，決定著小米手機是否能迅速擊穿市場，而小米手機能否迅速擊穿市場又決定著他第二次創業的成敗，而這個成敗又不僅決定著他個人的命運走向，也關乎那些跟隨他的創始人，以及那些每天血脈賁張地奮鬥的年輕人的明天。

這是考驗一個創始人直覺和經驗的時刻。

在思考定價的這段時間，雷軍也開始準備小米的第一次產品發布會。在金山時期，他經歷過各種形式的產品發布，帶著員工進行過的市場活動不計其數。在第二次創業的重要時刻，他決定去除那些他從內心覺得荒誕可笑的部分，那些請客、講話和走秀的結合。他深信，一場發布會能否成功的關鍵在內容，這一次，他決定用簡報的形式，集中介紹產品資訊，以最透明的方式，讓用戶看到這個新物種的誕生。

這個決定讓負責制作產品發布簡報的梁峰和刁美玲陷入了一種前所未有的抓狂狀態。視覺效果是做了多年 WPS 的雷軍的強項，因此梁峰和刁美玲幾乎是在老闆最擅長的其中一個領域進行工作，其中的痛苦可想而知。雷軍用了幾乎兩個月的時間來做這份長達九十六頁的產品資料，他會非常形象地描述出自己所需要的資料效果，比如：「我需要這個部分是六塊拼圖的樣子，剛開始時分別放在六個方向，最後透過動畫的模式組合在一起。」、「我要價格出現的動畫效果，是最後以較大字體降落到紙面上。」、「我要和現在市面上幾款手機的參數對比。我們需要這幾個指標。」除此之外，雷軍要求所有的設計都盡量符合最美的標準，每一個字和每一個標點符號都要追求極致。

負責產品發布會的小團隊占據了一個會議室，他們把所有的資料和電腦都放在那裡，整整一個半月每天忙得昏天黑地。因為涉密，所有的資料都被鎖在了會議室裡。那段時間，有人在那個會議室門上貴了一張 A4 列印紙，上面寫著三個大字——「瘋人院」。

就在這段緊鑼密鼓的發布會籌備期，一個記者會卻不得不提前召開，這是因為這段時間發生了一些事情，雷軍需要回應外界的一

個猜測。在雷軍再次創業這段無比繁忙的時間裡，他有兩位相交二十年的老友，經常會來卷石天地拜訪，他們就是金山公司的創始人張旋龍和求伯君。在雷軍離開金山三年多的時間裡，金山公司不但進行了大分拆，軟體和網路遊戲的業績也雙雙下滑，2010 年第一季度，金山公司的營收比上一季度大跌了 18%。在這種情況下，兩位創始人每週都來懇請雷軍重新出山，擔任金山的董事長。與以往任何時候都不同，這一次，兩位創始人決定賦予雷軍全部的投票權。

本來已經低調創業的雷軍馬上就要發布自己的產品了，對於張旋龍和求伯君的請求他自然而然地選擇了婉拒，但是兩位創始人的不斷懇請最終讓雷軍心軟了下來。畢竟，金山凝結過他全部的青春夢想，現在又是這家公司最困難的時候，他不忍心袖手旁觀。於是，幾天之後，雷軍要重回金山擔任董事長的消息傳遍了網路，這讓雷軍有些憂慮。在他心中，金山下一步的調整勢在必行，但是馬上就要發布的小米產品，將是他此生最重要的作品。

2011 年 7 月 12 日，小米的首次記者會在北京後海舉行。在這個會議上，雷軍第一次披露了自己已經再次創業的消息，利用這個機會，他也向投資者和公眾表明，他將同時擔任金山董事長和操盤小米，兩者並不矛盾。就在這個記者會上，一直在祕密運行的小米商業模式首度被公開。毫無意外，敏感的科技記者對雷軍所描述的「鐵人三項」商業模式產生了濃厚的興趣。這些長期的行業觀察者發現，第一次有一家中國企業宣稱，要同時涉足硬體、軟體、互聯網三個行業，這展現出了巨大的野心。而對於這種模式創新，人們的看法則是冰火兩重天。

在一些興奮的表達之外，也傳來了諸多看衰的聲音。人們對這

麼小的創業公司要做頂級智慧型手機充滿了質疑。就在小米籌備產品發布會期間，Google Nexus One 手機線上店剛開啟了近兩百天，但是銷售情況並不樂觀。就在小米召開後海記者會的十二天後，這款 Google 自有品牌的安卓智慧型手機停售了，這意味著 Google 線上直銷模式失敗，也更加深了人們對小米模式的懷疑。

在業內組織的多個沙龍裡，人們紛紛開始預測小米公司的命運，最樂觀的觀察者也只給出了 5 萬～ 10 萬部的銷售預期。雷軍在參加一個叫極客公園的媒體舉辦的一場沙龍活動時，再次完整地講述了小米模式。他講完後，主持人問，現場有多少人被雷軍說服了，舉手者寥寥無幾。

在這段時間，「瘋人院」裡沒人有時間理會外界的質疑。梁峰、刁美玲和雷軍在大腦風暴中產生的想法正在被反覆打磨，這奠定了小米發布會的基調──資訊為王。刁美玲坦誠地回憶，她發現這方面做得最極致的還是大洋彼岸的蘋果公司，那種美輪美奐的影像呈現和簡明扼要的資訊提煉，打動過她很多次。因此，蘋果早期的發布會她回放了很多遍，甚至一幀一幀放慢了看。她曾經有過這樣的想法：什麼時候國內的發布會能把創意做到這個地步？這需要有大量的資金和時間投入。

秦智帆是為發布會的場外產品站和簡報上的小米手機拍照的負責人。但是學設計的他最終覺得自己在攝影方面是個外行，於是找了外包公司去做這件事，而他自己則一整天都蹲在旁邊觀看。外包公司拍好照片之後問他：「你覺得怎麼樣？這樣的效果可不可以？」這些問題對於小秦來說簡直是一種折磨，因為作為設計師，他看一眼就知道照片效果不好，但是卻說不出哪裡拍得不好，也無

法告訴攝影師該怎麼拍，所以溝通的工作經常在三言兩語之後就進行不下去了。這讓拍攝工作進入了一種微妙的情況。最後，秦智帆緊急叫來黎萬強和梁峰現場救援。作為攝影狂熱者的黎萬強，很快就指出拍攝燈光的軟硬問題，然後和攝影師一起把燈光調得「硬」了一點。就是這樣信手拈來的小小調整，拍出的照片立刻就不一樣了。這一年，是秦智帆跟隨阿黎學習成長最快的一年。

時間終於來到了 2011 年 8 月 16 日，這一天是小米第一代手機發布的日子。那個夏日午後，北京的陽光格外燦爛。雷軍內心隱隱感覺，也許這一天是改變命運的日子，他的命運？國產手機的命運？還有和他一起奮鬥的年輕人的命運？他並不確定。這些模糊的感覺只是在他的腦海裡一閃而過。

雷軍突然意識到，當張旋龍和求伯君把投票權完全賦予他，承認他可以對所有的決策負責時，這是他金山歲月的一個成人禮。而今天，是他給自己的，作為創業者的一個真正的成人禮。不論結果如何，這是他完全自己設計商業模式與操盤大局的時刻。

這一天也許會是某種分界線吧。在全世界，手機這種產品第一次只透過互聯網來銷售，這種模式將繞過所有經銷商，把中間層的利潤讓給消費者，這是雷軍改變中國製造業的第一次嘗試，也是創業者對新模式的親自踐行。

此時，雷軍內心很平靜，平靜得甚至完全沒有在意自己的著裝。他平時在辦公室就喜歡穿幾十塊、凡客誠品出的黑色 T 恤和牛仔褲，還有同樣幾十塊、樂淘網出品的帆布鞋。這並不是一個財務早已自由的人在刻意營造勤儉節約的個人形象，這是他最貴的穿著之一。他經常半開玩笑地對同事說：「這都是我花了幾百萬美元，

甚至上千萬元美元投出來的，這是我穿過史上最貴的衣服。」某種程度上，他在檢驗這些他作為天使投資人投出的產品。

這一天，他穿著這身「工作服」在家吃了午飯，然後在離發布會開場還有 10 分鐘時來到了位於北京 798 藝術中心的發布會現場。一下車，他彷彿瞬間從一個安靜的洞穴裡被吸入一場旋風中，798 藝術中心正在經歷一場橙色熱帶風暴。狂熱的小米粉絲早已經把會場入口堵得水泄不通，很多小米員工也被擋在了會場之外。作為當天發布會的唯一男主角，雷軍發現自己進不了自己的會場，只好打了一通電話，讓四個同事出來幫他擠出了一條路。

能容納五百人的現場，大概擠進去了八百人。此時距離發布會原定的開始時間還有 5 分鐘，發布會總導演黎萬強略帶慌張地走到雷軍身邊耳語：「咱們開始吧，要不然一會兒真出事了怎麼辦？」

這是小米歷史上唯一一場提前 5 分鐘開始的發布會。

那場長達 78 分鐘的小米手機 1 發布會至今還是很多人難忘的記憶。發布會幾乎全程伴隨著人們的尖叫聲。雷軍向在場的所有聽眾講述了自己的商業模式。他提供了兩份最好的禮物給人們：第一，最好的安卓系統手機硬體——國內雙核 1.5G，全球主頻最快，比主流手機主頻速度快 200％，比最新發布的高端手機主頻速度快 25％；第二，首款以互聯網模式開發的手機作業系統 MIUI，千變主題和首創的百變鎖屏。

整場發布會最高潮的部分經過了精心設計——在和四款手機進行詳細的參數比對之後，一個大大的金黃色問號，掉落在黑色的大螢幕上。雷軍提出一個簡單的問題：這樣一款各項參數、軟硬體皆勝出的手機，最終定價將會是多少？人們像等待魔術師最後一個魔

法一樣屏氣凝神地盯著大螢幕。

幾乎撐滿整個螢幕的巨大數字，如同夜空中的隕石一樣降落下來──金黃色的「1999」字樣，伴隨著巨大的音效展現了出來。這個視覺效果是雷軍親自設計的。

幾乎把屋頂掀翻的尖叫聲和掌聲爆發了出來，持續了將近半分鐘。

在同等配置的手機價格都在4000元上下時，小米手機直接將價格減掉了一半。這個震撼的價格，加上這種價格出爐的方式，極具戲劇效果。此時此刻，舞臺上似乎正在上演一部真正的魔法大戲。

很多在中控臺的小米員工顧不上自己正在工作，都流下了眼淚。這一刻，小米人和米粉的心情是一樣的，他們把最真誠的熱愛，獻給了這家無與倫比的魔法公司，獻給了這個注定載入史冊的時刻。

第四章 ∷ 高歌猛進

一群不回家的人

第一代小米手機一經發布，就引發了前所未有的關注狂潮，線上那些未曾謀面的三十萬 MIUI 粉絲，彷彿在一瞬間都被一種極具誠意的產品主義精神啟動了。這種線上線下精神世界交織在一起的感覺，造就了一個巨大的幸福能量場。連發布會上發布的那些彩色手機電池，都顯得如此酷炫。

從此，橫空出世的小米手機造就了一個內心世界一直熱烈沸騰的社區。小米透過產品將人們連結了一起。也許，當時這些小米粉絲本身也都是產品主義者。小米人和米粉的精神世界是共通的。

在一片沸騰的發布會現場，一些人激動地在臺下大喊：「雷布斯！」[12] 現場響起了善意的笑聲。也許是雷軍無意中穿著這身平時上班就穿的黑色 POLO 衫，和賈伯斯在蘋果發布會上常穿的黑色 T 恤或者黑色毛衣有幾分相像，人們產生了聯想 —— 雷軍頗有賈伯斯在莫斯康尼會議中心的風範。

其實，從青年時代就深受賈伯斯影響的雷軍，從未想過會被人們稱為賈伯斯的模仿者。他永遠熱愛賈伯斯，但是，一個真正的創業者，並不希望完全去複製另一個人。

12這個稱呼是從 Steve Jobs 在中國的譯名史蒂夫‧喬布斯得來的。

「我不可能想去做誰的第二，我還是要當雷軍第一。」他後來說。

在小米這場決勝之戰的發布會上，隱含著一個深層的戰略決策，那就是小米的產品如何定價？這是考量一個創業者商業智慧和商業判斷的問題，同時也關係著公司的命運走向。小米手機最終價格塵埃落定的過程，也展現了小米創業者的整個思考過程。

在小米手機 1 的發布會上，簡報上秀出了四家企業出品的四款手機競品，分別是 HTC 的 Sensation、三星的 Galaxy S2、摩托羅拉的 MOTO Atrix ME860 和 LG 的 Optimus 2X，雷軍列出的手機比對參數有 CPU、記憶體、電池容量、螢幕大小和相機畫素。當然，最重要的還有手機價格。 HTC Sensation 的水貨售價為 3575 元、三星 Galaxy S2 的售價是 4999 元、MOTO Atrix ME860 為 4298 元，而 LG Optimus 2X 的水貨價格為 2575 元。可以想像，在如此強烈的對比下，一款各項參數都排名市場第一的智慧型手機只賣 1999 元，對人們的震撼力有多大。

自小米手機 1 發布後，媒體就開始研究並解讀雷軍為自己的新公司制定的「爆款戰略」。事實證明，從小米手機 1 開始，小米所有產品都遵循著這個原則：專注打造超過使用者預期的產品，用極致的性能和擊穿市場的價格贏得用戶的信任和口碑。

1999 元的價格在當時並不便宜，但是相對於產品的配置來說，小米的優勢一目了然。其實，雷軍最開始希望將小米手機 1 的價格定為 1499 元。因為在 2011 年前後，國產高端旗艦手機的起步價格是 1500 元，而小米希望為用戶提供一個最為極致的價格。但是，2010 年 11 月小米手機 1 研發規劃接近定型時，周光平博士告訴創

始團隊，由於小米公司規模太小，又是第一次做手機，因此供應商提出的價格都比較貴，小米手機 1 光成本就達到 2000 元。雷軍計算了一下，如果小米手機 1 按照規劃量產 30 萬部，把價格定在 1499 元，意味著公司一上來就要虧損 1.5 億元。

為了應對這樣的虧損，小米在 2010 年 12 月啟動了 B 輪融資。按照融資計畫，小米此輪將融資 2500 萬美元，公司估值達到 2.5 億美元。但是經過反覆思考，雷軍意識到，這樣的定價並不健康，它可能將為公司的後續營運和長遠發展帶來災難。經過一夜的思考，在第二天召開的公司管理層例會上，雷軍黑著眼圈修正了之前的定價，把最終的價格改成了這個更貼近成本的定價——1999 元，正好比成本低 1 元。

站在舞臺上公布價格的那一刻，雷軍的內心對成敗其實還是未知的。但是當他聽到人們的驚呼和尖叫，他意識到，這個定價是成功的，這依然是一個驚爆世人的價格，足以在市場上阻擊對手。接下來的工作，就是盡快將產品送到用戶手中。

在發布會的途中，小米社區經歷了有史以來的第一次當機。負責技術的王海洲當時正在趕往發布會現場的路上。忽然，他接到同事的電話：「海大人，你趕快回來，小米社區掛了。」由於發布會引發的關注是空前的，小米社區同時線上人數瞬間激增，導致伺服器當機，王海洲只好馬上返回公司，去處理這個緊急情況。據說，自此之後王海洲再也不敢到發布會現場，每一次他都在公司盯著伺服器。

發布會落幕之後，社交媒體上對「小米」這個新物種的渴求呼之欲出。面對用戶對真機的翹首盼望，表面上看小米初嘗勝利的甜

蜜，但是實際上，供應鏈團隊和電商團隊正面臨前所未有的壓力。

　　建立電商平臺的工作是 2011 年 7 月開始啟動的。親歷過卓越網誕生的整個過程，雷軍知道從零到一建設一個新電商平臺的痛苦。他最開始的設想是，自己不做電子商務，而是讓小米手機和他投資的凡客誠品合作，用現成的管道來銷售手機，這樣是最節約成本的。他也幾次和凡客誠品的創始人陳年碰面交流合作的可行性，但是凡客誠品當時自身的業務壓力極大，這個合作才談到一半，就只能終止了。

　　在關鍵時刻，雷軍將創始人的分工做了調整。負責 MIUI 的黎萬強，被再次委以重任：負責小米自有電子商務平臺小米網的搭建。後來，黎萬強只負責小米網的業務，MIUI 則由洪鋒繼續帶領。至此，小米公司分為四大業務線：黎萬強帶領的電商和行銷業務，洪鋒負責的 MIUI，黃江吉負責的米聊，林斌、周光平、劉德負責的小米手機和硬體供應鏈。

　　和雷軍進軍硬體、林斌負責法務、劉德去跑供應鏈一樣，黎萬強的人生此時也進行了艱難的跨界，他從零進入一個他從來沒有涉足過的領域——電子商務。他的下屬王海洲原來在金山一直負責技術，對電子商務也是一無所知。黎萬強決定找王海洲一起去凡客誠品，去學習怎麼搭建一個電商平臺。

　　王海洲從金山時期就負責技術，因為能力強，他被小米人尊稱為「海大人」。他至今還記得第一次去樂成國際附近拜訪凡客誠品的情景。他們在一棟大樓裡拜訪完第一家公司之後，需要穿過東三環的雙井橋，到對面的一棟大樓裡。沒想到走到半路下起了大雨，兩個人都沒有帶傘，只好一邊快跑一邊用手遮雨，但渾身還是被淋

得濕漉漉的。最後他們到雙井橋的橋洞裡躲了一會兒雨。黎萬強喃喃自語道：「今天可真夠狼狽的，我們做不好真對不起自己。」

到達凡客誠品的會議室後，黎萬強和王海洲大吃一驚，來凡客誠品學習的只有他們兩個人，但是凡客誠品卻熱情地派出了十幾個人，這些人分別負責財務、物流、客服、銷售、市場。這樣的陣容不僅讓黎萬強和王海洲感覺到他們後援團的強大，更是有點嚇到了他們。小米只是一個剛剛成立一年的小公司，整個團隊不過百人，而當時的凡客誠品已經有五百多人在做電商開發，光系統就有五十多個。一場馬拉松式的會議結束之後，黎萬強和王海洲發現，幾乎沒有一個人能把凡客誠品的整個技術架構講清楚，每個人都只能看到一個片段，而這種過於成熟的系統並不適合初出茅廬的小米。

最終，黎萬強和王海洲打消了複製凡客誠品模式的念頭，轉而求助雷軍投資的另一家電子商務公司──樂淘網。樂淘網的 CTO（技術長）李勇毫無保留地將電商的祕笈傾囊相授。從 SKU（庫存單位）設計、條碼的做法，到怎麼收貨、打單、配貨、出貨以及和快遞公司結算，他都一一進行了講解。這也許是雷軍創業的最大優勢之一，他可以借助大量之前當「天使」時聚集的企業資源，讓小米獲得無條件的信任和鼎力支持。

王海洲在樂淘的倉庫裡至少泡了三天，全程跟進了解樂淘的後臺模式，他甚至坐在樂淘客服的身邊，親自聽聽他們怎麼接聽用戶的電話。黎萬強和王海洲最終意識到，樂淘的團隊在一百人以內，而且剛創業一、兩年，它的結構很簡單，非常適合小米學習。

最後，對於小米的電商系統，這些專業人士提供了兩個較為重要的幫助。第一，技術人員告誡王海洲，電商初創時不要把數據全

部放到類似 SAP 和 Oracle 這種大型軟體當中，因為前期的決策是你沒有辦法改變的，因此要提前把底盤做好。小米的電商平臺接受了很多這種知識，最終做成了羽量級的電子商務和去 IOE（IBM、Oracle、EMC）式的靈活模式。這種開源的、可以橫向擴展的商業解決方案，讓小米網在套裝軟體和商業產品上節省了不少費用。第二，凡客誠品向小米提供了他們倉庫中的兩段，讓小米網可以在那裡中轉貨品。

毫無意外，電商的創建又是整個團隊不眠不休的過程，牙刷牙膏在辦公桌上隨處可見，躺椅和毯子也都在目之所及的範圍。辦公室中經常彌漫著外賣便當的味道，揮之不去。兩、三週的時間，整個團隊加班，吃住在公司，他們像一列二十四小時行駛的火車，正在從深夜奔向下一個黎明，然後再奔向下一個深夜。合夥人黃江吉感慨地說：「你們真是一群不回家的人！」

為了驗證雛形電商運行的可行性，電商團隊做了一個「大賣部賣可樂」的活動。在小米公司內部，他們將以一折的價格出售可樂、雪碧、脈動（運動飲料）和冰紅茶。員工在新建立的小米電商平臺頁面下單，購買這些售價為 0.1 元的產品，然後在自己的座位上等待配送。電商團隊則在這個過程中充分測試線上支付系統是否可以運行。其中最關鍵的一個問題是——別算錯錢，訂單系統和收款系統必須對齊。

同樣來自金山的張劍慧承擔了這個「快遞員」的工作，她在卷石天地的大樓裡穿梭著，遞送飲料至每個人的座位。系統錯誤時有發生，有時候是一個訂單送了兩次，有時候是線上收到了錢，但是貨品卻沒有送到。在這段時間裡，小米網的技術人員透過一折賣可

樂這個活動測試出了很多問題，這些問題在電商正式上線之前都得到了解決。「這相當於把所有地雷都提前挖了出來。」王海洲說。

這個活動雖然時間非常短，但是可口可樂在小米內部賣很便宜的傳統被保留了下來。創始人們決定持續在這個程式設計師熱愛的飲料上進行補貼，直到永遠。只不過可樂的標價從當初的 0.1 元，變成了今天的 1 元。

電商團隊的戰時氛圍感染了很多新來的員工，他們迫不及待地希望貢獻出自己的經驗值。張劍慧當時也剛剛來到小米，黎萬強還沒來得及分配工作給她，但是除了自告奮勇送了一次快遞之外，她也用自己的經驗指出了小米電商的問題所在。

在籌備大賣部期間，黎萬強召集大家在他的小辦公室開會。進去七、八個人之後，張劍慧已經擠不進去了，只能站在門口旁聽。當時大家熱烈討論的一個問題引起了她的注意。原來，小米做電子商務要和支付寶、財付通對接，相關工作人員已經在網路上註冊了企業號，正在等待協議的批覆。而張劍慧在金山期間負責通路銷售，知道如何與支付寶、財付通、銀行閘道對接。她意識到小米的做法有較大的問題，馬上舉手道：「阿黎，我有一個看法，我們現在賣的可是手機啊，現金流這麼大，我認為我們應該讓支付寶來和我們談一個新的費率，而不是執行網路上註冊的費率。」黎萬強意識到這是一個很重要的問題，馬上指著張劍慧說：「從今天開始，你負責這件事。」因為這個決策，小米電商得到了更為合理的費率。

另外一頭，當庫存管理缺乏合適的人手時，黎萬強甚至指派當時在小米簡歷最漂亮的女生劉欣去做這個工作，而這位美國加州理工學院博士畢業、在麥肯錫和微軟工作多年的女孩也毫無怨言，欣

然接受了「倉管員」這個工作。

小米電商官網就是在這樣的情況下建成的。關於網頁的風格，設計團隊也在黎萬強的帶領下調整了幾次。從蘋果模式到京東模式，幾經討論，團隊最終把小米官網做成了一個商城的模樣。只不過，這個商城只有一件商品，那就是第一代的小米手機。

雖然只是一個看似最簡單的電商頁面，但是小米卻完成了最初的商業閉環——硬體＋軟體＋互聯網平臺。小米的效率革命正是從這裡開始的。此時，大多數傳統的手機廠商還在暗夜中沉睡，大家還看不太懂這家「奇怪」公司的發展方式。

在 798 發布會結束後，有人第一時間在知乎上回答了對小米手機 1 銷量的預期，認為「5 萬～ 10 萬部應該是一個不錯的銷售數字」，而現實情況卻讓這個回答顯得頗為可笑。

從 2011 年 9 月 5 日起開始接受預訂，小米手機在很短的時間之內收到超過 30 萬部的訂單，不過受產能所限，這款產品從 10 月 20 日正式發售開始一直限量供應，用戶必須憑預約號碼排隊購買。12 月 18 日，小米手機透過官網限量銷售三小時，有超過十萬用戶訂購，小米只好臨時決定限號銷售。再加上此前已經預售的 30 萬部，小米手機已經訂出了 40 萬部。

原來計畫一年時間售出的手機量，小米幾次開放購買就轉眼間賣完了。最後小米公司只能提前關閉購買管道。創始人們意識到，消費者的需求量過於強勁，已經超過了小米自身的產能。

小米用銷售數字證明了自己劃時代的創新。

然而，前方米粉四處要貨，後方庫存早已售完，嚴重缺貨的狀態一直持續到 2012 年。

供應鏈的艱難調整

雷軍曾經在一張紙上畫出過參與感的雛形。這張關於互聯網思維的手稿被收錄在黎萬強所著的《參與感：小米口碑營銷內部手冊》一書的第七頁。事實上，小米的信條一直沒有變過 —— 互聯網思維就是口碑為王，現在的大眾主要是以口碑來選擇產品，而好的產品就是口碑的發動機。

MIUI 在累積五十萬粉絲之後迅速發酵。從 50 萬到 100 萬的粉絲累積，都是依靠微博這樣的社群媒體推動的。對於傳統商業世界而言，這樣的行動類似於小說《三體》裡的降維打擊，是不同維度世界的對決，用更白話的語言來說就是，消費市場已經變天了。小米用一種互聯網產品思維讓消費者也成為互動過程的一分子，非常熱鬧瘋狂。

小米手機 1 出爐之後，在吹捧之外，也有一些不同的聲音：如此優質的配置，如此不可思議的價格，你們是怎麼做到的？一些人甚至提出了質疑：小米手機是不是也是「山寨」的？內心倔強的雷軍，馬上用一種更為倔強的方式回應了那些質疑：現場摔手機。

至今互聯網上還可以找到當時的照片 ——「雷軍接受現場提問，親自表演摔手機」。這一天是 2011 年 8 月 19 日，雷軍在接受一個小型媒體採訪時做出了這個頗為「驚世駭俗」的舉動。那一天，他還是那身經典的「天使投資人」著裝 —— 深藍色的牛仔褲，黑色的短袖 T 恤，只不過換了一雙有橙色鞋帶的黑色帆布鞋，和 T 恤上的橙色元素相互呼應。

橙色是小米的顏色，鞋帶是他刻意選擇的。當有一個記者提出

有關手機品質的疑問時，雷軍走到會議室的中間，把黑色的小米手機高高舉起，然後放手，手機以自由落體的姿態落在水泥地上，「啪」的一聲，電池蓋瞬間飛了出來，落在旁邊。現場工作人員撿起電池後蓋和手機，重新安裝。再次開機後，小米手機螢幕正常亮起，手機也可以正常工作。雷軍的臉上露出一絲勝利者的笑容。他想用此舉證明，山寨手機是不可能經受這麼嚴苛的摔機測試的，小米是一家有技術實力的公司。

這個舉動沒有經過任何預演，是雷軍臨時起意的即興發揮。這個頗具行為藝術特質的舉動，讓現場的觀眾發出了驚呼，大家一起熱烈鼓掌，觀看論壇直播的人也在網路上不斷打出驚嘆號。只是此時坐在旁邊的周光平博士早已經嚇出了一身冷汗，小米手機問世之前確實是經過了摔機試驗，但是標準檢測高度是 1.5 公尺，而雷軍那天舉出的高度幾乎達到了 2 公尺，足足比測試時高出了 50 公分。周光平事後對雷軍說：「以後再做這個動作時，能不能提前通知我一聲？我得保護一下我的心臟。」

這些有趣的故事和人們的親眼所見，如同一次又一次的衝擊波，再次激起公眾對小米這家公司的好奇和興趣。然而，這些事件在提升小米品牌的同時，也加重了小米粉絲的焦慮情緒。網路上對小米手機的熱烈討論和線下拿不到貨的現實情況，形成了一種強烈的對比。因為小米粉絲總是被告知缺貨，小米公司一次又一次被人們戴上搞「飢餓行銷」的帽子。

人們在官方網站拿不到手機，就開始在淘寶網上搜尋「小米手機」，這時候會出現多個販售連結，而每個連結都有兩三千的流覽量。小米和黃牛們的鬥智鬥勇，也是從這個時候開始的。

　　而在小米內部，焦慮情緒更為嚴重。他們第一次意識到，在經歷了那麼多的磨難之後，他們在硬體世界的探索才剛剛開始。他們要全面學習和補課的東西叫作——供應鏈管理。

　　蘋果現任 CEO、賈伯斯的接班人提姆‧庫克（Tim Cook）就是供應鏈管理出身，在《提姆‧庫克》（*Tim Cook*）裡，作者描述了供應鏈管理這項工作的複雜度：

　　確保工廠在裝配的時候有足夠的零件和供應，這件事情比聽起來的要複雜得多。這項工作對精度的要求極高，需要對細節把控極嚴格，常常讓人備感壓力。供應鏈管理就是這樣一項浩大而複雜的工作。如果出了差錯，要麼就沒有成品交付，要麼就被庫存壓垮。無論哪一種結果都是致命的。

　　而早期的小米，正在遭受這種「致命的折磨」。10 月 20 日是約定的限量出貨的日子，當時小米的內部計畫是每天出貨 2000 部手機。但是最後供應鏈團隊發現，他們連 1000 部也做不出來，再後來，他們發現其實連 500 部也做不出來了。此時人們對小米缺貨的抱怨在互聯網上已經不絕於耳。

　　此時的雷軍焦慮得幾乎無法入眠，他每天都會打幾通電話給負責供應鏈的周光平：「博士，咱們能不能出哪怕 200 部機器，咱們這一開賣，款都已經收了，現在一個機器都出不來，你讓我和大家怎麼交代？」而供應鏈團隊則無奈地表示：「老大，手機模具我們只做了一套，現在因為模具出問題了，所以交付不了。現在要是出貨就是全天出貨，要是不行就一部也出不來。」

　　其實，在小米手機開放購買之前，供應鏈團隊已經在 2011 年 10 月 1 日之前，完成了所有的模具準備工作和認證工作，就等國慶日之後正式開工，但是問題總是以比電視劇劇情還誇張的方式突然襲來。

　　國慶假期之後，一家供應商告知小米，沒有辦法正常交貨，這讓硬體研發團隊的顏克勝感到非常奇怪，明明假期前已經認證完畢了，怎麼還有無法交貨一說。到了工廠後，顏克勝發現，手機當中的一個螺絲柱沒有了，裡面的模具分模線也和小米之前認證的不一樣。「怎麼會這樣？」顏克勝問。這家供應商的負責人只能坦白：「假期前我們換了一個工程經理，他覺得以前的那套模具做得不夠好，所以在國慶日期間加班趕工把那個模具改了。可是改完之後發現，裝不成了。」顏克勝回憶起當時聽到這句話的感覺，簡直是五雷轟頂。「幾乎所有人都傻了。」

　　為了補救這個問題，顏克勝在工廠待了三天兩夜沒有離開。他帶領團隊全部撲在這個專案上，重新修改銅電極（一種模具加工方法），每做一道程序都要重新測量。他們如同一群救火隊員，把所有的精力都用於撲滅眼前這正在熊熊燃燒的大火，完全忘了自我。

　　剛剛救完這場大火，另一場中火又燒了起來。由於小米公司人手不夠，很多工程師都在亦莊的倉庫裡幫忙打包裝箱。其中一個重要的工作就是為小米手機配上電池。工程師們需要手工把電池放進電池凹槽裡，然後進行包裝。這個時候，顏克勝發現，電池供應商提供的電池有大有小，尺寸並不統一。如果是電池小還好辦，工程師會重新選一個大小合適的電池放進電池凹槽內，但是電池大就很麻煩了，工程師怕用力過猛傷害到新手機，只能用手一點點把電池

摳出來，一個叫張斌的工程師，最後連指甲蓋都摳掉了，鮮血直流。

電池這樣的交付品質讓顏克勝大為光火，他把電池廠商的負責人直接叫到倉庫，質問道：「你們電池的尺寸不統一，怎麼會做成這樣？」對方竟然在座位上把電池的電路板往地上一摔，說：「你看沒有爆炸吧？我覺得這就很好了。」言下之意是，你們有電池用就已經很不錯了。

在小米公司的早期，即便在互聯網上小米已經擁有粉絲們最真誠的熱愛，即便小米的供應商80％都和蘋果或三星的供應商重疊，但在冰冷的商業世界裡，一些供應商還是只把小米當成一個小生意。顏克勝回憶道：「被看輕是一件很正常的事情。」

電池供應商的這種反應讓顏克勝非常氣憤，他決定這個專案做完之後一定要把這個供應商清理出去，永不復用。後來他真的這樣做了，無論這個供應商怎麼請求，都再也沒有進入小米供應商的名單。

供應鏈上還有最後一個棘手的問題——3D軟板天線偶爾上浮。因為小米手機1的天線軟板是透過膠黏的，一家供應商做等離子清洗時總是不合規範，導致一些手機的軟板天線在工程師拆卸後蓋換電池時出現上浮的現象。結構工程師王少傑就守在工廠裡處理這件事，一個一個地檢查，當他發現其實並沒有什麼好的辦法時，這個身高180公分的大男孩，蹲在生產線的角落裡絕望地大哭起來。

在小米早期的供應鏈系統裡，各種問題真實地暴露出來。當時小米遇到的最大問題並不是設計能力不足，而是整個供應鏈的支持力度有限。

當時的結構工程師一共有五個人，除了顏克勝之外，剩下的四

個人全部都在製造工廠駐場辦公。顏克勝的辦公桌就在雷軍和林斌的旁邊，那段時間他每天至少要講八個小時以上的電話，全部都是在和供應商催貨。有一天放下電話之後，他竟然有了耳鳴眼花的感覺。

「每天都是在瘋狂催貨，讓供應商把我要的東西按時間做完，做完了還得是我想要的東西，有些東西有問題，供應商要到現場去做維護。要是一些東西供應不了，就要停線了。你知道停線是什麼概念嗎？小米的生產線當時是租的，每分鐘都是錢！」顏克勝說。

克服這些困難之後，小米終於迎來了產能艱難爬坡的階段。剛開始一天只能生產 500 部，後來可以生產 1000 部。但是這時，泰國的一場洪水又讓剛剛開啟的供貨中斷了，小米社區上開始出現鋪天蓋地的罵聲。

2011 年 10 月 30 日，周光平博士在媒體上對此次斷貨做出了坦誠的說明：「小米手機上有幾個 MOS 管（金氧半場效電晶體）和來電顯示彩燈是泰國生產的。因為水災，泰國工廠停產了一段時間，出貨量大大降低，交期也不準，並一再推遲。其他不是來自泰國廠商的材料也有跟不上的，比如電池，前兩週一直供貨不足，但還在斷斷續續地供。前天突然通知我們要等五天後才能供貨。我們在與廠商協調無果之後於昨天發出通知，停售小米手機幾天。」

他接著說：「幾乎所有手機廠商都會因供應商問題停產。我知道摩托羅拉 A1200 也曾因供應商交不了貨停產過。英華達曾經有一天沒協調好導致停產一天，但第二天上班後我們就把損失補回來了。英華達產能足夠，10 月份每天可以生產 4000 臺，11 月份每天可以生產 8000 臺，但是物料的供應卻遠遠低於這個數字。」

這段時間負責電商的黎萬強壓力很大。有一天工作到凌晨 2 點後，他把車停在路邊發呆，一種泰山壓頂般的壓力向他襲來。此時此刻，他太需要單獨待一會兒了。黑暗之中，他的手機亮了一下，打開一看，是一則微博私信。這是小米最早期的用戶 LEO 發給他的一則訊息，LEO 告訴黎萬強，自己做了一段影片放在小米社區，要他去看看。

黎萬強打開那個連結，發現那是一段精心製作的影片，全國各地的小米使用者在螢幕裡喊出了四個字：「小米加油！」

這一瞬間，黎萬強熱淚盈眶。做出有愛的產品，使用者就會回報以愛。用戶的愛又會持續激勵團隊。

泰國的洪水終於過去了，電池最終也被工程師一個一個手工適配完畢。天線軟板的問題，以死磨供應商、讓其他供應商替代供貨的方式解決，小米手機的產能終於開始慢慢提升。這段時期，這家創業公司的一百多名創業者親臨戰場，品嘗到了最初成功的甜蜜，也體驗著一種前所未有的掙扎。

《創業維艱》一書的作者本・霍羅維茲（Ben Horowitz）說過：

掙扎是你在和別人談話卻聽不到對方在說什麼的狀態，因為你一直在掙扎。

掙扎是你想結束痛苦時的狀態。掙扎就是痛苦。

掙扎是你去度假，想放鬆心情卻使心情更差時的狀態。

掙扎是你周圍簇擁著一大群人，你卻感到孑然一身、形影相弔時的狀態。

掙扎是冷酷的。

掙扎是違背承諾、粉碎夢想的地獄，是一身冷汗、五內如焚的感覺。

掙扎不是失敗，但是會導致失敗。如果你屢弱不堪，你更容易失敗。

從史蒂夫‧賈伯斯到馬克‧祖克柏，所有出色的企業家都會經歷掙扎，而且是苦苦掙扎。

掙扎是成就偉大的競技場。

此時此刻的小米，已經經歷最完整的掙扎過程，正站立在這個成就偉大的競技場當中。

米聊的戰略收縮

在手機板塊獲得空前關注和顯著成功的前提下，擺在創始人面前的是一個新的問題，那就是小米的戰略資源下一步應該如何分布？

在創業初期，雷軍就為自己立下了一個目標，這次創業他將和在金山時期不一樣，他盡量不進入太多的具體細節，而是聚焦於戰略規劃、商業模式、核心人才招募、關鍵技術追蹤以及合作夥伴關係等。這是一個創始人應該有的定位。而現在，正是需要他做出決斷的時刻。

從離開金山開始，雷軍就為自己立了一個規矩：所有的資訊操作都盡量在手機上完成。在 2008 年，這並不是一個美好的體驗。

但這是雷軍逼迫自己完全轉向行動端、體驗行動互聯網的起點。在那個時候,他就找到了一個手機使用的痛點——簡訊交流不方便。他希望有一個軟體可以把簡訊做成即時通訊的方式,讓人們更加便利地交流。這個專案的雛形,就是後來的即時語音通訊 App。在小米創建初期,雷軍在公司內部組建了一個叫作「小米通」的團隊,負責落實這個想法。毫不意外,大洋彼岸的一家公司也在這個時候發現了同樣的痛點。2010 年 10 月 20 日,一款名為 Kik Message 的跨平臺聊天應用程式正式上線,這個產品發布兩週內,註冊用戶就超過 100 萬。這家公司的創始團隊是一群來自加拿大滑鐵盧大學的學生,他們設計這款應用程式的初衷只是為了一件事——讓年輕人能夠輕鬆地與好友聊天。

非常重要的一點是,他們的分享是基於手機通訊錄的,這讓人們只要登錄這個軟體,就可以非常方便地發送訊息給通訊錄好友。Kik 的發布讓全球行動互聯網從業者都無比興奮,大家看到了一個千載難逢的機遇——基於行動互聯網平臺的社交工具,它未來的市場規模不可限量。

而在剛剛成立的小米公司裡,那些對行業趨勢異常敏感的工程師,無疑也看到了其中的巨大機會。

這一天,洪鋒和 MIUI 團隊的產品經理馮志勇推開了黃江吉辦公室的門,兩個人在黃江吉的手機安裝上了 Kik 這個軟體。黃江吉的通訊錄好友隨即全部跳了出來。黃江吉透過 Kik 加洪鋒與馮志勇成為好友後,用這個軟體和他們聊了幾句,他立刻意識到 Kik 這個產品具有劃時代的意義。在新的時代來臨之際,沒有人不知道行動通訊蘊含著巨大寶藏。他們決定第二天去和雷軍彙報。

由於這次彙報是臨時起意，洪鋒和黃江吉去彙報時，雷軍正好走出會議室，準備去開下一個會，他們在門口攔住了他，現場向他示範了這個軟體。後來黃江吉回憶道：「雷軍、洪鋒和我，我們三個人站在門口，幾乎是一分鐘之內做出了這個決定。『小米通』必須立刻發布，關於這裡面的機會，我們幾乎不需要用太多的語言去討論。」

於是，小米把「小米通」這個軟體升級為一款叫作「米聊」的產品，又調派了很多工程師來加快研發進度。2010 年 12 月，在 Kik 發布僅僅一個多月之後，第一代米聊發布了，這是中國最早的手機即時通訊產品。米聊擁有的具體功能有對講機聊天、手機語音聊天、用語音發簡訊。可以說，Kik 的發布推動了米聊的提前發布。這就是米聊誕生的整個過程。當時小米創始人們認為，如果這個產品做好了，將是一個至少 100 億美元的生意。現在看來，這個預估是保守的，少了至少一個零。但是那是在行動互聯網混沌初開之時，這批人對行動互聯網的預判依然是超前的，大家內心都知道，有了這樣的即時通訊工具，未來很可能發生翻天覆地的變化。

米聊一經發布，就獲得了非常好的成長性。小米也一度把非常多的優質工程師資源安排到米聊團隊，並讓洪鋒和黃江吉兩位創始人來帶領這個團隊，這甚至讓 MIUI 團隊有點羨慕。往往工程師資源的放置能清楚地顯示公司的戰略重點。有些小米的員工甚至認為：「米聊幾乎獲得了公司最大部分的軟體優質資源的支援。」

毫無意外，米聊這個專案也開始出現在小米的商業計畫書當中，它獲得了投資人的格外關注。在 2011 年 9 月小米的一輪融資中，米聊甚至發揮了非常重要的支撐估值的作用。

　　林斌回憶，米聊發布兩個月後，用戶的增長形勢喜人。春節期間，林斌回到老家深圳，和十幾個中學同學圍坐一桌吃飯，其中大部分人竟然都在使用米聊。另外一兩個沒有用這個軟體的，為了方便和大家聯繫，也當即下載了米聊準備註冊登錄，結果卻怎麼也點擊不進去。林斌馬上打了一通電話給黃江吉，「我們這裡怎麼登錄不了？」「伺服器掛了，太多人在登錄。」「什麼時候能搞定？」「半個小時到一個小時吧。」

　　自從米聊發布之後，用戶數幾乎一週翻一倍，甚至很多競爭對手也告訴林斌，他們在用米聊談生意，他們的很多親戚朋友也在用。短短幾個月時間，米聊用戶就達到了 100 萬，輕鬆取得了戰略上的初步成功。不過這種幸福只持續了很短的時間。

　　在米聊誕生的過程中，一個不可避免的對手就是騰訊了。在江湖打拚二十多年的雷軍，當然知道這個龐大的對手早晚會來。他心裡很清楚，米聊的勝率取決於騰訊到來的早晚。

　　作為創始人，雷軍沒有選擇在每一個專案中都不切實際地給團隊打雞血。對於米聊這個專案，他經常對團隊成員進行理性分析，以免他們在真正遭遇打擊時受到情感重創。

　　雷軍和黃江吉對此也有過對話，他告訴黃江吉，如果騰訊用 QQ 這個產品來迎戰米聊的話，小米尚有一絲機會，因為 QQ 在手機上的體驗過重，不符合行動互聯網短平快的用戶體驗。但是，如果騰訊沒有犯任何戰略錯誤，選擇用完全相同的產品形態來迎戰米聊的話，只有在它能給米聊一年搶跑時間的前提下，小米才有 50% 的勝算。如果騰訊在一年之內拿出一模一樣的產品，那麼，騰訊的綜合資源是小米的一萬倍，小米將處於完全的弱勢，屆時，騰訊會

把全部的工程資源和推廣資源撲上來，小米獲勝的機率將是零。

僅僅一個多月後，「不幸」的消息終於傳來，騰訊的「微信」發布了。

微信發布之後，小米其實並不知道騰訊在內部對這個產品放置的權重。很長一段時間，米聊用戶在上漲，微信的用戶也在上漲。雙方短時間內還出現了相互挖角的狀況，戰事逐步升級。

在雙方挖角戰進行得比較激烈的 2011 年 4 月，騰訊的創始人之一張志東約見了林斌，兩個競爭對手禮貌地在酒店一起吃了一頓早餐。張志東告訴林斌：「我們知道你們正在做米聊，非常關注。但是微信現在對騰訊來講，是一個很重要的戰略部署，我們肯定會做，而且是用重兵來做。」在林斌看來，這是騰訊約他的一個目的，對方是來告訴小米，微信這個產品在馬化騰心中的位置。

後面的故事盡人皆知。在騰訊在微信導入 QQ 好友關係，微信發布「附近的人」功能之後，勝負的天平開始加速傾斜。

這是黃江吉第一次和本土巨無霸貼身肉搏。這和他以往的職業經歷差別巨大。在微軟時，他所在的平臺是世界第一，微軟的工程師資源甚至比騰訊還多，所以在公司資源方面，他在心理上從來都是占據著優勢。但是這一次，他人生中第一次體驗到一家創業公司與一個龐然大物型公司對戰的感覺，如同一隻螞蟻面對一頭大象，力量對比是如此懸殊。

米聊的發展最終還是受到了一些資源上的牽制，導致在和騰訊貼身肉搏時，逐漸處於弱勢。因為工程資源不夠，米聊的穩定性一直不夠好，容易出現斷線、漏掉語音等現象。當擁有大量用戶時，即時通訊對穩定性的要求是非常高的，而這正是做了多年即時通訊

的騰訊的優勢。相比之下，小米的技術儲備和網路建設、服務可用性、架構的穩定性、訊息系統送達率明顯不夠，這些都造成了用戶體驗差的問題。

參與米聊團隊的，還有雷軍的大學同學、睡在他下鋪的兄弟崔寶秋。2012 年 6 月，崔寶秋在雷軍的召喚之下一個人從美國回到了中國。當時他在領英總部工作，主要做內容搜尋。而雷軍已經把小米的基本盤穩住了，在不會「坑」老同學的前提下，他把崔寶秋叫來了自己的公司。

在四個戰略方向中，崔寶秋選擇了米聊團隊，因為相對於手機硬體、電子商務、MIUI 來說，米聊這個方向更像是他的菜。米聊當中的好友推薦系統，很像領英的「你可能認識的人」功能。崔寶秋自然而然地負責起了米聊的後臺建設，還有米聊的好友推薦系統。可以說，小米早期機器學習的平臺就是崔寶秋搭建的。雷軍當時把大學同學叫來還有一個野心，就是希望透過崔寶秋在矽谷累積的一些互聯網後臺技術經驗，為小米公司打下更為堅實的技術基礎。

在手機的戰略獲得成功以後，雷軍對米聊做出了戰略收縮的決定。第一，手機的成功已經是既定的事實，一個時期一家公司只能有一個核心戰略，如何追貨，如何維持供應鏈的平穩過渡，如何保證交付，當時已經是小米公司的首要任務。第二，和騰訊在正面戰場交火注定是烈火烹油，想要贏就要給米聊持續的資源投入，而且很可能依然沒有辦法取得優勢，因此米聊必須進行轉型。一家公司不可能在創業初期什麼都想要，如果都想要，往往最後什麼都得不到。

當時將米聊轉向做陌生人社交的呼聲在小米內部不絕於耳，小

米公司終於站在了技術與道德的交叉路口。首先反對這條道路的就是崔寶秋。在美國待了很多年,他是「陽光交友」的堅定支持者,他和小米很多創始人的觀點一致,認為做陌生人交友,找「附近的朋友」,始終感覺有些奇怪,違背一家公司的基本價值觀。為了驗證自己的感覺,崔寶秋甚至在自己的手機上下載了一個陌生人交友軟體,第一次主動嘗試和陌生人交流。這個體驗讓他認定,他終究過不了這個心理關卡。

最終雷軍把洪鋒調出了米聊團隊,去接管黎萬強負責的MIUI。而黃江吉則繼續維護整個米聊團隊的簡化版。過去的投入沒有白費,小米後來利用米聊的累積搭建了雲端平臺,崔寶秋的團隊因此被孵化了出來。小米成為安卓陣營裡第一個搭載存儲雲端服務的手機作業系統。黃江吉說:「我們並沒有浪費米聊鍛鍊出來的伺服器能力。」

雖然米聊的落敗對崔寶秋造成了比較大的情感打擊,但是他也明白,米聊和騰訊短兵相接,力量對比是懸殊的。尤其用戶鏈條是騰訊的核心資產,它可以利用這個鏈條快速發展很多東西。

還好,很快地,崔寶秋就走出了這種失利感,把更堅實的東西帶給了小米。崔寶秋沒有辜負雷軍對他的期待——把矽谷學術圈子的氛圍帶到小米公司,為小米帶來更加堅實的技術基礎。雲端平臺,定義了崔寶秋內心非常理想的東西,他認為,這種扎實的底層平臺技術,是行動互聯網公司必須擁有的互聯網屬性。他堅定地打造小米雲端平臺,在雲端上支援產品層面的所有東西。但是小米並不是做重資產的公有雲端服務,而是要做一家技術公司,把重要的數據、敏感的數據和應用層的服務自己管控起來。

　　另外，崔寶秋還把雷軍堅持的開源策略進行了最堅決的執行，對小米的成長做出了巨大的貢獻。

　　雷軍曾經對崔寶秋說：「現在任何一家互聯網公司離開開源就輸在了起跑線上。」於是，提倡技術和鼓勵開源成為小米技術團隊的基調。而這種擁抱開源的理念也支撐著小米技術體系實現了從零到一。

　　崔寶秋帶著小米工程師做了很多打通數據孤島、制定開源戰略的事情，並且鼓勵工程師努力回饋開源社區。

　　在人們討論小米強大的行銷能力的同時，創始人們在技術方面也絲毫沒有掉以輕心。小米的投資人劉芹說：「認為小米只是一家行銷公司的人是被表象蒙蔽了，小米在系統客製化、聚合使用者、技術創新方面，都在全面且系統性地進行著努力。這是一家正在全方位成長的公司，只看一面難免片面。」

　　除了對米聊做出戰略收縮，雷軍後來還對一些非核心業務進行了出售或者轉型。比如小米司機（原司機小蜜），最後出售給了一個叫作木倉的創業團隊。

　　儘管對業務有所取捨，但是小米的創始人們依然對創業之初那個時代背景感慨萬分。微信誕生後成為一個劃時代的產品，現在它已成為一款超級行動應用程式，影響全球超過十億人的生活方式。事實證明，即時通訊是個 1000 億規模的事業，而小米司機演進的方向就是後來的滴滴，最後再加上智慧手機。雷軍在 2019 年的一次私人聊天時曾感嘆：「我們真的是趕上了一個好的時代，看上的方向沒有一個是小的，上帝一出門，就發了三張好牌給我們。如果是今天，找三個有巨大潛力的方向，很難。」

　　雷軍的描述準確地表達了行動互聯網時代剛剛開啟之時，那種遍地都是機會的情景。在這樣一個階段，一些雄心勃勃的年輕創業家，看到了新的產業週期裡蘊藏的無限機會，開始懵懂摸索新的創業人生。比如，曾經幾度創業的王興，成立了一家叫作美團的公司，意欲在互聯網上半場的「千團大戰」中突圍；一個叫張一鳴的青年正要放棄一個叫作九九房的創業專案，轉向做資訊流新聞聚合網站今日頭條；已經辭去阿里巴巴支付寶副總經理一職九個月的程維，前後考慮了六個創業方向，但是最終都沒有出手去做，而一次又一次出差時無奈誤機的經歷，讓他終於看到了一個普通人生活中的痛點——出行。

　　當創業人才不斷湧現，一波又一波的風險投資也進入了市場。中國創業圈的生態系統就這樣一步一步走向成熟。在創投領域沉浸了幾年的雷軍，也看到了這個生態系統的進化。他認為，高速發展了三十年的中國市場以及中國消費者接受新產品和新模式的速度，已經超過了世界上其他所有的國家。成立一個創業基金輔佐年輕創業者實現夢想的時機，已經到來了。

順為基金成立

　　2010 年年底，某天晚上 11 點，銀谷大廈的小米辦公室裡迎來了一位雷軍的老朋友，他是新加坡人，身高約有 178 公分，國字臉，說起話來聲音低沉，慢條斯理。或許是職業生涯一直在做投資的原因，他緩慢的言語中充滿了理性和邏輯。他叫許達來，英文名

叫 Tuck，是雷軍很早以前就認識的朋友。

　　也許不到史丹佛大學讀書，許達來不會成為一個投資人。他出生於新加坡一個有五個孩子的大家庭，從孩童時代一直到大學本科階段都在新加坡生活，骨子裡有東方文化的那種保守。1998 年，許達來到史丹佛大學讀書的時候，正好是 Google 誕生的年代，在他眼中，那是一個瘋狂的黃金年代。他的同學推薦了一個叫 Google 的搜尋引擎給他用，這讓他覺得很新奇。互聯網不斷有新的概念湧現，幾乎所有的「.com」公司估值都是一兩千萬美元，各種創業公司如雨後春筍般出現。他的同學有的聲稱要改變世界，有的號稱三十歲一定要退休。「我至今還沒有遇到過比這更瘋狂的狀態。」許達來說。

　　史丹佛大學經常會邀請矽谷的風險投資人到學校演講，許達來也經常去聽。有一次，在一個大約兩百人的會場上，一位企業家即將開始演講。在演講之前，他提出了一個問題：「在場的各位，你們有誰將來計畫創業或者加入創業企業？」很多隻手舉了起來，許達來環顧四周，發現幾乎所有的人都舉手了，除了他自己。這個瞬間讓許達來很震撼，這是他人生中很重要的一個時刻。他曾經試想過，如果這個提問發生在新加坡會怎麼樣？可能也就兩三個人舉手，其他的人是不會舉手的。他想，在新加坡很少有人會選擇創業這種生活方式，也許是新加坡的環境太安逸了，人們把生活規劃得太好，不太願意去冒險。創業這件事，對許達來而言是很陌生的。

　　許達來在史丹佛大學的求學經歷改變了他的精神世界。雖然他最後沒有選擇創業，但是他選擇了在投資行業工作，這也許是離創業者最近的一個行業。

許達來和雷軍的交集發生在 2005 年，當時許達來就職於新加坡政府投資公司 GIC，這家基金公司成立於 1982 年，負責投資並管理新加坡政府的海外資產，是新加坡的兩大主權財富基金之一。許達來在中國內地幫 GIC 考察專案，並讓後者主導了對金山的投資。當時他對雷軍的印象是，這個人對業務極其熟悉，對很多細節都理解到位。讓許達來最有感觸的一點是，這個人還有想做一家偉大公司的強烈動力。

兩位年輕人在業務層面有了交集之後，很快成為朋友，經常見面交流。2007 年，許達來見證了雷軍離開金山的整個過程——求伯君和張旋龍的挽留、各種可能性方案的發布、雷軍的猶豫和遲疑，以及最終的離開。對於如何描述雷軍當時痛苦和複雜的情緒，許達來的表述是「自己的詞彙量並不夠大」。

在 2010 年年底的這次朋友小聚中，雷軍毫無例外地向許達來講述了自己正在做的這家公司——小米。他一如既往地用如同曬小孩一般激動和驕傲的口吻，講述了硬體、軟體和將來依託巨大的流量入口獲得的互聯網服務這個商業模式，還有小米當時已經完成的 A 輪融資。兩人自然而然地談到了共同的專業——投資。

經過在風投界十幾年的打拚，兩人感慨於本土風險投資的崛起。當時大家看到非常好的案例有啟明創投和晨興資本。雷軍和許達來都經歷過這個行業裡的許多風風雨雨，也見證了巨大的資本助推力量。他們知道，風險投資的意義在於推動社會進步，可以幫助那些有偉大格局的實踐者完成夢想。過去十年，中國互聯網公司完成了原始累積，已經成長出許多獨角獸公司，而他們作為觀察者，意識到新的行動互聯網時代已經到來，新生代企業家還會不斷湧

現，會有更多的人借助資本改變世界。

許達來提議他們兩人成立一個本土基金，來幫助那些有勇敢進取精神的人繼續踐行理想，成為他們創業路上的朋友。而雷軍再也不想重複，或者看到任何人重複他在金山時期作為創業者的那種不堪回首的逆風而行。

另外，在小米公司已經成立的前提之下，雷軍深感一個成熟的公司不能孤立存在，而是需要在產業上下游建立一個全面的生態系統，從而由點到面地完成自己的產業布局。這樣一來，一方面，小米在未來可以為自己建立一道護城河，抵擋可能的激烈競爭。另一方面，透過孵化自己的創業企業，小米最終可以為整個公司建立起戰略協同，在產業競爭中獲得更通透自如的能力。在這個時候，雷軍已經在思考如何用投資來建構小米的生態體系。

「順勢而為是我四十歲之後的人生感悟，我們的基金要順著大勢走，任何時候我們都要尊重與理解創業者，幫助更多的創業者順勢而為。」雷軍說。

在那個冬天的夜晚，「順為」這個名字，就這樣在銀谷大廈被敲定了下來。

雷軍和許達來對他們自己的看法和業內人士的看法非常一致──他們是強強聯合，優勢互補。雷軍是少數真正創過業，同時具有成功經驗的天使投資人，而許達來投資經驗豐富，兼具國際化視野。他們都屬於「追求冒險精神的商業世界裡偏理性的那一派」。

實際工作開展得非常迅速，順為基金為自己立的第一期募資目標是 2.25 億美元。募資的過程出乎意料的順利。當朋友們知道他們在募資，主動介紹了很多國際知名的 LP（Limited Partner，有限合夥

人，也叫出資人）給他們，而許達來和雷軍經常是各自背著一個包，在一家經濟型酒店的大廳裡把自己的構想和中國故事講述一遍，後續自己跟進。很多 LP 的熱情程度超過了他們的想像，所以經常會比約定的時間多聊幾個小時。

「我們的經驗是非常有說服力的，但是更有說服力的，可能還是趨勢。」許達來回憶道。

兩人唯一覺得他們可能沒有說服投資人的一次，發生在阿布達比。許達來和雷軍一起坐經濟艙飛了九個小時才到那個城市，下了飛機兩人直奔會場，那時快到午餐時間了，會談比較倉促，只有一個小時。談完了順為的整體構想，對方沒有任何表態，也沒有挽留這對遠道而來的中國客人吃午餐的意思。兩人覺得這次募資可能希望不大了，便直接去了杜拜的帆船酒店吃了一頓午餐。

然而，回到北京幾天之後，阿布達比的投資人確定了這筆投資。可以說，順為的第一批募資來自世界各地。除了中東的資金，還有來自美國和新加坡的。八個月的籌備期過後，順為基金正式成立，許達來也進駐卷石天地的辦公室，就在小米的樓上辦公。從此，他進入了一種每天的工作時長都無法想像的工作狀態。而小米和順為這兩家都由雷軍統領的公司，也開始了相互助力的旅程。小米的前幾輪融資，順為基金都有深入的參與，小米的很多專案討論和收購問題，許達來也都有參與意見。

順為與小米開始並肩成長。從某種意義上來說，作為風險投資機構的順為承載了雷軍更多對未來的野心。落實在投資上，順為衡量專案的一個原則就是：至少代表未來 10 ～ 20 年的趨勢。在接下來的幾年裡，順為迅速成為小米公司重要的機構投資者和戰略投資

領域的助推者，是小米未來戰略布局中的重要一環。上百家小米生態鏈企業，順為都進行了跟投。

陸續掃清障礙

經歷過早期的艱難困苦之後，創業者們如同浴火重生，一切都在好轉起來。這家成立四百多天的新公司，從 2011 年年底到 2012 年年底，以拔地而起的姿態，出現在更多人的視野當中。人們並不知道小米經歷了怎樣的坎坷掙扎，只知道它的橫空出世打造了一個「不合常規」的創業故事。它的產品永遠供不應求，而用戶也把真摯的情感回饋給了它。

全球管理思想家烏邁爾・哈克（Umair Haque）曾在《新商業文明》（*The New Capitalist Manifesto*）一書中寫道：「當你熟悉了價值對話的商業模式時，你的企業就變成了一輛具有回應性、運轉良好的超級跑車。」此時的小米公司，越來越像那輛運轉良好的超級跑車。

障礙被陸續掃清。在電商平臺方面，黎萬強帶領王海洲的團隊實現了電商後臺的打通和穩定運行，掃清了最後一個障礙。這個障礙是一個他們之前從未想到的問題——隨貨發票不夠。

早期的小米，因為公司很小，稅務局只給了他們 300 張發票。這意味著發票只能隨後寄送，而每單獨寄送一張發票，就要多出 10 ～ 12 元的快遞成本。

當小米手機開始每天有 1 萬部的發貨量時，公司成本就多了 10

萬元。「我們當時的經營成本都從指縫裡摳，一天增加 10 萬元簡直不可想像。」王海洲說。

　　為了早日把隨貨郵寄發票的問題解決，王海洲和財務部一起經過層層審查，終於申請到了數量充足的發票。這個時候還是冬天，天氣很冷，電商的技術團隊在北京南五環的百納物流長期駐紮，每個人都穿著軍裝大衣工作。晚上，他們住在旁邊名字聽起來高大上，實則很簡陋的小賓館六人房裡。身為北京人，他們卻天天在北京出差，餓了就吃一碗旁邊店裡的砂鍋刀削麵。

　　為了解決列印發票問題，技術團隊把幾十臺 EPSON 690K 點陣式印表機與物流打單室連接，還要把訂單與發票進行分組對應。為了節省空間，他們把印表機和紙質發票箱放在三層簡易可拆裝的架子上，架子之外還有現場組網和網路交換器。

　　經過幾夜的測試，所有問題都解決了。然而，天有不測風雲，簡易的架子卻因為品質問題突然倒塌。網路線沒有標記，沒有 IP 位址對應，網路需要重新組網，長時間的勞動成果在一瞬間灰飛煙滅，一切又需要從頭開始。王海洲的情緒有些崩潰，但是他依然打電話給團隊裡的工程師孫建飛，作為團隊領導者，王海洲鼓勵團隊成員：「我們從哪裡跌倒，就從哪裡爬起來。」住在六人房的兄弟們也相互打氣，第二天滿血復活，終於搞定了小米的第一套發票隨貨發系統。這替後續小米手機在網路上的銷售營運掃清了障礙。小米手機的出貨流速，從此快到起飛。

　　當時負責銷售營運的女孩朱磊談起自己的營運體驗，感覺小米完全就是一家依靠產品的公司。它依靠自己的流速運轉，讓員工可累積的營運經驗極為有限。朱磊說：「每個星期阿黎只發起一次搶

購，一次只賣一分鐘，然後十幾萬的貨就沒有了，剩下的工作就是在點貨、發貨。我們當時的基礎設施真的很差，甚至有一個很好笑的笑話，說小米是用 Excel 表格治天下的，所有的單子剛開始都是填寫在 Excel 表格裡，後來才慢慢有了後臺工具。」

這幾乎成為小米早期發展的一個特徵，它的成長速度實在是太快了，幾乎從一出生就在全力狂奔，公司的很多基礎建設都無法跟上它自身的發展速度，於是很多事情都只能在後面慢慢補課。「這就是一家時代成就的公司。」朱磊說。

當黎萬強帶領電子商務平臺進行各項調整時，生產線的產能也漸漸跟上了，這才是銷售數字真正飆升的根本原因。

來自摩托羅拉天津工廠的時東禹於 2011 年 9 月加入小米，他一來就進駐了英華達，幫助生產線解決各種棘手問題。當時英華達工廠的焊錫高度和小米手機的要求不符，時東禹就一直待在那裡，把相差 2 毫米的高度調整完畢。他告訴英華達的那些部門經理，不要理會網路上那些讓他們氣餒的流言蜚語，比如「英華達是一家二流代工廠」。「等你們幫小米做完，沒有任何人會說你們是二流的。」

時東禹經常用豐田公司「精益生產」的概念激勵工廠，他不斷地告訴英華達的管理者如何梳理整個生產線的流程，如何調整人員配備。他深知，只有精細營運，把工序調整到最優狀態，才會讓組裝段的工作得到極大的提升。因此他花了很長時間調整人員排配，改善生產線流程，使之變得更加科學。

他甚至要求工廠發自內心地尊重工人，照顧工人在生產線上的情緒，只有這樣，工人才能真心熱愛自己的這份工作，這甚至會讓

生產線上的良品率得到大幅度提升。時東禹是從摩托羅拉出來的員工,他的身體裡銘記著那家公司帶給他的切身感受 —— 對人的尊重。他相信,這種尊重最終會得到回饋,員工會發自內心地回饋公司。因此他發誓要改變生產線工人的生存環境。當他看到英華達的生產線上只有一個直徑一公尺多的風扇用於降溫時,他提出了堅決的反對意見:「這個不行,南京的夏天這麼熱,像個火爐似的,你們的生產線環境太不舒服了。」後來,他對英華達提出了強制要求:如果要和小米合作,必須在生產線安裝空調;代工廠要把操作臺面變小變低,以適合工人舒服地坐著操作,所有加工小米產品的工人,都必須是坐著的;此外,還要為工人的宿舍裝上 Wi-Fi,讓他們週末可以在屋子裡自由地上網。

這些人性化的細節,英華達後來都一一做到了。在這個磨合的過程中,小米和供應商之間的理解都加深了不少。

隨著小米的發展,供應商的態度也發生了轉變。他們看到小米這個品牌的張力和勢能,紛紛希望可以和這個年輕的品牌合作。富士康的董事長郭台銘曾經來北京與雷軍見面,雷軍也在臺灣和郭台銘有過一次長達十九個小時的會面。

說起那次傳奇般的會面,雷軍至今都覺得,那是他人生中一次能把下巴驚掉的經歷。

那一次,是雷軍和林斌以及雷軍的好友王川一起到臺灣走訪供應商。按照行程,某一天的下午 4 點,他們將和郭台銘見面開會。但是下午 4 點的會議一次一次被推遲,雷軍害怕後面的行程會受到大幅度影響,決定先去趕後面的行程。但是在郭台銘的強烈挽留之下,雷軍只能讓林斌和王川先走,他和郭台銘在第二天的下午 1 點

見面。誰也沒有想到，這一見，兩個人就聊了十九個小時。

在談話進行到一個小時的時候，郭台銘打電話把富士康的所有高管都叫到辦公室，讓所有人跟著他一起聽雷軍講解小米模式。在這個會議中，郭台銘表現出了對新鮮事物極強的敏感度和求知欲。「他的學習能力和聚焦能力，讓我非常震驚。以我今天的忙碌程度，你讓我和一個人就一件事情連續交流十九個小時，我會覺得不可思議。從郭台銘身上，我看到了一個創業者務實的一面，一旦有新的機會和新的事物出現，他就要栽進去透澈理解，這毫無疑問是一種打破砂鍋問到底的精神。」雷軍後來回憶道。

那一天，郭台銘把所有的會議都取消了，連另外一家很重要的全球消費電子巨頭的會議也沒有參加，而且，當他中途上了一趟洗手間，發現個別高管已經不在現場時，馬上讓祕書詢問這個人不在的理由，並命令他立刻回來。幾乎沒有任何事情能夠中斷這個會議，只有當祕書進來告訴他，馬英九辦公室來電時，郭台銘才站起身來說：「這個可能不行，我需要接一下。」在接完這個電話之後，他馬上回到會議室，又和雷軍繼續熱烈地交流起來。

富士康很快成為小米的代工廠，在日後的很長時間裡，小米都是富士康的第二大合作夥伴。時東禹還記得和廊坊富士康合作時那些歷歷在目的細節。

當時的廊坊富士康還負責諾基亞、摩托羅拉和黑莓手機的生產，而小米的進駐則代表了富士康迎接新生事物的一種姿態。和廊坊富士康的談判，是小米快速擴大代工的一個重要節點。富士康談判的技術細節非常複雜，在物料、生產功率、款項、帳期、產能甚至智慧財產權方面都有非常詳細的規定。富士康對合作夥伴的需求

準確度非常在意，而且它有專門的風控部門，對風險控制非常嚴格。

一開始，小米承包了富士康的一條生產線，隨著小米產能的擴大，一條生產線變成了兩條、三條。但是小米的供應鏈部門始終認為小米的產能還會繼續飆升，要在生產線方面未雨綢繆。後來，時東禹看到在富士康的一棟樓裡有一個無塵室生產線，這個生產線正在做諾基亞的一款鑲鑽的奢侈品手機——VERTU，這裡一個月有 60 萬部的產能。小米最後包下了這個生產線，不到一個季度就把產能填滿了。之後，富士康的這棟大樓都被包給了小米。

供應鏈團隊工作的辛苦程度，並不亞於其他團隊。在做小米手機 2 期間，團隊成員都是蜷縮在沙發裡面偶爾休息一下。富士康的夥伴相當不錯，自己訂便當的同時也幫小米的同事訂一份，「我們就蹲在一個很小的桌子那裡吃完」。在緊盯產能期間，時東禹時常站在富士康某棟大樓的窗戶旁邊，看著富士康的員工像螞蟻搬家一樣不停地走來走去，這是工人們每做完一個工序，就要把半成品運送到下一個工序的場景，做完了成品大家就會把東西運送到組裝廠去檢驗。這段時期小米的產能迅速擴大。曾經貼在富士康生產線上的一條標語至今還讓時東禹熱淚盈眶——「不做中國的 iPhone，做世界的小米」。

這是那些年輕的富士康員工自發製作的標語，他們認可了小米的使命。

高歌猛進的一年

2011 年 10 月之後，「飢餓行銷」和「訂單真假」始終是圍繞在小米公司周圍的兩種聲音。一方面，小米手機總是一機難求，另一方面，小米宣布自己的手機銷量已經超過 300 萬部。很多人在討論，小米手機的真實產能到底是多少？

2012 年 5 月，小米在南京英華達工廠為媒體界舉辦了一場「工廠開放日」活動，記者們可以穿上防塵衣和拋棄式鞋套，參觀小米手機完整的生產流程。人們看到，在英華達的工廠裡，小米已擁有 10 條 SMT 生產線、5 條組裝線，每月的產能至少有 60 萬部。而小米引入的第二家代工廠富士康，也開始大量供貨給小米。

可以說，小米公司的硬體實力在經歷一些風雨之後，終於進入正常運轉的穩定期。

此時，小米打造的「互聯網手機」概念，已經引起互聯網行業的關注。人們意識到，在行動互聯網來臨之際，手機是開啟行動入口的一把鑰匙。互聯網企業都希望嘗試硬體或作業系統引流的方式，把自己已有的互聯網用戶收攬進來，讓電腦用戶平穩過渡為手機用戶。這段時間，敏銳的互聯網公司都迅速行動起來，在智慧型手機大潮來臨之際，他們醉翁之意不在「機」。

到 2012 年，安卓市場已經有超過 40 萬個活躍應用程式。在推出與華為合作的手機卻反響平平的情況下，騰訊也決定推出基於安卓的客製化 ROM，但是這個叫作 TITA 的系統僅僅發布了一個版本就停止了更新。後來，騰訊投資了第三方 ROM 團隊樂蛙，依然表現平平，這讓騰訊在作業系統方面陷入了一段靜默期。創新工廠孵

化的點心團隊在 2012 年年底被百度收購。阿里巴巴則向天語手機拋出橄欖枝，雙方開始合作幾代「大黃蜂」、「小黃蜂」手機，這個搭載阿里雲 OS、號稱與安卓相容但完全獨立的手機系統，意圖推進阿里巴巴的行動版圖。隨著時間的推進，這些巨頭的努力最終似乎都沒有達到理想的效果。這和強大的互聯網公司始終缺乏硬體基因多少有點關係。

在這些公司陸續跟進的過程中，雷軍還迎來了他人生中絕無僅有的一次「朝陽公園約架」事件。這讓原本競爭就很激烈的手機市場，加入了一種互聯網圈子獨有的荒誕與瘋癲的味道。

在看懂小米的互聯網商業邏輯後，周鴻禕旗下的互聯網安全公司奇虎推出了與第三方公司合作開發的「360 特供機」，也想在那時殺入手機硬體市場。這款產品於 2011 年 5 月發布時，周鴻禕在微博上向雷軍和小米不斷開火。有一次，他公開發出要和雷軍到北京朝陽公園東門「約架」的消息，引發了網友的熱烈圍觀。而這個事件的幕後故事頗具娛樂性，雷軍不但在微博上親自迎戰，還像一個熱血少年一樣，對約架事件進行了認真部署。他讓黎萬強帶著市場部的劉飛、鍾雨飛等幾位同事，到朝陽公園東門踩了點，認真研究了站位和撤離路線。在雷軍心中，他真的準備大幹一場。

最後，這次約架不了了之，而整個「約架」過程有了微博這個社群媒體的推波助瀾，為互聯網競爭提供了一個民眾可以圍觀的場所，讓這個時代的商戰變得更加具有魔幻色彩。

這個具有娛樂元素的事件背後，其實是殘酷的市場競爭。一些傳統廠商看到小米開始嶄露頭角，他們預估了小米的年產量，認為幾百萬部的數量不大，也不相信這樣的規模能維持很久。另一家叫

作華為的企業，由余承東接手了其終端業務，之後，他說服創始人任正非改變了放棄手機業務的想法，從營運商白牌廠商，向自有品牌轉型。

這一切風雲變幻，實際上都在證明小米手機對於市場的衝擊，也讓人們對小米的下一代產品產生了好奇。

對於小米手機 2 代的研發，雷軍親自參與了其中。可以說，小米手機 1 雖然配置完美，但是在他心中依然略有缺憾，那就是手機的外觀沒有達到他的理想設計。比如，小米手機 1 的厚度竟然有 12 毫米。網路上對於小米手機 1 外觀設計的吐槽也有不少，例如「沒有設計語言」。對於這些批評，雷軍還是比較在意的，因為他其實是一個很注重細節的人。

總體來說，和任何硬體公司一樣，這個階段的小米公司也在經歷著工程部門和工業設計部門的強烈衝突，在一個部門非常強勢的情況下，另一個部門只能節節敗退。其實，就算在蘋果公司內部，這種衝突也非常普遍——是設計主導工程，還是設計反過來被工程所控制，每一天各種執念和妥協都在公司內部發生。在蘋果設計長強尼・艾夫的傳記裡，讀者可以多次看到這種矛盾的激烈程度。

工程師對今天或者當下可能發生的事情是現實主義的，工業設計師則對明天或者未來可能發生的事情充滿想像。

儘管設計的重要性不言而喻，我們還是要解決電氣工程、規模化生產、售後服務以及技術支援等問題，每一個部門都有他們自己的聲音，他們的聲音也許不具有投票表決的作用，但是卻代表他們各自的想法。

在蘋果公司，工業設計師的任務是構思出一個完全不存在的產品，並設計出整個生產流程，將想像變成現實。這也包括定義客戶觸摸蘋果時的體驗。設計師必須決定產品的整體外觀、材料、紋理和顏色，然後，在工程團隊的配合下，進一步打造出符合產品品質水準的工藝，完成產品並將其推向市場。

這種典型的結構設計和工業設計的矛盾在小米手機 1 誕生的過程中就出現了，而且，和蘋果那種設計師主導並且占據明顯強勢地位的情況不同，在小米內部，硬體部門非常強勢，尤其在小米剛剛起步的階段，手機內部結構的堆疊受到供應鏈提供的材料限制，因此留給工業設計的空間並不多。主導工業設計的劉德曾經坦言，那段日子對他來說是灰暗和痛苦的，他作為設計師的驕傲在那段時間被極大地壓制，他甚至不是很願意對那段時間做仔細的回顧。而雷軍改變中國製造、提升中國設計的夢想，也暫時被擱置了。

「第一代手機基本是結構部門做好內部堆疊之後，再進行外觀設計。基本的理念，就是在結構做好之後採取『穿衣服』的方法，將衣服穿在結構之外，再把多餘的裝飾去掉。那個時候最大的問題是，大家沒有商量機制，不知道怎麼解決衝突，這帶給我們非常大的困擾。」雷軍回憶道。

在小米下一代手機進行產品定義的時候，兩個部門間的「廝殺」依然存在。雷軍意識到，工作中的矛盾太大，如果他再不出面解決這些問題，這些衝突就會演變成私人恩怨。曾經發誓不管研發細節的雷軍，此時終於按捺不住，決定親自來解決團隊的問題。「如果米 2 再做這麼厚，我自己也會瘋掉。」雷軍說。

　　雷軍對手機外觀設計和部門結構進行了深入思考，他找來兩個團隊，然後自己在白板上畫出堆疊結構圖，告訴兩個團隊，手機的厚度要是多少，做成什麼形狀。「幸虧在上學期間立體幾何學得不錯，也有無線電的基礎，因此還是好好地把問題解決了。」雷軍回憶道。

　　這段時間是促使雷軍對手機外觀設計和結構部門進行深入思考的時間。後來他花了很大的精力來解決兩個部門之間的矛盾，他最終知道，手機的工業設計師要對硬體、器件和材料材質有非常深刻的理解。而要解決這些問題，作為戰略設計者，他最終需要設計出一個有利於解決問題的磨合機制。這些經驗，其實對於幾年後的小米，有至關重要的作用。

　　小米手機 2 在外觀上比上一代取得了長足的進步。創始團隊對手機的外包裝盒也有極致的追求。負責外包裝設計的陳露，是劉德在美國藝術中心設計學院的學妹，畢業之後被劉德招進小米。在美國學習外包裝設計時，陳露深受環保主義概念的浸染，這也影響了她在小米做設計的理念。在美國學習期間，老師總是會強調環保的理念，讓學生重視社會責任。當時，陳露為了做一個 PUMA 跑鞋鞋盒再利用的專案，天天去 PUMA 鞋店外面的巨大垃圾桶裡撿人們扔掉的鞋盒，然後將這些鞋盒重新噴塗包裝，寫上新的標識 —— PUMA Recycle（PUMA 再利用）。陳露把自己的這個設計叫作 Safe（安全）系列。

　　這種安全環保的理念，被帶到了小米的外包裝設計上。小米手機外包裝盒使用的是可回收的環保材質，並且適合電商包裝。

　　小米尋找合適的包裝供應商時，幾乎遭遇了和建構供應鏈時一

樣的待遇。早期陳露的團隊約紙張供應商來小米的辦公室洽談業務，竟然被放了鴿子。對方說：「對不起，我們老闆沒有聽過小米這個名字，我就不過去了。」後來，是余安兵花了很多時間一家一家去親自拜訪，幾乎把全國的牛皮紙供應商都找了一遍，才找到一家叫作辛普森牛卡的紙張供應商和小米合作。小米想把牛皮紙包裝做出精密產品外包裝的樣子，要求紙張纖維長、耐折、特別抗壓、防水。而這家供應商的紙張恰好是陳露理想中的樣子。它能夠快速分解，適合直接物流包裝，可以直接在外包裝上貼單據。尤其是，它的成本非常低廉，比起其他廠家十幾元、幾十元的價格，小米的外包裝最後可以做到幾元一個，這特別符合小米極致性價比的理念——在包裝上省出的成本，也將回饋給消費者。

小米認識到包裝是品牌的調性，因此，小米手機 2 不僅顏值上升了，外包裝也有了很大的改善。比如，小米把第一代外包裝上的電路圖去掉了，做成了去科技感的樣子，只留下極其簡約的牛皮紙外包裝和小米 LOGO。另外，為了改善開箱流程，外包裝團隊做了幾十種開箱測試，就是為了讓人們以最自然舒適的方式取出手機。在測試中，他們發現很多男性的拇指比較粗，手摳做小了的話不太好摳，因此調整了手摳的大小，並將其改到了合適的位置。

就在這一年，「盒子兄弟」應運而生。「盒子兄弟」是小米公司的兩位員工，一對胖子兄弟。為了說明小米外包裝的堅實程度，這對胖子兄弟用雙人疊羅漢的方式蹲在小米手機 2 的包裝盒上。小米以這種行為藝術的方式讓人們知道——小米的外包裝不僅簡約美觀，還能夠承受超過 150 公斤的重量，這個畫面極為直觀、震撼。後來，黎萬強把這做成了一個行銷事件，他在微博上號召人們以盒

子兄弟創建話題，並且發起了以盒子兄弟為素材的 PS（圖片處理）大賽，成就了一次極為成功的行銷活動。

在這個頗具喜感和娛樂化的活動背後，其實是一家企業對於工匠精神的追求，是對新的商業文明的響應。小米人始終相信，在新的商業環境中，未來的模式不再困於發號施令型的企業，而是傾向於越發深入的民主。就如同《新商業文明》裡說的那樣，只有民主精神才能讓渙散的組織具備爆發力的響應性，和大眾的對話替代了以產品為中心的價值主張。

而小米把這種和大眾的對話機制，發揮到了最大。

2012 年對小米來說，一切都在好起來。也許不僅僅只是好起來，這一年也是小米克服各種艱難困苦，高歌猛進的一年。

在小米手機 2 發布之後的 2012 年 8 月 23 日，小米又推出了小米手機 1S，它是小米手機 1 的升級版本，配備全球主頻最快的高通 MSM8260 雙核 1.7GHz 處理器，售價僅為 1499 元。

在官方宣布開放購買的 2012 年 8 月 23 日中午 12 點，50 萬部小米手機 1S 正式開賣。其中包括 45 萬部小米手機 1S 青春版和五萬部標準版＋電信版。對於小米手機來說，售罄是毫無懸念的事情，大家只是關心用時多久。而這次小米官方給出的成績是──4 分 15 秒。

2012 年年底，小米首次向媒體透露，到 11 月底，小米過去一個財年的銷售額突破 100 億元。這個數字令人震驚。而這一年度結束的時候，小米手機共銷售了 719 萬部，銷售額為 126 億元。 2012 年 4 月，小米的估值達到 40 億美元，到了年底，投資人給小米標出了 100 億美元的融資估值。投資人的理由很簡單──沒有哪一家創

業公司，能在第一個完整財年，營業收入就超過 100 億元門檻。人們在旁觀這家狂飆激進的企業的同時，將其成功定義為「一場不合常規的創業」。

人們這樣評論小米：

> 以進軍 3G 手機市場為起點，華為和酷派手機銷售收入達到百億都花了六年時間；京東商城銷售額過百億，同樣用了六年；百度達到這個量級則用了十年時間。無論放在哪個維度看，小米都不「正常」。

一家成立不到兩年、產品賣了只有一年的創業公司，瞬間就進入百億俱樂部，在中國過去三十年的商業史上，恐怕只有兩類公司達到過這種奇蹟：一是某些呼風喚雨的壟斷企業，二是此起彼伏的傳銷企業。

小米的創始人們在這一年中，找到了突破黎明前黑暗的破局感。雷軍在接受媒體採訪時姿態略低地把這歸結為了運氣，他感慨地說：「我們做的這些事情是如此有意思，跨了好幾個領域，今天我們覺得有無窮的生意要做，有無限的想像空間。」

小米的運氣也許可以歸結為這個時代給予幸運兒的寵愛，比如 2009 年微博的崛起，帶來了大眾化傳播革命；又比如 2003 年之後電子商務在中國的發展，替小米的直銷模式鋪墊了時代背景。在人才方面，工程師紅利時代的來臨，讓這個抱樸守拙的群體被激發出了無限的光和熱，也給了雷軍這樣的超級產品經理人式的創業者巨大的發揮空間。當然，最重要的一點是互聯網手機增長紅利的爆

發，在 2011 年互聯網手機啟動之際，正好契合了中國智慧型手機的
普及大潮。 2011 年，中國的手機普及率達到每百人 73.6 部。 2012
年，中國 3G 的普及率達到 25%。

　　諸多因素疊加起來，可能都會讓人們產生「風口論」的解讀，
讓人感嘆機遇對創業者的垂青。但是，小米人終將把這場勝利定義
為價值觀的勝利。正如《新商業文明》中指出的那樣，創建更有意
義的企業，並不只是生產差異化的產品，而是改善大眾、社區和後
代的生活狀況。

　　如果一家企業掌握了社會效能的精髓，能夠為大眾創造更幸福
的生活，帶來積極的影響，從生產產品轉換成改變人們的生活，那
麼這家企業就會讓傳統的企業顯得完全落伍。

　　而改變人們的生活，為人們創造幸福感，從一開始就是小米的
終極價值觀。

第五章 ∷ 生態鏈啟航

小米模式遙遙領先

時至今日，小米手機 2 在小米人心中都是「一代神機」。從 2012 年 8 月到 2013 年年末，它的生命週期之長，超過了很多人的預期。這是一部再次為發燒而生的手機，各種參數依然強大，它的硬體設定也讓其成為當時全球性能最強大的手機之一。儘管小米手機 2 沒有做任何行銷，但依然引發了人們的熱烈反應。

這個時期的小米手機有兩個銷售管道，一個是互聯網管道，另一個是營運商管道。前者占據銷售總量的 70%，後者占據 30%。營運商管道是傳統管道，小米選擇了一家全國代理商來全權負責。雖然小米是貼近成本定價，理論上不可能給代理商正常的利潤空間，但是林斌發現，儘管只有 2%～3% 的折扣，代理商也非常熱情。這是因為當時營運商在各地都提供大量的價格補貼，他們拿到小米手機後可以透過合約機的方式把它們銷售出去，也非常搶手。這是早期小米除了互聯網管道以外，在線下銷售管道唯一的探索。

小米手機的強勁銷售，也替 MIUI 系統持續不斷地帶來了新的用戶。而本來針對狂熱者的 MIUI 論壇，此時也開始有了偏生活化的色彩。越來越多的普通用戶透過小米社區和其他使用者認識、互動，這裡越來越像一個人們熱絡聯繫的熟人社區，人們在不同的板

塊交流互動，MIUI 論壇每天都創造出後臺肉眼可見的活躍度。

小米的粉絲們可以在新演化出來的酷玩幫、攝影組等板塊一起討論新奇的生活方式，交流攝影技巧，還可以在各地的同城會見面交流。這樣的同城會，一年能有幾百場，其中很多都是米粉們自主發起的。很多時候，小米員工也會帶著米粉們最愛的「F 碼」[13]翩然而至，引發一陣陣歡樂的潮水。當時的小米第 9 號員工李明，甚至還帶著一個外號叫陸柒柒的員工，做出了一份叫作《爆米花》的雜誌，這份雜誌讓米粉們登上了封面，擁有了平日只有明星才有的待遇。在小米人的心中，米粉才是他們的真心英雄。

可以說，MIUI 透過技術論壇和生活論壇的方式，黏合了大量對奇酷有趣生活方式感興趣的年輕人。而小米也透過產品和論壇，向米粉真切地傳遞了自己的情感。

2012 年 4 月 6 日，是小米公司正式成立兩週年的日子。 2012 年 3 月 23 日，市場團隊一直到凌晨 3 點還在商討怎麼搞一個慶祝活動。幾個人最初想圍繞小米誕生兩週年做一場小米電信合約機的盛大發布會。但是，大家覺得這似乎還遠遠不夠。夜至深處，黎萬強從椅子上站起來伸了一個懶腰，喃喃自語道：「就這樣定了吧，我們就做一個米粉節，讓大家一起嗨一嗨，米粉才是我們公司的真心英雄。」

這一次，人們是聚集在一個布置成夜店風格的大會場裡歡聚的。沒有人能夠想到，公司性的活動可以做成如同夜店一樣簡單自由的風格，但又充滿了浪漫隨意。現場音量奇大地播放著崔健的老

13F 碼的 F 源自 Friend，是一組由英文與數字組成的驗證碼，擁有者在有效期限內能夠免排隊直接
　購買產品。

歌《新長征路上的搖滾》，會場空間的前部有一個 11 公尺寬的巨大
螢幕，整個會場布滿絢麗的霓虹射燈，所有人都穿著橙色的 T 恤打
造出一個橙色海洋。這一切都發生在 798 藝術區第一車間那工業味
十足的空間裡，人們隨著音樂自由地搖擺著身體。

　　為了製造專業的夜店效果，即便是晚上 11 點才下班，黎萬強
也拉上一堆人去 MIX 夜店觀摩學習其燈光效果。回來之後，他對原
有的會場進行了大刀闊斧的改良，不但把椅子全部撤掉，讓創始人
和米粉們一律站著，還引入了現場 DJ。一切都充滿了年輕的元素。
小米相信，米粉本身就是年輕的，就是熱烈的、搖滾的，就是最酷
的代名詞，因此這一天，必須去除一切古板，做到極致酷炫。而米
粉們也不負眾望，把最狂熱歡樂的一天，回饋給了小米。一名來自
深圳名叫 Gage 的資深米粉甚至讓雷軍都「自愧不如」，他以自己專
業的視角設計了一款回頭率極高的髮型——MI 字 LOGO 髮型。這
個舉動，一時間讓他在米粉當中聲名大噪。

　　雷軍風趣地對這個髮型進行了評價：「雖然很想剃一個這樣的
髮型，但是一直沒有這樣的勇氣。」

　　Gage 是一名非常忠實的米粉，他說：「我在論壇裡待著的時
間自己都難以計算，粗略地算來，比上班的時間都要長。為什麼會
喜歡小米呢？也許是因為小米手機的性能和外觀，也許是因為
MIUI 使用方便，也許是在論壇上能認識很多志同道合的朋友，但
是每一點，都讓我對小米的產品愛不釋手。」

　　他收藏了幾乎小米所有的產品和配件，甚至一度表示，如果小
米未來出女士內衣，他也會購買。購買這些寶貝對他來說已經超出
了使用的需要，是由喜愛而來的收藏之樂。

　　那一天，小米在現場還做了一個驚險動作——現場直播 10 萬部小米電信合約機的開放購買。小米希望以這樣的方式讓真相來得更猛烈一些。此前，總是有人質疑小米銷量的真實性，認為搶購行為是提前策劃的，一切都是為了製造效果而特意營造的氛圍，這甚至讓黎萬強一著急曬出了小米公司的支付寶餘額。而這一次，小米想讓大家眼見為實。

　　當雷軍啟動 10 萬部手機線上銷售的瞬間，負責後臺支援的王海洲嚇壞了，他後來形容當時的情形簡直是「驚心動魄」。雷軍在臺上宣布開放購買之後，大螢幕上的銷售數字有十幾秒鐘的時間竟然紋絲不動，這讓全場陷入了短暫的尷尬。十幾秒鐘之後，銷售數字終於開始向上滾動，技術團隊這才鬆了一口氣。王海洲後來回憶，其實使用者進入下單頁面後，需要十幾秒的時間來填寫姓名、地址和電話，然後完成支付，這一系列操作需要一定的時間，而正是這個時間，造成了大螢幕上的數字短暫停滯。而數字一經滾動，就是連續不斷的，最終，10 萬部合約機售完時間定格在 6 分 05 秒。

　　現場的米粉一直伴隨著數字的跳動歡呼和尖叫，整個 6 分 05 秒，現場沸騰不已。在時間定格的那一刻，臺下的黎萬強激動地站了起來，在空中揮了揮拳頭。還有什麼語言可以比親眼所見更有說服力呢？一切猜疑和詆毀都成了浮雲。黎萬強一直是個非常感性的人，這個階段，他把生命中所有的感情和感性，都奉獻給了他參與創辦的這家公司——小米。

　　2013 年 1 月，MIUI 全球聯網用戶突破一千萬，在 2013 年的米粉節上，小米製作了一部名為《100 個夢想的贊助商》的微電影。這部微電影的調性與其說像一部商業電影，不如說更像一部文藝

片。它講述的是一個小鎮青年屢遭質疑，卻頑強地堅持賽車夢想的故事。

舒赫是一個小鎮上追逐賽車夢的普通年輕人，當他說出自己的夢想時，外人的輕視不屑、對手無情的嘲諷一併湧來，但是他毫不氣餒，在自己的努力與朋友的支持下，一步一步走向賽場。在這個過程中，舒赫把所有支持他夢想的人的姓名，都倔強地寫在了一輛改裝車的車身上，讓這些力量化作自己繼續向前的勇氣，一路陪伴他最終走到賽車現場。而電影中這些被寫在車身上的名字，其實就是 MIUI 最早的一百名用戶。

當電影結束，信樂團的歌曲《天高地厚》響起，一百人的名字出現在大螢幕上時，現場許多觀眾流下了眼淚。小米何嘗不像電影中的小鎮青年一樣，頂著眾人的嘲笑，面對質疑和不被理解，艱難走到了夢想的目的地呢？這個微電影的名字，就是為了感謝 MIUI 論壇上最初的那一百名用戶，他們認可小米的夢想，小米把他們稱為夢想贊助商。他們的名字，被小米以這種特別的方式永遠銘記。

做品牌要解決的第一個問題就是定位，即讓人們知道我是誰。而這段日子，小米這個品牌橫空出世後，獲得了空前關注。小米品牌的勝利，也是「互聯網手機」這個新品類的勝利。

有了產品的口碑和品牌的勝利，在銷售速度方面，小米屢屢突破自己的紀錄。小米手機 2 剛剛開放購買 3 分鐘，就賣出了 50 萬部。而每次放貨，似乎都成了小米網的心魔，以至黎萬強帶領的團隊，每次放貨前都要在辦公室的花花草草前點上一炷香，然後雙手合十祈禱一番。這樣做其實就是求個心理安慰，好像只要燒過香了，伺服器就能頂住巨大的流量，不會當機。

整個市場都在關注這個新品牌的出現以及它的強勢突圍。2011年～2013年，這個初出茅廬的品牌，已經在強手如林的市場上撕開了一道裂口。2013年，小米手機全年銷量達到1870萬部，比上一年翻了一倍多，而小米周邊產品的銷售額超過10億元，甚至連小米的吉祥物「米兔」玩偶，也售出了50萬個。

1870萬部，這個數字對於2013年的手機行業來說，依然是個很小的數字。從2013年全年數據來看，三星全球出貨量居首位，市場份額達到31.3％，蘋果排名第二，市場份額為15.3％，接下來分別是華為（4.9％）、LG（4.8％）和聯想（4.8％）。其中，中國手機產量達到14.6億部，占全球出貨量的81.1％。總體來看，這是智慧型手機在全世界極速發展的一年。2011年智慧型手機總出貨量為4.944億部，而2013年，全球智慧型手機出貨量為10.042億部，僅用了兩年時間就翻了一番。

在中國市場上，傳統的手機廠商也開始從功能手機向智慧型手機轉換。在很長一段時間裡，傳統手機廠商主要以和營運商合作的方式來做管道銷售。為了帶動3G網路的使用，讓更多的手機帶動流量，營運商提供的補貼力道很大。2010年～2011年，很多手機廠商都在研究營運商的介入方式，組建營運商管道。對他們來說，互聯網模式還太過新鮮。

對於小米這個品牌，大家最開始認為，市場上出現了一個玩票者——雷軍。在眾多對手已在這個市場深耕數年、積澱深厚的情況下，人們認為闖入者沒有理由成功。但是，隨著小米的銷量逐漸增加，互聯網廠商和手機廠商從2012年開始慢慢甦醒。不但互聯網企業開始思考切入硬體的問題，硬體廠商也開始意識到手機其實是

一個包含著互聯網入口的機會。

雷軍的辦公室陸陸續續開始有傳統手機廠商前來拜訪學習。而雷軍也把小米的方法論和商業模式和盤托出。他認為小米的模式在當時是遙遙領先的，他希望小米模式可以促進整個行業的進步。不過，他後來開玩笑地表示，當時沒有意識到，一些品牌的學習能力是如此強大。值得注意的是，學習能力極強的華為，在 2013 年 12 月 16 日建立了互聯網子品牌榮耀，現在這個品牌發展得非常成功。很多品牌都在伺機而動，正如克雷・薛基（Clay Shirky）在《小米：智慧型手機與中國夢》（*Little Rice: Smartphones, Xiaomi, and the Chinese Dream*）中所說的那樣：從業者們其實內心都清楚地知道，中國人的可支配收入在不斷地增加，尤其是城市和沿海地區。與此同時電子產品的成本都在普遍降低，這意味著一旦中國市場發生變化，這個變化就會在一夜之間完成。

小米之家的初步規劃

小米在旗艦手機上取得的成功眾人矚目。到 2013 年 7 月，MIUI 的用戶數已經增長到兩千萬，勢如破竹。在這一年的上半年，小米就賣出了 700 多萬部小米手機 2，這就要求小米的售後服務體系必須快馬加鞭地向前奔跑著完善。

從金山來的張劍慧此刻也在重複著很多小米人的路徑 —— 被迫跨界。她在金山有十年的從業經驗，但是她的經驗主要集中在線下的管道銷售領域。

　　三十歲那年，張劍慧是懷著無限的憧憬來到小米公司的，結果卻被黎萬強派去做一項比較辛苦的工作 —— 幫助小米建立客服中心，承擔起小米在全國的售後維修服務網路工作。

　　起初張劍慧很不情願接手這個工作。所有人都知道，售後服務是個髒活、累活和苦活，找到售後尋求服務的人，情緒也肯定不是很好。而且，這還是一個偏後端的工作，很難做出成績。但是這個女孩一旦決定，就全身心投入工作，她馬上開始在全國尋找售後地點。到了幾個候選城市後，她透過仲介公司聯繫看房，幾乎每天都走到滿腳血泡，以至她後來每到一個城市，都要先買一個塑膠盆，晚上泡腳用。

　　在這個痛苦的過程中，她曾經質疑過自己工作的價值，但是一件小事讓她改變了看法。

　　有一次，她住在成都的一家錦江之星酒店，早上退房時，她讓前臺的接待員開一張發票。她隨口報出了自己公司的名稱：北京小米移動軟體有限公司。前臺的小姑娘忽然兩眼放光，從櫃檯後面跑了出來，上上下下地打量著她說：「小米，是那個小米嗎？是小米手機的那個小米嗎？」

　　這一刻，張劍慧真正感受到了自己的使命。

　　如果說替售後服務中心選址這個工作還在張劍慧的經驗範圍之內，那麼制定售後服務的規則就是她的盲區了。剛剛接手這個工作時，她不懂三包[14]規定是什麼，也不知道該招聘什麼人。她覺得自己很搞笑：「那種感覺，就像一個要開會計師事務所的人，不懂會

---

14 包修、包換、包退。

計的基本準則是什麼一樣。」她一方面招聘專業人士，為她講解DOA[15]、DAP[16] 這樣的概念，另一方面尋找具備管理經驗和供應鏈管理經驗的專業人員，幫她組建售後體系的關鍵部門。她還主動找諾基亞的售後高管聊天取經，有時候一等就是一下午。當時諾基亞的售後部門在北京的雍和家園辦公，張劍慧經常在雍和家園樓下的一個咖啡廳等待諾基亞的高管，她的問題只有一個，那就是如何避免踩到售後服務的那些坑。「我當時就是一個小姑娘，透過請教的方式，認識了很多的行業大咖，這些人都非常坦誠，我拜了很多師傅。」她這樣回憶道。

張劍慧選擇在國民住宅裡建立的售後服務中心，後來被更名為小米之家。這裡的裝修以黑白灰為主調，搭配橙色為裝飾色，營造出真正的家的感覺，每個空間都配有宜家的沙發，有的房間還擺放了香薰機，有時會有米粉來到這裡，送一些禮物給小米的員工。

在業務方面，張劍慧的很多決策在早期時都受到了挑戰。其中引發最激烈爭吵的一個問題就是 —— 手機換螢幕需要多少錢。她招聘來的員工都告訴她，螢幕的成本定價是 1200 元，所以換螢幕的價格也應該以此為基準，甚至應該定為 1300 元。但是，性格火爆的張劍慧堅決不同意。「你們這麼做，會讓我們死無葬身之地。」她向那些她自己招來但是又喜歡挑戰她的專業人士開火，「我們不能這樣做事，讓用戶以整機三分之二的價格來更換一塊螢幕，這會是什麼樣的用戶體驗啊？我們會被用戶罵死。」最後張劍慧拿出了解

15DOA（Dead on Arrival），指到貨即損或開箱即損。

16DAP（Dead after Purchase），指在最終用戶自購買之日起十五日內所出現之三包規定性能故障範圍內的機器。

決方案，以一種全盤考慮的方式定價，既不讓公司虧損太多，又可以盡量滿足用戶的體驗。

在一步一步的摸索當中，小米手機的售後服務體系逐漸完善起來，後來又有了小米售後體系獨有的「一小時快修」服務，也創造了「寄修」等創新的用戶體驗。張劍慧說，那個階段，她和雷軍說話的機會並不多，他們的互動基本都在米聊群裡，經常是雷軍發給她一個連結，然後對她說「處理一下這個投訴」，再加上幾個哭臉的表情符號，言下之意是，你看我們做得還不夠完美。

紅米誕生， 山寨終結

不斷完善的小米手機全國售後服務體系，為小米手機的繼續擴張帶來了支撐和底氣。而在 2012 年上半年到 2013 年上半年期間，小米的研發團隊正悄悄醞釀一次重要的革命。一款歷經磨難的新產品，終於要在 2013 年 7 月 31 日這一天發布，它即將對市場造成的殺傷力，是史無前例的。

發布會以極其簡約的方式進行，地點選在金山公司一個可以容納 40 人左右的會議室，這讓很多媒體摸不著頭緒。因為此前小米的新品都會選擇在 798 會場或者某個商務中心進行盛大發布，而這個規模的發布會，他們還從來沒有見過。黎萬強在主持這場發布會時解答了大家的疑惑：「我們為什麼在一個這麼奇怪的地點舉辦發布會呢？很簡單，因為小米在五彩城的辦公室已經被當成了工作空間，全都被占滿了，小米已經找不出任何一個能夠容納 40 人的空

間。那我們為什麼不做一個盛大的發布呢?我們從去年發布小米盒子的經驗總結出來一個結論,就是只要產品足夠好,一定可以爆掉。對於今天這個產品,我們就是這麼看的。」

那一天黎萬強是穿著一件亮藍色的 T 恤做這個簡單的開場白

的，而那件衣服上，從上到下寫著兩個字——威武。他身後的大紅色背景板上，簡單寫著四個幾乎頂天立體的大字——紅米手機。而這四個大字下面，平行寫著三個機構的名字：中國移動、小米、QQ空間。

紅米手機就是這場發布會的主角了。它是小米醞釀一年之後，即將面世的一個新品牌。和小米的旗艦機定位截然不同，它將是一款面向普通消費者、定位在 1000 元左右的手機，給人們帶來的想像空間也將是空前的。

在黎萬強簡單的開場白之後，身穿黑色 T 恤的雷軍走上臺來，介紹了這款產品的參數和出生過程。這一次，他穿的黑色短袖上衣沒有品牌，只有胸前凸起的一個 MI 字。當天所有的發言內容，他都記錄在自己手上的那部紅米手機裡。因此，那天他是一隻手拿著麥克風，另一隻手舉著手機完成產品介紹的，看上去是如此隨意。

雷軍的發言大約持續了 50 分鐘，其中有對紅米手機性能參數的詳細介紹：聯發科四核 CPU、友達 4.7 英寸 720P 螢幕、1GB RAM + 4GB ROM 以及 800 萬畫素背照式鏡頭，搭載 MIUI 5 作業系統，是小米公司首款雙卡雙待 TD 機型。

雷軍也介紹了這款產品曲折的誕生過程：「本來研發團隊採用的是另一家公司的晶片，但是我們做了一年多的時間，最後發現流暢性不符合小米的標準，只能忍痛割愛。我們廢掉了 4000 多萬元的模具費用，採用了聯發科的晶片，又把產品重新做了一遍，才有了紅米現在的體驗。」

到產品發布時，雷軍已經是紅米的深度用戶，他也要求小米的每一個高管全面使用自己的產品。對於以前一直用 WCDMA 的雷軍

來說，「第一次使用 TD-SCDMA 是一個驚喜」。

這樣一款配置的手機，最終的價格也是令人驚訝的。當時相同級別配置的手機，市場上普遍售價在 1500 元左右，而作為殺入千元機市場的主力，雷軍給紅米的最終定價是 799 元。這個價格，再一次讓整個行業沸騰了。行業觀察者們終於意識到，這場看似平淡無奇的發布會，實際上潛臺詞裡充滿了腥風血雨。在消費者為這樣的價格狂歡的同時，一些手機廠商在角落裡倒吸一口涼氣，他們已經有了某種不祥的預感——手機行業要變天了。其實，紅米手機的定價過程也頗有戲劇性。如同雷軍在小米手機 1 發布之前的最後一刻把價格從 1499 元改為 1999 元一樣，紅米的定價也是在最後一刻做了修改。而這一次不同的是，雷軍把價格從原定的 999 元，直降 200 元，變成了最終的 799 元。這幾乎讓很多手機廠商毫無招架之力。在外界看來，如此具有殺傷力的價格，已經讓紅米手機在市場上一劍封喉。

和 QQ 空間做的這場社群行銷非常成功，不少業內人士發出感嘆：「我和我的小夥伴都驚呆了」。短短三天，QQ 空間上預約資格碼已被瘋搶 500 萬。而首批發售的 10 萬部紅米手機，最後預約的人數達到了 745 萬，這刷新了手機預約人數的紀錄。最終，這 10 萬部手機開賣 90 秒後即告售罄。

後來很多人反覆回顧這場社群行銷的經典案例，分析紅米選擇 QQ 空間合作的正確性。比如，QQ 空間的用戶群符合紅米手機消費用戶的定位，而且，只有 QQ 產品養成的付費使用者最多，不用做市場調查，這個群體也有很大的消費能力。而小米和各類社交媒體合作的經典案例，也在此時被重新拿出來供人們討論。

其實，從 2011 年年底小米手機第一次在微博上發售開始，黎萬強團隊一直在操盤與各類社群媒體的合作。從微博到 QQ 空間以及騰訊電商，再到之後的微信，小米和各大頂級社交流量平臺都實現過合作。小米憑藉產品的人氣和活動策劃，不花費任何市場費用，就贏得了各類平臺的支持，這讓黎萬強的團隊充滿了「持續狩獵」的亢奮感，團隊成員鍾雨飛還有一個特別的愛好，就是享受眼看合作夥伴平臺被巨大活動流量衝垮伺服器的快感。

但是，再成功的行銷，也離不開產品本身。人們知道，紅米手機是以「山寨終結者」的身分進入市場的，自帶它的使命而來。

紅米開啟了國內千元機市場大戰，眾多手機廠商開始推出各式各樣的「性價比」千元機，而紅米為消滅橫行全國的山寨機添了一把火，成為壓垮後者的最後一根稻草。

2009 年後，山寨手機其實已經遭遇過一次重創，三大營運商為了促進 3G 的發展，開始提供大量類似於儲值話費送終端設備這樣的補貼政策，僅在 2010 年，三大營運商就提供了超過 500 億元的補貼。這樣的補貼力道，使得山寨手機受到嚴重影響；而以小米手機為首之互聯網手機的出現，以高性能和極具殺傷力的價格，使山寨機迅速失去了價格優勢，很多原本做山寨手機的企業只能被迫轉型。

這個景象非常符合小米最初做手機，進而改變中國製造業的理想。與小米手機大量使用跟蘋果、三星相同的供應商不同，紅米開始大量使用國產的元器件，從而帶動了國產手機供應鏈的發展。雷軍認為，這是小米社會責任的一種體現。

到 2013 年，小米的估值已經達到 100 億美元。隨著紅米的問世，小米再次為智慧型手機行業以及相關從業者帶來巨大的衝擊

波，誰都無法忽視它的存在。人們紛紛評論，這家公司正在以火箭般的速度增長，成為世界上增長最快的公司之一，這是小米創造的一個奇蹟。這是一種什麼樣的感覺呢？要知道，聯想用了近三十年的時間才實現 100 億美元的市值。

第八位創始人

在小米歷史上的幾次融資經歷中，雷軍一直對估值 40 億美元那次印象深刻，他甚至認為，那次融資是小米歷史上最昂貴的一輪融資。當來自俄羅斯的投資人尤里·米爾納（Yuri Milner）向雷軍開出這個價格時，雷軍自己都感覺難以置信。雷軍認為，在從 2.5 億美元估值到 10 億美元估值的過程中，小米已經拿到了 30 萬部手機的訂單，投資人可以清楚地看到小米在第一階段已經勝券在握，但是在米爾納直接開出 40 億美元的價格時，至少當時，小米還沒有比 30 萬部手機訂單更新的進展。當然，後來小米的發展證實了尤里的眼光。

2012 年 6 月，小米宣布完成 C 輪融資 2.16 億美元，公司估值達到 40 億美元。這個估值已接近當時生產黑莓手機的 RIM 公司 47 億美元的市值，約為諾基亞市值的一半。

在 40 億美元融資結束的慶功宴上，雷軍想到了一件比較重要的事情，那就是再次邀請他的朋友王川正式加入小米公司。在兩年多的創業過程當中，雷軍始終認為，創始人一定要想方設法彌補自己的弱點，而在小米的整個版圖中，硬體依然是他個人的最大弱

點。他以前會以半開玩笑的方式對周光平博士說：「在硬體研發方面，我當當你的助理得了。」儘管他可以放低姿態，但是雷軍發現，硬體方面的同級協調已經出現了有些困難的情況。公司發展得越來越快，小米迫切需要在硬體人員方面進行補充加強。

王川是當時雷軍的朋友當中最懂硬體的一個人。他們 2006 年相識於北京南山滑雪場，一見如故。後來，兩家人經常在不同的滑雪場一起度假。有一年春節，在法國阿爾卑斯山的滑雪天堂，王川第一次見識了雷軍的「瘋狂」。「那時雷軍剛剛學會滑雪，我讓他自己在綠道練習，他卻非要和我們一起上紅道。要知道阿爾卑斯山紅道的那個難度，在國內基本算是黑道級別了。他就那樣跟在我們後面一起滑，速度快極了。我買不到護臀，只給了他幾個暖暖包護腰，那可能是他有生以來摔跤最多的一次吧。一些陡坡下面就是懸崖，簡直是在玩命。」

在滑雪場上結下的友誼，一直延續到了雷軍創辦小米公司時。在小米正式創辦的兩年兩個月的時間裡，其實王川一直都在雷軍身邊，提供著各種支持和幫助。

比如，王川介紹了一個日後對小米很重要的人給雷軍——設計師朱印。說起來，這位 RIGO Design 工作室的創始人和小米還頗有淵源。朱印本來是黎萬強的朋友，在小米創辦的早期，黎萬強曾經邀請過朱印加入小米，一起做 MIUI 的互動設計，但是朱印堅持要實現自己成立工作室的夢想而選擇了婉拒。事實證明，這家和小米同時期成立的工作室日後迎來了很多重要的客戶，而它每年承接的專案只是收到的總訂單的十分之一，可見它對客戶的挑剔。在這些客戶當中，就包括王川的雷石科技。當時的朱印很年輕，留著絡腮

鬚，頗有藝術青年的風範，他開出的設計服務價格總是能讓甲方的內心微微一震。但是他為雷石科技點歌系統提供的設計服務，還是讓王川感到物有所值。他立刻把朱印介紹給了自己的朋友雷軍，讓朱印替 MIUI 的介面提供設計和互動體驗服務。最終，朱印參與設計的小米 MIUI 5 系統讓雷軍讚不絕口，甚至忘了自己為此支付的天價帳單。

可以說，王川是雷軍最好的朋友之一。他中等身材，不苟言笑，目光極其堅定。大學期間，王川學習的也是電腦專業，還參加過不少頂級競賽，是一名頂尖的工程師。他後來也成為一名連續創業者。

在和雷軍認識的 2006 年，王川是中國最大的點歌系統和設備公司——雷石科技的創始人。在雷石獲得成功之後，他出於對閱讀的濃厚興趣，又做了多看電子閱讀器，這個產品類似於亞馬遜的 Kindle，但是更符合中國人的閱讀習慣，而且外觀也非常簡單美觀。這個產品的第一版也得到了雷軍的喜愛。在雷軍的幫助下，王川的「多看」拿到了 1000 萬美元的融資，從此正式進入硬體製造領域。

2012 年 6 月，多看閱讀因為蘋果平板電腦 iPad 的面世，被迫做出戰略轉型。王川看到的機會和前景是智慧電視。從 2011 年開始，智慧電視成為科技行業最熱門的話題之一，Google 也在當年推出了 Google TV。這讓王川意識到，智慧電視是一個絕不應該錯失的機遇。而這種轉型，非常適合多看這樣在硬體領域鍛鍊了很久的團隊。

王川打算從電視機上盒開始介入電視行業，他希望這個盒子能夠擁有中文作業系統和豐富的中文網路資源，成為今後人們看電視

時尋找片源的入口。

2012 年 6 月，小米的 40 億美元融資的慶功宴結束後，賓朋們都紅光滿面地散去了。雷軍把王川帶到了自己的辦公室，微醺中又開了一瓶紅酒。他提出的問題還是那個已經持續將近一年的問題：「王川，你要不要過來？」雷軍提議收購多看閱讀，估值可以給到市場價格的 2 倍，條件是王川加盟小米。「如果現在你還不來，就只能說明一點了，你可能看不起我們小米。」說完，雷軍將自己手中的紅酒一飲而盡。

這次談話讓王川感覺到雷軍力邀他加入的決心，也讓他感覺有一絲不好意思。他之前拒絕加入小米，其實原因只有一個，那就是他不喜歡和朋友一起創業。將朋友和生意這兩件事分開，曾經是他嚴肅的生活哲學，他知道創業對親情和友情的那種巨大的殺傷力，雷軍是他最重視的一個朋友，王川不想失去他。

而今天的談話，讓王川感受到了雷軍對他的需要。那種感覺，就像站在阿爾卑斯山兇險的紅道上，你可以看到，你的同道中人還在。透過這番談話，他也感覺到雷軍要他加入的那種不容質疑的決心。就在那個夜晚，王川也把杯中的紅酒一飲而盡，他最終決定打破自己的禁忌和疆界，加盟小米公司。

後來王川帶領的團隊拿出了小米邁向手機之外第二塊螢幕的首個產品——小米電視，而王川則成為小米公司的第八位創始人。

2012 年 11 月，小米科技發布電視機上盒產品——小米盒子，同時宣布全資收購開發小米盒子的多看科技，多看的投資方將退讓出少數股份，其他股份都轉換為小米股權，多看創業團隊的選擇權也全部轉換為小米選擇權。

　　小米盒子只是一個試水產品，卻在市場上取得了意想不到的成功。尤其是那傾注了王川巨大心血的十一鍵遙控器，是他作為忠實的賈伯斯粉絲對賈伯斯的一種致敬。作為蘋果和賈伯斯的鐵粉，王川經常會沉浸在蘋果的工業設計裡不能自拔。他偶爾會對著蘋果的產品做頭腦體操，假設如果是他來做這個產品，他會怎麼做。最後他發現，蘋果的解決方案總是最優解，這是一家令人「絕望」的公司。

　　於是王川也決定把自己的盒子遙控器做到令人絕望的地步，他要做一個世界上按鍵最少的遙控器，但是人們依然可以用它自如地控制複雜的功能。他希望達到的效果是，加一個按鍵，使用者會覺得多餘，而少一個按鍵，遙控器就沒有辦法使用。

　　他向團隊提出要求，這個遙控器要做到無論是八十歲的老人，還是四歲的小孩，不必使用說明書就可以靠直覺操作。為了達到這個效果，在產品測試時，王川讓團隊成員把屋子裡的燈全部關掉，在黑暗中用遙控器找到自己想看的節目。小米盒子發布後，有一天，王川在自己的辦公室接待了慕名而來的 TVB 總經理。見到王川，他說：「我終於可以看看這個盒子和遙控器是誰做的了。」王川的內心微微一震，他覺得，此時這個人的心情就和他當年看蘋果產品時是一樣的──他絕望了。

　　在小米盒子切入電視之後，做真正的智慧電視很快就成為自然而然的事情。王川進駐富士康的工廠，開始打磨他人生中另一個至關重要的產品──小米電視。

　　對於雷軍來講，硬體的布局終於開始慢慢完善起來。他一直認為未來所有的設備都是互聯互通的，萬物皆有網是行動互聯網未來

的方向。從路由器開始，小米在這條道路上已經探索了很久。而打造智慧電視，又給了他思考產業的新機會。

生態鏈啟航

看到物聯網的風口正在崛起，雷軍果斷地在 2013 年年末做出一個重要的決斷——用投資的方式孵化生產智慧硬體的硬體公司。他把這個任務交給了當時在工業設計部門的劉德。

做出這個決策，代表雷軍對做企業的一些思考。 2013 年是小米蓬勃發展的一年，小米從最初的十幾個人已經迅速發展到有四千名員工的規模，其中兩千人都在做手機。如果在小米公司內部孵化硬體企業，必然會降低公司的專注度，這對公司的發展是致命的。雷軍對劉德說：「我們必須要聚焦，否則效率就會降低，要做我們就要找更專業、更優秀的人來做。我們不要做航母，而是要組成行動敏捷的艦隊。艦隊中的每一艘船，都要有自己的船長。」在此之前，雷軍已經嘗試投資了一家生產手機周邊的企業——做耳機的萬魔聲學。

在小米早期，劉德並不覺得自己發揮出了一個工業設計師的專長，自從 2012 年年初完成供應鏈的拓荒後，他就把供應鏈團隊轉交給了另一位小米的聯合創始人周光平。有一段時間，他的工作變成了去銀行談授信額度，去大學校園宣講小米的價值觀，參加一些政府會議。這個時期，員工替他取了一個親切的名字——德哥。當他接到投資孵化硬體公司的任務時，他就像一條在岸上擱淺已久的鯨

魚，終於回到了久違的大海當中。

　　劉德在公司內部組建了一支工程師和設計師團隊，從頭學起了做投資這件事。在生態鏈概念最初形成的 2013 年夏天，生態鏈在小米還不是一個部門。劉德找來一起工作的人有一些共同的特點，那就是他們都是小米的早期員工，對於小米的價值觀和方法論都很熟悉；另外，他們在公司內部都有廣泛的資源和人脈，遇到困難時在公司內部「刷臉」很容易；最後，他們都是早期小米公司的股份持有者，抵抗誘惑和腐敗的能力比較強。

　　這些投資界的門外漢，從 2014 年上半年開始到全國各地去出差，「掃描」各類有潛力的硬體公司。而劉德則像早期跑通供應鏈時那樣，開始了天天出差、住破舊酒店的日子。當時有一個叫張維娜的員工，在出差的途中半開玩笑地對劉德說：「德哥，不是說投資人都是衣著光鮮地出入高聳入雲的大廈、活躍在中央商務區嗎，怎麼我們做投資，就是在窮鄉僻壤裡住快捷酒店啊？」說完，兩個人都哈哈大笑起來。

　　雷軍最開始的提議是，生態鏈公司一定要從手機周邊開始做起，畢竟，手機目前是小米的核心，手機的周邊產品和公司的核心業務是自然連接的。尤其是，當人們使用手機的時間越來越長時，手機耗電量會越來越大，對於充電的需求也會直線上升。因此，雷軍第一個想做的硬體就是行動電源，而他第一個想到能做這件事的人就是張峰。

　　張峰此時已經不在英華達了。極力主張承接小米手機的生產後，張峰便離開了英華達開始自主創業，做手機的通訊模組業務，他的主要客戶是日本夏普。張峰的這家公司後來還獲得了雷軍的投

資。當劉德在南京再次找到張峰時，張峰已經是一個擁有十幾名員工，每年能賺幾百萬元的中小企業家了。

和力主英華達接下小米的手機業務一樣，這一次，聽到劉德的訴求，張峰依舊沒有絲毫猶豫。他把自己公司所有的業務都停掉了，把技術資料和核心代碼整理好，把綜合測試的設備打包，以最低價格賣給了夏普。同時，他成立了一家叫作紫米科技的公司，準備開始著手做行動電源。接手這個業務，準備二次創業，張峰很大程度上是出於和小米的淵源與對雷軍的感恩。不過當時他心中還是有一些疑問：「行動電源，是不是簡單了點？這會是一個大生意嗎？」

事實證明，看似簡單的行動電源，在小米的要求下並不簡單。除了外觀設計的極致苛刻外，電源內部結構也要創新，這讓一向沉穩的張峰幾乎要發瘋了。尤其是，雷軍對性能和定價有非常明確的要求：10000mAh，只賣 69 元。這幾乎是當時市場上同標準的行動電源價格的二分之一甚至三分之一。

所有這些對小米工業設計團隊和張峰團隊來說，都是前所未有的挑戰。

劉德把他從美國挖回來的工業設計師、同樣是美國藝術中心設計學院畢業的李寧寧帶到了小米的工業設計團隊，從此之後，李寧寧在劉德的指揮下，引領著小米的工業設計風格。經過在小米內部做手機配件這一年的捶打，李寧寧已經從一個學院派變成了一個扎實的實幹派。她知道，從美國設計名校畢業並不是自帶光環，一個產品從設計到製造，中間要跳過的坑不計其數。在小米公司的一年裡，李寧寧透過做手機配件，和很多供應商直接打過交道，系統性

地了解了製造業，也學習了如何選材料，如何挑顏色，如何規避深坑。她知道，同樣的材料如果顏色不同，表現出來的射出成型缺陷也是不同的。這些寶貴的經驗，對她日後執行生態鏈企業的工業設計任務有著不可估量的作用。

工業設計團隊中的設計師王濤，最終給出了行動電源的外觀設計。由於確定使用圓柱形的松下 18650 電芯，又要把外觀做到極致、成本壓到最低，因此設計師決定用金屬鋁來做行動電源的材料，這樣更符合人體工學的設計原理。這就要求行動電源的兩邊要做得有自然的弧度，相比普通產品的稜角邊緣，這種設計更易於單手持握。至於內部的結構，則採用跑道型的四根筋條，用螺絲鎖上的方式，將電芯固定住。這樣的設計，行動電源的強度將是最好的，內部結構也將是最佳的。設計非常完美，但是執行的難度卻堪比登天。張峰很快發現一個問題，每次鋁材擠壓成型後噴上陽極，正表面就會有筋條裸露出來，而這個工藝問題，很多工廠都沒有辦法解決。那段時間，張峰自己開著車遊蕩在江浙一帶，在各個城市尋找做鋁外殼成型的工廠。他奔走了將近 30 個城市，開了將近 200 套模具，試圖解決這個工藝問題。用他自己的話來說，「每天晚上都在工廠裡蹲守著，等著給工廠負責人做公關」。一些工廠白天要替 iPad 的外殼做噴砂陽極工藝，所以張峰只能在晚上和他們溝通他的問題。有一次，在從江蘇到上海的高速公路上出了交通事故，員警一直沒有到現場處理，他在路上堵了幾乎大半夜。那一天他沮喪至極，甚至已經準備廢掉這個結構，選用另一個組裝起來更為複雜的備選方案。

終於，三個月後，這個工藝問題被一家叫作廣東和勝的工廠解

決了。那裡開模的師傅水準非常高，他們調整模具，就像在一個細的沙皮上輕輕地打一下那樣，發現不盡如人意的地方之後，再細微調整一下，終於，一體成型的鋁合金外殼噴砂之後再也看不到筋條了。在看到成功樣品的那一刻，張峰說：「這麼多年，雖然經歷過無數商戰和殘酷的競爭，但那一刻還是激動得想流下眼淚。」

2013 年 12 月 3 日，小米行動電源開始在小米網上發售。10000mAh，一體成型的鋁合金外殼，表面進行了磨砂處理，整體設計簡潔，僅在電源的正面最下方中間的位置有一個「MI」標誌。前衛的工業設計和超高的配置，價格卻只要 69 元。它一登場，全場驚豔。

「那一天，整個行動電源產業一夜無眠。」張峰回憶道。

作為小米生態鏈艦隊中的第一個企業家，張峰深刻地體會到創業者那種屢屢瀕臨絕境，但是最終都挺過來重獲新生的感覺。小米電源也很好地體現了小米對被投企業那種神奇的賦能效應。小米電源一經發布，第一個月就在小米網出貨了 60 萬顆，第二個月出貨量達到 150 萬顆，第三個月出貨量飆升到 300 萬顆。原來，行動電源確實可以成為一個大生意。

這解決了張峰曾經最為焦慮的問題：一顆電源的成本是 77 元，如果無法大量出貨，注定要虧損；而隨著訂單量的不斷增加，成本持續降低，張峰終於走過了營運最艱難的那道坎，產品是盈利的。

半年以後，行動電源的出貨量達到了雷軍最初對這款產品的設想——中國的行動電源市場上只有兩種行動電源，一種叫作小米，一種叫作其他。小米電源穩穩地站在了品類第一的位置，而且是全

球第一。

這似乎再次驗證了小米商業模式的神奇效應——極致的工業設計，極高的產品性能，極具殺傷力的價格，用電商解決商業效率的問題。而最讓人驕傲的是，很多代工廠後來找到張峰，表示不要加工費也要代工小米行動電源，目的是想學習一下小米電源究竟是怎麼製造出來的。隨著越來越多廠商來學習，整個行動電源行業的工藝水準都在進步。小米苦心研究出的一套做法，實際上已經帶動了整個產業鏈的發展和成熟。可以說，這和雷軍在 2010 年年底成立小米時的設想——改變中國製造業，已經開始遙相呼應。

用小米的模式武裝中國製造業，這僅僅是一個開始。接下來，它將不斷打造這樣的故事。雷軍對生態鏈的部署是：五年之內孵化一百個企業，改變一百個傳統行業。更加神奇的是，雷軍和許達來一起成立的順為資本，也開始助力小米生態鏈這個神奇的旅程。在所有的生態鏈投資中，小米公司和順為資本始終並肩前進。

小米之道初成

2013 年的小米，已經引起了國際上的一些關注。那一年，執教於紐約大學、被業界譽為「互聯網先知」、出版過一本對互聯網發展產生深遠影響的著作《下班時間扭轉未來》（*Cognitive Surplus*）的克雷‧薛基來到中國講學。在北京某個商場的櫃檯上，一個帶有 MI 字樣的手機吸引了他的注意。他的第一感覺是，小米手機 3 不會遜色於其他的好手機。10 分鐘後，他擁有了這部手機。

接下來的事情讓克雷・薛基感到很神奇。待在中國校園的七天裡，每次他掏出手機，就會有一些學生問他同樣一個問題：「你是在哪買到的？」克雷・薛基後來明白，生產這個手機的企業出貨速度已經跟不上市場的需求，很多用戶正在苦苦等待。後來，他專門寫了一本叫作《小米：智慧型手機與中國夢》的書，其中就描述了他當時的感受：「我竟然得到了這樣一個炙手可熱的產品，這讓我一時成了年輕人羨慕的對象。」

克雷・薛基簡單地描述了小米手機 3 的外觀：「它採取極簡風格，機身很薄，極大的螢幕占比讓它看起來更薄。螢幕四周的黑邊設計得很窄，使邊框和螢幕看上去渾然一體。」

這位互聯網先知對小米這家中國科技公司的觀察由此開始。他意識到，有這樣一家企業正在引領中國製造走向中國設計。或者說，它至少引發了人們對中國設計的嚴肅討論，在他看來這非同小可。

在《小米：智慧型手機與中國夢》裡，克雷・薛基清楚地記錄了這種印象。他說，幾十年來，對中國製造的指摘不絕於耳：「絕對的，他們只會大量複製，卻不會設計新產品。」中國改革開放 40 年來，中國的製造業已經逐漸掌握精密產品的複雜流程和組裝技術，尤其是電子產品。對於那些目睹了這個過程的人而言，現在的問題已經變成「中國設計何時能趕上西方」。而小米手機 3 無疑給出了清晰的答案，至少就電子產品來說，這個時間點是──2013 年。

儘管雷軍並不認為小米手機 3 的工業設計有克雷・薛基說的那樣出色，但是這款手機的銷量確實十分驚人。這款手機於 2013 年 9

月 5 日發布，10 月 15 日正式上市，在短短的八個多月中，銷量便突破 1000 萬部，延續了小米手機 2 的輝煌業績，也讓小米穩穩地進入中國智慧型手機廠商前五的位置。

同一天，王川領銜打造的小米第一代智慧電視，也在這個叫作「倚天屠龍」的發布會上正式亮相。儘管因為一些原因，小米第一代電視比競爭對手樂視電視的發布晚了一個月，且當時在片源上也不占優勢，但是它依然在智慧電視這個領域邁出了堅實的一步，成為小米給年輕人的第一臺電視，也為日後的追趕打下了不錯的基礎。

就在 9 月 5 日的這場發布會上，一張西方面孔出現在會議現場的座席中，這是一位來自矽谷的巴西人，他髮色很深，額頭寬大，有著典型的南美人的五官，他的名字叫雨果·巴拉（Hugo Barra）。他在這裡現身，引發了全球科技界的關注。就在不久之前，有關他的一則新聞幾乎傳遍了全世界——「Google 安卓全球副總裁雨果·巴拉將加盟小米，出任小米副總裁，負責小米國際業務拓展以及與 Google 安卓的戰略合作」。

一石驚起千層浪，人們稱雨果·巴拉加盟小米是國內互聯網公司首度引入這個級別且常駐國內的國際化高管。除了小米將直接受益之外，這個事件還展現出中國行動互聯網界在全球同業版圖中的快速崛起，是全行業的幸事。

美國科技部落格 PandoDaily 刊登了題為〈雨果·巴拉從 Google 離職對小米是重大利好，對中國科技行業利好更大〉的文章，稱「對於中國科技行業來說，巴拉加盟小米是一顆重磅炸彈。巴拉的跳槽不僅表明一位頂級高管離開了全球最有影響力的公司，加盟了一家熱門的創業公司和潛在的競爭對手，還標示著中國科技公司已

經開始加大國際化力道，嚴肅地對待擴張問題」。

　　可以說，說服雨果來到小米，既有媒體分析的所有那些原因，也彰顯了小米在國際化道路上探索的野心。在雷軍的版圖規劃和頂層設計中，小米從一開始就應該是國際化的，尤其是當分析數據再次證實小米國際化的未來潛力時。一份來自彭博產業的報告指出，2013 年第二季度，售價在 250 美元及以下的智慧型手機在全球智慧型手機出貨量中占比達到 49％，遠遠高於 2012 年的 31％。「在這種行業的發展趨勢中，受益者將是來自中國和印度的新興手機廠商。」無獨有偶，小米此時研發的 799 元的紅米手機 1，已經在中國市場證實了它的巨大潛力。

　　說服雨果加盟小米並不是一件容易的事情。雨果是林斌在 Google 期間的老同事，在 Google 共事期間，他們經常有業務合作。林斌在加盟小米之後去過一次 Google，向 Google 介紹了小米所做的業務。畢竟，小米手機的底層系統就是安卓。雨果由此認識了這家來自中國的公司。而且，Google 曾經在 2010 年推出過 Google Nexus 手機，但是那一仗輸得很慘，這更加激發了雨果對小米的興趣。雷軍在開啟小米的國際化路線之際，首先思考的是跨國營運將產生的文化差異問題。從 1996 年開始見證互聯網在中美兩國的發展，以及後來數家美國互聯網公司在中國市場鎩羽而歸，他和林斌同時認為，小米的國際化營運，首先應該邀請一個國際化的人才來統領業務，因此他們第一個想到的人，就是對小米模式比較了解的雨果・巴拉。

　　對於雨果來說，加入一家有趣的公司並不是什麼難事，難的是要離開矽谷來到中國，特別是對於一個長期在美國生活，對中國完

全陌生的外國人來說，這並非易事。另外，雨果坦誠地對雷軍說，對於他來說，還有一個機會成本的問題，他當時是 Google 安卓產品的副總裁，如果在小米做不成功，他將很難回到原來的位置。

2013 年 7 月，雷軍在矽谷的一家咖啡館裡見到了雨果‧巴拉，和他進行了一次決定性的談話。這次談話的主旨和以前雷軍招募中國員工時並沒有太大的區別。比如，人們來到小米，可以實現「讓人們享受科技帶來的美好生活」的願景；小米將做出造福全球每一個人的產品，讓人們享受好的設計和製造。此外他還建議雨果，「你以前都是做研發工作的，何不到一線來做一下產品？這樣的改變對你的人生不是很有吸引力嗎？」

總之，雨果‧巴拉在雷軍和林斌的共同勸說之下，終於跨越太平洋來到了小米公司工作。他的第一次亮相就是在小米手機 3 的發布會現場。當時，他穿著和雷軍一樣的黑色 T 恤和深藍色的牛仔褲，手持一部小米手機 3，微笑著，很燦爛。這一刻被很多攝影記者的鎂光燈記錄了下來。

2013 年，小米的估值達到 100 億美元，其中國際資本的身影越來越多，這讓很多媒體認為，小米有勇氣很快進軍海外市場，投資中的國際背景是其中一個重要因素。高通中國是在小米成立一年後投資小米的，至今這都是高通非常成功的一個手筆。

DST 基金的尤里‧米納爾也是雷軍堅定不移的支持者。在中國，尤里已經投資了阿里巴巴、京東、滴滴打車、今日頭條、陌陌等企業，在他的眼中，小米和這些創新型企業一樣，潛力無限。因此，100 億美元估值的融資，由 DST 基金獨家投資。小米的成績單也確實展現出了這樣的潛力。小米科技財務數據顯示，2013 年，小

米科技的營收約為 265.83 億元，淨利潤約為 3.47 億元。而在 2012 年，小米的營業收入還只有 126 億元，一年時間增長了 110%。

2013 年末，發生了一件極具娛樂性質的事件，那就是小米科技董事長雷軍和格力電器董事長董明珠，在中央電視臺舉辦的第十四屆中國經濟年度人物頒獎盛典上，當著全國觀眾的面打了一個著名的賭。雷軍說，五年之內，如果小米的營業額超過格力的話，董明珠就輸給他一塊錢；而董明珠當場表示，她不要一塊錢，要賭就賭 10 億。

其實，這場賭約是主辦方出於節目效果而增加的一個臨時互動。董明珠在央視舞臺上即興提出了 10 億這個數字。這讓雷軍有一點意外，但是他的內心並無懼怕。

雖然格力電器當時的營業收入有 1200 億元，小米只有 200 多億元，兩者幾乎相差 6 倍，但是雷軍堅信，以小米的成長性來看，將來一定可以趕超格力。另外，全球智慧型手機出貨量不斷增長的趨勢和行業增長的速度，也給了雷軍相當大的信心。 2013 年這一年，全球智慧型手機出貨量突破 10 億部，同比增長 38.4%，而中國的智慧型手機更是同比增長 84%，達到 3.5 億部。

新經濟的活力已經明確地顯現出來，行動互聯網對互聯網的啟動效應更是明顯。李開復在《AI 新世界》一書中說：「網路公司的競爭就像賽跑一樣，各方大致處於相鄰的跑道上，美國稍微領先中國。但是到了 2013 年左右，中國的創業者不再跟著美國公司的腳步前進，也不再一味模仿，而是開始研發矽谷沒有的產品服務。以往分析師常用類比詞來描述中國公司，比如中國的 Facebook，中國的 Twitter，但是現在這樣的類比不再合適，因為中國互聯網產業已

經成為一個平行宇宙。」

因為董明珠和雷軍都是話題人物，兩人又是在觀眾覆蓋面極廣的直播節目中製造了一個勁爆話題，因此這個賭約立即傳遍了大江南北，並且在之後五年裡，甚至一直到今天，都是人們津津樂道的話題。這個賭約看上去很歡樂，但內核卻很嚴肅。它提出的一個新命題是：究竟是以格力電器為代表的傳統製造業模式更有優勢，還是以小米科技為代表、新興的、輕資產的互聯網思維模式更有未來。這兩種商業模式將在未來相當長的一段時間內，成為企業發展的道路之爭。

這個問題之所以引發人們巨大的興趣，是因為人們明白，新技術對傳統世界的顛覆已經越來越迅速。電話的普及率從 10％上升到 40％用了三十九年的時間，行動電話達到同樣的普及率只用了六年，而智慧手機僅僅用了三年。[17] 商業格局更替似乎也只在朝夕之間，QQ 聚集 5 億用戶用了十幾年的時間，而到了 2013 年年底，剛剛誕生三年的微信，月活躍用戶數已經達到 3.55 億。身處這樣的時代，企業的發展邏輯也將發生根本性的改變。

營收僅為格力六分之一的小米，能夠加入這個賭約，本身就已經代表了人們對於創新型企業的一種期待。

在這個風雲變幻的時代，有一個流行縮寫詞能夠刻劃企業家們所面臨的機遇與動盪 ── VUCA，四個字母分別代表易變性（Volatility）、不確定性（Uncertainty）、複雜性（Complexity）和模糊性（Ambiguity）。[18] 而一切的可能性，都飽含於這些機遇與動盪中。

---

17 王德培 (2020)。中國經濟 2020〔M〕。北京：中國友誼出版公司。
18 陳春花，廖建文 (2017)。數位化時代企業生存之道〔J〕。哈佛商業評論。

第二部分

在憂患中前行

第六章∷ 手機登頂和隱憂初現

國產手機全面覺醒

按照雷軍對小米前三年的戰略部署，到 2014 年年初，小米的創業者都是邁著愉悅的步伐大步向前挺進的。小米用互聯網對商業營運效率進行的革命是成功的，因物聯網崛起的風口而部署的生態鏈已經啟航，其國內市場已經快速向前推進。與此同時，小米也引進了國際人才，做好了進軍國際市場的準備。這一切從未脫離四年前小米公司薄薄幾頁商業計畫書的範圍。經過幾年的實戰，小米商業戰略的執行如同行雲流水一般流暢，小米演繹了一段教科書般的創業歷程。

在 2014 年的小米新品發布會之前，雷軍提煉出了小米公司的願景──讓每個人都能享受科技的樂趣，並向員工闡釋了小米的企業價值觀──真誠＋熱愛。在已經持續四年的創業歷程中，公司的創始人們深深地知道，一家公司從平庸到優秀可以依靠天賦與勤奮，而「理想」和「熱愛」才是支持公司從優秀走向卓越的精神內核。

當很多中國企業還在研究小米的商業模式，試圖看清楚硬體和軟體結合的潛力之際，美國人克雷・薛基卻因為一趟中國之旅看懂了這家中國公司的精神特質。他在《小米：智慧型手機與中國夢》

這本書裡這樣描述：「儘管很多人稱這家公司為『中國的蘋果』，但是小米在精神上更接近亞馬遜和 Google。」

隨著小米逐漸從一家不被注意的小公司，發展成為站在舞臺中央的創新者和顛覆者，它引發的關注和吸引的追隨者越來越多。2013 年第四季度，小米的手機市場份額已經進入中國市場前五名。2014 年上半年的數據顯示，安卓手機活躍度前十名中，小米手機占據了一半。這一切都讓傳統手機廠商如夢初醒，原來那個他們眼中的闖入者，已經成為撼動遊戲規則的人。小米就像《精讀克里斯汀生：嚴選「破壞式創新」世界級權威大師 11 篇大塊文章》（*The Clayton M. Christensen Reader*）的作者克雷頓·克里斯汀生所說的那樣，是從不被注意的角落裡開始這一切的，而等到擁有龐大市場的大公司注意到這些創新者時，時機往往已經有點晚了。現在，傳統廠商已經不能對小米的成功視而不見。

從 2013 年下半年起，互聯網手機的跟隨者和攪局者紛紛粉墨登場，這讓整個市場混亂非常。那一年的入局者有從線上起步的魅族、一加、錘子，也有從線下起步的「中華酷聯」。

以演講和理想主義著稱的前新東方英語教師、牛博網創始人羅永浩，於 2012 年 5 月創辦錘子科技，宣布進軍互聯網手機這個戰場。羅永浩曾經舉辦過「一個理想主義者的創業故事」系列演講，有著極強的感染力和個人魅力，因此網羅了大量的「羅粉」，就連小米的那些年輕人也說，「老羅就是有那種現實扭曲力場的人」。因此，老羅宣布要做手機作業系統，進而正式進軍互聯網手機市場時，竟然讓 MIUI 團隊有了幾分緊張的情緒。

帶領 MIUI 團隊在前線打仗的洪鋒在整個團隊開會的時候，說

得最多的一句話是：「我們絕對不能讓老羅給『秒』了，我們的產品如果不能成為碾壓級的，我們就會成為笑柄，那我們在業界就不要混了。」

那段時間 MIUI 團隊正在研發 MIUI 5，洪鋒說：「大家都是本著延長自己職業生涯的原則來做這件事情的。」

MIUI 團隊的金凡坦誠地回顧了剛剛知道老羅要做手機作業系統時的感受：「錘子的作業系統 Smartisan OS 發布之前，老羅在微博上氣勢如虹，那種宣傳帶給我們很大的壓力，他確實是一個有巨大號召力的人，我們相信他會發布一個驚天地泣鬼神的作業系統碾壓 MIUI，我們真是如臨大敵。」

那段時間金凡的精神壓力大到睡覺時做起了噩夢。他夢到了老羅發布的錘子作業系統的細節，夢中冷汗直冒。第二天起床後，他趕緊把夢到的東西畫了下來。「我們是按照我們假想的老羅的標準，去做 MIUI 5 的。」金凡說。

2013 年 3 月 27 日，MIUI 的核心團隊成員都去了北京國家會議中心，參加錘子作業系統的現場發布。小米的年輕人們在那個人潮湧動、氛圍熱烈的會場上很是緊張。現場掌聲和笑聲接連不斷，羅永浩充分發揮了他的演講特長，把工匠精神、氣質情懷等概念，融入極具幽默感和煽動性的話語中，讓人們感受到了一種在演唱會現場般的興奮。金凡和許斐完全聽不到外界的反應，他倆一直在米聊群裡即時討論錘子系統發布的進展。他們一邊看著發布會，一邊現場比對錘子的系統和 MIUI 5 的介面。金凡後來回憶說：「45 分鐘了，我們以為老羅一直在預熱。」許斐最後在米聊群裡說：「不是預熱，就是這個樣子，它就是長成這個樣子了。」、「真的嗎？確

定嗎？已經介紹完了嗎？」

在會議進行到一半時，所有的團隊成員才放下心來。

後來有人這樣評價這場發布會：從專業的角度看，錘子 ROM 發布會像是一場災難，不管是會場準備、ROM 本身還是現場演示，都顯得很業餘。尤其有些令人尷尬的是，發布會現場沒有 Wi-Fi，3G 網路也幾乎癱瘓，這成了當天晚上最大的敗筆之一。因為發布會現場與外界的通訊不太順暢，導致各大媒體的圖文直播效果都不是很好。

而和錘子這樣的新玩家相比，華為推出的新品牌榮耀，則顯得更加有專業玩家的風範。從 2013 年 12 月 16 日榮耀 3C 和榮耀 3X 發布開始，榮耀品牌的很多操作，比如舉辦榮耀狂歡節、發布《勇敢做自己》形象宣傳廣告等，都帶有鮮明的對標小米的影子。對小米來說，這才是兇猛的、正在野蠻生長的對手。

2014 年 7 月 22 日，一年一度的小米旗艦手機 —— 小米手機 4 如期發布。一如既往，它又獲得了市場的空前關注。小米手機 4 採用高通驍龍 801 晶片，最大存儲為 64G，擁有 800 萬畫素前置鏡頭和 1300 萬後置鏡頭。小米宣稱「它依然是全球最快的手機」。而在這場主題為「一塊鋼板的藝術之旅」的發布會上，雷軍隆重地介紹了一種「碉堡工藝」—— 不銹鋼金屬邊框工藝。

這塊採用 ASTM304 的不銹鋼，是經過 40 道製程 193 道工序，經過鍛壓成型、8 次 CNC 數控工具機打磨而成的。由 309 克的鋼板最終加工成 19 克的邊框，過程長達 32 小時。而採用這樣複雜工藝的直接結果是，一塊鋼板的加工成本，在富士康要接近 400 元。這讓小米後來不得不把這個工藝轉給另一家代工廠比亞迪，因為比亞

迪的報價比富士康低 80 元，這 80 元對於成本敏感的小米非同小可。小米手機 4 的工業設計由小米的設計師尋克亮主導，該設計再次彰顯了雷軍對於手機工業設計的野心，他甚至為此投入 19 億元增添了新的生產設備。

毫無疑問，小米手機 4 無論在性能上還是頗有文藝風格的行銷方案上，繼續保持了小米一如既往的優勢和熱度。尤其是，小米手機 4 的發布恰逢換機時代，人們正將手機從 3G 切換到 4G，在這個關鍵時間節點上，小米手機在互聯網上保持了先發優勢。從 2014 年 9 月開始，三大營運商的小米手機 4（4G 版本）陸續出售。事實證明，這又是一款供不應求的產品，在市場上有著攻城掠地的強大能力。

在手機廠商紛紛甦醒的 2013 年～ 2014 年，除了各個廠商單兵突破之外，為了應對小米這個新物種和其他的行動互聯網巨頭，一個叫作「硬核聯盟」的組織在 2014 年 8 月 1 日成立了。這是一個由玩咖傳媒聯手國內一線智慧型手機製造商組成的聯盟，剛成立時參與的手機廠商有 OPPO、vivo、酷派、金立、聯想、華為，後續魅族、努比亞也加入進來。他們聯合在一起，形成了一個虛擬的應用分發聯合體，金立手機時任總裁盧偉冰是硬核聯盟的第一屆主席。

盧偉冰後來闡釋了成立這個聯盟的主要原因：「當時如果我們每家手機廠商分別去做應用分發，其實量都是不夠的，如果我們量都不大，對外界的吸引力就不足。但是如果我們幾家聯合起來做分發，就可以有一億的規模，足夠吸引一些遊戲或者應用軟體開發者來做首發，或者和我們一起合作做內容分發。這樣的聯合，相當於成立一個弱勢群體的聯盟。」

從這個角度來看，當時的盧偉冰和其他廠商一樣，已經完全注意到手機的互聯網入口作用。當時市場上的互聯網入口還有不少，比如 360 手機助手、91 助手、豌豆莢、創新工廠試圖切入的點心作業系統等；而此時的小米，因為手機銷售如日中天，使得其 MIUI 作業系統的商業價值也鮮明地凸顯出來。

有趣的是，盧偉冰和雷軍其實很早就認識了。在 2012 年 9 月 25 日這一天，雷軍委託他的好友、科技行業的明星分析師孫昌旭，在深圳歡樂海岸的一家茶樓裡組了一個「手機局」。除雷軍和孫昌旭外，那天來的人還有金立手機總裁盧偉冰、OPPO CEO 陳明永、傳音 CEO 竺兆江、康佳手機 CEO 李宏韜等。

當時小米手機 2 剛剛發布，它的出現讓人耳目一新。在場的人相談甚歡，雷軍和大家講述了小米的商業模式，而傳統手機行業的管理者也向雷軍講述了供應鏈管理的難度。大家還把各自的品牌手機拿出來一起拍照，看看誰的相機模組做得更好。孫昌旭把 2012 年這場手機界的對話，稱為「互聯網手機和傳統手機在向對方的領地深情對望」。聚會結束後，雷軍要去機場，盧偉冰驚訝地發現知名企業家雷軍竟然沒有助理，也沒有司機，就讓自己的司機去給雷軍送機。

在那場聚會上，小米手機還是剛剛進入市場不久的一個新選手，而僅僅兩年之後，市場格局就發生了不可思議的變化。小米用實力奪取了市場的絕對中心。

2014 年，小米手機全年出貨量達到 6112 萬部，增長 227％。這意味著小米手機自帶的 MIUI 系統，已經天然地形成 6000 萬用戶的流量入口，它也有了固定的 1.5 億成熟活躍用戶，這和雷軍當初

寫在餐巾紙上的那個硬體和軟體融合在一起的商業模型，出奇的一致。

小米從在市場上嶄露頭角開始，就展現出一種獨特的氣質。雷軍甚至把它當成了一種社會實踐，他回顧那個時候做過的最瘋狂的一個決定，就是小米公司內部不設公關部，也基本不做廣告，而是完全讓產品的口碑說話。雷軍進行這個實驗的目的，就是想驗證一下，一個產品在沒有公關助力的情況下，完全依靠自己的產品力，在市場上究竟能走多遠。

幾年來，最真誠的讚美和最刺耳的質疑，一直伴隨著小米一路向前，就算競爭對手時不時發起攻擊，雷軍也表現出最大程度的克制，幾乎沒有回應過任何質疑。在幾年的創業過程當中，只有一件事讓雷軍在公關層面真正感到過困擾，那就是一個曾經的競爭對手魅族手機，在網路上不斷描繪出版本繁多的故事，這讓小米幾年以來第一次有了被蹭熱度的煩惱。

在小米獲得巨大的成功之後，網路上充斥著各種與事實不符的傳言，雷軍也想過站出來說明真相，他甚至找出了當年的一些郵件和感謝信，但是最終他忍住了。他覺得專注於眼前的戰略部署更加重要。

在公布 2014 年銷售數據的時候，雷軍寫下了一句激勵人心的話，既送給所有的小米員工，同時也送給他自己：去到別人連夢想都未曾抵達的地方。

2014 年第三季度，小米的手機市場份額第一次在中國登頂。

IoT風口到來

就在一眾廠商還沉浸在對行動互聯網崛起的頓悟當中時，在一個平淡無奇的下午，雷軍在五彩城的同事們為他帶來了另外一場科技演示，這帶給了他一場關於萬物互聯的新思考。雷軍意識到，一場關於未來的產業週期疊代，已經在這一年隱約出現了。對於硬體的投資，小米已經透過生態鏈的方式在 2013 年開啟了，而對於硬體之間應該如何進行連接，大家都還沒有理出一個清晰的思路。

然而，小米公司裡的那些年輕極客，早已在這個領域裡悄悄地有了自己的試探和思索。

2014 年年初的一天，小米聯合創始人之一黃江吉帶著兩個年輕人來到雷軍的辦公室，他們是高自光和殷明君。一進門，黃江吉就對雷軍說：「今天，我們向你做一個有意思的 Demo（演示），你來感覺一下怎麼樣。」

說完，三個人七手八腳地在雷軍的辦公室裡忙了起來。他們挪開桌子、搬開椅子，找到牆上幾個合適的電源位置，把一些小燈泡插到地上的接線板上，讓它們統統亮起來。然後，他們把雷軍帶到這些燈泡中間，讓他席地而坐。最後，他們自己也坐在了地上。

「開始吧！」黃江吉輕輕地說。

坐在旁邊的高自光點了點頭，拿出自己的手機開始操作。他在手機上輕輕一點，接線板上的一個小燈泡滅了。又點，另外一個小燈泡也滅了。隨後，他又用手機把這些燈泡一個個點亮。

「不錯，但是，什麼意思？」雷軍問。

「我們研發出了一個 Wi-Fi 小模組，只要把這個小模組放到任

何一個硬體裡，這個硬體立刻可以被手機控制，然後就可以連接到我們的 IoT（Internet of Things，物聯網）網路裡面了。」說完，黃江吉拿出了這個小小的 Wi-Fi 模組 —— 一個嵌入了一套通訊協定的小硬體給雷軍看。

看著這個半導體小模組，雷軍的眼睛亮了一下，這是他的商業判斷機制開始啟動的一刻。他知道，他一直在思考的萬物互聯問題，此時此刻，也許有了新的答案。

雷軍對於萬物互聯的感知始於離開金山時，那個時候他就隱隱約約地感覺到，未來所有設備應該都是互聯互通的，萬物都將可以上網。

創建小米之後，他開始在公司內部對萬物互聯進行戰略部署。當時他對物聯網的判斷有幾點：第一，硬體以手機為中心進行連接，手機相當於一個超級運算中心。第二，將來螢幕會無處不在，所有螢幕之間可以相互協同，螢幕與螢幕之間可以自由對話，所以他引入王川，切入了智慧電視市場。第三，路由器一般都是一週七天且一天二十四小時都在線上，成為家庭中唯一不斷線的硬體設備，所以路由器將承擔數據中心的職責。他還大膽地招了一位知名記者夏勇峰，跨界做路由器的產品定義，研究萬物互聯的解決方案。

本科畢業於西安交通大學電腦系、研究生畢業於清華大學的高自光，正是被黃江吉從騰訊公司挖到小米，繼續做路由器這個產品，並在萬物互聯方面進行探索的年輕人。但是很快地，高自光就發現了路由器的局限所在。

進入小米之前，高自光在騰訊工作了十年，主要負責微視這個產品。在此期間，他在後臺發現小米手機用戶的活躍度很高，於

是，當他想突破自己的舒適圈，涉足硬體產品的研發時，就選擇了小米這家公司。

小米和騰訊截然不同。剛來小米時，高自光對小米濃烈的創業文化感到驚奇，小米的員工經常是三個人擠在一個工位上，肩並著肩辦公，這在騰訊幾乎是不可想像的事情。在他的理解中，「如果是在大廠，大家早就抗議了」。另外，騰訊很早就有了完善的人力資源系統和管理制度，一切都很規範；而在小米，這些好像都處在初始階段。

但是，就是在這樣的氛圍之下，高自光想做與眾不同的事的強烈願望被激發了出來。這和他在騰訊期間留存的某種精神內核其實是一樣的。在騰訊，每個人都希望做出下一個微信、下一個 QQ 音樂、下一個騰訊新聞，這種激烈的競爭促使每個人都在尋找新的思路。「當你知道很多東西擁有全中國最好的流量依然會死掉的時候，互聯網在摸索中留下的東西都是精華。如果你選擇慢慢做，你永遠不會是張小龍（微信之父），你只是一個守護者。所以，每個人都想與眾不同。」高自光這樣說。

現在，在小米探索萬物互聯的本源，成為高自光的驅動力。不過，在研究路由器三個月之後，高自光得出一個結論：基於路由器做物聯網並不可行。他在工作的過程中思考了很多，如果小米物聯網業務的成功必須以路由器為基礎，那就意味著路由器必須首先成功。如果一家公司 A 業務的成功必須以 B 業務的成功為前提，那麼這本身就大大降低了 A 業務成功的可能性。

於是高自光轉換了一下思路，他認為，也許做萬物互聯這件事，不應該把精力放在硬體本身，而是應該去做一個平臺。如果互

聯網公司能把一個平臺做好，然後開放這個平臺的入口，就可以把標準應用於現有的硬體廠商。順著這個思路，高自光進行了一次對全國家電廠商的拜訪調研，調研的結果很大程度上驗證了他的猜想。在南下調研的過程中，高自光發現，很多硬體廠商，包括做家電的廠商，做軟體是很艱難的。正所謂隔行如隔山，家電廠商在硬體領域有深厚的累積，但是在做軟體和做系統方面沒有基因。很多代碼在小米也許幾個工程師兩三天就做出來了，但是傳統家電廠商可能半年也做不出來，就算做出來了，也不如小米做得好。這個發現讓高自光堅定了自己的想法──做一套系統，讓硬體企業直接使用，而這個系統可以讓萬物互聯，這就是高自光最初設想的 IoT 平臺方案。

基於這個思路，高自光看中了大學同學殷明君創辦的一家做互聯互通解決方案的公司，這家公司能把一套代碼量很小的即時操作系統，寫到一個價值一、二十元的晶片上。這個系統包含一套通訊協定，可以直接將系統連到雲端。高自光的設想是，他把嵌入硬體的模組提前做好，每個企業只要按照電路圖，將這個小硬體焊接在板子上，就可以控制電器了。這樣家電廠商在切入互聯互通系統時，再也不需要專門招聘軟體工程師和晶片開發工程師了，這正好規避了他們的弱點，是一個相對完美的解決方案。

做完這個 Wi-Fi 模組，高自光向黃江吉演示了一遍用手機開關燈泡的過程，而黃江吉則很快帶著高自光和殷明君向雷軍演示了一遍。於是就有了前面幾個人席地而坐，用手機控制燈泡開關的那一幕。

讓高自光頗感自豪的是，燈泡等 IoT 設備與雲端的通訊協定和

連結方式，很大程度上來自他在騰訊開發 QQ 後臺時的經驗，讓他決定在那麼小的晶片裡先不用 TCP（傳輸控制協議），而是用 UDP（使用者資料包協定），實現和雲端的握手，以保證控制設備的快速回應。

這個創意讓雷軍眼前一亮，他意識到，也許這就是一個與眾不同的萬物互聯思路。不過他覺得模組的價格太貴了，一套這樣的東西需要 60 元左右，不可能有人願意買。他坐在地上對幾個年輕人說：「如果我們要實現商業化，至少要把模組的價格降到 10 元左右。」

這個演示是在某個週六做的，下一個週一，高自光帶領五名工程師，成立了一個叫作 IoT 的部門，而殷明君的創業團隊也被小米正式收購。小米公司這種快速決策的機制，又一次深深震撼了高自光。從這一天開始，他帶領這些工程師開始了 IoT 在商業合作方面的探索。

在接下來近一年的時間裡，高自光感受到了一個理工極客在商業世界探索時的無奈。他組建了一個商務團隊去拓展小米和家電企業的合作，但是屢屢遭受挫折。其實做一個平臺然後邀請所有公司來加盟的方法，是很多公司初期都會犯的一個錯誤，在某種程度上，這驗證了平臺思路的不切實際。

高自光發現，在和家電廠商溝通的過程中，大家態度都是友好的，但是很多大企業大多希望開發自有模組，而不是採用別人的標準，這是非常正常的商業決策。在四處碰壁的商業談判過程中，高自光第一次感受到來自現實世界的無奈。

在向雷軍彙報合作困境的時候，雷軍對此表示理解。他告訴高

自光，只要系統和平臺體驗足夠好，對用戶有吸引力，能為用戶帶來價值，大家就會來。如果大的廠商不合作，是否可以從小的企業開始合作，慢慢地形成首批用戶群呢？雷軍還向高自光指出了一個新的方向——為什麼不把這個技術首先用在小米自己投資的生態鏈企業上呢？

劉德領導的生態鏈部門已經在 2014 年 1 月 8 日成立了，比 IoT 部門的成立還要早一個月。生態鏈部門在市場上投資硬體企業的速度非常快，一些當時還未在市場上嶄露頭角的企業，正躲在暗處野蠻生長。

高自光要去嘗試將模組載入其中的第一個小米生態鏈企業，就是一家要做空氣淨化器的創業企業——智米。

野蠻生長的生態鏈

用劉德的話來說，生態鏈部門成立之初還處在整個公司最邊緣的位置，但恰恰是在這個不被注意的角落裡，充滿了自由的空氣。當時沒有任何人知道，這個部門最後會發展成什麼樣子，這裡就像一片充滿希望的蠻荒之地。

這個團隊此時集結了劉新宇、孫鵬、李寧寧、夏勇峰等小米早期員工，他們一邊做投資人，一邊做產品經理，集雙重身分於一身。他們正在用非常另類的方式做投資——不怎麼看商業計畫書，而是看團隊和產品的潛力，他們甚至不做詳細的估值，而是一上來就問創業者：「未來一年，你們在量產之前還需要多少錢，這錢我

們出，給我們 15%～ 20%的股份。」做決策的速度非常快，甚至有的專案在創業者的辦公室裡只談了一個小時就決定了，整個過程充滿超現實主義的味道。

劉德後來說：「之所以不看估值，是因為初期大家的餅其實很小，討價還價沒有意義。從本質上，小米生態鏈做的是孵化，我們要用小米的資源幫助這些企業做大，並在此過程中完成小米對生態鏈企業的價值觀、產品觀、方法論的傳導。」

如果說投資人投資時看重的是團隊、數字和回報，小米的工程師則更看重產品、技術和趨勢。孫鵬在這個剛剛成立的部門裡有一個感受：「待在這裡非常爽，德哥沒有給任何人設定特定的目標，只要你覺得好，你去做就好了。這裡彷彿再造了 2010 年年底的 MIUI 團隊，連空氣都是清新的。」

在這樣的氛圍下，團隊每一個成員都充分發揮了自己的優勢，去尋找市場上有潛力的硬體企業。大家如蛟龍得水，各顯其能。

2013 年年中時，孫鵬找到了自己中國科技大學的校友、正在做智慧手錶的黃汪，當時黃汪創辦的一家叫作華恆電子的公司已經陷入資金周轉困境。孫鵬帶回了一個他們做的智慧手錶給雷軍試戴。經過幾次洽談，孫鵬促成了小米生態鏈對這家瀕臨破產的公司的投資，從此小米進軍智慧穿戴行業。

2013 年年底，孫鵬又發現了當時已經陷入困境的照明企業 Yeelight。這家企業的創始人姜兆寧和他的團隊成員都是技術出身，只能解決產品研發的問題，對供應鏈鏈條的把控毫無經驗。在生死邊緣掙扎過兩次後，姜兆寧選擇接受小米生態鏈的投資，小米由此進入智慧照明產業。

　　與此同時，夏勇峰見到了做掃地機器人的昌敬，兩個人一見如故，歡快暢聊。昌敬內心暗暗感嘆，小米的產品經理段位很高，談起產品來如同大神。幾輪商談之後，小米生態鏈投資了昌敬的石頭科技，小米從此進入掃地機器人領域。

　　類似的事情還在接連不斷地發生，從 2014 年開始，小米生態鏈團隊的這種投資切入了不同硬體的各個品類，比如小蟻攝影機、創米智慧插頭等，小米甚至從美國漢威聯合公司挖來了一個叫葉華林的年輕人，投資進入了智慧無人機領域。所有與生態鏈相關的人員，都在以百倍的熱情投入自己的工作當中，硬體產品的孵化也很快起步。

　　劉德決定用自己研究許久的軍事理論來指導生態鏈產品的研發。生態鏈的產品，需要實現「精準打擊」和「小規模特種兵作戰」。這要求生態鏈企業的產品必須是滿足大多數人需要的產品，要是單品爆款並且能夠實現大量銷售，最後在市場上一擊命中。而小米的這些產品經理的職責，就是幫助被投企業進行精準的產品定義。

　　除此之外，劉德的工業設計背景也得到了最大限度的發揮。和他在手機部時陰鬱的氛圍完全不同，在生態鏈部門，他給了設計部門最大的決策權重，讓這裡成為一個設計師文化異常濃厚的地方，也釋放了所有工業設計師的潛能。

　　早期生態鏈產品的外觀設計都由李寧寧團隊負責審批。李寧寧和劉德師出同門，她對生態鏈產品的工業設計要求極高，這就決定了小米生態鏈產品的工業設計必將站在一個制高點上。同時，這也決定了一個殘酷的事實──生態鏈產品的外觀設計最初的通過率很

低。一家生態鏈公司的產品設計反覆修改幾十遍甚至上百遍的例子並不少見。一家公司因此廢掉幾套上百萬元的模具，也不是什麼新鮮事。李寧寧在設計方面的執著與堅持，讓她成為生態鏈企業人人害怕的「女魔頭」。那些兄弟企業都會緊張地提前相互告知，小米負責工業設計的李寧寧脾氣火爆，能不惹最好不要惹，能配合就盡力配合。因此，大家在產品設計方面也都格外上心。李寧寧後來也半開玩笑地說，自己的情緒一開始就控制得不是很好，但也因此在生態鏈企業裡莫名其妙地殺出了一條血路。

有一次，華米的手環要趕著上小米的新品發布會，就等模具最後通過審批。但是李寧寧依然覺得手環的外觀設計有一些問題，反覆思考之後她認為還是不能放。她坦言那一天她火冒三丈，直接對黃汪開火：「你們怎麼能把東西做成這個樣子！」黃汪的態度讓李寧寧非常感慨，他對已經怒髮衝冠的李寧寧說：「既然你覺得這個東西不過關，我們就晚一點出貨，不趕了，產品做好了才是最重要的。」李寧寧最後給了黃汪兩個字的評價：給力。產品要對結果負責，是兩個人最終取得的共識。

對於產品的這種嚴苛，後來也在生態鏈企業內部形成了一種共識。黃汪甚至在分享會上把這次衝突當作案例分享了出來，他告訴生態鏈的其他兄弟公司：「當你覺得產品還有機會改善的時候，就別著急衝出去，如果太著急出貨，衝到了消費者手裡，它會消耗你的口碑。」

在小米擅長的爆品打法之下，產品只要一上市，小米就假定它一定是成功的，因此出貨的準備是大量的。這意味著，保證產品的高品質尤為重要；同時由於產品的改善疊代需要時間，這就要求產

品最好一次成功。

讓李寧寧感到幸運的是，劉德的審美和她高度一致，這樣基本上不會出現老闆扼殺她的想法的情況。劉德給團隊的自由度基本上放到了最大。很多設計師笑稱：「如果在別的公司，我早就失業了。在小米，我還幸福地活著。」只有在生態鏈企業和小米的 ID 部門之間的矛盾不可調和的時候，大家才會找劉德做一下仲裁，此時劉德會從大局出發做一個決策。不過有時候即便劉德做出了仲裁，也會遭遇手下設計師的嚴正抗議。比如，一直有爭議的「小米空氣淨化器和巴慕達空氣淨化器外觀的相似性，是否有抄襲嫌疑」問題，曾經是生態鏈部門裡矛盾最大的一項討論。智米的設計師認為他們是借鑑了最佳設計之後的不同設計，而李寧寧則對此表示出極大的懷疑。當劉德最終做出決定，從大局出發通過這個外觀設計時，李寧寧直接把自己的上司劉德從微信通訊錄中拉黑了。她評價劉德是一個「有極高審美的『庸俗的商人』」。

這是生態鏈部門曾經發生過最激烈的衝突，也是對這個部門的一次靈魂拷問。最後大家得出的一致結論是──永遠避免這種事情再次發生。

這種對設計如魔鬼一般的折磨和糾結，其實正好符合小米創始人雷軍的理念──用中國設計引領中國製造。此時的小米正在逐漸形成自己統一的設計語言──好用的功能、極簡的幾何外形、極高的工藝品質。小米生態鏈也發展出一種獨特的管理方式──用設計思維把握生態鏈發展的方向和產品調性。小米生態鏈逐漸提升了設計在整個商業環境中的話語權。

就在生態鏈部門建立後不久的 2014 年 3 月，雷軍正在參加全

國兩會，嚴重的霧霾問題第一次開始大範圍出現，空氣品質問題成為人們談論的焦點。就在參加兩會的空檔，雷軍打通了劉德的電話，告訴他小米應該盡快投資一家空氣淨化器企業，以解決室內空氣品質問題。但當整個投資團隊搜遍大江南北，發現並沒有合適的空氣淨化器方面的投資對象時，生態鏈團隊做出了一個決定——用直接孵化的方式再造這個品類。

劉德從自己的通訊錄裡搜出一個人名——蘇峻，那是他早期在高校做設計公司時認識的朋友。蘇峻也是工業設計出身，他是清華大學設計藝術學博士，當時依然在體制內做教師，是北方工業大學工業設計系主任。和當年還未從高校出走的劉德一樣，蘇峻在體制內任教的同時，和朋友們開了一家家居用品設計公司，這家公司效益很好，一年營收大概有 3000 萬元。

每一個創業者啟程的故事最開始都是一場靈魂拷問，對於蘇峻來說同樣如此。在老舍茶館裡聽到劉德的邀約以及完整的小米生態鏈模式時，蘇峻完全理解了小米再造空氣淨化器這個品類的野心。劉德對這件事情的理解是，這是一個百億規模的生意，這是一個「成仙」的機會，人生要抓住為數不多的風口。而蘇峻的內心也開始做權衡考量——是教書育人更加重要，還是設計為人更加重要？當時的他並不知道，如果做出創業的選擇後他將得到什麼，他只知道，如果做出創業的選擇他將失去什麼。那就是——系主任的職位、自由的狀態，以及每年穩定的 3000 萬元營收。是的，連自己的設計公司他都會失去，這是劉德對他的要求。要做，就必須全職做，他必須從高校離職，還要退出原有公司的股份。

最終，那種與生俱來的對「物」的熱愛，戰勝了對舒適圈的依

戀，蘇峻決定走出體制，走上創業之路。他知道，對於他這樣一個天生的「戀物癖」來說，做這件事情可能是冥冥中注定的。從小他就對「造物」表現出極大的興趣。在美國遊學期間，他曾經獨自在美國的一家大超市裡，從白天遊蕩到黑夜，就是為了品味貨架上的每一個物品，感受它們的製造和設計。而他也是一個忠實而狂熱的果粉，不但擁有蘋果幾乎所有的產品，還收藏了蘋果歷年的產品目錄。

離開高校需要蘇峻克服十四年的慣性，而學校也不同意蘇峻辭職，這讓蘇峻一度很為難。最後學校提出，如果離職，蘇峻需要向學校繳納 14 萬元的人才培養費，才能在一週之內把檔案結清。這其實是對蘇峻的一種變相的挽留。聽到這話，蘇峻大喜過望，他飛快地跑到人事部門，掏出銀行卡，刷了 14 萬元之後，毫不猶豫地離去。

後來蘇峻創立智米科技，從招聘到產品都要從頭開始。做空氣淨化器的過程充滿了從零創業固有的艱辛和磨難，比如花了兩個月才跑通供應鏈，比如九個月的時間內要把產品做出來，比如在設計、結構各個環節的嘔心瀝血，比如幾乎二十四小時都在工作。有兩個月的時間，蘇峻都在不停地咳嗽，感覺整個身體都被掏空了。

而當時最讓他頭疼的，就是成本問題。按照小米極致性價比的邏輯，空氣淨化器採用的是最優質的元器件和結構材料，但是按照小米的價值觀，產品依然將採用貼近成本的售價。節省成本幾乎是蘇峻心中的魔咒，但是就在這個時候，橫空殺出來一個高自光——IoT 部門的模組晶片最終做出來了，外面賣不出去，高自光就決定先在生態鏈部門進行試點。而他第一個看中的產品，就是蘇峻的空

氣淨化器。

　　和很多新生事物出現時一樣，企業內部如果沒有戰略協同，一件事情就很難實施。當高自光上門說明要把 IoT 模組加入空氣淨化器的時候，蘇峻本能的反應是，這和我的空氣淨化器關係不大呀，而且關鍵是，加一個模組就又多出來 40 元的成本，這個錢可都是每天從指頭縫兒裡一點一點摳出來的啊。另外，加入這個模組，還要考慮聯網，肯定會產生漏洞，接下來還有售後問題、為客服帶來的壓力等等。

　　這一系列的問題，讓人想起來就頭大。但是劉德和高自光都認為，這是一件極有遠見的事情，小米做硬體就必須要聯網、做智慧化，這符合未來科技發展的方向。而一個可以用手機控制的空氣淨化器，是個非常好的開端，也會為客戶帶來便利的體驗。按照智米當時規劃的出貨量，他們很可能會把智慧空氣淨化器從小眾做到普及，引發市場上的一股新風潮。最終，出於長遠的考慮，也看到小米對 IoT 的遠期規劃，蘇峻戰勝了這些本能的抗拒，同意在空氣淨化器中加入 IoT 模組。

　　這件事情讓劉德開始規劃更遠的未來。當時競爭對手飛利浦已經有了智慧空氣淨化器，隨著 4G 時代的開啟，智慧硬體的熱潮也終於到來，劉德知道，智慧聯網一定是大勢所趨。有鑑於此，IoT 部門和生態鏈部門聯手非常必要，他決定從戰略上支持高自光的自由拓展。生態鏈部門成立不久，劉德開始邀請高自光的團隊參加每個生態鏈的會議，與此同時，他對生態鏈企業也提出了要求：小米投資的硬體設備，能聯網的一定要聯網。

　　劉德最後甚至決定，從生態鏈部門的年終獎金裡擠出 100 萬

元，發給高自光團隊，感謝他們對生態鏈部門做出的貢獻。幾週後，高自光的 IoT 團隊正式劃入生態鏈部門。

這一年，生態鏈部門取得了不菲的成績。華米手環一經面世，三個月就出貨 100 萬隻，成為 2014 年小米生態鏈的扛鼎之作。2014 年 12 月，華米科技宣布了新一輪的融資，共募集 3500 萬美元資金，估值超過 3 億美元。該輪投資由高榕資本領投，晨興資本、紅杉資本和順為資本跟投。

而空氣淨化器一經發布，就自帶要清洗這個市場的強大氣勢。2014 年 12 月 9 日，價格僅為 899 元的小米智慧空氣淨化器上市了。由於其簡約的外觀和優質的性能，以及極具殺傷力的價格，給了這個行業重重的一擊。第二年小米空氣淨化器 2 代推出後，很快就占據了 20% 的市場份額。

由孫鵬幫助定義產品，協助 Yeelight 打通供應鏈的第一款智慧燈泡也出現在小米的產品發布會上。與此同時，這款產品開始在小米網上向 2 億米粉銷售。一天之內，這個產品就賣出了 4 萬個。這讓姜兆寧大開眼界，他完全被震驚了。「米粉們太瘋狂了！」他說。

而此前一直都在持續出貨的紫米電源，銷量依然一路高歌猛進。截至 2014 年 12 月，紫米的行動電源銷售量達到 1000 萬顆，保持了全球銷售第一的成績。

比銷量更加重要的是，在小米被投企業於各自的領域實現突破的同時，他們對智慧化也從最初的遲疑變得更加主動，他們希望高自光的部門盡快幫自己的硬體加上 IoT 模組，以使自己的硬體可以實現遠端控制，這為高自光的團隊帶來了巨大的希望和動力。這應該算是小米 IoT 部門透過自己投資涉足的硬體初步看到規模效應的

開始。IoT 部門做了一款叫作小米智能家庭（後更名為米家）的 App，讓消費者用手機集中控制小米投資的硬體。當時接入的生態鏈硬體有小米空氣淨化器、創米智慧插座和小蟻攝影機。

當生態鏈產品有了 IoT 模組的加持，小米投資的硬體產品才真正脫離孤立的單品，有了彼此相互連接的可能。這些年輕的企業家知道，只有和最新的趨勢結合，他們的產品才是踩中時代脈搏的產品，他們也才是時代選中的企業家，將來才有了振翅高飛的可能。

小米國際化之路

2014 年 4 月 22 日上午 10 點，雷軍在微博上用簡單的一句話宣布——小米正式啟用國際化新域名 mi.com。這則微博的配圖是，一張黑夜底色的海報上，用草書寫下了一行大字：世界更近了。這幾個大字之下，是一個剛剛露出邊緣的藍色地球。

這不是一張普通的海報，它彰顯了小米的一個重要戰略——小米已經為國際化做好了準備。

這是雷軍在引入雨果・巴拉之前就為小米國際化所做的鋪墊。在互聯網圈內打拚多年，雷軍深知域名對企業的重要性。很多企業都修改過域名，以使之更簡短、更容易記憶。這樣做對用戶更友好，對流量的幫助也顯而易見。比如京東，它的域名曾經是複雜的 360buy.com，後來改為 jd.com。2005 年 Google 進軍中國，李開復專門從域名投資者蔡文勝手中買到了 g.cn。

從 2012 年開始，雷軍逐漸意識到，xiaomi.com 這個更符合中國

人讀寫習慣的域名，已經不適合小米在國際上打拚。很多外國人讀不出 xiao 這個音，而且 xiaomi 這個拼音對於外國人來說，也讀不出任何涵義。因此，雷軍在 2013 年時派林斌去尋找 mi.com 的域名擁有者，希望能夠買回這個域名。最後林斌發現，史丹佛大學的一位教授是這個域名的擁有者，作為一個域名收集愛好者，他在一九九一年就買下了 mi.com 這個域名。

當時小米已經聲名在外，因此林斌是透過一家代理公司去接觸這位域名擁有者的，目的就是得到一個盡量公平的價格。但是，對方依然開出了一個令人不可思議的天價。這是域名收集者的黃金時刻，一個蟄伏多年的域名終於被買家看中，他將以成百上千倍的溢價將其出售。

經過幾輪洽談，小米最後以 360 萬美元的天價買下了這個域名，這個舉動一時間被外界認為非常「土豪」。雷軍最終拍板了這個決定，因為這個域名符合讓國際用戶可記、好用的核心訴求，而且，它是唯一的選擇。

事後的一個小插曲讓林斌記憶猶新。小米委託代辦的專利代理人想按正常標準收取傭金，林斌急了，說道：「你們公司都是小米投的。」專利代理人覺得林斌所言極是，就把傭金打了一個很大的折扣。

雨果·巴拉到中國以後，很快展現出他要在國際業務方面拓展的野心。他做了很多數據研究和資料收集的工作，找出了有潛力的市場。他在雷軍的辦公室裡鋪開一張大大的世界地圖，上面是用粗線水筆勾畫出的一個個圓圈，旁邊標注著這個國家或地區的人均GDP 數據和通訊設施的發達程度，然後，他拿著筆一個一個向雷軍

進行講解。這個場景讓雷軍感知到雨果的勤奮,並意識到他野心十足。雨果做完這番陳述後向雷軍表示,他決定同時在全球十個國家和地區迅速挺進,其中,人口密度極大的印度是非常重要的一個市場。

在雨果正式入職小米一週之後,也就是 2013 年 10 月的某一天,他在林斌的辦公室見到了馬努‧庫馬爾‧賈殷(Manu Kumar Jain)。馬努出生於 1981 年,來自印度。馬努的經歷讓人印象深刻,雖然年紀輕輕,但是他已經在印度的電子商務圈打拚多年。他與幾個和他一樣年輕的印度男孩創立了一個叫 Jabong 的時尚品電商網站,在經營網站的過程中,他學習電子商務,了解電商頁面、如何進貨、庫存管理等知識,但是他主要的工作是市場營運。

走進林斌辦公室的馬努,這一年只有三十二歲。他光頭、圓臉、身材高大魁梧,黝黑的皮膚襯托出雪白的牙齒,看上去總是笑意盈盈。

這是一個在印度大家庭裡成長起來的男孩,從小接受了良好的教育。他的媽媽熱愛閱讀,不僅讀過好幾個大學,還在馬努申請大學之後,自己又申請了博士學位繼續進修。在馬努的印象中,她的媽媽總是鼓勵他讀書,讀什麼書都可以。馬努的父親在馬努很小的時候就開始經商,經歷過一些起起落落,他對父親經商最深的印象是,有一次,父親經營的手錶工廠遭遇了盜竊,損失嚴重,幾乎讓整個工廠陷入破產危機。但是父親堅持沒有去銀行貸款,而是靠自己的努力慢慢撐了下來。在父親的影響下,馬努對從商這件事有了些概念,並且學會了在危機中保持強大。

從馬努的履歷來看,他能夠走進林斌的辦公室,看似是一個偶

然，其實是冥冥中已經注定的必然。從印度最好的高等學府印度理工學院畢業以後，馬努在全球著名的諮詢公司麥肯錫工作了五年，其中 70% 的工作是幫客戶做戰略執行和落地。由於他服務的客戶遍布世界各地，因此在很長一段時間裡，他都過著「空中飛人」一般的生活。今天在尚比亞幫客戶拓展市場，明天在新加坡幫客戶做商務規劃，每兩天飛到一個新的國家。在那一段時間，他養成了觀察公司的習慣，也拓展了國際視野。這也為他後來在印度創業打下了良好的基礎。

2008 年，馬努因為出差第一次來到中國，這次旅行讓他留下了極為深刻的印象。他說：「中國是令人震驚的。那些基礎設施是那麼的先進，我之前一直以為中國和印度差不多，這是我第一次認識到，中國經過幾十年的發展，已經變得讓人感到不可思議。我當時就想，有朝一日，我一定要再次來中國。」

時隔五年，馬努終於再次來到中國。這一次他不是公務出差，而是一次私人性質的旅行。他先去深圳和上海見了一些朋友，北京是他的最後一站。在北京，他有一個重要的日程，就是拜訪當時已經在海外聲名鵲起的公司——小米。他是從一篇英文的整版報導裡讀到小米的故事的。那個時候，馬努剛剛開始關注行動市場，對文章裡介紹的小米哲學充滿好奇。他透過一個朋友找到了林斌，並透過電子郵件和林斌約見面。

在這個會議上，馬努不但見到了林斌，也見到了剛剛入職的雨果・巴拉。林斌和雨果對印度市場有很多的疑問，他們問了馬努很多有關印度經濟、印度電子商務以及印度智慧型手機的問題。馬努也問了一些關於小米的問題，同時，他對雨果・巴拉也充滿好奇，

他問雨果：「是什麼樣的動力讓你離開美國常駐中國，來為一家中國公司服務？」

當時的馬努還沒有任何想加入小米的意思，但是幾個月之後，他接到了林斌的電話：「為什麼不加入我們呢？你可以負責開拓印度市場。」這個時候馬努剛剛離開 Jabong，正在思考人生的下一步。看來，這是上天給他的一個完美選擇。

馬努永遠也不會忘記加入小米之前和雷軍的正式會面。和林斌、雨果一樣，雷軍也關心印度市場的現狀、印度的電子商務表現以及印度市場未來的可能性。不過，雷軍看起來更加關心一個問題，那就是市場的費用。知道馬努此前做過電子商務，他問馬努：「你自己的網站市場費用占比是多少？」馬努回答：「大概 10%～15%。」雷軍說：「那你猜猜小米的市場費用占比呢？」「嗯，4%？」「不對，再猜。」「3%」「不對。」此時雷軍走到辦公室的前面，用黑色速寫筆，在一塊白板上寫了一個大大的 0。

就這樣，只有三十二歲的馬努，成為小米印度的第 1 號員工，他的職位是小米印度公司總經理。接手這個工作之後，他馬上開始了在印度的開荒拓野。在印度開展工作之初的情景，至今讓馬努覺得十分好笑。

沒有辦公地點，馬努就在離印度最大的電子商務公司 Flipkart 兩公里處的一間咖啡館裡辦公。和 Flipkart 有會議的時候，他就去開會，沒有會的時候，他就打開電腦待在咖啡館裡辦公。咖啡館裡的人進進出出，經常會閒聊一會兒。他們問馬努：「你是做什麼工作的？」馬努說：「為一家叫小米的公司做事。」對方接著問：「這是什麼公司？在哪裡辦公？」馬努只能回答：「還沒有辦公

室，我在咖啡館辦公。」對方這時通常會露出疑惑的表情：「你們是一家實體公司嗎？」「嗯，目前還沒有，沒有實體。」對話通常到此為止，馬努經常會被看成一個奇怪的、也許正在做不合法生意的年輕人。

這為小米印度早期的招聘工作帶來了一些困難。向印度人解釋小米是一家什麼樣的公司頗費周折，需要把所有的「小米哲學」從頭到尾講述一遍，這很考驗馬努的口才以及印度應徵者的理解力。即便馬努把應徵者說服了、感動了，通常還會有來自應徵者的父母、朋友和配偶的阻力，沒有人會認為這家什麼都還沒有的公司能有什麼前途。

一種強烈的孤獨感包圍著這個印度年輕人，在印度這種熱鬧的國度裡，拓展業務也許不是最艱難的，最大的挑戰是沒有人和馬努說話。他白天和人最多的交流發生在和雨果以及林斌的三方電話會議上。當他終於註冊了實體公司，並租下一個能坐六個人的辦公室時，他發現辦公室裡空空如也，比咖啡館還空曠。當他偶爾約個人到辦公室談事時，比約定時間早到的人會發現，馬努自己拿著鑰匙來開門。2014 年 7 月，當印度第 2 號員工終於入職的時候，馬努簡直歡天喜地。他的第一個感覺是，上帝啊，終於有同事可以和我說說話了。

儘管早期的拓展充滿魔幻現實主義的味道，但是小米進軍印度的步伐卻相當迅速。馬努和印度最大的電子商務網站 Flipkart 很早就有一些商務聯繫，而現在，這家網站對於出售小米的產品也十分感興趣，因此接洽起來並不困難。小米總部很快就做出決定，由 Flipkart 獨家銷售小米在印度的第一款產品——小米手機 3。他們將

用和國內同樣的方式——極強的產品性能和吸引人的售價,打響在印度的第一戰。

2014 年 7 月 15 日至 21 日,Flipkart 在網站上開放了「一星期註冊窗口」,讓人們為搶購小米手機做準備。短短一星期之內,他們就收到了 10 萬的註冊量。

小米為手機產品在印度市場的第一次亮相舉辦了一個小型的記者發布會,一個小禮堂裡,一共來了 18 位印度記者,這讓馬努十分興奮,他從來沒有想過,記者們會為一個他們從未聽說過的公司而來。在這個只有一個螢幕的小型會議上,林斌、雨果和馬努三個人都做了簡短的發言。這是馬努這一生做大量演講的開始,對於這一次演講,他的回憶是:十分十分緊張。

小米手機 3 的發布獲得了成功。開賣僅僅 39 分鐘,小米手機 3 就在 Flipkart 上缺貨了。很顯然,印度市場還從未領略過這種閃購的力量,因此所做的技術準備明顯不夠。小米手機 3 從當天中午 12 點開賣,Flipkart 的伺服器很快就當機了。有的時候,連結還未跳到支付頁面,使用者的購物車就被清空了。一些使用者抱怨訂單沒有通過就被多次收錢。由於 Flipkart 遇到了多種技術問題,大量註冊用戶未能訂購到手機。

可以想見,這樣的結果讓印度網路用戶產生了抱怨。一些網友紛紛在網站上發表評論:「Flipkart 很糟糕,搞得消費者很失望,整個過程缺乏透明度,讓他們的服務沾上了汙點。至少他們應該事先宣布,無法保證註冊一個帳號就能在發布當天買到手機」、「他們想要打敗亞馬遜」、「我想他們是在炒作吧,現在每家媒體都突出報導這件事」。

當然，除了這些偏負面的評論，也有令人興奮的評價，比如「讓我高興的是，三星、HTC 和索尼等虛高定價的公司將會遭到致命一擊！」、「我今天買到小米手機 3 了，哇，這簡直是個性能巨獸啊！」

媒體人士對此次閃購也做出了評論：「顯然，Flipkart 和小米的庫存無法滿足需求。」

在一個月的時間內，小米透過線上搶購的方式賣掉了 12 萬部手機。短短一個季度，小米在印度智慧型手機市場的份額就達到了 1.5 個百分點。

對於馬努來說，此前一切的疑慮都一掃而光。有太多成功的印度企業家曾經對小米的模式產生過質疑。不只一次，一些傳統大公司的 CEO 對馬努說：「你知道，印度市場 94% 都是線下市場，你們怎麼可能只做線上 6% 的生意就能取得成功呢？你們怎麼可能一分錢市場費用都不花呢？你們肯定會關門的！」

現在馬努知道，他們錯了。

450億美元估值下的隱憂

毫無疑問，2014 年對於小米來說絕對是巔峰的一年。小米秉持自己先鋒的理念，在手機市場上脫穎而出。2014 年第三季度財務報表顯示，小米用不到三年的時間，就衝到了市場份額中國第一、全球第三的位置。這個成績把那些長期占據優勢地位的傳統手機廠商——三星、聯想、華為、酷派都甩在了後頭，小米一躍成為中國

最大的智慧型手機廠商。

　　無論對小米是推崇追捧，還是批評懷疑，人們此時已經見證了小米從創建之初就提出來的互聯網思維的實現。手機的穩定銷量，讓 MIUI 有了非常穩定的黏性。截至 2014 年 8 月 16 日，MIUI 用戶總數突破 7000 萬，洪鋒帶領的雲端服務團隊讓這個系統的便利性得到充分的發揮。小米雲服務的使用者此時已接近 6800 萬，小米雲上存儲了 241 億張照片和 2.47 億段影片，而且這些數字每天都在增加。這樣的數據表現讓外界有了這樣的觀察 —— 小米越來越像一家平臺型公司了。

　　除了在國內市場占據優勢以外，雨果‧巴拉還開拓了印度市場，他很快在全球七個國家和地區設立了辦公室，準備在國際市場上攻城掠地。劉德帶領的生態鏈企業試水溫投資了二十七家硬體企業，在市場上打造出了幾款爆品，這驗證了生態鏈模式的可複製性。

　　這一年，小米銷售了 6112 萬部手機，比 2013 年增長 227％，占據中國手機市場份額的 12.5％。它的含稅銷售額是 743 億元，比 2013 年增長 135％。可以說，這個成績單是夢幻的，看起來像是一個創業童話。無論是雷軍，還是其他的聯合創始人，包括那些早期員工，他們在小米創立之初都沒有想到，這一天會到來得如此之快。從外部環境來看，小米抓住了人們從功能機到智慧手機的換機大潮的風口，也驗證了雷軍創業一定要順勢而為的理念。

　　根據 GFK 公司的數據，2009 年～ 2013 年的四年間，智慧型手機的增長率分別為 73％、157％、126％和 82％，小米能成為行動互聯網時代一家「現象級」的公司，與這個宏觀利好密切相關。

　　新的產業週期的到來，給了雷軍和同時代的企業家們更多的發

揮空間。2014年，首屆世界互聯網大會在烏鎮舉辦，中國成為世界互聯網的一極。此時，中國智慧型手機處在井噴期，一個季度的銷售量達到 9000 萬部，是美國市場的 3 倍。80 後和 90 後平均每人每天上網三個小時。4G 時代的到來，讓行動互聯網釋放出巨大的經濟能量，當硬體設備有了 4G 技術的支撐，行動互聯網、雲端運算、物聯網和基於大數據平臺的「新服務、新商業、新應用和新業態」有了一切可能性。

2014年，一直在摸索蟄伏中的新一代創業者張一鳴、陳睿、王興、程維等，終於有了乘風而上的機遇。4G 時代的商業模式紅利與互聯網紅利的疊加，裂變出很多新的應用空間和商業機會，也帶來了巨大消費勢能。在內容消費和城市出行等方面，人們的生活正在發生翻天覆地的變化。今日頭條、嗶哩嗶哩、美團、滴滴、快手都是帶來這種變化的經典案例。在這一年，滴滴和微信達成了合作，使滴滴的用戶數超過 1 億，註冊司機達到 100 萬，日均單量達到 521.83 萬單。快手也開始朝短影片社區方向前進。張一鳴創立的今日頭條，終於從搜狐、網易、騰訊等門戶新聞用戶端的圍剿中脫穎而出，規模超過了 1 億，月活躍用戶達到 4000 萬。

小米逐漸在市場上取得自己的地位，同時也贏得了創新的機遇。這和小米剛剛創建時，供應鏈體系只願意給小米提供一些固有的工藝不同。現在，一些新工藝剛剛展現出可能性的時候，供應商們就願意來到小米，和研發工程師們一起探討未來的可能性。

小米手機 4 出貨之後，螢幕供應商夏普的一位工作人員來找結構工程負責人顏克勝聊天。忽然，顏克勝看到這個人拿著的手機螢幕上居然切了一個斜角，這讓螢幕產生了弧度，比四四方方的螢幕

形狀柔和了很多。顏克勝馬上提出一個問題：你能不能在螢幕上幫我切個圓角？對方說，現在不敢說，只能回去試試。

供應商離開之後，一系列的靈感開始在顏克勝的頭腦裡湧現。他想：如果夏普的螢幕可以切出圓角，我們的設備就可以做出相應的改變，接下來的問題就是怎麼提高螢幕占比，讓手機更好看一些。如果螢幕占比做到終極程度，那一定是頂天立地，達到百分之百，這就需要把其他的結構推到頂上或者下面。

那一天，顏克勝直到入睡之前還在浮想聯翩，他的大腦不停地進行著推演：如果手機的額頭和下巴同時消失，那麼它的鏡頭、射頻天線以及螢幕發聲器應該在內部怎麼擺放？他越想越興奮，此時此刻，他的想法是，小米能不能做一款史無前例的作品──全螢幕手機。

可以說，小米的士氣在 2014 年那一年是空前高漲的。而且，小米的增長態勢也讓投資人的內心出現了小小的沸騰，他們摩拳擦掌，不斷來詢問投資的可能性，都希望能夠抓住機遇進入小米投資人的戰隊當中。

DST 的尤里‧米爾納是小米最堅定不移的支持者。小米手機 4 的發布再次大獲成功後，2014 年 7 月，尤里打了一通電話給雷軍並問了他一個問題：「現在小米估值 500 億美元，能不能投？」雷軍問：「為什麼是 500 億美元？」尤里解釋說，Facebook 在未上市公司裡的估值大約 500 億美元，這應該是最高值了。所以，他可以給小米一個未上市公司的最高估值。

此前雷軍一直是再次融資的反對者，理由是小米的帳上還有很多現金，再加上此前小米還發過一輪債務，總計大約有 40 億美元，

因此小米並不缺錢。但是一些知名投資人不斷前來接洽和溝通，讓小米這一輪史上最受關注的融資之旅，最終還是開啟了。

軟銀集團的孫正義曾經託雷軍的老熟人陳一舟找到雷軍，並轉達他對小米的巨大興趣。雷軍也因此飛了兩趟日本，每次都和孫正義聊上四、五個小時。孫正義非常喜歡小米的產品，他這樣向雷軍表示：「500 億美元的估值太貴了，450 億美元的估值可以投資，軟銀希望最少持有 10% 股份。」

最後，軟銀同意出資 50 億美元，再加上雷軍當時接觸的其他外部投資者，小米當時的融資額度可以達到 70 億美元左右。

交談很順利，合約也即將塵埃落定。雷軍和軟銀約定，雙方將於 2014 年 10 月 14 日在北京簽訂這份合約。但是小米的想法在最後一刻還是變了，當雷軍帶著這個合約回到北京時，有幾位高管提出了不同意見。他們認為，現在讓過多的資金進場，幾乎等於將可預見的勝利果實莫名分享。甚至有位高管說，小米將來的市值應該是一、兩千億美元。小米團隊最終決定，只能留 10 億美元的投資額度給軟銀，當然，這個提議被軟銀拒絕了。

最後，這輪融資由 DST 基金發起，從摩根士丹利出來的明星分析師季衛東新組的 All-Stars 基金加入其中。同時，進入本輪融資的還有馬雲旗下的雲鋒基金、新加坡主權基金 GIC、厚樸投資等機構。

2014 年 12 月 29 日，雷軍發出公開信，正式宣布小米融資 11 億美元，估值達到 450 億美元的消息。這個消息如同夜空中的一道驚雷，讓整個風投界和產業界大為震驚。人們注視著這個用風馳電掣一般的速度奔跑成長的新物種，用一篇又一篇的分析文章回顧著它的成長。

人們發出了這樣的感嘆——從剛開始的 2.5 億美元，到如今的估值 450 億美元，小米幾乎每年都在以 4 倍的速度複合增長，小米的成長創造了一個鮮活的商業奇蹟，也使小米逐漸變成眾人競相追捧和膜拜的神明。[19]

2014 年的光輝業績、2014 年年底宣布的巨大利好，這一切讓創業者所能經歷的美好，如同燦爛的禮花一樣在夜空中綻放。殊不知，這高光時刻正是隱憂到來的時候。這看似完美的時刻，正是一些錯誤開始發生的時間。在公司層面，一些問題已經出現了，但是，此時此刻，耀眼的光芒把這些隱憂和問題遮蔽住了，一些人提出的擔憂和疑慮，也被舉杯相慶的聲音掩蓋住了。

在手機市場上，一個強勁的競爭對手正在飛速成長。華為 Mate7 的成功，讓華為開始快速奪取這一年三星丟失的中國中高端手機市場，並收編了三星退場留下的手機管道，為華為的後續發展奠定了基調。魅族和阿里巴巴開始戰略合作，雙方號稱要建立更開放的系統。樂視手機也在暗流湧動之中醞釀著並準備用非常規的價格體系對市場進行打擊。同時，酷派、奇虎等公司也在手機市場開始了搶奪份額的燒錢行動。硬體廠商們的不安感正在上升，而小米的高調融資則帶動了熱錢進入這個行業的野心。

在這一年不容忽視的還有 OPPO 和 vivo 兩個品牌的成長。這一年，營運商把以前只給「中華酷聯」的份額開放給了公開市場，因此以前只做公開市場的這兩個品牌從單一市場進入了多種管道市場，包括營運商管道。

19熱舞傳播 (2018)。憶「小米」如何 4 年估值 450 億美金的祕訣。詳見 https://baijiahao. baidu.com/s?id=1611302713405490335&wfr=spider&for=pc (Sep. 11, 2018)。

　　另外，紅米將山寨市場終結之後，OPPO 和 vivo 憑藉較高的產品毛利與較大力度的管道投入，吸引了大量經銷商與之合作。在線下，他們地毯式地鋪設了大量門市，從而形成了一種盛況——在通訊一條街上，OPPO 店與 vivo 店從頭到尾相間分布。在這段時間，他們的品牌從三線城市更加下沉到五、六線城市，奪取了這些曾經被山寨機占據的線下份額，這讓他們的整體份額都得到了提升。

　　另一個商業信號也被忙碌中的小米忽略了，那就是阿里巴巴在這一年開始了它的線下探索，顯露出它在新零售方面布局的端倪。那一年，阿里入股銀泰百貨。此後，淘品牌入駐銀泰實體店，銀泰超市入駐天貓超市，銀泰的會員體系與阿里的天貓大數據打通。而另一家公司美團，已經在殘酷的千團大戰中脫穎而出，成為除了BAT（百度、阿里巴巴、騰訊）三家巨頭之外的另一家巨型公司。其中的原因也和線下市場息息相關——美團的商業模式並非純線上的生意，其線下龐大的商業容量也讓它贏得了堅實的基礎。

　　一些商業評論家認為，1999 年以來，單純的互聯網模式對中國零售業疾風暴雨般的「侵略性改造」，已經達到了「攻擊停止線」，中國商業在接下來的時間進入到線上線下相互補充和融合的階段。

　　當這些大的線上電商開始在線下布局的時候，就已經對外界放出一定的商業信號——線上市場正在趨於飽和，互聯網上的流量紅利正在逐漸減少。因此，電商巨頭開始在線下尋找新的流量入口。自從出生以來就一路凱歌高唱的小米網，很快就將體會到電商流量見頂的感受。

　　在國際市場上，小米迎來了它的第一個「成人禮」。成功進軍印度市場五個月之後，小米遭遇了愛立信的專利訴訟，導致貨品被

封。此後，印度德里法院授予小米「臨時許可證」，允許它繼續銷售基於高通處理器的智慧型手機「紅米手機 1S」，前提是每部手機要預繳一百印度盧比[20]。這個事件向雷軍敲響了警鐘，讓他認識到，中國企業走向海外，必須擁有足夠的技術專利儲備，否則就會受到牽制。當時的小米在專利儲備方面還很薄弱。

對於同時在全球七個國家和地區拓展的方法，小米創始人之一黎萬強也嗅到了一絲危險的氣息。有一天，他走進雷軍的辦公室，對雷軍說：「我覺得我們這麼做問題很大。」

當然，黎萬強提出這個疑問之後，還對雷軍說出了一個他個人的重要決定，那就是暫時從小米離開。連續幾年管理銷售、服務和行銷工作的高壓已經讓黎萬強疲憊不堪，他急需一段完整的休息期。這個決定讓雷軍感到無比惋惜和心痛，也讓熱愛黎萬強這個領導者的團隊成員陷入了短暫的沉默，一些一直跟隨他的同事，比如張劍慧和朱磊，在聽到消息那一刻都哭了。

所有的一切都在悄然改變，而小米此刻依然沉浸在高估值的狂歡中。

「所有的人都膨脹了，包括我在內。」雷軍後來在回顧時這樣評價當時的心態。融資結束一個月之後，雷軍忽然意識到，進行這輪估值為 450 億美元的融資其實是個巨大的錯誤。它太像是虛榮心驅使的產物了。它引發了資本對互聯網手機的狂熱追捧，讓熱錢盲目地進入了這個領域。與此同時，它也把小米帶到了一個眾人矚目同時也人人眼紅的位置。而小米其實又沒有融到足夠和那些對手無

20印度盧比兌人民幣約為 1：0.086；印度盧比兌新台幣約為 1 比 0.37。

限制對抗的資金。雷軍事後回顧，如果當時小米接受來自軟銀和其他投資者的共計 70 億美元的注資，它將有機會透過「不講理」的戰略虧損，招募到更多頂尖行業人才，在幾年之內結束激烈的行業競爭。

　　但是歷史沒有如果。

　　危機很快就要降臨到這家一直在享受光輝歲月的公司。

第七章 ∷ 低谷到來，危機初現

旗艦手機第一次缺席

　　2014 年閃閃發光的業績，讓小米公司在 2015 年初定下了全年銷售 8000 萬部手機的目標。按照 2014 年的發展勢頭，並沒有人覺得這個目標野心太大。回過頭看小米前五年的發展，確實充滿了各種不可思議。很難想像，在 2014 年，這家公司做到手機市場份額在全國登頂之際，它的整個手機部加起來只有不到三百人。而那些強大的競爭對手的研發團隊至少是幾千人，甚至上萬人。小米幾乎是用一個「最小系統」來支援手機整個鏈條運轉的。

　　從創立開始，小米就形成了一種扁平化的管理風格，這是小米在創業初期用互聯網的速度搭建自己的商業模型時的刻意追求。聯合創始人們帶領各自的團隊，在自己的領域裡一路廝殺。憑藉年輕新銳的形象和極度靈敏的市場反應，小米對這個市場進行了降維打擊。「我們不是沒有 IPD（整合式產品開發），我們幾乎沒有任何明確的流程管理。」雷軍在回憶這段時光時說。

　　這樣做的好處顯而易見，那就是靈活、有彈性、決策迅速。然而，隨著小米快速成長，扁平化的管理風格也暴露出它固有的弱點，那就是它讓公司內部的管理非常鬆散，很多時候也缺乏流程管控，這種情況在小米一直延續到 2015 年。

　　隨著市場規模逐漸擴大，員工達到幾千人，此時很難再說小米還是一家創業公司了。2015 年，在小米高速成長的背後，系統性成長的問題已經漸次出現，尤其是競爭對手都在「兇殘」地借助資本成長，一直放任自流的管理方式終究會暴露出問題。

　　450 億美元估值的融資之旅結束一個月之後，雷軍意識到，小米確實是被市場高估了。市場給小米的估值和小米自身的實力之間，其實是存在差距的。雷軍認為，這次融資是他這個創業老兵自從小米創立以來，犯的唯一一個戰略性錯誤。如果說這個錯誤能給將來的創業者一些警惕的話，那就是 —— 要在市場都看好你時保持最大程度的冷靜。要麼克制虛榮，不融資，保持足夠的低調，用速度解決問題；要麼融到花不完的錢，不怕股份攤薄，可以像美團和滴滴那樣，在市場上借助資本的優勢進行絕殺。但是，小米就像科幻小說《三體》裡描述的那樣破壞了黑暗森林法則，不但驚醒了所有的競爭對手，自身的問題也正以在市場上繳學費的方式暴露。

　　2014 年 7 月發布的小米手機 4 大獲成功，但是卻迎來了意想不到的缺貨問題。小米手機 4 缺貨的原因也讓人很意外——一家做觸控螢幕的供應商 Wintek（勝華科技股份有限公司）突然之間倒閉了，這讓小米猝不及防。這是一家從小米誕生之日起就與小米合作的供應商，雙方一直合作愉快，該公司掌握一種叫作 OGS（One Glass Solution，單片式玻璃觸控面板）的技術，可以讓工程師在玻璃上做出觸控式螢幕電路，即使在玻璃上挖槽後，人們從外面也看不出來。在智慧型手機發展的早期，這種技術是非常先進的，因此很受手機廠商的推崇。

　　小米供應鏈的老員工時東禹說，Wintek 是一家「生於蘋果，死

於蘋果」的公司，早期蘋果選擇了它，所以它迅速崛起，而它的倒閉也是因為蘋果改變了工藝路線，其他手機廠商也慢慢跟著走掉了，很多供應商其實都是潮流的產物。Wintek 正是因為對蘋果的依賴太重從而使自己陷入了破產困境，這讓雷軍感到非常突然。之前，為了調研這家公司的實際情況，他曾經特意去找 Wintek 的高管聊天，對方向他出示了各種證據，表示他們活得很好。很顯然，這家供應商掩蓋了陷入債務危機的事實。

小米手機 4 已經發布，且正處於如火如荼的銷售狀態，Wintek 的危機卻突然爆發了，這幾乎是一個處在產能爬坡階段的產品所能遇到最致命的事情。採購的所有物料和元件都被堆放在代工廠裡，只缺一個觸控螢幕，工廠只能因此停工。為了挽救 Wintek 於水火之中，小米提供了很多幫助，比如在帳期上打破既有的約定，提前支付了沒有到期的貨款，希望它能盡快撐過危機。但是，Wintek 的倒閉速度還是超過了所有人的想像。

這個時候更換螢幕已經不太現實，小米於是啟用了剛剛開始布局 OGS 生產線的供應商歐菲光，但是，由於這個安排是臨時決定的，供應商的切換又需要一個過渡，因此小米工程師需要在內部對歐菲光的技術進行快速認證。更致命的是，歐菲光的技術當時並不如 Wintek 成熟。

儘管一切工作都在以非常規的方式加速著，但是兩個供應商之間的切換依然沒能做到無縫接軌，這導致小米手機 4 這部性能強大、設計良好的手機，在發布後的三個月內都面臨著產能不足的巨大壓力。出貨問題直接影響著小米的營收損益表，這是一個現金流的問題，也是一個生與死的問題。更加殘酷的一個事實是，因為小

米手機4的缺貨，市場上出現了需求的缺口，這給了競爭對手崛起的機會，也讓競爭的局勢發生了變化，這讓小米的供應鏈團隊備感煎熬。

在供應鏈團隊沒日沒夜地進行第二供應商測試切換，富士康工廠也逐漸提升了小米手機4金屬中框的加工良率之後，小米手機4的出貨問題終於在2014年12月得到解決。讓時東禹頗為感慨的是，Wintek就算在面臨倒閉的情況下，還在蘇州的一個工廠幫助小米快速地趕出了一批觸控螢幕，但是靠小米一家，仍然救不活這家已經跟隨了小米四年的供應商，畢竟市場的趨勢已經勢不可當。唯一幸運的是，這幾個月的嚴重缺貨並沒有影響到小米手機4的整個生命週期。

小米手機4的供應鏈危機剛剛解除，2015年1月，小米又發布了小米Note系列手機，分為標配版和頂配版兩款。這是小米手機第一次衝到3000元檔位，目的是在高端市場立足。但是這兩款手機並沒能贏得以往小米旗艦手機那樣的成功，這源於宏觀形勢和手機行業的變化。

根據中國國家統計局資料顯示，從2011年到2014年，中國的消費者物價指數分別為：105.4、102.6、102.6、102（同比上一年為100）。照此數據推算，2010年1999元的購買力相當於2014年的2146.39元。更直觀的例子是，小米北京清河總部旁的橡樹灣大樓，2010年時房價不過每平方公尺（約0.3坪）1～2萬元，而到了2014年，已經上漲到每平方公尺6～7萬元。

對於小米而言，一方面，即便是緊貼成本的定價，1999元的價格也再無法滿足一款真正旗艦手機的成本需求。另一方面，四年過

去以後，小米第一代的核心用戶早已進入社會，無論是自身需求的提升，還是對小米進一步成長的期待，不少人都希望小米能拿出一款性能、設計、工藝都全面升級的超級旗艦手機。

「小米欠我一臺 3000 元旗艦機」的聲音開始在米粉群中流傳。而如何突破 1999 元的價格，也成為小米突圍的戰略關鍵。2011 年 8 月，小米 1 代手機 1999 元的價格絕對值在國產手機中堪稱頂點，它領先的性能及對照外資品牌較低的價格，為小米贏得了「超級性價比」的標籤。但此後，小米的官方傳播太過強調性價比，再加上行業競爭中接連不斷的輿論攻擊，讓「性價比」這種頗具理想主義的商業理念漸漸被誤導成「低價」，這是小米當時在品牌形象上感到十分痛苦並亟待破局的一件事情。

小米 Note 是對手機工業設計有著非比尋常執念的雷軍再次親自下場參與研發和設計的產品。雷軍甚至認為，這是小米前五年做出最漂亮的產品之一，它承擔著讓小米在 3000 元這個價位的市場進行一次衝鋒的使命。然而，儘管開局不錯，但是運氣終究沒有光顧，各式各樣問題的出現，讓小米沒能完成這次品牌的進階。

小米 Note 標配版最初希望使用高通驍龍 801 晶片升級後的驍龍 805，但是小米的研發工程師發現這個晶片的適用性始終存在問題，因此還是在小米 Note 上使用了小米手機 4 的高通驍龍 801 晶片，這種配置讓米粉們第一次覺得小米竟然沒有升級手機晶片；而小米 Note 頂配版使用的是高通驍龍 805 之後升級的高通驍龍 810 晶片。可是這個晶片卻使手機出現了比較嚴重的性能問題——使用時會發熱。

其實小米這次在設計上非常用心，把手機厚度降到了 6.9 毫

米，在當時還在流行金屬後蓋的年代，小米就使用了雙曲面玻璃，在設計上遙遙領先於市場，但是最終，做高通阿爾法客戶的風險還是第一次顯現了出來 —— 做高通的晶片首發始終是最高端、最發燒、最黑科技的事情，但是也會遇到挑戰，一旦高通晶片本身遭遇技術瓶頸，就會直接影響手機的性能。當小米 Note 的銷售數據在公司內部傳達時，同事們聽到了一個消息，這款手機的最終銷量可能不會超過 1000 萬部，很多員工都表示簡直不敢相信，怎麼會呢？我們可是小米啊！最終，這款售價為 2999 元的小米 Note 頂配版以降價 1000 元清倉收場。

小米 Note 沒有完成它的歷史使命。

屋漏偏逢連夜雨，同樣是因為高通驍龍 810 晶片的發熱問題，一年一度的小米數位系列旗艦手機小米 5，在 2015 年也延遲發布了。這對於一個人們一直寄予厚望的新銳品牌、市場上的第一名來說，是一個令人失望的消息。可想而知，在品牌建設方面，它對小米造成了不小的傷害。

就在小米不斷遭遇內部危機的時候，估值 450 億美元帶來的資本示範效應也顯現了出來。2014 年，中國的股權投資市場總體募資超過 5000 億元，投資近 4500 億元。而 2014 年以後，中國股權投資市場已經復甦並快速發展，活躍的風險投資／私募股權投資機構超過 8000 家，管理資本量也超過 4 兆元，這一切促成了行動互聯網行業在 2015 年的全面爆發，遍地眾創空間、火熱新三板、越發成熟完備的投資退出機制，這些消息不斷衝擊著市場，前所未有的創業速度就在眼前發生。

有小米這樣一個快速締造出的超級獨角獸樣本，資本對於智慧

型手機的熱情空前高漲。

有能力的競爭對手在快速地成長，兇猛地奪取著手機的市場份額。比如華為榮耀不斷推出的新機型都表現得相當強勁，因此到 2015 年 10 月時，榮耀已經提前實現 50 億美元的年度銷售目標，銷售額同比上一年翻了一倍。在阿里巴巴完成對魅族 6.5 億美元的注資之後，魅族在這一年也實現了 2000 萬部的手機銷量，對小米造成了一定的制衡作用。而羅永浩的錘子科技依然用它獨有的感召力和強大的宣傳攻勢，在手機這個紅海市場上繼續發力。2015 年 8 月，羅永浩用他那「單口相聲專場」一般的發布會，在上海梅賽德斯奔馳文化中心拋出了「堅果」這個子品牌，主打年輕人群體，那句「漂亮的不像實力派」的文案既不狂妄又帶著一絲文藝感，令人過目不忘。堅果手機的售價是 899 元，它的顏值和價格俘獲了不少年輕用戶的心。

在資本的推波助瀾之下，一個極具殺傷力的品牌也在這一年以攪局者的姿態出現了，它就是樂視。

樂視 CEO 賈躍亭在一場又一場聲勢浩大的發布會上，創造著各種新奇的概念，吸引著人們的注意力。而且，這些發布會上通常都坐滿了娛樂明星，因此，樂視的每一次出擊都裹挾著巨大的來自娛樂行業的流量，各種報導和解讀遍地開花，這種優勢讓行業裡的其他選手望塵莫及。

2015 年 4 月，樂視超級手機首次出現在公眾的視野中，它同時發布了三款產品，覆蓋高、中、低三個檔次的用戶，這樣一來，受眾用戶數量基數更多了，再加上樂視累積的多媒體資源以及生態補貼硬體的銷售手段，為所有的互聯網手機品牌都帶來了壓力。尤其

令整個行業都感到不可思議的是，樂視手機是以低於成本的定價進行銷售的，每銷售一部手機，樂視將虧損 200 元左右，這讓整個市場都處於一種瘋狂的狀態。

對於要不要跟進樂視這種用「自殺式襲擊」的方式來定價的策略，小米內部有著不同的聲音。雷軍把這種內部討論叫作靈魂拷問。確實，在小米創始人層面曾出現過一種聲音，他們認為，出於對小米市場份額的保護，小米要跟著樂視打，把他們的聲勢盡快壓下去。但是這種聲音遭到了雷軍的堅決反對。「小米已經是採用貼近 BOM（Bill of Material，物料清單）的方式定價了，這讓小米的利潤率非常低，而採用更激進的方式定價，必將引來巨額虧損，凡是有一點商業經驗的人，根本就不可能讓這種事情發生。」雷軍在內部會議上這樣告訴大家。其實，這種思考在小米手機 1 發布會之前的那個夜晚，雷軍就已經想得很透澈了。

2015 年被人們稱作國產手機最喧囂的一年。除了榮耀、樂視、魅族、錘子演繹著各自版本的故事以外，做互聯網安全的周鴻禕也和酷派、樂視進行了一場異常跌宕起伏的商業三角戀，其過程之複雜，情節之混亂，讓互聯網手機這個充滿愛恨情仇的戰場，又有了幾分奇幻色彩。

在 2015 年手機市場戰局激烈的狀態之下，雷軍最終冷靜了下來。他開始意識到，小米出現的幾個看似偶然的問題，比如供應商的忽然倒閉、高通晶片的不穩定和發熱問題，以及用戶開始抱怨的品質問題，其實並不能只歸結為偶然出現的外部因素。這些連續出現的問題是小米技術沉澱不夠、組織結構不完整、系統性不足的表象，小米真正的問題已經浮出水面——由於小米前幾年跑得實在是

太快了，隨著業務規模的擴大，目前的團隊能力已經不足以支撐市場的發展速度。此時，團隊對於新趨勢的判斷能力、供應鏈的把控能力以及最終的交付能力，在競爭加劇的情況下都顯得有些落後。

比如對於 Wintek 的倒閉，小米應該有提前預警的能力。即便 Wintek 的倒閉是一個意外，但在手機行業，每一個工藝都有第二供應商是個行業慣例，小米的供應鏈團隊也應該有讓第二供應商立刻導入量產的能力。這並不是一個簡單的過程，供應鏈團隊要把第二供應商的技術拿來做驗證和測試，然後一步一步導入量產，這都需要留出一定時間的提前部署。然而，2014 年和 2015 年的小米正面臨著嚴重的人手不足的問題，雖然有第二供應商，卻沒有被真正地導入，這就導致供應鏈出現問題時，第二供應商無法及時跟上的情況，損失則難以避免。

再比如高通驍龍 810 晶片發熱的問題，這個問題其實在 2015 年一直存在，它給好幾家國產手機廠商都帶來了困擾。而技術能力強大的企業其實是可以透過自己的判斷來規避風險的。比如，同樣是做高通全球阿爾法用戶的三星公司，很早就看到了高通驍龍 810 晶片發熱的風險，工程師們在做了充分的技術驗證和風險評估之後，最終放棄了這個晶片；而小米當時的研發力量不足，導致缺乏足夠的技術風險評估能力。

在小米 Note 發布之後，一些米粉出現了明顯的失望情緒，原因是號稱「為發燒而生」的小米，竟然在一些前沿技術上沒有跟進。比如蘋果公司在 2013 年年底正式推出指紋識別和指紋支付功能，很多國內廠商也迅速跟進。然而小米 Note 第一代卻沒有指紋識別和指紋支付的功能，這說明小米的產品設計週期是有問題的，對用戶需

求的洞察和判斷也出現了偏差。

　　這一系列問題讓雷軍看到了公司需要進行一場改革的緊迫性。尤其是他意識到，巨額估值的融資已經讓資本市場驚醒，而小米內部還充盈著一種過於樂觀的情緒。一些人把估值當作了一種認可，認為小米在市場上是無敵的。整個公司，尤其是手機團隊充斥著一種「我是王者」的心態。而這些不切實際的認知和看起來比較膨脹的情緒，最終導致小米在市場上一再地摔跤。

　　雷軍意識到，小米只有進行一場深度的自省才能扭轉局勢。作為公司的創始人，他比其他人更早地覺察到公司內部問題的嚴重性。

　　此時，在雷軍內心糾結已久的一些老問題再次浮現出來：要不要對手機團隊進行一次徹底的調整？要不要對手機的研發、交付、銷售系統做一次系統性的溝通？這涉及一個最為關鍵也最為棘手的問題，那就是要不要直接更換手機硬體團隊的負責人。這些難題都是創始人的專屬問題，沒有人能夠替他解答。

　　客觀地講，手機部門的問題由來已久，自從這個硬體部門成立以來，它就非常強勢，在小米公司自成一派，且占據著最主要的話語權，它就像一座孤島，其他部門的人很難和它溝通。

　　其實在小米進行第一次融資的時候，晨興資本的劉芹就提醒過創始團隊這個問題。他認為，小米的團隊成員來自五湖四海，有硬體背景也有軟體背景，一定存在不同行業的文化衝突，而如何解決這些衝突將是考驗這家公司的一大挑戰。

　　雷軍和幾位合夥人非常清楚，小米的創始團隊本質上還是以軟體和互聯網背景為主。為了「鐵人三項」模式的建構，他們必須以包容的姿態去面對不同文化和團隊風格的融合。在包容的背景下，

出現局部階段性的「山頭」是難以避免的。但當這座山頭越來越大、越來越封閉時，就說明文化衝突的不相容性已逐漸跨過了包容的邊界。

在這樣的情況下，當公司內部發生各種糾紛的時候，往往逼迫著雷軍成為最大的產品經理，負責出面協調解決各種矛盾。如果再不從根本上處理這個問題，這種非常態的狀況就會一直持續下去，最終會影響到小米公司的大局。但是從感情上講，硬體部門的負責人從小米創立之初就是團隊一員，為早期小米的成功立下過汗馬功勞。如果現在更換，會面對非常不確定的輿論壓力。而且最關鍵的問題是，整個團隊都是跟著他打拚了十年左右的老員工，一旦變動，公司內部會不會人心大亂？尤其是，在小米公司內部，暫時還找不出另一個精通硬體的負責人能勝任這個崗位。

核心問題、核心崗位、紛繁複雜的局面，最讓人痛苦的問題都交織在了一起，在雷軍的人生經驗當中，這樣複雜的問題，他也是第一次遇到。

面對業務問題，雷軍通常是一個無比堅定的戰士，他經常開玩笑地說，自己總是有著創業者那種莫名其妙的自信；而面對人的問題時，雷軍通常會非常在意別人的感受。因此對於重大人事的殺伐決斷，他總是顯得格外慎重。

這也是很多創業者在創業征程中會遇到的局面。很多時候，創始人不僅僅要處理業務問題，還需要處理更為複雜的關於人的問題。企業家要面對真實的人性，面對劇烈的情感動盪，面對牽一髮而動全身的局面，面對人和人在利益面前不同的表現，他們還要在夜深人靜時面對自己，面對自己的孤獨和膽怯，面對那些在重大決

策面前的猶豫和搖擺，經歷那種在處理複雜而棘手的問題時異常痛苦的過程。

但是困難和痛苦也是對企業家精神的考驗。正如《創業家精神》一書裡所寫的那樣：

有時是昂揚的鬥志，有時又極其彷徨，在一個狹窄的空間裡，為了夢想、信念和使命感，上下求索。

海外市場驚現10億元庫存

2015年4月的一天早晨，在北京五彩城小米公司15樓雷軍的辦公室裡，正在召開一個銷售營運會議。自從黎萬強暫時離開小米之後，林斌就接手了小米網的日常營運工作，他將大部分精力轉向了國內市場。參加會議的還有一個新來小米工作的年輕人，負責印度市場公關的美籍華人宋嘉寧。在會上，他負責為雨果·巴拉翻譯。

那一天，大家正在如同以往那樣核對銷售數據。忽然，有人提醒了一句：調撥到印度的小米手機4似乎出貨流速特別慢。雷軍馬上向印度團隊要來了銷售數據。宋嘉寧清楚地記得，雷軍的面部表情從舒緩變成了憤怒，那種憤怒，在他身上其實很少見。雷軍不由自主地提高了嗓音：「天啊，每週的流速這麼慢，你們是囤積了多少庫存？這麼大的事情怎麼不早說？」

會議室裡的所有人陷入了可怕的沉默。手機行業裡的人都知道，手機生意就像是海鮮生意，如果手機留在倉庫裡，每天都在迅

速貶值。到開會這天，這批手機在印度已經囤積了 50 萬部庫存，按照每部 2000 元的成本計算，庫存的總額就是 10 億元。

每一個中國企業走向海外都不是一帆風順的。10 億元庫存對小米公司造成了巨大的災難。此前，雷軍的全部精力都放在幾千萬臺出貨量的國內市場上，對於國際市場，他只是委派其他高管和雨果·巴拉共同負責。而現在，他知道了，之前有關國際市場的管理方法，是錯誤的。

2014 年 12 月底，小米手機 4 的產能問題終於得以解決，與此同時，缺貨幾個月的國內市場對這部手機的需求也處於井噴狀況。而印度市場卻在此時不斷地懇求雷軍能不能調撥 50 萬部小米手機 4 到印度市場進行銷售。此前，在印度發布的小米手機 3 和紅米 1S 都大獲成功，20 萬部小米手機 3 很快就在網上銷售一空，這讓整個印度團隊對小米品牌的巨大市場潛力深信不疑，他們必須乘勝追擊。

在國內市場供不應求的情況下，雷軍咬著牙特批了 50 萬部小米手機 4 支持印度市場。但是國際團隊卻做出了一個對後來影響重大的決定。他們認為，4G 功能對於印度市場來說有些超前，因此，在他們的反覆要求下，輸送給印度的小米手機 4 為 3G 制式的版本，而這樣的決策，事後證明是一個巨大的錯誤。

號稱「一塊鋼板的藝術之旅」的小米手機 4，由於這塊金屬中框的加工工藝非常複雜，造成了這款手機的成本居高不下，而當時小米在印度還沒有實現本地製造，進入印度市場時還有關稅和物流等費用，導致手機價格進一步增高。這一次，小米手機 4 在印度市場的售價是 19999 盧比，這個售價顯然超出了大多數印度人的心理預期，再加上這個產品是 3G 制式的，人們不希望購買一個一、兩

年之後就會被淘汰的產品，因此，這款手機的命運完全不像之前在印度市場銷售的其他小米產品，用宋嘉寧的話來說：「這個價格在印度市場屬於特別貴的區間，在發布的時候，我們就感覺，可能未來賣起來會比較吃力。」

雷軍發現這個問題的時候，小米手機 4 在印度市場上的出貨速度大約是每週幾千部，而且這種狀態竟然已經持續了兩個多月的時間。按照這個速度，就算再花幾年的時間，小米手機 4 在印度市場上也賣不完，而且更加嚴重的情況是，此時時間已經來到 2015 年第二季度，這批貨再也沒有辦法轉回中國市場進行銷售了，因為此時中國市場的換機潮已經結束，沒有人會去購買一部 3G 手機。

在這種情況下，雷軍不得不臨時從公司的戰略合作部門調遣了一個叫宋濤的年輕人來全權處理這個災難。宋濤之前在華為工作了十二年，有著豐富的海外市場銷售經驗。他曾經在查韋茲時代負責開拓華為公司在委內瑞拉的市場，後來主要負責拓展加勒比國家的市場，由於在東加勒比海的海島國家駐紮過一段時間，他的同事送給他一個綽號——島主。進入小米公司後，宋濤有好幾年的時間都在負責小米和營運商的戰略合作事宜，和國際業務已經沒有交集。

當宋濤在貴陽出差的路上得知雷軍希望他臨危受命去處理小米手機 4 的庫存問題時，他知道這是一個燙手的山芋，任務既緊急又艱巨。儘管他有多年在海外戰鬥的經驗，但是這一仗肯定不好打。如果做不好，說不定會影響以後的職業生涯。

接不接這個任務，他思考了整整三天。但是，當他鑽進業務線進行初步調查，摸清了國際業務的現狀之後，他的感受是「痛心疾首、充滿了從頭到腳的憤怒、匪夷所思、缺乏基本的商業常識」。

他知道，公司需要一個既熟悉小米模式，又懂海外市場的人去解決這個棘手的問題，時間已經緊迫得容不得任何搖擺和猶豫，出於對公司的責任，他必須馬上出發，去打一場硬仗。

在寫了一封長達三頁的工作彙報給雷軍之後，宋濤開始了全球飛行的日子。他知道，在這樣緊急的情況下，小米沒有時間去打地面戰，比如一個國家一個國家的去建立分公司和代表處。目前解決庫存的唯一辦法就是在全球範圍內尋找貿易管道和代理商，把小米手機4銷售到其他仍未經歷手機更新換代大潮的市場中去，而且越快越好；與此同時，雷軍也給了宋濤一個解決問題的思路——在清理這批庫存的同時，建立起全球市場的銷售團隊。

宋濤和劉毅、田淼組成了一個三人小團隊，開始了全世界滿天飛的日子。這支特種部隊的工作是盡快接觸各個市場的代理商並與之簽訂代理合約；與此同時，在當地進行員工面試，搭建起小米的全球銷售團隊。除了借助少部分線上管道以外，全球市場的大部分業務屬於線下業務，而這支團隊的身影也遍布巴基斯坦、印尼、杜拜、邁阿密等國家和地區，與代理商的車輪大戰式洽談在幾個月的時間內緊鑼密鼓地進行著。

2015年，儘管小米在國內已經是一個知名品牌，但在國際上的知名度還不是很高，因此宋濤團隊在各個市場和代理商見面的時候，通常會從介紹小米的鐵人三項商業模式開始。在展示小米手機的同時，他們也會讓代理商自己感受一下MIUI系統，並現場展示其中的一些酷炫功能。有的時候，小米會邀請這些代理商飛到中國來看一看，以求眼見為實。那個時候，通常是誰最先認可了小米的模式，誰就能最先成為小米的代理商，擁有小米在某個市場的代理

權。在談判當中，對小米模式認可的代理商占了大約 50% 的比例，而小米手機 4 幾乎是談判過程中宋濤團隊送給代理商的第一份「見面大禮包」。簽訂銷售代理合約的前提是，必須先把小米手機 4 銷售出去。

那段日子，宋濤一個月有三分之二的時間都是在飛機上度過，而和每一個代理商簽訂合約的過程，都有一個獨特的故事。在杜拜，和代理商的談判相對順利，在團隊搬出小米的商業模式後，一家敏感的代理商馬上意識到這個模式的價值和潛力，儘管有一些打打吵吵，它最後還是和小米簽訂了 5 萬部手機的包銷代理協定。不僅如此，它還投入了很多費用到實體店的推廣和宣傳上，在當時小米在國內還沒有線下廣告投放的情況下，小米的廣告海報第一次出現在了杜拜的地鐵和輕軌裡，後來，杜拜的高速公路旁邊也有了印著小米 LOGO 的巨幅廣告，這讓看到照片的雷軍也頗為感慨。

在巴基斯坦的談判則不太順利，而且長年在海外的宋濤第一次感受到了某種危險的氣息——街上全部都是拿著 AK-47 的軍人，在卡拉奇他入住的某家酒店裡，從開車駛入到最終進入酒店，要經歷三道關卡，經過第一道關卡時，保安要用排雷探測器探查車上有沒有炸彈。據說，當地時不時就會有一些恐怖行動發生。在這樣的一個市場上，正經歷著從功能機到智慧機的更新換代，而小米主要洽談的一家代理商最後並沒有和小米達成合作，在耽誤了不少時間後，小米把區域代理權給了一家叫作 QMobile 的代理商。

在美國邁阿密，小米和一家擁有重新包裝能力的代理商 Brightstar 達成了合作。通常，小米和海外代理商談判的一個前提條件是，希望代理商擁有重新包裝的能力。這是因為，所有手機的原

包裝上都是中文，手機的系統也是中文的，而每更換一個市場銷售，代理商就必須把這些外包裝和說明書做當地語系化的更改，還要更換系統的語言，如果代理商有能力自己做好這些工作，會減少很多後續的麻煩。

那一段時間，宋濤帶領的這個小團隊，幾乎跑遍了除菲律賓以外的所有擁有上億人口的國家。經過半年的艱苦工作，小米手機 4 的印度庫存問題基本上得到了解決。儘管蒙受了巨大的損失，但小米能夠快速止損已經算是不幸中的萬幸了。此時的小米手機 4 在完成出口退稅之後，正常的成本在 230 美元左右。而它這一次在國際市場上的出貨價格絕大部分在 170 ～ 175 美元。在一些國家，它的出貨價格甚至達到 180 ～ 185 美元，只有最後幾萬部尾貨，宋濤是以 130 ～ 140 美元的價格簽約出去的。可以說，這一仗最終完成得非常漂亮。在這一年的年底，不僅小米手機 4 的庫存問題得到了解決，小米在海外市場的出貨量也第一次達到 200 萬部。這意味著，除了小米手機 4 以外，其他一些機型也透過代理商觸及了全球市場。

在跑遍全球的這個過程中，小米公司因禍得福，完成了全球銷售網路的搭建，為日後小米國際部的成立奠定了基礎。而且，一些重大問題在此時被發現，讓他們得到了糾正的機會。

這些錯誤，都成為小米在國際化進程中繳交的巨額學費。

比如小米在巴西建立的辦公室，事後被證明完全是一個錯誤。那是一個稅法極其繁雜，而電子商務成熟度遠遠不夠的地區，小米在那裡建立了一個團隊，但是業務的推進幾乎為零，而要撤掉這個團隊則需要適應當地的法律政策，支付巨額的賠償金給雇員。最後，小米花了很多的成本才糾正了這個錯誤，關掉了巴西辦公室。

　　還有，小米有一些代理協定簽訂得並不合理，這讓銷售工作很難展開。比如在非洲，一家很小的代理商此前竟然得到了小米在這個地區的獨家代理權。由於代理商自身的規模太小，導致這個地區的業務推進非常艱難。而小米需要等待這些獨家代理協定履行完畢之後，才能更換合適的代理商。

　　小米還曾經在印尼市場簽訂過一份雷軍稱之為「荒唐到不可思議」的經銷商保底合約。那份合約規定，如果經銷商收不到零售商的貨款，將由小米公司進行保底支付。雷軍後來回憶，幾乎沒有任何一個企業會用這樣的方式簽訂這樣的條款。「也許當初負責人為了爭取業績，想賭一把，認為商家倒閉是機率很小的事件。」沒有想到，合約條款一語成讖，經銷商合作的商家後來果然關門大吉，沒有辦法支付貨款了，小米只能因為合約上的這句話進行了保底支付。為了這句話，小米損失了 600 萬美元，這讓雷軍在憤怒中收回了國際業務的法務權利，從那一天開始，所有國際業務的合約必須返回總部統一審理。在回憶小米這段在海外市場跋山涉水的過程時，雷軍表示，他最終開始理解高通這樣的大公司，也理解了所有的全球化公司，「他們其實都是用財務和法務在對公司進行管理」。

　　在派出宋濤、劉毅、田淼解決國際業務問題的同時，雷軍親自接管了印度市場。從那時開始，印度的每日銷售報表都直接發送給雷軍，印度市場的負責人馬努也開始直接向雷軍彙報。一直到今天，雷軍每天都要接到十則以上的印度市場訊息彙整。而印度的戰略，自然而然也開始由總部直接部署，這讓小米如何放置國際業務總部和當地市場的決策權，形成了一個先例。

　　回顧這段日子，雷軍坦言，這是小米國際化路途當中非常幼稚

的一段時間，「過程中踩了不少的坑」。

雷軍從最初咬牙切齒的狀態慢慢恢復了平靜。他對這些錯誤進行了反覆的回顧——這一切到底是誰的責任？他和林斌好幾次都在內部會議上進行了深入靈魂的探討。最終，他們意識到，他們都有責任。對於海外市場的建設，小米最初是用在地圖上畫圈指揮作戰的方式完成的，現在想來，這一切充滿了不可思議的成分。市場畢竟是殘酷的，手機還是全球競爭最激烈的消費市場之一，他們卻派了一個完全沒有實戰經驗的人去指揮作戰。對於雨果‧巴拉來說，他在矽谷知名，為人真誠，有著豐富的互聯網產品經驗，溝通和市場行銷能力也非常突出，但問題是，他沒有任何過往的經驗可以支撐他實際操盤硬體生意，更何況是同時在全球幾個國家鋪開的手機硬體生意。

為了彌補國際市場的管理缺陷，雷軍終於說服了他理想中最合適的國際市場高管來到小米公司，他就是早期為小米提供了巨大幫助，甚至促成了高通對小米早期投資的高通全球副總裁兼大中華區總裁——王翔。

其實早在 2014 年，雷軍就勸說王翔加入當時勢如破竹的小米公司，但是當時的王翔正在經歷一個重大事件，這讓他放緩了職業生涯變遷的步伐。高通在手機晶片市場一直占據主導地位，而這種地位也帶來了弊端。從 2013 年開始，高通在中國遭遇了曠日持久的反壟斷調查，需要和國家發改委洽談和解協議。王翔正是這個事件的其中一名親歷者，因此，當雷軍找到王翔時，王翔告訴雷軍：必須要等到整個事件結束之後再做考慮，他絕不會在這個關鍵而特殊的時刻選擇離開。

　　高通的反壟斷案於 2015 年 5 月結束調查。王翔在這一年的 7 月接手了剛剛恢復平靜的小米國際市場業務。事實上，小米的國際部就是在這樣的契機下成立的，雨果・巴拉主動提出向王翔彙報。有趣的是，雨果終於可以在沒有任何語言障礙的情況下和王翔溝通國際事務了。之前，他總是透過林斌或者宋嘉寧的翻譯來和集團管理層對話。而雨果・巴拉意識到，在這樣一家正在進行全球化的中國公司裡，不會中文終究會限制他的發展。

　　對於這一點，宋嘉寧也有深刻的認識。宋嘉寧在美國長大，儘管他的父母在家裡都說中文，但是他的中文依舊停留在只能簡單聽說的水準上。剛來小米工作時，宋嘉寧的中文不足以應對複雜的商務討論，每次開業務會議都很緊張。在這種工作環境下，他深感學好中文的重要性，因此他開啟了一段瘋狂學習中文的日子。宋嘉寧在自己的電腦裡建了一個 Excel 檔，每天在收到的郵件和微信中挑選不認識的中文單詞集中記錄，然後在那些中文旁邊標注上相應的英文。那段時間，他學習的專業詞彙有：供應商、記憶體、代理商、成本結構等等。等到 2019 年他在小米工作了四年後，你幾乎聽不到他有任何口音，如果不問，你會以為他的母語就是中文。

　　這可能是中國企業進軍海外市場，開啟全球化之路的過程中一些格外有趣的細節。在很多中國企業走向海外的過程中，這樣的故事不斷發生著。2013 年和 2014 年，騰訊投入 2 億美元用於拓展微信的海外市場。2014 年年中，百度在巴西發布了葡萄牙語搜尋引擎。阿里巴巴在紐交所上市前，就累計在美國投資了 5 億多美元，投資領域涉及電商、行動即時通訊、奢侈品電商以及共乘服務。越來越多的中國品牌，正在以不同的方式進駐全球市場。大家跌跌撞

撞，但是始終一路向前。就在小米手機4發布之後的2015年4月23日，Mi 4i手機也在印度如期登場，正是那場在印度首都新德里的發布會上，雷軍那句略帶喜感的英文「Are you OK」，得到了現場印度米粉們的狂熱回應。當然，這段如同演唱會現場一般的對白，也被傳回國內剪輯成了影片，在互聯網上瘋狂地傳播著，這是互聯網的娛樂屬性大放光彩的時刻。

《創業家精神》一書中寫道，當企業的經營不再主要依賴國內市場時，這就意味著中國的發展進入了高級階段——向世界輸出它的企業。

小米此時正在向世界輸出自己的企業和品牌，雖然遭受了大風大浪，但是方向始終如一。王翔進入小米國際部之後，很長一段時間都在解決專利問題。他鼓勵小米工程師盡可能地多進行專利申請，提高小米在專利領域的話語權。同時，他還收購了一些專利公司，讓小米的專利使用更為便利。最後，他利用自己在高通的經驗進行了很多全球行動通訊交叉專利授權的談判，這讓小米在走向海外的過程中可以盡量減少障礙。王翔坦言，做這些事情，雷軍承諾不給他預算的限制。

後來擔任國際部銷售副總裁的劉毅發現，很多在小米手機4清庫存期間選擇跟隨小米的國際市場零售商，後來也跟隨小米的成長逐步壯大。比如，小米在以色列的合作夥伴Hemilton，後來做到了當地智慧型手機銷售的第二名；而烏克蘭的合作夥伴Allo，後來成為當地市場的第一；還有當時選擇幫助小米的俄羅斯合作夥伴RDC Group，後來不斷幫助小米建造小米線下授權店。

另外，小米的財務團隊也在積極地學習如何應對匯率的變化，

以降低匯率波動對小米手機成本的影響。在全球匯率巨幅波動時，這讓小米的採購工作依然可以有條不紊地進行。

在不斷試錯和改錯的過程中，小米自身的抗打擊能力也在不斷增強。這是一家企業在國際化的過程中，戰勝學習曲線的必經之路。這一切，正如同《創業家精神》的作者謝祖墀博士所說的那樣：

在走向跨國經營的過程中，中國的企業家可能依然是個初學者。但是，他們具有很強的探索能力、適應能力和相當高的風險承受能力，這些都將幫助他們不斷提升國際影響力，中國企業在全球市場上的成長，意味著中國正在成為超級大國，這個轉變階段已經到來。

線下店的第一次探索

早期的小米一直是互聯網的崇拜者，也是互聯網銷售堅定不移的執行者。雷軍把當時的小米叫作「堅定的電商主義信仰者」。整個公司都認為，線上模式比傳統的線下模式更有先進性。因此，從 2010 年創立到 2014 年年底，小米從來沒有過任何進軍線下的想法。

但是，改變還是在 2015 年這一年發生了。

儘管在手機研發上出現了一些不盡如人意的狀況，但是 2015 年上半年，小米的銷售勢頭依然強勁。2015 年第一季度，小米手機出貨量為 1500 萬部，第二季度達到 2000 萬部，這讓小米在 2015

年上半年的出貨總量達到了 3500 萬部，在 2014 年，這個數字還只是 2600 萬部。

在這種情況下，一直主管售後服務的張劍慧冒出了一個新的想法，那就是希望小米之家能夠增加一些銷售功能。她坦言：「如果這樣，將為只做售後服務的小米之家增加一些在公司內部的權重；另外，總是有小米的粉絲來到小米之家想購買小米的東西，我們為什麼不能提供呢？我們公司這麼注重使用者體驗和服務。」

張劍慧是在 2015 年 4 月 25 日的一次內部會議上提出這個想法的，但遭到了強烈的反對。這些反對聽起來無可辯駁：「你具備銷售能力嗎？」、「你們的小米之家都在辦公大樓裡，做銷售不覺得很奇怪嗎？」、「現在網上銷售還供不應求，怎麼可能分貨給小米之家呢？」

在內部的反對聲比較強烈的情況下，張劍慧透過內部通訊工具米聊向雷軍彙報了自己的想法，而這個想法得到了雷軍的肯定，他的回覆是：去和銷售營運的同事聊一聊。這讓張劍慧興奮不已。

她開始不斷地去銷售營運部門核對貨品的情況，也開始做一些線下的物料準備工作。從大學時期在軟體門市當促銷人員到後來在金山做管道銷售的十年累積，張劍慧多年的線下經驗似乎想要在這個時刻全部派上用場。儘管一直到 2015 年 4 月 30 日那一天，銷售營運部的同事還是告訴她沒貨可分，但她還是決定繼續進行所有的物料準備。她興致高昂地做了門市吊旗、產品宣傳陳列、易拉式展架。「售罄，連售罄的牌子我都提前做好了。」張劍慧說道。不僅如此，她還在 5 月 4 日當天召集各個地方的店長回京，特地進行了線下銷售培訓。

「在進行銷售活動前，重要的環節是幫所有的店長做教育訓練，告訴他們哪些步驟是核心要點，怎麼介紹產品，怎麼和消費者溝通，怎麼收款，線上怎麼收，線下怎麼收，收款流程是什麼。我甚至想到，如果貨賣完了，我們怎麼用 F 碼來應對黃牛。萬一有人鬧事怎麼辦？我們應該怎麼向派出所報備。我為這些都做了詳細的文案。」說起這些，張劍慧展現出了一種輕車熟路的自信。

小米第一次全國分貨給線下時帶有幾分奇幻主義色彩。銷售營運團隊告訴張劍慧，分貨給線下確實存在困難，原因是有一個叫作 OBA（Out of Box Audit，開箱檢驗）的驗證過程特別慢，給線下的貨做得出來，但是包裝出不來。張劍慧一聽來了精神，她馬上派了售後服務部門的十幾個工程師去工廠裡現場幫忙，那些工程師站在生產線上刷軟體、做合規驗證，完成產品出貨前的最後一些工序。與此同時，張劍慧請物流部門派來兩輛卡車在工廠門口等候。一旦手機包裝完畢，貨車就可以直接把這些新鮮出爐的貨品拉到機場和高鐵站，進入運輸流程。因為時間太緊，最後分給福州的貨實在來不及透過貨運物流送達了，張劍慧就讓人把貨發到了東莞，再讓小米員工透過高鐵把貨帶到福州。

就這樣，2015 年 5 月 12 日，小米之家第一次線下銷售終於啟動了，他們在全國一共分到 2000 部小米 Note 頂配版手機。這樣的活動讓米粉們感到新鮮和激動，全國各地的小米之家都出現了大規模排隊購買的場景，張劍慧臨時提升了保全系統，她還發動當地的售後服務商，每家出動兩個人到現場當起了臨時保全。

那些提前做的精心準備此時發揮了作用。小米之家的服務人員陪著米粉們在現場排隊，在等待的過程中，有的人做餅乾，有的人

變魔術，還有的人送上了帶 MI 字 LOGO 的咖啡，這讓現場充滿了歡樂的氣氛。在北京的小米總參大樓下，小米員工從食堂裡為米粉們一人端來一碗熱氣騰騰的小米粥，讓米粉感受到了來自這家公司的一種質樸的誠意。這一切都顯現了小米的凝聚力。一家前來採訪的北京媒體人發出了這樣的感嘆：「小米太奇特了，小米的打法也太奇特了！」

這一次線下銷售取得了成功，2000 部手機一搶而空。最後，張劍慧真的用上了她提前準備的 F 碼，才安撫了一些到了現場卻沒有買到手機的人，讓他們心滿意足地回家了。在張劍慧眼中，這是小米進行的一次成功的線下活動嘗試，她暫時還沒有把這個活動持續做下去的野心。但是，2015 年 8 月的某一天，雷軍的助理來通知她，到 15 樓和雷軍開個會。這在平時是很少發生的事情。用張劍慧的話來講，她所在的是一個後端的後端的部門，和雷軍直接對話的機會並不多。

雷軍和張劍慧聊起了 2015 年 5 月進行的那次線下銷售探索，詢問了張劍慧對於線下市場的理解，並且談到了小米目前遇到的瓶頸，談話一直進行了好幾個小時。他們聊起了小米的產品銷售，也提到了競爭對手在線下的表現。雷軍提到，如果小米產品特別好的時候，就會一直供不應求，就算溢價市場也願意接受。但是如果某款產品並沒有預期的成功，就會出現出貨流速變慢的情況。雷軍還第一次聊到了小米在線下沒有陣地的問題，他說：「小米在線下市場沒有進行下沉，會接觸不到一些消費者，小米可能會考慮對此進行一些調整。」在張劍慧的印象中，這是雷軍第一次和她提起小米希望在線下進行探索的事情。而雷軍和她一樣擔心的問題是，小米

一直以貼近成本的售價在線上銷售，小米將如何承受線下的巨額成本？

兩個人一直聊到晚上七八點，辦公室沒有開燈，室外昏黃的路燈透過窗戶照進屋子。張劍慧對這一幕印象格外深刻，燈光把她面前這個人的輪廓勾勒得格外清晰。她隱約地感覺到房間裡有些壓力。最後，雷軍要求張劍慧去幾個城市跑一跑，看看小米能不能進行一場真正的試驗：開一家線下店鋪。

2012 年，王健林和馬雲在央視中國經濟年度人物頒獎盛典上打了一個賭：到 2022 年，如果電子商務在中國零售市場份額占到 50% 的比例，王健林將給馬雲 1 億，如果沒有，則由馬雲給王健林 1 億。這是有關電子商務和傳統線下業務發展預測最著名的一個賭約。當時人們關注的焦點是電商的崛起，很多人認為電商會在未來完全取代線下市場。而到了 2015 年，一個有趣的現象發生了，馬雲的淘寶、天貓正在從線上走到線下，而萬達卻走上了輕資產的道路——王健林將萬達百貨賣給了蘇寧。零售業正在出現一些值得深思的變化。而隨著小米的業務發展和創業者們在一線作戰的觀察，雷軍這個「堅定的電商信仰者」，第一次有了進入線下的想法。他意識到，也許未來的零售市場是線上線下相互結合的。

時任小米公司高級副總裁的祁燕，此時幫助小米公司談下了一家線下店鋪——當代商城店。在電商對實體經濟形成衝擊的背景下，北京市商委和海澱區商委關心實體經濟的發展，希望給老牌商業企業引入新興的虛擬經濟，這和小米想進軍實體經濟的想法不謀而合。在祁燕的牽線之下，當代商城引進了小米這個品牌，並給了租金方面的優惠。

　　這個位於當代商城 6 樓的店鋪並不引人注目。簽約事宜塵埃落定後，張劍慧對店鋪進行了快速的設計和裝修工作，希望把業務盡快開展起來。在這個過程中，有一件事給張劍慧留下了啼笑皆非的印象：小米產品的包裝全部是適合線上出售的樣子，所有的紙盒都是牛皮紙的。擺在展臺上，一面牆全是規格不等的牛皮紙盒，透著一種冷冷的風格。而這種風格既不吸引人，也不適合線下銷售。於是，張劍慧拉著產品團隊、設計團隊和資訊部的同事來到店鋪，希望他們感受一下，如果要在線下商店賣東西，小米的外包裝需要做出哪些改變。然後，她推動相關同事把所有的物料都改成符合線下審美的風格，並讓資訊部的同事把之前線上的電商語言改成了線下的銷售術語。比如，電商完結的訂單狀態叫作「妥投」（已投遞並簽收），而在線下，這應該叫作已結單。「在小米這樣的公司裡，和一群一直做電商營運的朋友講線下需要什麼，就像你和印度人說你要吃餃子一樣，讓人頭大。」張劍慧說。

　　在那段時間，她充分感受到，做零售就是一個充滿魔鬼般細節的工作。當代商城店在小米內部只是被當作一個試點，沒有人對它抱有過高的期待。張劍慧甚至想過，等到商城的租金補貼時間一到，她就把店關了。尤其令人擔憂的是，店鋪所處的位置並不太好，一從小米商店出來，左鄰右舍全部是賣被子、毛巾還有各種家居用品的店鋪，和小米要吸引的客戶群完全不一樣。但是令人意外的是，當代商城小米店自從 2015 年 9 月 12 日開門迎客起，每天的客流量幾乎相當於整個商場的客流量。店鋪裡除了小米手機之外，也銷售空氣淨化器、行動電源等生態鏈產品，這讓消費者有了一種逛街的感覺。由於貨品流速超出了小米的想像，這個店居然很快就

盈利了。

就這樣，當代商城店第一次證明了小米在線下的商業模式是可行的，人們看到只要商品流速快，讓商業的效率得到保證，線下店就能獲得利潤，這給了小米繼續進軍線下的極大信心。

與此同時，跑了幾個城市的張劍慧也透過米聊向雷軍彙報了自己對拓展線下店的一些思考和建議：第一，先在北上廣深一線城市進行試點；第二，選擇一個省的 4 ～ 5 個地市縣，嘗試做銷售服務一體的「小米之家」。而主要的困難和風險在於：第一，庫存管理的風險，需要組建新部門做物流倉儲；第二，需要做新的系統開發，比如研發進銷存系統等；第三，貨源和產品如何組合，建議做新品＋單品爆款 SKU ＋利潤有保證的 SKU 現貨；第四，需要專門招聘和培訓團隊；第五，線下店確實有資產重的風險。

隨著這些思考和探索的加深，小米進行線下店的系統性拓展最終演變成小米公司未來的一個新戰略，而張劍慧提出的這些問題，都是小米實行新戰略時要面對和解決的問題。看起來，小米這個堅定的電商信仰者是時候走出自己的舒適圈了，而這也是考驗創業者能力的重要時刻——隨著市場的變化，如何突破既有商業模式的局限，從而進行商業模式的調整。

生態鏈管理方法論初步形成

就在手機戰事在 2015 年這一年進行得如火如荼之際，小米的生態鏈部門依然處在整個公司不太主流的位置。但是，這個部門中

那些小米最早期的產品經理的內心深處都有一個執念，那就是小米生態鏈一定要在公司內部長大成人，成為公司的一股新勢力，成為一個不被忽視的群體。

這一年，生態鏈投資進行得有條不紊，生態鏈部門依然按照三大圈層的邏輯進行著布局。第一圈層投資手機周邊，比如小米行動電源、耳機；第二圈層投資智慧硬體和智慧家居產品，比如智慧空氣淨化器、智慧空調、智慧電鍋；第三圈層投資生活耗材，比如毛巾、牙刷等基礎生活用品。不理解這種戰略布局的人無法解讀小米生態鏈的商業模式，而看穿這種打法的人深深知道，這種從點到面的連結，讓小米在萬物互聯時代結出了一張緊密連結的網路。

在小米用自己的眼光注視著這些創業者的同時，時代似乎也格外青睞這批創業者。2014 年 9 月 10 日，李克強總理在天津夏季達沃斯論壇上致辭，他在講話中反覆提到「大眾創業，萬眾創新」，描述了科技創新在推動中國的經濟增長與現代化過程中扮演的重要角色。這是政府對互聯網創業和本土創新的表態。

在這種大背景之下，民營風投積極跟進。根據畢馬威在《2017第四季度全球風險投資趨勢報告》中提供的內容可知，從 2010 年到 2013 年，中國每年投出的風投資金一直穩定在 30 億美元左右。到 2014 年，金額激增 4 倍，達到 120 億美元，而到 2015 年，這個金額增長到 260 億美元。如同李開復在《AI 新世界》中說的一樣，到 2015 年，促使另類互聯網興旺的元素全部到位了：突飛猛進的技術、充足的資金、頂尖的人才和支持創業的宏觀環境。這也正是小米生態鏈的很多企業誕生的時代背景，正是在這樣波瀾壯闊的創業大潮中，一批幸運兒脫穎而出。

　　一些產品在不被注意的角落裡醞釀了很久，一經面世就驚豔四座，改寫了整個行業對產品的認知。比如小米延長線，就是這樣一款具有強大衝擊力的產品。它是由青米團隊經過 15 個月的奮鬥，最終在 2015 年 3 月 31 日呈現出來的作品。這款延長線最終達到了雷軍在小米投資該專案時對青米 CEO 林海峰提出的要求 —— 要做得「美輪美奐」。

　　這是一個非常典型的、在工業設計上追求極致的案例。設計團隊基本上對延長線外觀的每一處都做了盡可能的完善。一般延長線的拔模角度是 3 度，然而為了達到工藝的極限，小米延長線最初要求拔模的角度最好是零。但是林海峰發現，這樣做會導致延長線的廢品率太高，出現成本問題。於是延長線的拔模角度被放寬到 1.5度，而即便是這樣的自我要求，依然是延長線這個行業裡一場前所未有的革命，它對製造提出了很高的要求。

　　在工業設計的角度做到最窄和最薄之後，內部結構如何堆疊成為一個很大的挑戰。尤其是，延長線必須符合安全的要求，工程團隊要在極小的空間裡設計電氣間隙，這讓工程團隊數次陷入令人絕望的處境。最後，內部結構工程師劉永潮在試驗了無數次之後，終於在回家的路上靈感閃現，想到了在強弱電之間加入筋位的解決方案，他興奮地跑回公司希望分享這個消息，結果不小心撞到了一樓的玻璃門上，發出了「哐啷」一聲巨響。當保全跑過來查看情況時，發現一個人正躺在地板上搗著頭痛苦地呻吟著。

　　最終，小米 USB 延長線以 49 元的價格上市了，一個單品就賣出了幾百萬個，它再一次震撼並改造了整個行業。在小米生態鏈的各項投資中，延長線其實是一個非常傳統的產品，關於小米是如何

對它進行互聯網升級的，很多傳統行業都想要尋求其答案。有人說，小米最重要的貢獻就是輸出了標準，然後再按照互聯網的邏輯，追求極致。

特別有趣的一件事是，小米以「狙擊手」的姿態進軍延長線行業之後，這個行業的引領者公牛電器受到了啟發，迅速跟進推出了類似的產品，並且開始在電商管道進行銷售，價格比小米延長線還便宜 1 元。儘管小米生態鏈的產品經理認為，公牛的產品只是和小米形似，但這已經是整個行業都開始追求對延長線工藝改善的佐證了。可以說，這是小米進軍傳統行業並且促進整個行業進步的一個經典案例。

隨著小米生態鏈進軍的行業越來越多，小米的硬體產品也以越來越清晰的品牌定位出現在市場上，其引發的討論熱度也和小米手機的熱度越來越接近。而當越來越多的企業進入小米生態鏈這個社群後，資源互助就自然而然地產生了。

這一年，小米投資的公司中還有一家格外引人注目，那就是 2014 年下半年進入小米供應鏈的納恩博公司（後更名為九號機器人）。這是一家做平衡車的公司，涉及的行業是便利出行。為了釐清專利問題，這個公司的創始人高祿峰還在雷軍的鼓勵下進行了一場著名的併購，收購了「神一樣存在的美國平衡車鼻祖 Segway（賽格威）」，讓其在智慧財產權方面可以暢通無阻輕裝前行。

有了小米的背書之後，納恩博在供應鏈上的話語權得到了顯著提升，而小米生態鏈企業之間相互協同的作用也逐漸顯現出來。納恩博生產的九號平衡車對電池有很大的需求，而電池的成本又關係到平衡車的定價，因此如何選擇電池供應商對納恩博來說尤為重

要。在業務初期，當納恩博需要訂購電池時，高祿峰第一個找到的人就是紫米的張峰。在硬體領域浸潤了二十多年，張峰此時已經成為供應鏈領域的專家。他帶領的紫米也和電池領域息息相關。

張峰向納恩博提出了一個中肯的建議，就是紫米不應該獨占納恩博全部的電池業務，這是因為，按照慣例，一個產品的任何關鍵件的配件都由應該兩到三家供應商來提供，這是一個比較安全的結構。不過紫米的存在為納恩博帶來了兩大直接收益：第一，紫米對電池的價格瞭若指掌，其他的供應商無法給納恩博報出虛高的價格；第二，紫米一直按照最嚴苛的標準要求自己，這提高了納恩博其他供應商的產品品質。

這是小米投資的企業相互助力的一個非常典型的例子。張峰創辦的紫米此時已經成為獨角獸，在英華達多年和硬體企業接觸的經驗，也使張峰成為供應鏈方面的專家。而硬體創業裡最大的坑，其實就源自於供應鏈這個環節。張峰可以讓生態鏈兄弟企業避免一上來就在供應鏈領域誤入歧途。張峰後來成為供應鏈問題的資深顧問，幾乎每個生態鏈企業遇到供應鏈方面的問題都會找他幫忙。而紫米也開始為越來越多的企業提供電池產品，成為其他生態鏈企業的供應商，並且幫助他們完善電源技術。

此時，小米生態鏈企業的「竹林效應」開始顯現。在小米生態鏈的理論中，小米認為，獨角獸企業就像是一棵孤立的竹子，如果沒有生長在竹林裡，就沒有強大而發達的根系，就不能進行新陳代謝，很容易大起大落。而現在，生態鏈企業逐漸形成了一個生態系統，他們的根系交織在一起，一邊不斷向外延伸，一邊為竹筍的快速成長提供肥沃的土壤。

　　耗時一年半的研發之後，在 2015 年 10 月，納恩博推出了九號平衡車，它採用雙輪設計，重 12.8 公斤，時速可達每小時 16 公里，售價只有 1999 元。以前動輒上萬元的平衡車，現在被九號平衡車降維打擊了。到 2015 年 12 月，九號平衡車實現出貨 10 萬臺。

　　2015 年是生態鏈投資進行得越來越頻繁的一年，在不斷進行的投資進程中，小米意識到它對生態鏈公司的管理還處於非常鬆散的狀態，而越來越大的投資規模，勢必要求越來越規範的管理。因此，劉德從諾基亞公司招了一位名叫趙彩霞的總監，希望她能為生態鏈公司進行一次系統性的梳理。很快地，生態鏈企業就將迎來一場「風暴」。

　　面試趙彩霞時，劉德問了她一個問題：「在諾基亞你看不看每顆料的成本？」趙彩霞回答：「我不光看，還要看它每個月以及每個季度的成本變化，我還要關心匯率，哪怕是成本發生幾美分的變化，我都要找出原因來。」因為這樣的回答，劉德邀請趙彩霞立刻到小米公司工作，她的職責是：幫助小米生態鏈企業建立成本考核機制。

　　從諾基亞這樣的公司來到小米生態鏈部門工作，趙彩霞的感受是魔幻的，她從來沒有過這樣的體驗，拿她的話說，她是從一個井井有條的地方來到一個「什麼都缺」的初創公司，什麼問題都要自己去推動解決。但是這反而激發了她的內驅力，她說：「隨便做一點事情，就覺得特別有價值感。」在諾基亞從來不錯過用餐時間的她，在小米經常忙得忘記了吃飯。

　　小米生態鏈企業獲得的利潤，要按照股份給小米公司進行一定比例的分成，這就需要用營業收入減去成本。然而趙彩霞發現，小

米和生態鏈公司簽署的合約文本裡，有很多條款難以落地。怎麼核算利潤？怎麼扣除成本？每一個生態鏈企業都有一套自己的算法，概念也描述得非常模糊。趙彩霞認為，為了生態鏈平臺高效、長久、持續的發展，小米必須有統一的業務合作協定範本，其中最重要的內容就是確定分成依據，這就對成本的真實性有了嚴格的要求。成本報價不但要真實，還要有無限期、可追溯的違規懲罰機制。趙彩霞對此的解釋是：「小米沒有辦法一顆料一顆料去審查成本，但是合約裡要有規定，如果有證據表明供應鏈公司虛報成本，將對其處以 10 倍以上的罰款。」

當時很多生態鏈企業找到劉德，有的想求情，有的要投訴，也有很多是對這個新制度表達「抵制」的，但是，劉德對趙彩霞的決定給予了最堅決的支持。在小米營運的這幾年時間裡，小米的管理層已經達成共識，小米模式的核心是使用者的信任。小米最終要達到的理想狀態是使用者登錄小米商城後，理解小米的產品在品質和價格上都是最優的，可以閉著眼睛隨便買，而小米投資的生態鏈產品擁有小米品牌的背書，一次失望就會讓之前的努力白費，因此對成本的精確考量，是對小米模式的守護。

這套統一的機制最初推行時，在生態鏈企業內部遭遇了強烈的反對，甚至一些小米的產品經理也表示反對，他們覺得這樣做把事情「複雜化」了；而平時在辦公室裡管趙彩霞叫彩霞姐的同事，第一次開始在郵件裡稱她為「趙總」，一看就是對強制推行合作協定的工作產生了情緒。

很多生態鏈企業本能的反應就是不想簽，他們的反應要比小米內部大得多。一些企業的 CEO 甚至直接對趙彩霞說：「我們就是

要虛報一點成本啊，趙總，我們的利潤這麼低，不虛報一點，我們怎麼可能活得下去。」趙彩霞聽到這些，幾乎從椅子上跳了起來。她狠狠地拍了一下辦公桌，厲聲說道：「你可真行！只要你敢報，我就敢罰。不信咱們就來試試。」面對巨大的阻力，趙彩霞採取了比較強硬的態度，如果不簽這個協議，小米公司就停止對生態鏈產品的訂單採購。而如果沒有採購，企業就沒有現金流。確實有一兩家公司因為糾結簽約的事情，讓產品的採購延遲了一到兩週的時間。最後，他們逐漸認識到從大局考慮這件事情對企業發展的益處，因此都陸續簽署了合作協議。

除了搭建合約系統、整理分成邏輯、釐清歷史數據，趙彩霞還主持搭建了生態鏈的集中採購系統。很多生態鏈公司使用的物料都有相同的品類，因此集中採購將能從報價上大量節省成本。從 2015 年 8 月開始，趙彩霞拉著財務部、信息部、物流部等七個部門一起搭建了這個系統。它打通了物流、訂單和財務結算體系。一直到今天，這個系統每年的採購金額大約在 10 幾億到 20 億元之間，所有的結算都是系統自動推送的。

集中採購系統在當時也引發了生態鏈公司的一些爭議。一些生態鏈公司認為，供應鏈關係是一個公司的命脈，希望掌握在自己手中。今天，小米對於是否加入集中採購已經沒有硬性規定。如果生態鏈企業能夠證明自己可以拿到更好的報價，也可以自己去談。但是總體來說，集中採購系統整體可以為供應鏈節省 5%～15% 的利潤空間，對於早期那些沒有供應商關係的生態鏈企業來說，這種幫助是巨大的。

到 2015 年，小米生態鏈企業已然發展出一定的規模，銷售額

同比增長 2.2 倍，為小米貢獻了不少收入。其中，收入超過 1 億元的公司有 7 家，最多的一家賣出了 17.5 億元的產品。小米在這一年又投出了 28 個專案。

　　整個生態鏈部門那種要長大的心態，很快也感染了趙彩霞。而推動生態鏈企業的規範化，是促使它規模化成長的一個重要基礎。那段時間，趙彩霞經常重複的一句話就是：「我們要長大啊，要長大，不管有什麼困難，我們都要長大。人擋殺人，佛擋殺佛，我們生態鏈部門，就是要長大。」

解開8000萬銷量的心魔

　　2015 年是中國行動互聯網風雲激蕩的一年，各種變化令人應接不暇。這一年，除了三大巨頭的市值繼續增長以外，互聯網行業還發生了四起「駭人聽聞」的合併案，由此產生了 58 趕集、滴滴快的、新美大、攜程去哪四小巨頭，他們幾乎在一夜之間，依靠合併的方式讓市值快速上漲，分別成為行動互聯垂直領域的絕對王者。領域內的很多併購開始由巨頭發起，他們紛紛開始調整自己的戰略，對國內的互聯網企業進行投資或者收編，目的就是對自己的業務進行互補或者增強。

　　競爭局勢越演越烈的這一年，也是手機行業急劇變化的一年，充滿了江湖裡快意恩仇的殘酷，也開始顯現出一種荒誕不經的娛樂感。流量明星、娛樂新聞和手機發布會開始捆綁在一起，這讓手機從業者開始自嘲地表達手機圈已經變成了娛樂圈。

　　在某種程度上，這也從側面反映出小米在江湖上正在被圍剿的事實。對於小米來說，這絕對是漫長的一年，這一年充滿了太多陰晴不定的因素，以至雷軍在回憶這一年時，他所有的記憶都是在緊鑼密鼓地處理著各種突發問題，緊密的時間表甚至讓他忘記了壓力的存在。而 8000 萬部手機的銷售目標帶來了太多的期許和注視的目光。當小米的銷售情況不達預期時，各種關於小米的負面報導、批評、質疑和詆毀，也在這一年內充斥著媒體，甚至有人表示——小米五年之內就將消失。

　　競爭對手從來都是毫不留情的。

　　負責銷售營運的朱磊在這一年的 11 月，經歷了小米自成立以來競爭局勢最慘烈的一次「雙十一」。

　　小米早期的銷售相對封閉，只在自己的小米網上做營運。直到 2013 年，小米才在天貓的邀請下第一次參與淘寶「雙十一」大戰。「當時天貓給予的條件非常優惠，費用極低，幾乎是象徵性的。」朱磊說。小米也不負眾望，在那一年輕鬆奪冠。2014 年是林斌接手銷售營運之後的第一次「雙十一」大戰，在小米勢頭正盛的時間點，那一年的銷售數據也傲視群雄，這讓整個銷售團隊都處於一種無比輕鬆的氣氛中，以至有工程師用林斌的頭像做了一個表情包，他拿著香檳左搖搖、右搖搖的形象充斥著歡樂的米聊工作群。

　　2015 年，小米正式開通全網電商，除了在自己的小米網上做銷售以外，小米在天貓、京東、蘇寧的網店都開始做起了銷售營運。隨著戰事升級，那一年的「雙十一」大戰格外慘烈，OPPO 和 vivo 在線下的護城河越挖越深，線上崛起的品牌也都虎視眈眈。一個管道內公開的祕密是，有的友商甚至把線下管道商集中起來，讓他們

從電商平臺上大量下單。「雙十一」這一仗，小米不想輸。隨著品牌間的激烈角逐，小米和友商的排名一直交替上升，在最後半個小時的巔峰對決中，小米拿出了殺手鐧──為用戶提供 50 元的紅包直接進行絕殺，這讓小米在最後一刻終於鎖定勝局。

「因為我們從來不用黃牛刷單，所以這種戰役打起來格外艱難。」朱磊說。

這一年不斷升級的手機戰事，讓雷軍感到格外辛苦。也許這就是雷軍在 2015 年 11 月 24 日那場發布會上格外動情的原因吧。在那場發布會上，小米推出了紅米 Note 系列第三代機型，即紅米 Note 3。這是一款非常經典的機型，它採用 5.5 英寸 1080P 螢幕，螢幕占比達到 73.2%；它擁有雙攝配置，前置鏡頭為 500 萬畫素，後置的鏡頭達到 1300 萬畫素，配有當時流行的雙色溫 LED 閃光燈，可實現 1080P 影片錄製。可以說，這款手機滿足了廣大米粉對於千元旗艦機的所有期待。

也許因為這一年經歷了太多的跌宕起伏，站在臺上的雷軍百感交集。他回顧了二十四年前，自己第一次坐十三個小時的火車從武漢來到北京的心情，那種站在北京站廣場上四顧茫然的感覺，那種對於夢想的渴望。

第一次，雷軍在演講中幾度哽咽，這或許是雷軍在歷次公開演講中最為動情的一次，回到後臺時，工作人員發現，他的雙眼都是紅的。在這個舞臺上，雷軍在回顧自己青春夢想的同時，似乎也是在透過這個演講和自己進行一場對話。他在提醒自己，提醒那些和他一起出發的人──從二十四年前到今天，他自己是為了什麼而出發的？而從四年前到現在，小米又是為了什麼而出發的？

　　這種思考一直延續到 2016 年 1 月 15 日的年會上，雷軍在這個年會上對這個問題做出了解答。那一天，林斌公布了 2015 年小米手機的銷量成績單——小米手機銷量超 7000 萬部，依然處在全國第一的位置。但是這個成績，顯然跟小米預期的保 8000 萬部衝一億部的目標差了不少。雷軍在這個年會上，也對這漫長的一年做出了總結。他用他那句在印度 Mi 4i 發布會上紅遍互聯網的句子提出了問題：「面對這樣的成績單，Are you OK ？」

　　說實話，我不 OK。過去的一年我們實在過得太不容易了。面對這樣的壓力，我們內部也有很多的情緒和想法。我們到底出了什麼問題？我思考了很長時間，最後得出了結論——我們內心有心魔。

　　年初我們定了一個 8000 萬臺的銷售預期，面對這樣的市場形勢，不知不覺，我們把預期當成了任務。我們所有的工作，都不自覺地圍繞這個任務來展開，每天都在想怎麼完成這個目標。在這樣的壓力下，我們的動作變形了，每個人臉上都一點一點失去了笑容。我們是一個剛剛創業不到六年的公司，應該朝氣蓬勃才對。這時候，我們就要多想想，當初我們為什麼出發。

　　創業的本質是什麼，就是要做我們覺得酷的產品，就是要享受這個過程，無論有多少困難，無論有多少問題，小米都要享受這個過程，所以 2016 年我們的戰略是——開心就好。只有開心，才能有激情動力，只有開心了才有創造的靈感，小米的每一個同事開心了，用戶才能開心。

　　在這次講話裡，雷軍除了讓大家解開 8000 萬銷量的心魔之

外，還多次提到「讓每個人能夠享受科技的樂趣」。為了讓大家明白未來的目標，雷軍列出了 2016 年的三個關鍵字：聚焦、補課、大膽探索。另外，精細化營運也被提到了很重要的位置上。

2015 年儘管內外焦灼，但小米依然有許多新的動作和嘗試。

比如，在王川和朱印經過十多次的艱難洽談之後，小米在這一年最終收購了朱印的 RIGO Design 工作室。而這次收購，為 MIUI 後來不斷地升級疊代、做出最好的用戶體驗提供了保證，也為朱印後來負責小米的手機工業設計埋下了一道伏筆。當朱印最終帶著他的團隊成員進入小米公司之後，他終於和那些一路上「相愛相殺」的小米產品經理會合了。這一次，他把他一直以來的信條「恨什麼就改變什麼」帶到了 MIUI 團隊——「如果我們恨什麼功能，就一定要去改變它」。

另外，在這一年，一項重要的嘗試開始在小米內部推進，那就是小米開始了對自身商業模式的驗證。在雷軍的倡議下，MIUI 的商業化探索正式開啟，他要告訴投資人的一件事情就是，五年前他為小米設計的商業模式——硬體＋軟體＋互聯網並不是一個故事。互聯網服務將為公司帶來收入，這既能解決研發投入的問題，還可以解決把高品質的產品便宜賣的矛盾，同時也可以吸引更多優秀的人才加入小米，讓公司變得更有價值。

當然，對於小米那些有追求的工程師來說，他們的內心是純粹的，本能地抗拒商業化。這個決策公布之後，整個團隊都表現出消極怠工的狀態。而雷軍的工作就是推動員工在內部進行嘗試，先不設限地往前走，然後在途中再進行糾正。在這個過程中，工程師們都經歷了一個克服心理障礙的過程，這是一個非常有趣的推動商業

決策的過程，而關於怎麼做出讓用戶不反感的廣告這種討論，貫穿了 MIUI 團隊接下來兩年多的發展歷程。

除了 MIUI 開始商業化之旅並真正替小米帶來了現金流之外，小米的手機部門也在做一些新的有意義的探索。手機硬體結構部負責人顏克勝一直在思考的那個手機新形態——全螢幕手機正式在小米內部立案了。他對雷軍講述了一家公司建立預研團隊的重要性：如果一家公司的產品全部是為今天的市場準備的，其實並不容易做出特別酷的產品，這是因為，今天的產品總是要受限於當今的成熟技術，也要考量成本。而對於一家技術公司來說，一個預研部門可以為未來的技術突破做準備，這是一家公司有技術遠見的表現。在研究新技術的過程中，不應該有預算和時間的限制。

作為一個有技術背景的創業者，雷軍完全理解創新的意義和創新所帶來的價值。他更理解在小米這種工程師文化很濃重的公司裡，工程師對於創新的那種情懷和渴求。他知道創新有時候就像是風險投資，很多時候你無法保證付出的時間成本和資金成本能獲得回報，但這就是一種對於世界的真摯情感和理想主義，這裡面有一種說不出的捨生取義的大義凜然。這也正是矽谷能誕生奇蹟的原因——矽谷的神奇之處不在於產生了多少 GDP，而在於其不斷引領世界科技發展的潮流，不斷產生出偉大的公司。在很年輕的時候，雷軍就深諳這種冒險主義和理想主義，並且把這些內化於心。在金山時期，重寫 WPS 花費了團隊五年時間，這是他執行創新的一種實際行動。在做小米的過程中，他也一直關注著英特爾花費幾百億美元研發晶片的過程，並且經常以此告誡人們創新的艱難。因此，到 2015 年，雷軍自然而然地對全螢幕這種全新的概念，給予了最大程

度的支持。儘管這個專案在內部爭議很大，但是雷軍還是拍板決定去做，並在第一時間請整個專案組吃了一頓飯，幫大家打氣。

在努力鼓舞士氣的同時，雷軍還在用自己的實際行動彌補著那450億美元估值融資的錯誤。這一年，他一方面勸說黎萬強中止休假重新回歸小米，另一方面在尋找一個真正懂財務、懂投資的人來幫他把關公司。2015年7月，他把在DST尤里·米爾納身邊幫其看專案的年輕人周受資招致麾下，任命他為小米集團財務長。這個決定讓相當多的人跌破眼鏡，畢竟，這個新加坡年輕人當時只有三十二歲。

在很多人質疑周受資過於年輕的時候，雷軍卻用自己的判斷認可了周受資的潛力。雷軍說，周受資是世界級的投資家，年輕、聰明，而且有著對世界復仇一般的勤奮。他知道，周受資在DST工作期間，為了研究創業專案並觀察中國行動互聯網的發展，每年會約見350個創業者。從2010年開始，他每天都在思考一家企業的核心競爭力在什麼地方。周受資認為投資是一種技術工作，需要大量的累積，這樣才能實現從量變到質變的飛躍。2015年雷軍找到他時，他已經深入研究過1000家企業。

王翔和周受資的加入，黎萬強的回歸，這一切都是在為2016年的小米補課元年做準備。很快地，小米就將迎來形勢更加焦灼，如同狂風暴雨的一年。而那個是否要換掉硬體團隊負責人的嚴肅問題，此刻依然縈繞在雷軍的心頭。

第八章 ∷ 狂風暴雨中的一年

供應鏈出現危機

從 2015 年下半年開始，小米手機的銷量明顯下滑，負責銷售營運的朱磊眼看著所有數據正在變動，她感受到前所未有的煎熬。對於從 2011 年就看著銷售數據一路上漲的朱磊來說，這是她第一次經歷數字的大幅波動。在這之前，小米一路成長，這讓她工作起來格外興奮，同事們甚至幫她取了一個霸氣的外號——大王。而雷軍所描述的那種「小米前五年渾身開掛，大家一路唱著歌曲，一邊吃著火鍋」的創業狀態，似乎在此刻畫上了一個休止符。等待小米的，更像是一次正常的創業了，正常的創業，就要經歷挫折，經歷大起大落，經歷無比漫長的艱難困苦。

從小米開始創業的 2010 年，一直到 2016 年，手機市場的大盤一直在不斷高漲，這說明，人們對手機這個產品有著旺盛的需求，這也給了新的入局者機會。但是此時，小米卻因為一個又一個的問題，在各個方面遭遇阻擊，這一年，是小米開始經受狂風暴雨的一年。

作為業務的一線負責人，朱磊清楚地感受到，並不是小米的產品不受歡迎了，而是小米的產品週期和供貨節奏出現了明顯的紊亂。從 2015 年下半年開始，小米的產品往往是發貨週期跟不上產

品的熱度。比如小米 Note 這款產品，它本身非常受米粉的追捧，但是由於曲面玻璃的良率問題，導致小米 Note 缺貨了好幾個月。等到產能爬坡終於結束時，產品在市場上的熱度已經過去了。在小米產品始終缺貨的狀態下，正在對小米進行「群毆」的那些品牌卻能夠正常出貨，他們填補了市場上人們對手機更新換代的需求，從而也搶占了一定的市場份額。從小米手機 4 到小米 Note，供應鏈一而再，再而三地出問題，這讓小米從管理層到基層員工都很著急，解決這些系統性問題已經迫在眉睫。

行動互聯網的發展在這一年出現了新的趨勢。在 2015 年這一年，所有的平臺完成了絕大部分用戶從 PC 端到行動終端的遷移。因此，2016 年，整個行動互聯網市場「流量見頂」的趨勢已經完全明朗。這對於擅長電子商務營銷的小米來說，自然也不是一個利好消息。

另外，這一年還出現了一個有趣的現象，那就是用戶流量正在逐漸去中心化。85 後和 90 後的用戶正在分成圈層。比如嗶哩嗶哩的用戶，在微博上並不活躍。私有關係流量、娛樂性流量變化正在悄然發生。對於小米來說，這些都是需要學習的嶄新課題。

經過 19 個月的漫長等待，萬眾矚目的小米 5 終於在 2016 年 2 月 24 日於北京國家會議中心發布了。這款手機配備的是 5.15 英寸 1080p 螢幕，搭載驍龍 820 處理器，3000mAh 電池以及索尼 1600 萬畫素四軸防震相機。一如既往，小米市場部為了這次充滿「黑科技」的手機發布進行了別出心裁的策劃，官方的預熱活動也是如火如荼。2016 年短影片剛剛開始崛起，小米受到鄧超的電影《惡棍

天使》用短影片進行預熱的啟發，也做了預熱影片。在影片中，3分鐘跳繩 1096 次的世界紀錄保持者岑小林，表演了一段令人嘆為觀止的飛速跳繩，最後影片以字幕「快得有點狠」作為結尾，似乎表示小米手機 5 有著不錯的性能和體驗。

　　小米國際副總裁雨果·巴拉很快對這則影片中的跳繩發起了挑戰。在一段新錄製的影片中，雨果·巴拉嘗試快速跳繩不成，氣急敗壞地扔掉了繩子，看上去十分搞笑。影片最後出現了「Insanely fast, and more」（瘋狂地快，但不只如此）的主題，與「快得有點狠」不謀而合，可以看作是小米手機 5 預熱影片的「國際版本」。配合這個影片的發布，媒體上充斥著「雨果·巴拉秒變逗逼」的新聞，也讓人們對這款遲來的產品更加期待。

　　可以說，在市場行銷方面，小米的創意一直是非常領先的，網

友們看完這些影片後紛紛評論道：小影片展示的還是絕對的小米特色——有趣、好玩、親民。

儘管發布會一如既往的成功，但是小米手機 5 還是自 2016 年 3 月 1 日起遭遇了產能不足的問題，缺貨問題一直持續到 4 月的「米粉節」也未能得到緩解。一些網友說，米粉節期間，小米官網並沒有放出更多的小米手機 5，搶購情況和之前相似。

其實小米內部此時也是有苦說不出，就在訂單的準確性和市場預測情況屢屢出現偏差的時候，一筆高通的訂單也出現了延遲交付。如果上游的晶片到不了，工廠根本無法生產，這讓本已處於缺貨狀態的小米雪上加霜，外界的質疑聲此起彼伏。為了排查這個問題的根源，高通全球總裁帶著一個團隊來到了雷軍辦公室，現場翻閱訂單追溯問題所在。最後大家發現，確實有一個小米的訂單停留在高通的銷售系統裡，沒有進入排產系統。這兩個系統當時沒有打通，結果相當於小米比實際晚了一個月才下這些訂單。

另外，不用說跟高通的系統沒有打通，就連小米內部都沒有一個完整的資訊系統。每週最核心的訂貨會議上，供應鏈、生產、銷售三個部門分別抱著三臺電腦，打開各自的 Excel 表格進行比照。聽到這個奇聞，任何一個業內人士都不敢相信自己的耳朵，小米一年幾千萬臺的出貨量難道是靠這樣的方法管理出來的嗎？

這些問題儘管看起來都有一定的偶然性，但是雷軍意識到了問題的本質，那就是手機團隊的能力已經和小米的規模不相符了，眼前的困難是巨大的，解決起來也絕不輕鬆。當外界對小米連篇的負面報導開始出現鋪天蓋地的趨勢時，這家公司已經處在輿論的漩渦當中。

　　除了硬體的缺貨問題，MIUI 也在這一年遭受了靈魂考驗。MIUI 的商業化試點在 2015 年下半年到 2016 年終於全面開啟，工程師們也從剛開始的不情願、很被動的情緒中走了出來。他們感受到了成為一個盈利創造者的快樂，也體驗到為公司創造現金流的驕傲。在公司內部開會的時候，那些盈利很好的部門往往被看作公司的英雄，有了抬頭挺胸的本錢。因此，越來越多的團隊中的工程師開始鑽研怎麼能更多地利用互聯網流量獲得收入。在誰也沒有經驗、誰也不知道標準是什麼的情況下，他們在 MIUI 以及小米的 App 的角落裡放上廣告，有些並不那麼適宜，有些甚至招致用戶反感。一些米粉開始在 MIUI 論壇上表達他們的失望情緒。雷軍對此回憶道：「剛開始沒有對 MIUI 商業化設限，很多工程師就放飛了自我，商業化有些過度了」。

　　一些工程師經常推門就進到雷軍辦公室裡，坐在他面前，直接問他：「你不覺得嗎？我們第一次站到了用戶的對立面，你覺得我們還能這麼做嗎？」這種質問讓雷軍至今印象都極為深刻。

　　也有一些員工不惜用公開信的方式，直接詰問公司高管。早期負責小米社區的員工張少亮看到 MIUI 論壇出現的質疑，深感焦慮。在營運論壇的幾年時間裡，他感受到的一直是滿滿的熱愛，是一種欣欣向榮的氛圍，更是一種正能量。而現在，他無法允許他苦心經營好幾年的領地出現嘆息和失望，他感覺到一種「錐心之痛」。

　　2016 年的 4 月，他寫了一封幾千字的長信來表達自己的立場：

　　當你深入使用某個 App 時，有一些體驗真的慘不忍睹。有的時候我就想，負責的夥伴每天都在用這個 App 嗎？我們有很多工作還

遠遠沒有做到很好，更不用說做到極致！業務的營收目標可以直接量化，而又有誰在負責用戶體驗的量化考核，能在二者出現衝突的時候站出來為用戶體驗高聲吶喊？我們是不是需要一個首席體驗官的角色，不需要按個別人喜好行事，僅僅需要為使用者的體驗負責？我們能不能因為他們為用戶體驗努力而多發一些年終獎金？曾經，我們每週五發版，讓用戶直接投票，決定夠不夠格發布，今天，我們的 App 還有這樣的勇氣嗎？

有人說，世上所有的堅持，都是因為熱愛，我想說，堅持曾經的堅持，更是真愛。

這封信被直接扔到了米聊工作群裡，MIUI 的負責人洪鋒也在群裡。當他看到這封義正詞嚴的公開信時，他內心最大的感觸是——熟悉。在 Google 總部工作時，他太熟悉這種正義感和公民意識了，工程師具有那種不是為了賺一份薪水，而是為了做一份事業揭竿而起的精神。所以，在 Google 總部，隔三岔五就有員工遊行、抗議，為的就是讓公司正確地做事。而此時此刻，他把這種寬容帶到了小米。

洪鋒把這封公開信轉發到更多的工作群組當中，希望引起更多人的關注，他讓工程師展開內部大討論——如何做出對用戶更友好的調整。這個調整過程被證明是一個長期的過程。

這時候的小米，經歷著多重文化相互衝突的震盪。手機硬體團隊與公司互聯網企業文化的衝撞、互聯網產品體驗主義與互聯網變現衝動的博弈，都讓小米公司深刻地感知著什麼才是成長路上真實的痛。

就在小米硬體的研發週期節奏被打亂、小米 5 旗艦手機遭遇延期、MIUI 的商業化引起一些爭論之際，一個更棘手的問題出現了——供應鏈團隊在小米公司發展壯大的過程中過於強勢，因此大大小小的矛盾一直都在累積，而這一回，供應鏈副總裁終於得罪了對小米來說幾乎最重要的供應商——三星公司。

三星公司決定不再供應螢幕給小米。而雷軍經過仔細調查才知道，原因不是天災，而是人禍。在一次和供應商的交流會上，因為供貨和成本問題，供應鏈某個負責人對三星高管出言不遜，從而導致了巨大的衝突。自此之後，三星和小米就螢幕的合作就終止了。這是小米成立以來遭遇過最大的供應鏈危機，小米 Note 2 因此整整延遲了近一年的時間。

在這種內外交困的局面之下，雷軍再次被推到最前臺。

雷軍親自道歉

小米與三星交惡的過程，在騰訊調查記者的文章〈小米重生故事〉中被詳細記載。「三星半導體中國區一位高層帶著團隊與小米供應鏈團隊見面，在現場簡報演說過程中，由於小米態度很差，三星也很強勢，雙方在現場發生了很激烈的爭執，直接拍了桌子後，這位三星高層站起來就離開了。」

而事情的真實情況可能比這段描述更加糟糕，甚至到了很難用語言記載下來的程度。三星半導體中國區的這位高管走出小米辦公室後，在憤怒中把整個過程寫在了一封電子郵件當中。這封被發往

三星總部所有高管電子信箱的郵件，最終導致的結果就是——三星決定不再向小米供應本來產能就極為有限的 AMOLED 螢幕。

這對小米來說，無異於是一場重大事故。

三星是供應鏈領域的霸主，其觸角遍及晶片、存儲、螢幕等領域。在手機行業中，三星一度是一家綜合研發創新能力最強的手機廠商，每一次創新都會帶動整個行業的潮流。自從三星在手機上實現曲面螢幕之後，很多廠商便紛紛效仿，才有了手機行業在螢幕方面的革命性變化。

AMOLED 螢幕也是三星擁有商標和專利的產品。可以說，這個螢幕產品的誕生對於手機行業有巨大的影響，它是一種有機發光二極體，具有自然照度大、視覺角度廣、色彩豐富、節能、彎曲等特點。在同一對比度、同等亮度下，AMOLED 視覺感知亮度更高，有助於降低功耗。另外，AMOLED 是自發光的，所以不需要背光模組，這樣散熱就輕鬆了很多。由於這些特點，AMOLED 被稱為「夢想展示」，也是許多旗艦手機的首選。

三星對整個 AMOLED 螢幕市場保持著幾乎壟斷性的地位，2016 年，99％的 AMOLED 面板都出自韓國三星。這個產品的產能極其有限，因此三星常年限制對外的供貨數量。拿 2016 年來說，全球軟性螢幕 AMOLED 出貨量一共才 0.6 億片，而 2016 年 3 月上市的三星 Galaxy S7 edge 僅在上半年就賣了 1330 萬臺，這就吞掉了軟性螢幕出貨量的五分之一以上，留給其他廠家的貨源所剩無幾。而在市場的驅動下，三星把很多的產能留給了蘋果公司。

從三星拒絕和小米合作的那一刻開始，小米就無法再度使用這塊炙手可熱的螢幕了。而能替代的產品幾乎沒有，這讓正在規劃中

的小米 Note 2 成為直接受害者，它的雙曲面螢幕本來計畫採用三星 AMOLED 螢幕，但由於小米處理供應商關係不當，不得已臨時換成了另一家供應商的螢幕。

這場供應鏈危機終於被推到了小米創始人雷軍面前，而作為最後的知情者，雷軍看到了這場危機背後的問題的本質——硬體團隊實在是與整個公司太隔絕了。現在，在尊重核心高管的自由意志，讓他發揮最大的主觀積極性，保護他在自己領地之內的支配權，與顧全公司的大局、保證公司的正確航向之間，出現了無法調和的矛盾。對於一個創始人來說，要照顧的情緒和要解決的麻煩，可以說是千頭萬緒。

小米早期的供應鏈是雷軍親自參與建立的，為此，他還多次飛到臺灣，他深深知道每一個供應商都來之不易，他也一直在向公司員工灌輸手機廠商和供應商之間是魚水之情的關係。而今天，他最不想看到的事情發生了，自己的公司也受到了傷害。

他幾次透過中間人聯繫這位三星中國的高管，希望和他做一次當面溝通，但是都沒有能夠和他直接對話。有一天早上，他按捺不住自己的心情，直接拿起電話撥給了這位往日的朋友，雷軍對他說：「你什麼時候有時間，我飛到深圳去給你賠罪。」在下一個週一的早上 10 點，雷軍見到了這位合作多年的夥伴。在中午的飯局上喝光了五瓶紅酒之後，三星的這位高管情緒激動地重述了當時在會場受辱的場景，還原了當時的所有對話，雷軍聽完後感覺非常難過。他拍著對方的肩膀連連表示：「我們做得不對，我們做得不對，這樣的態度不能代表小米。」與此同時，雷軍內心也發出了這樣的感嘆：「自己怎麼把公司管成了這樣？！」

這麼多年來，他第一次感到如此憤怒。

就在那一天，雷軍聯繫了四位手機行業裡的朋友，讓他們分別透過電話幫自己和這位三星高管道歉。其中有兩位是雷軍在 2012 年深圳歡樂海岸的茶館裡那場手機局上認識的朋友，一位是金立的 CEO 盧偉冰，一位是 OPPO 的創始人陳明永。還有兩位是供應商，分別來自聞泰通訊和瑞聲科技。

在這次見面之後，雷軍為了表達誠意，又幾次飛到韓國三星總部道歉。經過漫長的幾個月，最終，三星公司同意在兩年之後給小米供貨，因為「兩年內的產能確實已經被排滿了。」

在這段時間內，輿論對小米的圍攻讓雷軍第一次有痛徹心扉的感覺。一時間，批評、看衰小米成為科技輿論圈的風潮。

其實，輿論的看衰並非完全沒有依據。在消費電子硬體工業領域，對於一個落後者而言，現實向來是殘酷的，歷史上，除了蘋果以外，還沒有哪家公司在業績下滑後能逆轉。從個人電腦行業的王安電腦、DEC、康柏，到手機行業的西門子、黑莓、奔邁、索尼愛立信、諾基亞、HTC 等等，那些曾經閃耀一時的名字，要麼消失在歷史的長河中，要麼一直苟延殘喘，很難再次出現在大眾的視野當中。最典型的例子莫過於諾基亞和 HTC，他們在三年時間內優勢殆盡直至徹底崩盤，其實就發生在不久之前。

究其原因，是因為手機業績下滑會動搖供應商的信心。如果產品的表現不好，供應商就會對廠商失去信心，進而不再支援先進的工藝技術，同時不再提供足夠的零配件及產能。一旦走入這個「死亡螺旋」，幾乎沒有人能從中掙脫出來。

數字或許更能說明問題，2016 年第一季度，小米智慧型手機全

球銷量 1480 萬部。 HIS iSuppli 中國研究總監王陽對這個數字做出了分析：「在小米產品結構調整時期，在紅米 3 和紅米 Note 3 缺貨的情況下，小米手機有這個成績還是不錯的。如果縱向對比小米 2015 年第一季度 1498 萬臺的銷量，這個數字不算難看。但是，放在行業的橫向座標裡，小米的處境堪憂。」與此同時，根據市場研究公司 IDC 發布的最新數據顯示，小米已經滑出了全球智慧型手機銷量的前五名，取而代之的是 OPPO 和 vivo。

在這種情況下，一波接一波的負面文章洶湧而至。有媒體說：「隨著華為、魅族等品牌對小米的步步相逼，以及要幹掉為發燒而生的小米的其他品牌的威脅，小米在供應商那裡的議價能力正在變弱，加上日益傲慢的態度，讓供應商開始避開小米。」、「早期的小米，是個不折不扣的優等生，它把握住了最好的時機，又擁有絕佳的行銷天賦，很快就成為脫穎而出的佼佼者。但是，現在的小米，只顧著遠方的星辰大海，忘記了踏踏實實地把路走穩。」

這就是小米和雷軍在 2016 年前幾個月面臨的真實痛苦。這也是創業者的真實寫照——當公司面對強而有力的競爭時，創業者要做出重大調整。然而，高管的既有利益、員工的責問挑戰、內部紛繁複雜的聲音、外部幸災樂禍的嘲笑，都是創業者在高光背後獨自一人時必須面對的問題。創業者很多時候必須內心強大，才能面對真實世界的一地雞毛。

《創業維艱》的作者本・霍羅維茲曾經感受過那種孤獨，他說：「任何藉口都無濟於事。我絕不會說出『這都怪經濟形勢太惡劣了』、『都怪我得到的建議不中用』、『都怪形勢變化太快了』這樣的藉口。我所面臨的唯一選擇是，要麼生存，要麼徹底毀滅。

大多數事情都可以假手於人，大多數管理者都有權在自己的專業領域做出決定。但是，最基本的問題是公司如何生存下去，這個問題是留給我一個人的，也只有我才能回答這個問題。」

雷軍此刻領會到了那種心情：任何藉口都無濟於事。他必須下定決心去解決這些問題，然後，讓小米生存下去。

小米史上最漫長的一天

2016 年元旦假期，雷軍撥通了林斌、黎萬強和王川的電話：「你們有空沒有，過來聊會兒天如何？」幾個人放下電話就來到雷軍家裡。沒有想到，他們這一聊，就聊了十八個小時。

這個時候，小米還有 15 天就要召開年會了，小米即將對市場宣布這一年 7000 萬的銷量。儘管看上去銷售結果還在峰值之上，但是雷軍知道，這個成績來之不易。2015 年「雙十一」，整個團隊是按照每半個小時一次做的戰況推演，取勝格外艱難。而 2015 年這一年，因為產品規劃出現問題，銷售勢能全靠品牌俯衝，但是這樣的戰略充其量只能維持一年。因此，那個痛苦的問題此刻正纏繞著雷軍：如果早期對團隊貢獻巨大的創始人，此時已經不適合整個機體了，怎麼辦？

雷軍覺得必須找人說一說這個問題了。

那一天的談話就像一場馬拉松比賽一樣漫長，雷軍表現出了很少在外人面前表現出來的一面——委屈、痛苦和糾結。情勢進退維谷，如果下定決心調整硬體團隊，他找不到合適的人接手，公司的

未來將很難保障；但是如果現在還不調整團隊，公司的未來則肯定不能得到保證。

那一天的長談讓幾個人睏到崩潰，但是最後依然沒有得出什麼有用的結論。就像任何一個艱難的決定一樣，它並不是輕易就能做出的。

時間就這樣從冬天走到了春天，然而，就在這短短四個月的時間裡，各種各樣的事情仍在不停地發生著。小米 5 雖然擁有諸多讓人眼前一亮的黑科技，但其機身採用的是一年前旗艦手機採用的 3D 玻璃，高配版採用的是 3D 陶瓷。這個配置讓一些米粉感到失望，因為當時市場上 99% 的旗艦機都已經採用金屬機身。全金屬機在手感、堅固度以及質感上毫無疑問會更加出色，而儘管微晶鋯奈米陶瓷號稱是手機外殼材料的一次進步，但是仍然存在良率不高的問題。

小米 5S 使用的超音波指紋也在小米內部產生了一定的爭議，當時的手機普遍採用的是按壓式的指紋解鎖方式，這讓電容感測器的掃描指紋很容易受到手指上汗漬、水等因素的影響，從而降低指紋識別的精度。而超音波指紋是一個更為先進的解決方案，它可以對指紋進行更深入的分析，哪怕手指表面沾有汙垢也無礙超音波採樣，甚至還能滲透到皮膚表面之下識別出指紋獨特的 3D 特徵。

然而，這個對於手機工藝的追求後來被證明有些超前。由於技術的成熟度不夠，導致指紋的識別率只有 80% 多，關於解鎖不靈敏的問題時不時會反饋到小米客服部門。用戶認為，這個功能並沒有想像的好用，而一旦指紋識別不能開啟手機，憤怒的指責聲和抱怨聲，就會在售後部門此起彼伏。

這些還是關於技術判斷力的問題。手機產業最終被證明是一個

十項全能的產業。在日益殘酷的競爭環境當中，技術預研、技術選型、工業設計、供應鏈管理、資源調配、市場行銷，哪一個也不能缺失，哪一個環節的能力都不能弱。供應鏈、交付、銷售體系必須像三個齒輪一樣緊密咬合，聯動向前，才能保證公司的健康運轉。而此時的小米在硬體研發能力上，顯然已經出現了問題。再加上供應鏈上的高通訂單問題、供應鏈和三星的危機問題，這一切的一切都顯示，很多地方在漏水。

在 2016 年 5 月的一次高管例會上，小米歷史上第一次也是唯一一次面對面的激烈爭吵發生了。手機部的負責人在小米 5 銷售承壓的情況下開始指責市場部，他認為，正是因為小米網的銷售出了問題以及市場部的行銷不力，才導致小米 5 的銷售沒有達到預期，而這觸怒了剛剛回歸不久的黎萬強。黎萬強累積已久的怒火終於爆發了，他和硬體部門的負責人在例會現場你一句我一句地爭吵了起來。

這是雷軍創立小米五年多以來，第一次沒能把例會開完。在兩個人的對峙以及旁邊人的勸架聲中，雷軍走出了會議室。走出房間的那一瞬間，他心裡竟然充滿了一種從天而降的平靜。他知道，有些事情，他一定要做一個決定了。

2016 年 5 月 10 日，小米大螢幕手機小米 MAX 在北京國家會議中心發布了，連同手機一起發布的，還有 MIUI 8 和小米手環 2。在這次發布會上，氣氛一如既往的熱烈，米粉的歡呼聲，更換主講嘉賓時的音樂銜接，雷軍登上發布會舞臺時用髮膠將頭髮揚上去的造型，以及他乾淨整潔的淡藍色襯衫，一切都顯得如此正常。雷軍面帶微笑地在人們的歡呼聲中介紹了產品，甚至沒有忘記把網友的俏

皮歪詩「螢幕到用時方恨小，大螢幕底下好乘涼」放到了發布會的大螢幕上，充分展現了小米文化當中那種民主、輕鬆和簡單傳達的特點。

在一切看起來都很歡樂的氛圍下，雷軍面帶微笑地完成了演講。對於創業者來說，這其實是一言難盡的一幕，因為幾天來，他的內心波瀾起伏。創業者就是這樣，在舞臺上總是一如既往的風趣和堅毅，而走下舞臺，他們就要面對最複雜的心事。

發布會結束之後，雷軍一個人閉關思考了三天三夜。最終，他做出了一個決定：人事調整必須在此刻進行。在這期間，曾經有一些可怕的念頭出現在他的腦海中。他想，如果進行重大的人事調整，整個團隊會不會出現譁變？一旦出現軍心大亂的情況，公司的業務會不會翻船？他甚至想，小米這麼大的規模，要不要和政府機構報備一下這個重大變故，以便在需要幫助的時候可以及時呼救？他還想，如果在公司內部和市場上都找不到可以接任的手機部門負責人，該由誰最終對這個部門負責？最後一刻，雷軍想明白了這個問題：能解這個結的人，只有他自己。創立這家公司已經有五年又兩個月的時間，他不是不知道這個工作的複雜度，但是他還是決定，在沒有合適人選的情況下，他只能親自上場。他甚至不恰當地想到了一個比喻，如果一個孩子生了重病，那麼不惜任何代價也要救治他的，肯定是他的父母。

2016 年 5 月 15 日是個星期日，雷軍召開了創始人內部會議，大家投票表決，一致通過了撤換手機部負責人的決定。在隨後的 5 月 16 日這一天，公司召開了一個緊急的董事會議，在這個不平凡的上午，小米的董事們一致同意了這個對小米的未來發展無比重要的

決議。在會上，大家還做出了縝密的準備和詳細的分工，比如用什麼形式和當事人做正式的交流、如何進行流程上的準備、如何面對可能的輿情風險。董事們甚至提議準備一輛救護車，以防各種意外發生。

2016 年 5 月 16 日下午 2 點，和這位重要創始人的談話在北京馬奈草地的會所開始了。首先由雷軍作為董事長和他單獨會面，告訴他董事會的這個最終決定。隨後由董事會代表劉芹和小米公司代表祁燕與之會談，這場談話持續了八個小時之久，到晚上 10 點才結束。總體來說，這個過程沒有想像中的驚濤駭浪，也沒有出現各種誇張的劇情。當事人最終平靜地接受了這個事實，在草地之中繁星之下，結束了自己相對還算成功的小米生涯。

他帶來的摩托羅拉時代累積的經驗、精英團隊以及團隊之間固有的默契，為小米前五年的輝煌打下了堅實的基礎。而在現在的亂局當中，必須有人看清楚目前的局勢，將優秀的東西薪火相傳，將故步自封的東西打破。艱難的人事調整，是一個企業發展中的必修課，而小米終於完成了這一課，從這一刻開始，它從一個創業公司成長為一家更為成熟的公司。

根據小米市場部徐潔雲的回憶，這一天是小米歷史上最漫長的一天。5 月 16 日這一天他在上海出差，黎萬強打了一通電話給他，告訴他無論手頭正在進行什麼工作，都暫時停下來飛回北京，因為公司有一個重要的事情即將宣布。飛回北京後，徐潔雲發現，市場部的同事已經在一個小小的辦公室裡聚齊了，他們坐在一起，並沒有被分配具體任務，黎萬強只是透過微信發給了他們簡單的三個字：等消息。

晚上 11 點，他們等來了這個在小米歷史上都很值得銘記的消息：硬體負責人將擔任小米的首席科學家，今後不再負責手機部的管理工作，而正式的全員通知郵件會在兩天後發出。

對於這個消息，媒體從不同的角度做出了不同的解讀。

有的說：雷軍將親自抓手機研發和供應鏈，可能是為了更好地把握小米手機新品的研發節奏，以更高效的方式省去中間溝通環節的時間成本，來應對目前變幻莫測、瞬息萬變的國內手機市場的殘酷競爭。

有的媒體評論道：雷軍親自抓供應鏈，是為了提高手機出貨量，而這顯然需要跟供應鏈建立更密切的合作，雷軍真的急了。

有的說：小米希望加厚技術基礎。

還有人說：小米任命首席科學家，表現出小米對前沿科技探索的戰略傾斜。

在很多人眼裡，這則消息只是媒體資訊爆炸時代眾多公司新聞裡普通的一則，但是對於小米公司來說，這卻是一個重要的歷史轉捩點。它讓小米完成了從一家創業公司到一家成熟公司的進化。這更是雷軍經過很多不眠之夜仔細思索後的最終結果。邁出這一步，對於他自己來說，也是人生中的一次重要成長。

Nike 創始人菲爾・奈特（Phil Knight）在其自傳《跑出全世界的人》（*Shoe Dog*）裡寫道：「智慧是無形的資產，資產都是一樣的，是充分的理由值得為之冒險。創業就是唯一讓生活中的其他風險——婚姻、財富、地位，變得更有可能的事情。但是我希望在我失敗的時候，如果我失敗的話，我可以迅速終結敗局，這樣就有足夠的時間來整理來之不易的經驗教訓。我不會經常設定目標，但是

這個目標每天都盤旋在我的腦海裡，直到成為我內心的頌歌 —— 迅速結束敗局。」

對於雷軍來說，完成這個過程的他，內心如同走過了千山萬水。但是，透過這次重要的自我突破，他再次收穫了智慧這種無形資產。而對於即將接手的新的工作，他有一些緊張，但是總體來說，他還是充滿信心的，因為，如果一家公司真的形勢不好，產品不會供不應求。

雷軍要迅速終結的，只是一個亂局。

雷軍接手手機部

2016 年 5 月 17 日，雷軍開始負責小米公司的手機業務。他的內心非常清楚，雖然他一直是個電子狂熱者，但是他的專業背景主要是軟體和互聯網，而手機幾乎是世界上最複雜的消費電子產品，研發和供應鏈的複雜度遠非外人所能想像，他面前的路會異常險峻。

另外，手機部是公司內部一塊非常封閉的領地，團隊成員大多是摩托羅拉的舊部，如果團隊發生譁變，將對公司造成重大的影響。即便團隊不集體出走，如果他們不願意積極配合工作，也會給公司內部造成更深的裂痕。

此時，過去二十多年的管理經驗幫助了雷軍。他本能地知道，現在有兩件事最為重要，第一是取得整個團隊的信任，第二是理解和抓住業務的核心。他決定兩件事同時進行。接管手機部的第一天，他就在內部會議上宣布：「從今天開始，手機部的第二次創業

開始了，過去的成績都已經過去了，過去的錯誤也不用再提，我們今天重新開始。」這裡所說的錯誤，甚至包括了供應鏈部門製造的和三星公司之間的那次重大危機，這讓很多人都目瞪口呆。雷軍強調：「在我這裡，大家不需要選邊站，只需要重新開始。」

在以往的手機研發過程中，雷軍經常會和手機團隊開產品討論會，但是顧及硬體團隊領導者的情緒，他幾乎從來沒有和手機團隊成員進行過一對一的交談。自從接手手機部以來，他從八個部門的負責人開始，陸續和手機部門的兩百名同事進行了一對一的談話。他要做的事情是，第一，快速了解一個人在本部門內的工作職責，並和他快速增進了解；第二，透過談話梳理出公司現在面臨的最大困難和需要解決的問題，然後有針對性地制定解決方案；第三，讓團隊民主投票選舉出每個部門最有能力的業務負責人，由公司決定新的人事任命，具體方法是，在和每個團隊成員談話的時候，讓其列出團隊裡最優秀的三個人。

在和兩百名團隊成員做了一對一的交談之後，雷軍不禁感嘆小米前五年創造商業奇蹟的客觀條件——小米竟然是在組織結構如此脆弱和人力資源嚴重不足的情況下去打仗的，而且還打到了世界前列。不得不說，小米早期的成功，依靠的是大家共同的夢想和成熟團隊之間的默契。尤其是，互聯網的選擇權激勵制度發揮了很大的凝聚人心作用。

在雷軍接手之前，手機部是按專案組的方式進行營運的。大部門分為 ID、結構、機頻、BSP、關鍵器件等幾個部門。在整體的產品規劃完成之後，幾個部門分頭去完成自己的工作，然後在一部分模組做完之後，再轉到下一個模塊繼續推進。按照模組組建部門最

大的問題是，整個手機研發端沒有相互打通，導致各個部門為自己爭奪話語權、搶奪領地的問題特別嚴重。

　　而且，隨著各個部門之間的隔閡越來越深，他們也越來越難以通力合作。在和團隊成員進行一對一交流的過程中，雷軍發現大家反映的一個共同問題是，射頻天線組已經到了「狂傲到不可理喻」的程度。天線是手機結構裡最重要的一個模塊，對手機的外觀有著決定性的影響，如果它始終不願意追求技術進步，在手機結構裡占據很大的空間，那麼整個手機的創新都會受到拖累。在當時的小米，射頻天線組的管理風格和技術把控已經處在非常僵硬的狀態，但是它的強勢又讓其他部門有苦說不出，只能被迫妥協。

　　更為關鍵的是，手機部門在組織架構上缺乏產品組和專案管理組，這讓所有的產品定義都太過依靠直覺和部門主管，整個專案的推進依靠的是團隊成員在摩托羅拉工作期間形成的工作習慣。用第62號員工手機部的張國全的話說：當時手機部門的運作不是依靠流程，而是依靠人治。

　　在交談的過程中，雷軍發現員工對手機部換帥這個重大事件整體表現出一種如釋重負的態度。當時在天線部門工作的年輕工程師張雷說：「其實，大家在內部的感受和外部對我們的感受是一樣的，當時的小米，很多技術把控不住了，品質也不是太好，但是，當你想把問題拆解到哪個部門的時候，你會覺得這是個系統問題，很難去認定責任。比如，小米 5S 超音波指紋解鎖率的判斷失誤，最後大家想究責都不知道應該去哪個部門究責，小米急需一場改革。」

　　雷軍接手手機部的時候，整個團隊正處在士氣非常低落的階

段。手機做不好不僅會影響小米公司的命運，也會影響員工個體的命運。很多員工五年來都是拿著大量公司的股票沒日沒夜地工作，如果公司做不好，對他們的未來也會有非常現實的影響。「誰攔著公司向前跑，就是攔著我們的財富自由之路。因此，我們內心的聲音是，舉雙手贊成改革。」張國全說。小米過去五年的輝煌正是這些工程師親手締造的，他們對公司感情很深，小米手機就像他們的孩子一樣。雷軍之前的擔心低估了這些人對小米的熱愛。

2016 年 7 月，雷軍召開了一場手機部的誓師大會。到場的人不僅有手機部的員工，其他部門的核心員工也悉數到場。雷軍開誠布公地分析了手機業務的現狀、小米目前遇到的困難和挑戰，他對大家說：「現在公司遇到的問題就是這些，如果大家相信我，請和我一起努力扭轉局面。」

現場掌聲一片。

雷軍在取得團隊成員的認可之後，開啟了一場大規模的組織結構調整，對於他來說，這是一場長達一年的大仗。整體的思路是，小米要對標市場上最優秀的公司，按照研發的功能來重新分組，理順整個手機部的內部結構，把原有的專案組結構調整成產品、研發、供應鏈和品質四大模組。為了讓手機團隊有更符合科學規範的管理流程，他從結構上設計了產品部和專案管理部。產品部的功能是大規模合理地梳理和擴張產品線，為產品定義做出嚴密深入的調研和清晰無誤的規劃，找準產品的方向，同時保證小米在核心技術上得到足夠的研發投入，而專案管理部的職責是對手機的每個研發節點做出規定，督促工程師在時間範圍內完成自己的研發。

在研發模組，雷軍把手機外觀設計部門，即被人稱為 ID 的部

門調整了進來，從而改變了兩個部門分立的狀態。幾年的研發經驗讓雷軍意識到，手機 ID 是一個公司綜合能力的體現，表面上看它只是設計，但是背後體現的其實是一個公司對手機材質、結構和技術的綜合理解，因此 ID 部門和研發部門必須緊密配合。雷軍大膽啟用了他認為對審美有異常深刻理解的朱印，希望他快速地將自己的審美運用到硬體領域中來。而以前喜歡和雷軍抬槓、抱怨手機外觀設計不盡如人意的朱印，在接到了這個任命後，立刻從 MIUI 的管理中跳進了硬體外觀研發這片汪洋大海中。從平面設計轉向硬體設計，朱印在這個學習過程中逐漸體會到，手機的外觀設計是一個非常複雜的問題，同樣一個 R 角，不同的工藝處理方式會影響成本，也會影響交期，還會影響工程。在一個合理的成本下，做出一個超預期的產品，成為他日後一直的追求。

雷軍還成立了核心器件部門，在相機、螢幕、電池和充電器領域加大力度重點投入。這樣一來，相機工作得以單獨規劃和展開，聚焦業務的影像實驗室初步搭建成功，這也是手機廠商能否在市場上保持優勢的關鍵所在。

雷軍意識到將測試模組單列對於加強產品品質的重要性，測試部門必須是一個中立的部門，而且是一級部門，這樣才可以保證產品的品質，也可以檢驗研發的目的。只有當研發部門和測試部門形成一種制衡的關係時，測試才能最大程度地發揮出它的效應。

除了梳理組織結構外，內部提拔幹部的工作也提上了議程。天線部門的總監最終離職，由票選出來的年輕工程師張雷接手了這個部門。雷軍對他說：「你是民主選舉出來的，我相信你可以勝任，我們先嘗試半年，半年之後看看你是否經得起考驗。」而以前基頻

研發部的朱丹，被指派著手組建手機產品部，這讓一直在研發領域工作的朱丹非常意外，因為通常來說，研發工程師的職責非常單純，只需要考慮把上頭交代的工作做好就行，不用考慮商務問題。而新的任命，促使他用全新的眼光來看待手機這個產品，同時用大局觀來思考問題。一個產品是多維度的，他開始從雷軍那裡接受使用者畫像、人群分析和方法論的概念。在兩年的時間裡，他幾乎沒有出過差，每天跟著雷軍在辦公室裡從早上到深夜不斷地學習。他在兩年的時光裡獲得了把控產品方面的巨大自信，並在後期小米的成長中，發揮了自己的力量。

這些新提拔的幹部是雷軍親自培訓的，在當時手機部幹部奇缺的情況下，這些新人還顯得非常青澀，而如果雷軍需要這些年輕的工程師成為可以帶隊伍的領導者，就需要告訴他們怎樣才能表現出領導力。這種對中層的培養，是從怎麼著裝、怎麼講話、怎麼做出一份表達有力的簡報開始的。「當時的很多年輕幹部，講話的時候全程只看螢幕，在演講的過程中不知道怎麼和大家進行眼神交流、怎麼解釋重要的問題、怎麼與外部進行溝通。後來我要求他們，誰負責主持會議，誰就要預先進行彩排，如果第二天演講，前一天要把所有的演講過一遍。在演講中，要學會和團隊成員進行目光交流，彩排這個環節會增加他們的信心。」雷軍就是從這樣的細節一點一滴開始管理幹部的。每個月一次的幹部研討會後，雷軍還要請大家吃個飯、喝個酒，放鬆一下心情。

自從組織架構調整後，大規模的招聘工作也正式展開，核心部門和每個領域都開始有專家加入，一些外部有能力的新鮮血液不斷地進入小米公司，成為這片創新土壤的一分子。小米手機部的產品

總監王騰，就是這個時候從 OPPO 離職加入小米的。當他來到北京，看到小米只有三百多人的研發團隊時，還是大吃一驚。他心想：「OPPO 的研發團隊至少有兩千人，這間公司人這麼少，究竟是怎麼把那些很酷的產品做出來的？」

　　在這樣一個格外特殊的春夏之交，小米開啟了它的精細化營運和系統性成長之路。組織結構的調整、業務線的梳理、中層幹部的培養，各種事情不一而足。這幾乎是雷軍在創立小米之後工作得最辛苦的一段日子，至少有五十人直接向他彙報。他說：「在業務調整這樣的特殊時期，當你的中間層不夠強大時，直接溝通是最有效的方法，它可以保證中間的資訊不會傳遞有誤。」每次開產品研發會議，這些人會把他的辦公室擠得滿滿的。有大概一整年的時間，雷軍的日程表上每天至少安排了 15 個會議，有的時候是 22 個，凌晨 2 點下班成為一種常態。有一次，他的助理魏來發現，雷軍這一天因為在座位上坐了太久，開完會腰已經挺不起來了。

　　這段時間，雷軍彷彿又回到了在金山那段再次創業的日子。2003 年，雷軍在金山開啟網遊戰略以後，每天早上至少有二十個人在他的辦公室開會。當時，他早上開會提出的任務，到了晚上就要檢查，幾年如一日。這幾乎展現了一個公司的常態——日常營運既不光鮮也不酷炫，只有日積月累的細節和耐心。

　　有一次，小米工程師臨時深夜回來取東西，看見雷軍正在鼓搗遙控器要關閉牆上的電視——他經常是最後一個離開辦公室的人。手機部的工程師郭峰清楚地記得，有一次開產品會議，雷軍感冒了，他穿著一件羽絨衣在講解產品細節，一把鼻涕一把淚的，手邊還放了一盒衛生紙。

　　終於，在手機的產品定義、專案管理、核心器件和測試等部門重新整合之後，公司的士氣被漸漸地提振了起來。這個時期，雷軍總是會對這些年輕人說：「知恥而後勇，小米現在要在每一個角度和最先進的技術對標。」他也一再地把小米的價值觀在內部進行輸出，比如「時間是小米的朋友」，再比如「在資訊越來越透明的今天，小米貼近成本定價的模式最終代表正義與光明」。在這樣的激勵之下，被提拔的年輕領導者們雄心勃勃，工程師與工程師之間的溝通不再困難，各種學習和培訓也火熱地展開。小米還進行了大量的拆機分析和組裝培訓。這讓以前只做一個模組的工程師們迅速了解了整個手機行業的全貌和技術現狀，對新技術的分析和大腦風暴每天都在火熱地進行。

　　打開窗戶之後，光芒又照了進來，這讓剛剛加入這家公司不久的王騰都感覺到，只要按照這種步驟前行，小米一定會很快復甦。他是從 OPPO 過來的研發工程師，他見過比這低得多的低谷，OPPO 曾經在功能機轉型到智慧機的浪潮中遇到巨大的困難，在制式升級的過程中幾乎要倒閉了，然而，它在低谷中重新擺正自己的航向，做了很多有利的調整，最後重回手機行業的前列。這樣的事情，正在此時此刻的小米發生。

　　在一年多的時間裡，雷軍都在以工作狂的模式工作著，他就像一個在狂風巨浪中駕駛遊輪的船長，努力將遊輪帶向風平浪靜的港灣。雷軍知道，研發並不是一個能夠速成的工作，它需要按照三年、六年、九年這樣的進度去推進。但是，還好，小米畢竟已經走上了一條正軌。

　　到 2016 年年底，手機硬體團隊從三百人增加到五百九十五

人，幾乎增長了一倍。研發資金也快速地進入新技術的各個領域。這一年，小米的研發資金達到 21 億元。也是從此時起，小米研發團隊的人數，幾乎是以每年翻倍的速度增長，研發資金每年也大幅度增加。

有時候創業者就像是一個成年孤兒，必須獨自面對所有的失去和暴風雨。如同《成年孤兒》（*The Orphaned Adult*）的作者亞歷山大‧李維（Alexander Levy）說的那樣：「暴風雨過後，總有東西需要清理，例如老樹被摧毀了，脆弱的建築崩塌了，有些過熱的地方開始冒煙。然而，就如同經過暴風雨一樣，哀傷之餘，我們四周的空氣開始再度清新起來，我們會感覺到呼吸比以前順暢，甚至擁有了一眼望向天際的能力。」

在小米內部，大家感到空氣正一點一點清新起來。

張峰接手小米供應鏈

在大力改革手機部的同時，雷軍知道，還有一個環節的管理同樣複雜而棘手，而它所需要的時間，甚至比重整手機部還要多——那就是小米的供應鏈體系。

在《提姆‧庫克》一書中，對硬體公司的供應鏈管理有過一段描述，很貼切地描述了普通公眾對於供應鏈管理的感受：「市場預測和改善供應鏈聽起來一點都不酷，對於記者來說，他們不會想把蘋果的營運改革寫成《財富》和《連線》雜誌的封面文章，對於普通消費者來說，他們只有無法按時收貨時才會注意到企業的供應鏈

問題。」

　　然而一個公司的內部卻無法忽視供應鏈的管理，同樣是在這本書裡，作者描述道：「庫克對庫存的厭惡，就如同賈伯斯對拙劣設計的厭惡一樣，庫存會對公司造成負擔，庫克在描述堆積如山的庫存時，甚至會上升到道德層面，稱之為『喪盡天良』。」

　　在手機生產過程中，供應鏈管理幾乎成為每一個生產廠商的痛點。用長年浸潤在硬體領域和供應商打交道的張峰的話說，手機市場預測的難度真的太大了，庫存和缺貨是永遠的兩大命題，很多手機廠商在這個過程中已經萬念俱灰。而對於小米這樣以互聯網模式橫空出世、以軟體起家的企業來說，供應鏈管理則成為一個更為顯著的難點。如何進行成本管理、如何處理和供應商的關係，都是解決這些難題的關鍵。

　　前兩年，雷軍曾經深入參與的手機專案有兩個，一個是小米Note，一個是小米4C，因此對一些供應商和零配件比較了解。在參與這兩個專案的過程中，他最著名的事蹟就是，經常拿著一把游標卡尺測量電池和手機外殼的間距。為了找到最佳間距，他曾分別在ALT、欣旺達和冠宇三家小米電池供應商的生產線和實驗室泡了一整天，這使他對電池工藝極為了解。另外，他了解最多的元件是相機模組，並且從產品定義的角度做過很多研究。

　　調整手機研發部門的結構之後，雷軍開始同時推進全供應鏈的優化工作。他就像任何一個業務一線負責人一樣，全身心鑽進了這個看上去更為複雜、更無邊無際的供應鏈管理業務當中。這個工作十分繁雜，涉及的零部件成百上千，在眾多的頭緒裡，雷軍以定向招標的方式重新梳理小米的供應鏈。除了原有的供應商之外，他讓

團隊找來更多的一線供應商，看看他們是否有和小米合作的意願。從那時起，雷軍的會議室開始川流不息起來，供應商的老闆或直接決策者帶著兩三個人的團隊來到五彩城，來解釋各自的產品有哪些創新。「訪客密度驟然提高，有時候我的辦公室外面全是人，感覺就像一個菜市場。」雷軍說。

透過高密度的交流，雷軍發現，供應鏈的複雜程度已經超過他的想像，就連一根最簡單的數據線都充滿了學問。

為了了解真實情況，雷軍邀請小米的老朋友張峰幫他做了一次小米採購的數據線的成本分析，看看小米拿到的價格是不是最合理的。在拆解這根數據線進行成本評估之後，張峰發現，小米拿到的採購價格其實很貴，這在很大程度上說明了一點：儘管小米產品的品質一直是要求最高的，但是小米的商務能力並不強，供應商給小米的價格通常也不是最好的。在這種情況下，張峰飛到北京和這家數據線的供應商坐下來重新進行了一輪談判，最終，大家釐清了這根數據線的真實成本，並對採購價格進行了調整。當然，這中間會產生一些可以想像的「情感衝突」，而張峰對供應商是這樣解釋的：「凡是小米過去已經下過的訂單，我們都認為它的存在有其合理性，但是從明天開始，就是新的一天了。」

除了調查真實的成本，雷軍還發現，小米過去幾年採用的一些材料存在著不可思議的資源浪費現象。就拿一顆螺絲釘來說，一家供應商給小米的報價是其他廠商的 5 倍，這還是小米從 2010 年創建之初就採用的供應商。這麼高的報價讓雷軍感到匪夷所思，在辦公室裡和供應商交談時，雷軍提出了疑問：「咱們都合作六、七年了，你的東西憑什麼這麼貴？」對方拿著一顆自己的螺絲釘頗為驕

傲地介紹：「你看，我們的螺絲釘有兩大優勢，第一，它的扭矩是蘋果標準的 2 倍，品質真的很好。第二，在每個螺絲釘上，我們都刻著一個小米的 MI 字 LOGO，精益求精。」「那蘋果現在還用你們嗎？」「我們的東西好到蘋果也用不起了。」雷軍哭笑不得。他找到公司的採購部交流，發現大家都認為螺絲釘是個小東西，不過是幾塊錢的事情，沒有必要摳得太細。雷軍對這個觀點感到非常驚訝，小米手機一年的出貨量是幾千萬部，如果一部手機貴上幾塊錢，乘以幾千萬就是個天文數字，其中的資源浪費簡直不可想像，而對成本這麼不友好的事情，竟然就發生在他的眼前。另外，雷軍也發現，由於之前手機部的部門牆一直存在，導致公司的螺絲釘沒有標準款，每一個手機型號都使用獨有的一套螺絲釘，沒有統一規劃。

對於產品的材料來說，並不是最昂貴的就是最好的，也不是用低價購買廉價的材料就是節省成本。其實，成本多是一種設計的結果，是一種最優的方案選擇。小米手機的一個標準款——打開卡槽的卡針，就說明了這個問題。在小米建立的最早期，這個卡針的報價是 2.2 元的「天價」，雷軍曾經要求供應鏈團隊把這個零件的價格降下來。到雷軍接手供應鏈時，卡針的價格是 8 角錢一根。在重新進行供應商招標的過程中，雷軍發現，三星旗艦手機的卡針價格不過 3 角錢，普通機型的卡針價格是 1.5 角，還不到小米採購價格的一半。在諮詢供應商之後，雷軍才知曉其中的緣由。原來，小米手機的卡針是全不銹鋼做的，要求的精度特別高，加工時還要用工具機銑，供應商連 8 角錢都不願意接單，覺得做了就虧。他們向雷軍提出了一個建議：「卡針的功能其實很單一，而且所有的人只使

用一次，這個零配件的做法完全有更好的替代方案。不銹鋼好看歸好看，但是並不是成本最優的選擇。」最後，經過和供應商的共同商討，卡針用迴紋針做成了一個漂亮的心形，不但讓這個配件的成本優化了，而且功能、體驗絲毫不減。

此外，很多包裝的成本與設計師的理念有關，一個簡單的小米手機說明書就很能說明這個問題。雷軍在仔細了解供應鏈時發現，很多本意是希望優化成本的設計，最後卻在操作中造成了巨大的浪費。

小米最初設計的產品說明書是四頁單獨的紙片，它的製作流程是，四頁紙張分別印刷出來後由機械手臂按順序放好，然後用一塊透明的塑膠紙進行塑封。在這個環節的報價單上，雷軍看到這四頁紙從印刷到完成塑封竟然需要 8 角錢，和其他的廠商相比，這個價格貴得離譜。在雷軍的眼裡，「8 分錢都覺得貴」。然而，在和供應商溝通的過程中，雷軍發現，供應商對這樣設計的說明書也是連連吐槽，他們抱怨道：「雷總，接你們這個工作的難題在於，四頁紙片特別薄，一不小心就會放錯，你們的品質要求又很高，每百萬個是一個錯都不能有的。這樣一來，成本肯定低不了。我覺得這個做法其實挺蠢的，為什麼不能設計成平面印一張紙然後折疊起來呢？」雷軍思考了半天，怎麼也想不通當時這個設計方案的來由，他找設計師探討了一下，發現設計師做出這個設計的初衷竟然是為了省錢──四張紙片萬一弄錯了一張很容易更換。

在回憶這個案例時，雷軍這樣感嘆：「其實排版只是一件事，設計成一張紙鋪開顯然對成本更有優勢，對於消費者也更友好。這是典型的部門與部門之間沒有打通的結果，大家只是按照自己的想

法去做設計，本想節省成本，但是在設計的實現上卻花了數倍的錢。」在那段時期，他發現了很多這樣的浪費，並且進行了糾正。對於自己親自管理了一段時間供應鏈工作，雷軍後來感到慶幸，他說：「如果一個創始人自己都搞不清楚核心業務的基本規律，怎麼可能指望其他的人比你還清楚呢？」

在梳理了整個供應鏈體系之後，雷軍明顯感覺到，再同時管理手機研發和供應鏈體系，會出現精力不足的問題。手機研發和供應鏈體系都是公司最核心的業務，而供應鏈管理的一個非常典型的需求是，要經常和供應商進行面對面的交流。你需要知道每一個細節，溝通每一筆訂單，比對每一個價格，有時候甚至需要在飯桌上來一場酩酊大醉，這基本上是一個建立在時間之上的工作，還涉及人與人之間的感情。在雷軍人來人往的辦公室裡，經常有供應商前來敲門，熱情地想和他打個招呼。幾個月下來，雷軍明顯感覺到——他的時間已經不夠分配了！必須有一個可靠的人來幫他打理這一切。

面試供應鏈的負責人花了兩個月的時間，但雷軍依然沒有找到合適的人選。此時劉德提出了一個建議——為什麼不乾脆直接讓張峰來幹這件事呢？張峰和小米的緣分始於英華達，濃厚於紫米，現在還在幫助生態鏈的兄弟企業做打通供應鏈的顧問，他應該就是這個職位最合適的人選了。而雷軍的本能反應是，他怎麼可能會過來呢？此時，張峰的紫米科技蒸蒸日上，行動電源業務也已經穩居市場第一，他怎麼會來吃「這份苦」呢？劉德自告奮勇，說：「我去問一問張峰。」

出乎料的是，在劉德和張峰表明來意之後，張峰認為這並非

完全不可能的事情。隨後，雷軍安排了和張峰的見面。他們見面的
那一天是 2016 年 8 月 28 日，張峰對雷軍說：「給我三天時間，我
去和股東們交代一下，然後任命一個新的 CEO，三天之後，9 月 1
日早上 9 點，我準時去小米報到。」

　　2016 年 9 月 1 日早上，小米的老朋友張峰，準時出現在了小米
公司五彩城的雷軍辦公室裡，他對雷軍這樣保證：「至少會幫助小
米的供應鏈三年時間。」

　　從英華達出來自己創業後，張峰的特點是不喜歡大公司文化，
他最喜歡的工作狀態就是，帶著一個一百人左右的團隊一起打仗，
有什麼問題大家直接溝通就好，他喜歡那種管理上的輕鬆感。在紫
米科技，他甚至不喜歡待在單獨的辦公室裡，而是喜歡和大家一起
坐在格子間，這讓他有一種和同事親密無間的感覺。而這一次，為
了和小米之間這份特殊的感情，他再一次走進了一家上萬人的龐大
公司。

　　從這個時候開始，小米的供應鏈管理逐步進入良性健康的軌
道。與供應商深度溝通的擔子落在了張峰的身上，而他也深諳此
道。這種關係，跟其他合作夥伴的關係一樣，都是建立在真誠和信
任的基礎之上。

　　張峰會把那種變通的柔性運用於和供應商的關係當中。比如，
有時供應商的生產線會有兩個月的過剩，希望能和小米多做一些業
務，張峰就會把訂單提前一個月給供應商，但是要求供應商下一個
月再發貨。這樣既讓供應商暫時空轉的生產線運轉了起來，也不影
響小米的日常營運。畢竟，付款時間是按照發貨時間來確定的。張
峰知道，供應鏈需要可以變通的做事方法。

　　張峰甚至會關心供應商個人的感受和命運，在能提供一臂之力的時候盡量幫助他們。有一次，某個供應商的中層告訴他，公司要求要和小米達成兩億元的採購額，他的股票激勵和升職才有保障，而到了年底他一計算，公司和小米訂單的成交額還差 500 萬元。張峰認為，這件事情對小米來說其實不大，但是對這個中層個人的影響巨大。他在小米內部發起了討論，是否在訂單中給這家供應商傾斜 500 萬元。這個內部討論最後得到了通過。透過這樣的微調，小米和供應商結下了情誼，這樣在小米有產能困難的時候，對方也願意在他的公司內部幫助小米努力爭取資源。在甲乙雙方隨時發生換位的供應鏈行業，平日裡建立起的深厚感情，在一些關鍵時刻會發揮意想不到的作用。

　　供應鏈就是這樣一個既需要雄才大略，又需要體察人際感情的工作，對人的綜合素質要求極高，而且供應鏈不是一個單獨存在的環節，它和公司整體的認知有關。為了解決全體員工的認知問題，張峰曾經在小米總參大樓地下一層的多功能廳為小米高管舉辦了一次大會，題目叫作《破山中賊易，破心中賊難》，在這個以王明陽剿匪的故事為題目的演講中，他講道：

　　對於交付來講，供應鏈當然是一個重要的環節，但是交付的源頭是產品規劃，它和產品設計、可量產度、市場行銷都有重要的關係，和今天在座的每個人都有關。如果今天大家說，讓我抓一下交付，我們狠命地抓一下供應鏈的環節，問題就改善了，這就是破山中賊。但是如果各個部門的老大，都認為交付不是自己部門的事，與我無關，這個就是心中賊。

多功能廳的音響聲音很大，張峰的話迴盪在大廳當中。臺下的小米高管們都陷入了沉思。

張峰接手供應鏈之後，從改變全員意識到供應鏈資訊化改革，全方位的工作就這樣慢慢地開啟了。和很多入職小米的創業者一樣，從進入小米的第一天開始，張峰就開啟了節奏瘋狂的工作，他每天召開部門會議，核對各種數據，經常半夜才能回家，工作的辛苦程度和以前相比有過之而無不及。

張峰和幾年前一樣，喜歡穿休閒西裝，對人態度謙遜，說話經常帶有一種自嘲的色彩和一絲不經意的冷幽默。但是經過了和小米公司起起落落的交往，他已經實現了很多深刻的自我進化。

張峰曾經做過這樣一個比喻：其實供應鏈的管理不是什麼原創性的工作，它更像是一個公司的廚師。「一個公司特別棒，肯定不是因為它的廚師特別好，但是一個好的公司需要好的廚師，讓大家機體健康，精神愉悅。你總不能搞一次食物中毒，讓整個公司癱瘓吧。」

說這番話時，張峰依然用自嘲的方式，隱藏了他的謙遜。

小米之家正式啟航

2016 年，互聯網流量快速增長見頂的趨勢已經非常明朗。在 2012 年 CCTV 中國經濟年度人物頒獎典禮上王健林和馬雲打賭時，中國網路零售額只占社會消費品零售額的 6.3％。到 2016 年，這個比例上升到 15.5％左右，但是增長不再明顯。而隨著行動互聯網

O2O 大潮退燒，一個新的方向逐漸顯露出端倪，那就是互聯網公司從線上走到了線下，將虛擬經濟與實體經濟進一步結合，一些創新的生態開始出現，讓虛擬經濟對線下的資源與營運有了更大的依賴。

這意味著，如果不往線下拓展，小米大盤的基本面不會再繼續增長了，線下的市場份額也拿不到。

在這樣的形勢下，小米在互聯網以外唯一的銷售管道──全國代理商體系，正在面臨瓦解。在利潤空間非常有限的情況下，如果小米手機的流速不夠快，零售商就會轉向利潤更高的商品，而小米總部和這些全國代理商體系之下的零售商是脫節的，也沒有辦法進行管控。

2015 年 7 月 16 日，負責線下拓展的張劍慧在江蘇省南京市溧水區的洪藍鎮、和鳳鎮，以及高淳區的椏溪鎮觀察時發現，縣鎮通訊行和通訊營業商幾乎都被 OPPO 的店包了。這些小店喜歡銷售這個品牌產品的原因，是它的利潤空間足夠，售後服務也有保證。人們拿著有問題的機器去修理，大多一週之後就可以返回。在核心大鎮上，金立、OPPO、vivo 的銷售基本占了 6 成。在線下，這些品牌有著長期的耕耘，而小米手機之前不在線下出售，流轉到線下的手機基本是透過黃牛或其他管道層層轉手而來的，黃牛為了利益，經常會在小米手機裡預裝各種軟體，以致一開機就跳出各種應用程式，讓用戶的開機感受非常不好，並且如果鄉鎮市場沒有小米官方授權的網點，大多數小店都遵循在哪買在哪修的原則，保固期內的手機回到地市修，保固期外的就在非授權網點隨便替使用者修一修。這樣造成的後果是，店主認可小米品牌，但是不敢進貨。

在這種情況之下，雷軍和林斌決定從 2015 年 10 月中下旬開

始，全面開啟小米公司的線下擴張之路，路線分為繼續在全國建設
小米之家零售店和建設自己的零售體系兩種。他們指定此前一直負
責小米售後服務和建設當代商城店的張劍慧為小米之家這個管道拓
展的執行負責人。雷軍和林斌分別和這個富有衝勁的女孩談過幾次
話，希望她能在這次戰略拓展中發揮帶頭作用。

　　雷軍多次和林斌與張劍慧分享自己創建小米之初研究過的偶像
級企業——好市多（Costco），希望小米之家可以參照好市多的商業
效率理念，為中國線下零售帶來不一樣的風貌。

　　雷軍最開始研究這家企業是在 2011 年底，當時他經常在往返
中美兩國時看到一個奇怪的現象——每一次，當他和朋友或同事飛
到美國，總是有人下了飛機就直奔一個大型賣場瘋狂購物。一次，
他和金山的高管張宏江博士去美國出差，一下飛機，張宏江博士就
租了一輛車前往這家叫作好市多的大型連鎖賣場。購物之後，張宏
江博士和大家分享了自己的購物體驗，他說，這一家的東西好用又
不貴，他呼籲其他高管有機會也可以去那裡搶購一番。第二天，雷
軍跟著大家一起體驗了一下這家連鎖大賣場，站在這個巨大的空間
裡 15 分鐘，雷軍就發現了其中的奧妙。一個在北京賣 9000 元的行
李箱，在好市多只賣 900 元，價格相差 10 倍之多。好市多的商品
品類並不多，但每一個單品都是精品，感覺怎麼買都不會虧。雷軍
立刻感覺到，這家賣場的本質和當年他創辦的卓越網模式是一樣
的，即用精選的商品，賣最好的價格，最終獲得消費者的信任。

　　在很多次公開場合的分享中，雷軍都表達過對這家企業的尊
敬——好市多所有的商品定價只有1%～14%的毛利，如果任何商
品的定價毛利超過14%，就必須經過 CEO 的批准，還要再經過董

事會的同意。總體而言，好市多是一家以低毛率和高效率為信仰的公司，它贏得了消費者的終極尊重。這也是雷軍創立小米的初心。

　　早期受到好市多的感染和啟發，雷軍將低毛利和高效率的模式引入到了互聯網管道，引發了一場效率革命，而現在，他希望把一種叫作「新零售」的業態再度帶到線下。在雷軍的眼中，小米做零售業肯定不可能是對傳統零售業的一種重複，而是會把小米的互聯網基因和流量革命的概念深深嵌入到舊有的模式中。在他的設計裡，這將會是一種線上和線下互動、相互融合的場景。小米希望透過一些提升流通效率的方法，將質高價優的產品送到消費者手裡，最終實現消費升級的創新零售模式。

　　「新零售」這個概念在 2016 年 10 月 13 日橫空出世，這背後還有一個有趣的故事。雷軍公開提出這個概念的時間是在這一天召開的中國（四川）電子商務發展峰會上。巧合的是，同一天，馬雲在雲棲大會上也提出了「五新」的概念，它們分別是新零售、新製造、新金融、新技術、新能源。因為同一天提出「新零售」概念這種巧合，媒體上還有過「誰是第一時間提出新零售概念的人」的爭論，甚至還有網友試圖從馬雲和雷軍兩個人的演講時間上做一些比對，把網頁上的演講時間畫上了紅色的框。其實，不管是誰先提出的這個概念，新零售此時成為一種大家可見的新趨勢已經毋庸置疑。

　　那段時間，雷軍經常在米聊上發給張劍慧一些關於新零售的戰略想法，比如，探索小米的爆品策略，大膽試驗，測算投入產出比。他告訴整個團隊建設零售店的邏輯：利小量大利不小，利大量小利不大。小米線下的這套模式和傳統模式不太一樣，並不會靠單一產品的利潤取勝，而是靠量。小米希望透過產品的流量來彌補利

潤率的不足。

而曾在金山負責管道拓展，然後在小米負責全國的售後服務，接著又建設了當代商城小米之家的張劍慧，她所有的經驗好像都是為這一刻準備的，她非常適合這個職位，自己也躍躍欲試。然而，就在她剛剛和雷軍、林斌確定了自己的工作職責和預算，準備高歌猛進的時候，卻總是感覺到身體不舒服。尤其是在備戰 2015 年「雙十一」期間，她的團隊特別忙，白天忙完了工作，晚上她還要帶領團隊體驗小米互娛新出品的網路遊戲《列王的紛爭》。在金山時期，張劍慧就是一個打遊戲的高手，經常把男同事打得滿地找牙。而這一次，她發現，平時強壯得如同小金剛的她，到了半夜 12 點半眼皮就扛不住了。

「雙十一」當天，是整個小米公司戰事正火熱的時候，而她終於難受得熬不住了，只能請假前往醫院就診。醫生在做完一系列檢查之後，給了一個她非常意外的診斷——她懷孕了。

這是一個女性職場人士面臨的經典困境。在需要打一場硬仗的時候，卻發現自己忽然處在一個最需要呵護的時期。上還是不上？如何取捨和平衡？這通常會讓很多人非常糾結。當天晚上，張劍慧為自己制定了兩套方案。

2015 年 11 月 12 日，「雙十一」的第二天，張劍慧和她的直屬主管林斌一起去售後服務部的備件中心，那是一個物流倉庫。「雙十一」大戰剛剛結束，緊接著就是物流運輸大戰了，林斌和張劍慧需要一起與物流團隊開一個動員大會。會議結束之後，張劍慧站在倉庫前，讓林斌稍等一下，她對林斌說：「我有一個情況可能會影響工作。」林斌頓時有些緊張。張劍慧接著說：「情況是這樣，我

現在懷孕了，但是我知道現在小米之家這件事很緊急，目前我這裡有兩個方案，第一，小米之家我先帶著，您盡快找一個人接手。第二個方案，如果您暫時找不到其他人接替，正常的產假是四個月，我只休兩個月，兩個月後我馬上回來。」

林斌沉思了半分鐘之後，對張劍慧說：「方案二吧。」

就這樣，小米之家的全面擴張之路開啟了。在這段日子裡，為了與一線團隊密切溝通，本來有自己單獨辦公室的林斌抱著電腦駐紮到了張劍慧的辦公桌，親自指揮整個小米之家的作戰。張劍慧也開始了全面考察線下店的旅程。有時候，她會和林斌一起去考察線下店，經常忘了自己是一名孕婦。

她回憶說，自己是到懷孕 7 個月時才停止出差的。為了學習全球設計最好的體驗店，讓小米盡快掌握線下的「語言」，她成了蘋果體驗店的一名常客。全國 42 家蘋果體驗店，她幾乎全部走了一遍。用她的話說，「當時看店已經進入了如癡如醉的狀態」。

在蘋果三里屯店外，林斌和張劍慧會坐在附近的小廣場上數每個時段的客流量，然後記錄下來。他們會留意這個店面是中午顧客多，還是晚上顧客多，是男士多還是女士多，年齡層大概怎麼分布。他們會在店門口駐足一會兒，看看消費者是喜歡先向左轉，還是先向右轉，蘋果店對顧客走路的動線是怎麼設計安排的。張劍慧還會到二樓看看預約區的人數多不多，預約區又是怎麼進行日常營運的。如果客人沒有預約臨時來店，蘋果店又會怎麼處理？她有時候也會親自去蘋果的官網上預約幾節體驗課，感受一下蘋果店內的人員是怎麼進行培訓的，同時也會看看現場的產品，比如 iPad 的介面是怎麼設計露出的。

　　除此之外，張劍慧最關注蘋果體驗店的裝修標準和裝修風格。蘋果店是怎樣把簡潔的設計理念貫穿其中的？為什麼裡面會有很多平行的線條？為什麼有些地方會有大面積的留白？他們又是怎樣凸顯「產品即英雄」這個理念的？張劍慧甚至觀察到，除了一樓到二樓有玻璃樓梯之外，並未看到其他樓梯，那麼他們的員工是怎麼上到三樓辦公室的呢？原來，在二樓的盡頭有一個隱形的直梯，外表看上去是個用鋁板封起來的平面，但是員工一推就可以進去了。這讓張劍慧感嘆這個設計的精巧，儘管鋁板的造價很高，但是牆體用銀色鋁板的妙處很多。第一，它的顏色容易控制，全球店鋪容易統一。第二，它的平整度和光潔度很好，顯得非常有質感。第三，鋁板堅固耐用、顏色永遠不會過時，也比較容易清潔。讓張劍慧頗為震撼的是，設計師甚至細心到連「消防栓」三個字，都用的是和鋁板一樣的銀色。

　　那段時期，在蘋果三里屯店裡經常能看到一個年輕孕婦流連忘返。她拿著一把電子尺，一按就會顯示數字的那種，在展示的長桌旁邊反覆測量桌子的長度。有時候她還會長時間地打量牆上燈箱廣告上的圖片，一會兒遠看，一會兒近看，一會兒站在那裡一動不動。有些店員覺得她舉止有點奇怪，就走近問她：「小姐，有什麼需要幫助的嗎？」而這位年輕的孕婦總是習慣性地回答：「不需要，我量一下就好。」

　　小米之家華潤五彩城店就是在張劍慧這樣的學習精神下籌建的。小米第一家標竿店的選址由小米副總裁祁燕牽頭，張劍慧後續去談合約。張劍慧後來回憶，當時預算並不是太多，因此談來談去，只有地下一層一個 300 平方公尺（約 91 坪）的位置基本符合要

求，房租只要 2～3 萬元。她說：「我們去的時候那一層樓還什麼商鋪都沒有，外面只有一個食中天，是吃飯的地方。」

張劍慧知道，小米要真正地做出一個標竿店來，從裝修到營運，都要做到容易複製，這樣將來才好推而廣之。因此她是用做產品的思維來做小米之家的，其中有一個重要的工作，就是把裝修進行標準化。在選擇材料時，就連地磚的顏色選擇張劍慧都希望做到最好。她採取的方法是，讓團隊成員把十幾塊不同灰度的地磚擺在小米總參的一個辦公室裡，然後讓 80 後和 90 後的員工分別組隊過來觀看，讓大家為自己喜歡的地磚顏色投票。最後，所有人還要親自在地磚上踩上幾腳，以對比這些地磚的可清潔度。

顧客動線的設計、貨架的擺放最初都是參考蘋果店的裝修，而其中最讓人較勁的就是燈箱的放置。在做廣告圖時，張劍慧再一次發現自己的公司還是一家充滿電商基因的公司，給她的圖樣都是適合手機上看、精度相對較低的圖，因此她還需要去推動大市場部做出高精度的大圖，渲染之後再修剪成她想要的尺寸。在裝修現場，張劍慧戴著口罩進進出出，完全不在意自己是一個懷孕的準媽媽，一直到五彩城店開業之前的 2016 年 3 月 19 日，她都是每天戴著口罩出入裝修現場。在驗收這家店時，她特別注意了一下「消防栓」三個字的顏色，發現是按照通常的設計做成了紅色的，她指著那三個字對設計師說：「給我改！改成銀色的！」

在開店的過程中，小米要學習的內容還有很多。從家具供應商、展示陳列，到燈光系統、燈箱的擺放位置，每個細節都要追求極致，而線下團隊必須迅速地學習。張劍慧請來了金山時期的老同事王海洲，請他全面打造一套線上線下融合的銷售系統。這個學習

的過程，其實也是小米公司從一家純線上的電商公司，完成融合線下新零售業態的一種蛻變過程。為了配合線下擴張，雷軍和林斌也做出了相應的組織結構調整：將銷售營運部進行分拆，讓朱磊負責線上線下分貨。

這家看起來風格簡潔的小米之家零售店，最大的奧妙在於，它的系統和小米網是打通的，價格體系也完全一致。如果小米網調整價格，線下也會跟著調價。而線下店要擔負店面租金、裝修成本、人員工資等支出，利潤會非常低，想要讓線下店在這種情況下保持運轉，選品策略就成為能否盈利的關鍵。

根據雷軍的設想，小米之家的選品策略應該是銷售那些自帶流量、能造就巨大轉換率的產品，並把生態鏈的產品組合帶進小米之家，這樣就可以把進店沒太多東西可買的低效流量，變成進店總能買走幾樣有趣產品的高效流量。在這樣的指導思想下，除了小米手機外，空氣淨化器、延長線、小米電視甚至平衡車這些日常生活用品被陳列進以白色為主色調的小米之家裡。雷軍三年前啟動的生態鏈計畫孵化出的眾多產品，此時成為小米之家裡品類的最好補充。就在這一年，雷軍為了區隔小米品牌和生態鏈品牌，賦予了生態鏈產品一個新的品牌──米家。越來越多的米家爆品，也被選進了小米之家，在線下出售。

這樣的選品策略被證明是非常成功的。小米之家北京五彩城店自 2016 年 2 月 18 日開始試營運起，就為傳統的零售行業帶來了新的氣息，每天的客流量達到了將近 3000 人次。

就在一週之後，一個消息連同小米 5 一起在小米春季發布會上發布了：小米之家將正式轉型為零售店。這個消息被媒體解讀為小

米的戰略突破。

二十多天之後，帶著小米橙色 LOGO，擺放著原木色陳列展臺，充滿簡潔風格的小米之家五彩城店在北京正式開業了，店鋪裡面陳列著很多高品質、高顏值、高性價比的小米產品。而「小米之家」這個「產品」，就像很多小米的產品最初投放到市場時一樣，讓人們充滿了對「新物種誕生」的感嘆。每天店裡都人來人往，顧客川流不息，銷售額不斷在增長。經過幾個月的營運，這家小米之家的月均銷售額高達 1100 萬元，接近整個商場銷售額的 10%。開業 10 個月時，五彩城小米之家的銷售額占到整個商場一年總銷售額的十四分之一。為此，小米之家獲得了五彩城購物中心頒發的全優之星獎，這意味著小米之家是購物中心客流量最大、銷售額最高的品牌。

小米產品的流量完全可以帶動小米之家的運轉，有很多零售業的人幫助小米之家計算了它的費用率。非常神奇的是，在全行業費用率都在 15% 上下浮動時，小米之家的費用率只有 9.9%。而另一個專業數據則顯得更加亮眼，那就是坪效，這個指標是指每坪面積可以產出的營業額，是衡量一家超市或者百貨商店經營狀況的重要指標。根據公開的數據，蘋果在全球各地開設了 500 家左右的零售店，其坪效堪稱世界第一，為 5546 美元／平方英尺，約合 36.7 萬元／平方公尺。世界零售店坪效排名第二的，是奢侈品品牌蒂芙尼（Tiffany），它的坪效能達到 20 萬元。而小米之家的坪效保持在 22 萬元左右。

在華潤五彩城順利跑通模式之後，小米之家在全國的選址工作開始了。一些核心商圈也主動向小米伸出了橄欖枝，並提供了更加

優惠的政策給小米之家，因為他們發現，小米是一個自帶客流的品牌，引進小米之家能夠幫購物中心產生新的價值。

在全國開店的過程中，林斌每個週末都在各個城市出差，跑遍除了西部個別省分以外的所有省的省會城市，有時候，他甚至會到縣一級的城市去看看，感受和一線城市完全不同的線下零售業態。張劍慧的孩子出生後，和當初對林斌承諾的一樣，她兩個月之後就回到了戰場，或者也可以這麼說，她其實從來沒有離開過。在坐月子期間，團隊成員就開始到她的家裡召開業務例會。在休產假期間，團隊成員也會把雷軍和林斌的會議錄音拿給她聽，然後她據此做出工作部署。奇怪嗎？小米整個的工作氛圍會讓你覺得，這真的一點也不奇怪。

到了這一年年底，小米在全國開了 50 間小米之家。林斌和張劍慧開始了分頭出差的日子，他們跑遍了中國的大江南北，不斷複製小米之家的商業模式。此外，在小米直營店的基礎上，他們還探索出一種叫小米專賣店的模式，即小米和商戶合作，由零售商負責地租和人力成本，由小米直供商品，然後派駐店長，承擔物流、經營、人員培訓等管理成本。在這種模式下，專賣店不用背負庫存的壓力，只需要在小米帳戶上存有保證金即可。

短短幾個月時間，他們就讓小米具有現代感的零售店和著名的橙色 LOGO，出現在了更多人的視野當中。

低谷中的曙光

2016 年下半年應該是小米公司發展史上壓力最大的半年，上半年經歷了重大的人事調整後，雷軍接管了研發和供應鏈兩大業務板塊，還有很多調整在密集地進行中，新產品的規劃也在緊鑼密鼓的部署當中。但是，重大調整的效果不會立刻顯現出來。在這樣的情況下，小米迎來了競爭格外慘烈的下半年。這段時期，小米的銷售出現了一段失速下滑，整個公司都處在焦慮當中。在當時負責小米全網電商的耿帥印象中，這是小米面臨「生死壓力」的一段時間。

在外界的質疑聲中，一些供應商也出現了對小米信心不足的情況。僅媒體報導的就有兩家公司對小米格外擔心，一家是京東，據媒體報導，劉強東曾經親自過問過小米的狀況。另外一家是中國移動，這家曾經和小米簽署過 3000 萬部手機包銷協議的營運商，也在密切地注視著小米的走向。

在這樣的情況下，雷軍在手機部任務異常繁重的情況下，決定再拿出一些時間親自指揮小米在線上的銷售，守住小米最具優勢的陣地。在創辦卓越網期間，雷軍對電商的投入曾經達到過廢寢忘食的狀態，當時他對團隊的要求是按畫素點擊計算銷售額，計算每一個畫素點的銷售效率。在螢幕上有幾個廣告欄位，平均有多少銷量，這是系統自己計算的，如果不符合要求就要立刻更換。而現在，小米的電商銷售分為小米網和小米網之外的全網電商兩塊，後者包括天貓、蘇寧和京東的店鋪。

從 2016 年 7 月開始，雷軍參與了小米網和全網電商的一場場戰役。他不僅向團隊下達命令，還抽出時間親自替員工進行電商銷

售的指導。當時管理小米網的年輕幹部李名進對這個階段的回憶是：他用兩個月的時間上了一系列全球頂級的 EMBA 課程。

雷軍發現了很多團隊以前沒有發現的細節問題。比如，他指出小米商城在手機 App 上的存取速度比較慢。團隊成員起初對於這個評價非常不服氣，他們認為，整個團隊一直在關注存取速度問題，小米商城的存取速度與競品並沒有差距。雷軍現場打開一個叫作口袋購物的 App 對他們說：「你們感受一下這個軟體的開啟速度，就知道你們的速度到底如何了。」李名進團隊經過反覆對比發現，他們的存取速度確實不是市場上最快的。透過研究他們發現，小米商城的開啟頁面不適合載入太多的圖片，這會影響使用者的使用體驗，於是，他們立刻開始改進這個問題，讓工程師修改安卓的載入引擎，力求把其他電商的頁面存取速度「甩出一條街」。事實證明，這樣一個小小的修改就會讓用戶的體驗好很多。

另外，雷軍從一個標題、一個圖片這樣的細節開始指導，讓小米網的員工反覆體會，首頁焦點圖片到底用哪種素材和哪類圖片才能提高點擊率和轉換率。雷軍特別指出，京東和天貓都是昂貴的資源，在其上投放的圖片要經過反覆驗證，這一點特別重要。

在那段時間裡，全網電商的負責人耿帥感受到了雷軍身上背負的壓力。儘管在壓力最大的時候，雷軍也很少把自己的壓力帶給下屬，但是他們通常能從他的精神狀態上判斷出來他昨天休息得怎麼樣。有的時候，耿帥看到雷軍的眼睛裡全是血絲。在感到壓力巨大的時候，雷軍偶爾會抽一支菸；在開會的過程中，他一邊和員工核對業務數據，一邊習慣性地把菸灰整整齊齊地刮進喝光的可樂罐裡。在很多員工眼裡，雷軍是一個極其注重細節的人。

就是在那段大家都面臨很大壓力的日子裡，耿帥為了達到細節的要求，幾乎被折磨到了神經質的程度。也是從那個時候開始，他對手機的聲音產生了某種恐懼感。他開始害怕手機傳來的提示音，尤其害怕微信裡蹦出來的不是文字訊息，而是圖片。通常，一旦他收到的微信訊息是一張截圖，那一定是雷軍把哪張圖片截了下來，然後在上面某個地方畫了一個圈。耿帥形容他看到圖片的感覺「通常是瞬間就炸了」。後來他回憶那段日子，早上醒來去拿手機的瞬間會產生一種掙扎感。那種感覺很像還沒有從床上爬起來，就要面臨一場大考。

為了堅守小米的線上陣地，雷軍對小米網和全網電商下達了KPI（關鍵績效指標），小米網每個月力保100萬部的銷售量，全網電商每個月150萬部的銷售量，並且要求每天晚上檢查當日銷量。如果沒有完成當日的銷售目標，團隊領導者需要發紅包給雷軍，而如果完成了，雷軍也會發紅包給團隊。

整個團隊進入了戰時狀態。小米網的員工金亮很清楚地記得當時李名進是怎麼指揮團隊作戰的，他們把100萬部的KPI拆解到了每個小時。每天早上，團隊成員坐在小米總參辦公大樓的一個辦公室裡，從9點開始每個小時清點銷售結果，一旦某個時段有銷售下滑的情況，大家會立刻分析原因，看看是營運端的問題還是技術問題，然後立刻跟進一些活動促進銷售。後來，每個小時一通報變成了每15分鐘一通報，儘管有系統來發送數字，但是小米網團隊成員還是習慣用A4紙來記錄自己的戰況，這樣一來，他們就可以把一些臨時規劃隨時加進去。每天工作下來，團隊成員平均每人能寫滿二十幾張A4紙。

　　2016 年 9 月 9 日，在小米總參地下 1 樓的多功能廳裡，一場關於銷售營運的動員大會由雷軍親自召開，核心高管全部到會。在這種內部會議上，雷軍通常會表現得更為放鬆和真性情。他回顧了幾個月以來他死盯電商的原因以及整個電商團隊的進步。他說：「咱們要守住陣地，才能再去出擊，基地是我們的立身之本。小米電商和全網電商這兩個戰場咱們一定要贏。最近兩個月，我每天晚上都檢查小米商城的銷售。晚上我發紅包給大家，發現大家領紅包不積極。二毛（李名進的別稱）說，老大現在已經是凌晨 1 點了，我拍個影片給你看看。我一看，團隊還有七個人在工作，大家沒有時間領紅包。我和耿帥也打了幾次銷售的賭，賭了六天，他只輸了一次，只輸了 10%。耿帥不著急。這兩個團隊，在這兩個月都獲得了長足的進步。所有的圖片品質，都到了無與倫比的程度。」

　　就在小米的銷售攻堅戰進行得如火如荼的時候，在漫長隧道的盡頭，一些光芒正在照射進來。小米的主戰場之外不斷傳來一些好消息。劉德在投資生態鏈企業的過程當中，終於感受到那種他在藝術大師的畫卷中才能感受到的失控感。生態鏈企業經過三年的發展，已經瘋跑成長得如同失控一般。到 2016 年，生態鏈已經孵化幾十家企業、上百個產品，推出了一款又一款爆品，完成了小米的點狀布局的使命。這一年，小米來自生態鏈和 IoT 的收入，已經達到 100 億元。可以說，小米用兩、三年的時間，為整個小米生態鏈建立了一條穩固的護城河。

　　小米的很多產品不但有著極高的性能，在設計方面也令人過目不忘。在生態鏈部門成立之初，生態鏈產品就秉持極致設計的理念，做生活的藝術品，這讓它們在設計界大放異彩，不斷斬獲像紅

點設計大獎這樣的國際設計大獎。這甚至讓雷軍登上了 2016 年 4 月《連線》雜誌英國版的封面，文章的標題是〈是時候複製中國了〉。在這篇文章中，雷軍有句話是這麼說的：「這些年，小米的使命已經改變了世界對中國產品的看法。」此時，小米投資生態鏈背後的方法論已經展現出其非常獨特的價值。和任何投資公司或孵化器的工作方法不同，當小米用幾百人的隊伍對所投資的公司在產品定義、外觀設計、價值觀梳理以及管道上進行支持時，生態鏈輸出的產品自然會參考小米的標準。當這些公司集群越來越龐大時，小米模式帶動的中國製造業轉型升級，便自然地發生了。

另外，在印度市場曾經狠狠摔過一跤的小米，很快就修正了自己的錯誤，在海外市場找到了感覺。小米於 2016 年 3 月在印度發布了紅米 Note 3 手機，這是小米在印度發布的第一款全金屬帶指紋的大螢幕手機，非常符合印度市場的需求。而且，這款手機的電池容量都在 4000mAh 以上，很符合供電不穩定的印度市場對電量的需求。這部性能很高、價格也十分具有競爭力的手機半年就賣出了 230 萬部，讓小米首次在印度市場實現了盈利。

此後，小米在印度勢如破竹。紅米「極致性價比」的理念很符合印度用戶的收入水準，粉絲社區的營運也符合印度人喜歡社交的特點。更重要的是，小米終於趕上了印度電商第一波騰飛的紅利，讓自己走上了正確的海外擴張之路。

這也正符合中國行動互聯網企業出海的大致節奏。到 2016 年，出海的中國企業的規模和市場規模，都躍升了一個臺階。比如阿里巴巴，已經將其網絡拓展到全球 213 個國家；而獵豹移動，除了廣為人知的 Clean Master（清理大師，垃圾清理軟體），在內容業

務上也突飛猛進。揚帆出海的行動互聯網企業還在不斷增加，小米的海外業務比例也隨著這般潮流慢慢提升。

在這一年的 10 月份，小米又將推行新品發布會。絕大部分小米員工都不知道，有一個醞釀已久的概念產品馬上就要在這個發布會上發布了，那將是一款來自未來世界的手機。

它將在整個行業引發一場驚濤駭浪般的討論。

世界上第一款全螢幕手機

2016 年第四季度，新一輪的資本寒冬悄然襲擊了高速發展了幾年的中國行動互聯網產業。無論是科技領域還是傳統企業，都處在轉型升級的關鍵節點上。很多人認為，互聯網行業正處在轉型升級過程中一個最脆弱的時期。

小米的出貨量也出現了大幅下跌的態勢。根據 IDC 發布的 2016 年中國手機市場季度追蹤報告：2016 年第四季度，OPPO 以壓倒性的優勢勇奪桂冠，相比之下，小米的銷量呈現出暴跌的趨勢。

小米當時銷量下跌的主要原因在於手機、供應鏈的補課剛剛啟動，在上一個產品週期尚未結束時，暴露的問題還沒有得到完全解決。此外，高通晶片的訂單未排期，使得小米需要一段時間來補充貨源，這造成了很多產品依然處在嚴重缺貨的狀態。因此，那是小米內部十分焦灼的一個季度。

從整體市場來看，手機市場靜悄悄地完成了一輪轉換。根據 IDC 公布的全球智慧型手機數據，2016 年全球智慧型手機出貨量為

14.706 億部，相比 2015 年 10.4%的增長率，2016 年的增長率是個位數，市場接近停滯。與此同時，一、二線城市用戶的智慧型手機普及已經完成，需求日趨飽和，而三、四線以及更為廣袤的農村市場剛開始進入智慧型手機大規模普及階段。這也是 OPPO 和 vivo 在這個階段市場份額不斷上升的原因。小米當時還沒有機會進入線下市場，這讓小米在這個領域很難發揮出自己的特長。

一些行業內人士注意到，按照全年市場份額估算，此時小米已經跌出全球前五名的位置，歸屬到 Others（其他）的行列。

這幾乎是小米歷史上最艱難的一個季度了，銷售營運的困境讓這個秋冬之際顯得漫長而寒冷，小米內部一直彌漫著一種認為公司處在低谷的氣氛。但是，雷軍一如既往精神抖擻地出現在 2016 年 10 月 25 日的發布會現場。還是像以往在這種場合的打扮那樣，他身穿淡藍色毫無褶皺的襯衫，兩隻袖子都捲到手肘的位置，深藍色的牛仔褲，後腰處的皮帶上別著麥克風盒子。不管遇到什麼樣的艱難困苦，在這樣的場合，雷軍總是保持著昂揚向上的狀態和滿面春風的微笑表情，讓人很容易聯想起《創業維艱》中的一句話：「形勢越不利，邁克就越堅強，他堪稱是一位終極戰士。」

這一天，小米要在北京大學體育館發布自己的新產品——小米 Note 2。為了配合小米進軍線下市場的需求，小米特意把形象代言人梁朝偉先生邀請到了發布會現場，這也是小米開始做品牌升維、探索新行銷方式的重要嘗試。而在發布會之前，黎萬強特意隱藏了一款重磅產品的發布，除了公司內部的一個小範圍的團隊外，大部分人對此一無所知。

當梁朝偉慢慢走上發布會舞臺時，臺下爆發出一陣歡呼聲，人

們不禁感嘆──他真的來了！這樣的明星效應還是第一次出現在小米的發布會現場。梁朝偉用自己出演過的電影解讀了小米 Note 2 這塊雙曲面螢幕的特質，他說：「一面一代宗師，一面花樣年華。」雷軍也和現場粉絲開起了玩笑，他說：「我可以替大家和梁朝偉合一個影，你們回頭再把我 P 掉。」臺下發出了一陣陣會心的笑聲。

在「直線屬於人類，曲線屬於上帝」的感嘆當中，小米 Note 2 的發布持續了 50 分鐘。這是一場看起來中規中矩、具備所有正常元素的發布會。就在大家以為這場發布會接近尾聲時，一個出乎現場觀眾甚至很多小米員工意料的情節發生了。雷軍告訴現場觀眾，今天他還有一款手機要發布，這款手機就是來自未來世界的產品──小米 MIX 全螢幕手機。

這就是 2014 年雷軍拍板決定要做的那款不計商業代價、不以商業目的為驅動、讓所有的創新精神能夠發揮到極致、他視為一次風險投資的產品。這就是那一款開全球手機之先河、讓手機的螢幕占比第一次達到 90% 以上、全面改變手機形態的產品。就在它正式發布的那一刻，很多工程師還有些恍惚，彷彿還沉浸在過去一年多那些無比艱難的研發工作中。很多驚心動魄的內情讓他們覺得，這款手機的面世太像一場充滿未知的旅行了。它的發布，並不是理所當然的產物，而是一次險中求勝的獎賞。

此時此刻，站在發布會後場的 MIX 研發主工程師劉安昱已經熱淚盈眶。北京大學是他的母校，他以前經常在這個體育館裡參加籃球比賽，但沒有一場勝利像今天的這場勝利，讓他內心充滿了委屈和激動的情緒。他覺得，參與研發 MIX 這樣的產品，真的需要一種體育精神，既要有堅忍不拔的耐力、追求成功的野心，同時也要能

坦然面對注定有人會失敗、終將有人退出賽場的現實。

的確，這是一款看上去就充滿野心的產品，研發的難度不言而喻。當市場上的手機紛紛強調螢幕占比這個指標、希望給使用者越來越大的螢幕顯示位置時，小米 MIX 將市場上普遍 70％多的螢幕占比提高到了 90％以上，這將是世界上螢幕占比最大的一款手機。

因為想把螢幕盡量放到最大，這其中複雜的解決方案讓工程師每天都跌跌撞撞，外觀的改變要求結構工程師徹底顛覆以前的手機結構設計──螢幕發聲和感應的方式都必須是前所未有的。在克服很多難以想像的困難後，工程師的解決方案是：用搭載的懸臂梁式壓電陶瓷聲學系統將電信訊號轉化為機械能，透過微震點擊的方式帶動整機的中框共振，將聲音傳遞至耳朵。而傳統手機上的紅外線距離感應器在小米 MIX 上也被替換成了超音波探測系統，以防止誤觸現象發生。為了駕馭這款手機性質獨特的材料，工程師還用上了榫卯結構，以此連接螢幕、邊框和背板。

在加大螢幕比例、將螢幕的角度改成有曲度的 R 角的條件下，為了將比例做得讓人舒服，ID 工程師在一年的時間裡不斷做著折磨人的試驗。16：9、16：5、17.5：9、18：9……在進行了無數次試驗之後，ID 工程師確定將既往 16：9 的螢幕寬高比改為 17：9。這看似只是微調的一步，讓工程師們投入了巨大的時間成本。當時，雨果・巴拉注意到工程師對螢幕寬高比的改變，馬上提醒工程師：這個改變可能會違反 Google 相容性定義文檔（Compatibility Definition Document，CDD）的規定。通常，為了保證安卓設備的體驗，包括應用軟體的相容性，安卓的相容性文檔要求螢幕的比例介於 4：3 和 16：9 之間。而小米要做特殊的螢幕，就必須說服

Google 總部同意做出相應的改變。為此，小米工程師用了大半年的時間與 Google 溝通，其間通了無數通越洋電話，對全螢幕技術做出了詳細的解釋。雨果‧巴拉和宋嘉寧也帶著 MIX 的工程師前後兩次飛到 Google 的山景城總部，和 Google 的高管當面溝通。雨果‧巴拉出現在不少老同事的面前，還用上了 Google 的哲學來解釋小米做出這個改變的用意：一切為了用戶。經過幾個月的溝通，小米終於收到了來自 Google 的肯定，這讓小米終於可以將螢幕適當拉長，盡量做好堆疊，取消正面多餘的區域。而小米也成為一款安卓深度客製化的手機。

解決了結構問題，還要解決外觀問題。這部手機的機身主要材質並非常見的塑膠、金屬或者玻璃，而是具備金屬光澤、延展性好、既剔透硬度又高的特殊陶瓷。雷軍在發布會現場不禁感嘆：MIX 手機的全身如同黑色的珍珠一樣閃耀。這樣的材質不僅讓手機的成本飆升，它的加工難度也是遠非常見的材質可比。這種陶瓷要用 1500 度的高溫進行燒製，燒製之前和燒製之後會產生很大的縮水現象，很不容易控制造型。在早期研發階段，工程師有時候把一鍋爐陶瓷片放進爐灶進行試驗，一旦掌握不好火候，5000 片陶瓷就全都廢掉了。一次又一次的失敗，曾經讓他們產生自我懷疑：這個專案還能做下去嗎？

就在產品發布的兩個月之前，小米公司的內部還對這款產品持有巨大的爭議，工程師中有發布與不發布兩種聲音。一些工程師甚至知道，在這款手機的研發過程中，很多友商都知道「小米正在做超大螢幕手機」這個消息，但是並沒有引起他們的重視，因為沒有人覺得小米能把難度這麼大的東西做出來。最終，經過不斷優化，

小米決定讓這款驚天地、泣鬼神的作品面世。雷軍知道，儘管這是一款概念產品，但它將帶給產業深遠影響，也會給公司帶來巨大的信心提振。這是對於創新者最好的回饋。

更令人欣慰的一點是，這款手機並沒有因為前衛的設計而在性能上打折扣。它搭載驍龍 821 處理器，4GB ＋ 128GB 存儲組合，電池容量為 4400mAh。最終小米對這款手機採用的是少量量產策略，以兩個版本的價格實現了上市。

這場發布會除了梁朝偉以外，還請來一位世界級的設計師——菲力浦·斯塔克（Philippe Starck），雷軍展示了斯塔克過去設計的一些作品，比如賈伯斯的私人遊艇、法國總統官邸愛麗舍宮的室內設計、上百萬件的路易斯幽靈椅，還有外星人榨汁機。當然，最後，雷軍向大家展示了這位世界上最負盛名的設計師的最新設計——小米 MIX。現場掌聲雷動。當雷軍邀請斯塔克上臺和他一起點亮手機進行拍照時，整個發布會現場響起此起彼伏的歡呼聲和尖叫聲。

一款擁有超大螢幕占比、像一整塊玻璃的手機，在兩個人手中閃耀出橘黃色的光芒！

那一天，整個小米發布會的後半場都沉浸在一種讓人驚豔讚嘆的氣氛中，粉絲的狂熱與尖叫讓人好像又回到了 2011 年 8 月 16 日，那個為發燒而生、沸騰不止的小米手機 1 發布會現場。很多人再次點燃了對這個酷炫品牌的發自內心的熱愛。一位米粉在 MIUI 論壇中說：「是的，就是那種真的讓你永遠年輕、永遠熱淚盈眶的感覺。」還有人說：「那個曾經遇佛殺佛、一心只追求技術的小米，回來了。」

發布會結束後，雷軍帶著這些研發工程師回到辦公室，開了一瓶酒。大家都有些想抱頭痛哭的衝動。雷軍舉起酒杯，感慨地說了一句話：「我們祖墳冒青煙了，終於把它做出來了。」

小米的這次科技創新贏得了整個科技界的尊敬。鋪天蓋地的報導，讓小米重新獲得了品牌上的聲量。媒體人士說：

小米 MIX 的發布是品牌再造，也是回歸初心。

小米黑科技，從未黑得如此徹底。

小米第一次提出全螢幕的概念。在目前手機市場嚴重同質化的時代，只要注重創新，還是會得到市場和消費者的認同。

科技媒體 TechRadar 的評價是：

小米打造了 2016 年外觀最酷炫的手機。

這一次，小米透過自己的努力，獲得了全球媒體的關注。一個標誌性事件便是菲力浦·斯塔克舉著小米 MIX 登上了《時代週刊》。《時代週刊》以「Starck phone makes big-screen debut」（斯塔克的手機讓大螢幕手機有了它的首秀）為題，從設計師菲力浦·斯塔克出發，讚賞了小米 MIX 的設計，並將之稱為「陶瓷技術的革命」。

事實證明，小米 MIX 是全球第一款全螢幕手機，它比三星的全螢幕手機早了半年，比蘋果的早了一年。而它對產品趨勢的影響更是遠超想像，Google 在發布會之後發了郵件給小米的工程師：「恭喜小米，非常震撼，我們正在制定一個計畫來支援更大比例的螢幕和圓角切割。」這是中國手機企業推動行業發展的一個很好的案例。自小米 MIX 之後，全球智慧型手機領域都開始享受全螢幕帶來的紅利，這讓中國手機企業的研發和創新越來越多地受到全球的矚目。

小米 MIX 的發布及其產生的巨大影響，給彼時處於幽暗境地、負面新聞纏身的小米，帶來了很多東西。那種勢能的回歸，那種士氣的提振，那種對供應商發出的積極信號，那種為發燒而生的熟悉感，讓人們看到了小米公司對未來有所期、對未來無所畏懼的勇氣。而它在市場上造成的聲量，也造就著小米這個品牌的重回輝煌之路。這對於正處在資本寒冬，整個行動互聯網行業都在痛苦中煎熬的人們來說，像一劑強心劑，讓人們看到了創新的意義。

在小米的產品規劃表上，操盤手們看到了一個又一個手機新品

的研發規劃，小米手機團隊在經過整體補課之後，正在成為一隻非常驍勇的部隊。只不過，這時候外界對小米的回歸還沒有很明顯的感知。有一天，朱磊在看到自己公司的產品規劃週期表之後，特別在日曆上標記了 2017 年第二季度開始的日子。她知道，當時間運轉到這一天時，小米一定會真正地走上逆襲之路。

第三部分

最年輕的世界 500 強

第九章∷逆轉向上

小米的生命線

　　小米 MIX 全螢幕手機的發布，被視為小米公司的一個轉捩點。它讓外界看到了小米在技術上的眼光和突破能力，也向公司內部傳遞了積極信號，這讓小米員工頗為感慨。一位年輕的工程師在社交媒體上寫下了參與研發的心得，頗能代表一些工程師的心聲：

　　工程師除了勤奮之外，更需要勇氣，他們就像歐洲的航海家一樣，在技術的大航海時代，探索著屬於自己的新大陸。他們克服恐懼，把自己交給時間和未知，讓自己成為茫茫大海裡的先行者，成為這個時代的麥哲倫和哥倫布。

　　在 2016 年雷軍提出補課元年的說法之後，創新、品質和交付成為小米手機業務的三個重要核心。

　　除了在創新方面繼續探索之外，張峰帶領的供應鏈團隊承擔起了保證交付這個重責大任。從 2016 年下半年開始，供應鏈團隊就像特種部隊一樣，大家要在短時間內協同作戰，把一些棘手的系統性問題集中解決掉。那段時間，張峰幾乎不眠不休，後半夜才能下班成了常態。而在巨大的壓力之下，他出現了一些過度反應。

　　一次，他在辦公室和一個員工核對某個數據，忽然發現有一個物料出現了嚴重的缺貨，於是他馬上開始追溯問題的根源，連珠炮似的向這個員工提出了很多問題。而這個員工也許天生就是相對樂觀的性格，在和張峰一問一答的過程中，還是笑意盈盈。這讓張峰一瞬間怒火中燒，他脫口而出：「都什麼時候了你還笑得出來？」他指著辦公室的門說：「不對了！你出去！」那位員工的表情頓時僵住了，只能委屈地拿著筆記本走出了辦公室。

　　當晚 12 點，當張峰結束一段工作從辦公室走出來時，看到這位員工還坐在位子上忙碌，他對自己的態度感到非常抱歉，走過去和那位員工說了對不起，並直言道：「在問題這麼嚴重的時候，看到別人還在笑，自己的感受不太好，但是實在不應該用這樣的態度說話。」

　　在接手供應鏈的前幾個月，張峰有四、五個月的時間，都要求團隊在月底簽出一份「計畫軍令狀」，保證下個月完成多少供應量，而且這種保證會用一種充滿儀式感的方式表現出來。比如，如果整個團隊保證下個月出貨 1300 萬部，張峰會讓工作人員用投影機把紅底金色的數字投放在辦公室的大螢幕上，然後每個人在投影面前拿著自己的任務單合一張影。對於張峰來說，這樣做的好處很多，他要用現有的人、現有的系統完成更多的任務。而這樣具有儀式感的過程，會讓大家更有緊迫感，也會讓每個人對自己的任務有清楚的認知——畢竟是和任務單一起合了影的。

　　事實證明，這種儀式感發揮了神奇的作用。每個人都異常重視自己負責的環節，供應鏈團隊成員每個月都達成了自己的交付任務。在系統流程不斷優化的同時，張峰也開始不斷地推動供應鏈資

訊化建設和人員的優化,這讓供應鏈漸漸趨於穩定。事實上,兩年之後,張峰每天電子簽核的任務已經達到上千條。資訊化的好處顯而易見——它可以把一些繁瑣的東西變得好檢查、易追溯,讓整個供應鏈系統更加透明。資訊化管理更大的妙處是,就算有天氣變化這樣的情況,也可以讓供應鏈系統提前預警,從而規避一些可能產生的問題。比如,如果一場颱風 10 天後要在廣東登陸,供應鏈的資訊系統將自動提示這個區域將有多少家供應商可能會受到影響。有了這樣的預警,採購方可以提前做出生產線調配和物流準備。人們不會再把天氣因素歸結為不可抗力。

在手機的創新和交付都在加強的時候,品質管控依然讓雷軍有些擔憂。品質問題事關公司命脈,只有產品品質得到保證,小米才能在競爭中立於不敗之地。儘管雷軍已經把品質部門調整為和手機部平行的一級部門,他依然認為這個部門在公司的話語權不夠。

產品品質不好會為一家公司帶來災難性後果,行業內的人都已經眼見為實。其中一個典型的案例就是三星 Note 7 的爆炸事件。2016 年 8 月 24 日,韓國發生了第一起三星 Note 7 手機充電時爆炸事件,隨後,世界各地陸續傳出類似的新聞,令消費者和管道商談之色變,全球主要的航空公司甚至公開宣稱——拒絕旅客攜帶這款產品登上飛機,這帶給了三星很大的傷害。

雷軍把對產品品質的思考一直延續到了 2017 年春節。在瑞士聖莫里茲滑雪場休假期間,他在這難得的幾天假期裡卻幾乎沒有怎麼走上雪道。很少有人知道,那時候他已經因為產品品質問題焦慮得睡不著覺了。在一個星期的時間裡,他基本上沒怎麼說話,而是一直拿著一部小米 Note 3 在思考:究竟有什麼方法,能在高維度上

保證小米手機的產品品質？

　　春節後的第一個工作日，雷軍推開了辦公室的門，他做的第一件事情，就是讓助理召集公司四、五十名核心高管開了一個緊急會議。在這個會議中，雷軍和高管們講述了他對產品品質問題的擔憂，而這也引起了高管們的共鳴。大家一致認為，公司必須把對小米產品品質的管理再提升一個量級，讓公司對產品品質的管控落實到更嚴格的層面。就在這個緊急會議上，一個解決方案被討論了出來——一個叫作品質委員會的機構將在小米公司成立，這個機構將把產品的品質檢驗提升到最高權重，這樣一來可以喚醒全員的品質意識，讓員工提高認知警戒線；二來可以為品質檢驗的系統性提升確立標準，讓員工有章可循。雷軍知道，解決品質問題，一定是長期的、系統性的，而且注定在短期內會讓人感到痛苦，但是小米必須走出這一步。

　　本來雷軍想親自抓品質，但是考慮到自己管理的手機部的工作已經千頭萬緒，於是他選擇自己掛帥品質委員會主席，讓一個對品質「有感覺」的人負責具體執行。這一次被雷軍點名的，是小米手機的早期結構工程負責人、小米 MIX 的策劃人之一——顏克勝。

　　可想而知，一過春節就被賦予這樣一個重任，顏克勝並沒有心理準備，他覺得有些突然。任何人都知道，這很可能是一個會得罪所有人，讓自己變得沒朋友的工作。一旦接手這項工作，他必須要在公司裡四面出擊、嚴格把關，面對的還都是過去和他一起奮戰過的老同事，如何處理同事關係將會成為一個令人頭疼的問題。面對這份棘手的工作，顏克勝的本能反應是逃避。但是，提到品質問題，他回想起了自己親身經歷的一件事情，那是在小米 1 剛誕生的

時候，有一次，他打電話給一個供應商，在整個通話過程中，他手裡的電話竟然重開機了 4 次。那一次他憤怒到把電話摔到地板上，那是一種對自己的憤怒。這一幕顏克勝還記憶猶新，他知道，從大局出發，他也必須擔負起品質控管這個責任。

為了喚起全員的品質意識，2017 年春節後，小米開啟了非常嚴格的品質提升之旅。品質委員會在其成立後的第一次動員會上，就向所有人展示了觸目驚心的一幕。顏克勝把各個部門的負責人聚集在一起，讓負責售後的主管張劍慧播放了一段錄影：一名顧客走進小米的售後服務網點，一進門，他就把手機狠狠地摔在地上，然後上前一步，打了在場的員工兩記耳光。在場的人全都被震驚了！

品質控管的工作是細碎而長期的，顏克勝開始了和公司相關負責人一對一的交流過程。在聊天的過程中，顏克勝發現，大家其實並非不重視品質，畢竟誰也不想把事情搞砸，但是很多人並不了解品質到底應該怎樣管理，他們缺乏方法。

因此，品質委員會從宏觀上制定了手機生產標準和檢驗流程，然後在微觀上進行專項改善。品質委員會把每一款小米手機都拿出來做測試對比，然後對標行業數據確定自身問題所在。品質委員會成立了一個個專項改善小組來死磕這些問題，直到所有的問題得到改善為止。以當機和重開機問題為例，專項改善小組一共拆解了 470 多臺手機，把涉及硬體、軟體、製造、設計等可能造成當機的原因一項一項列出來逐個落實改善，最後讓有關當機問題的投訴率大大降低。

品質委員會還引進了節點控制制度，來保障手機研發的成熟度，這也是促進手機品質、確保研發效率的重要舉措。透過導入缺

陷檢測系統，品質委員會將研發中的每一個問題都進行評級打分，要求每個專案在量產前必須低於一定分數。

最重要的一點是，品質委員會開啟了對產品源頭的品質管控，也就是對上游供應鏈端進行品質控制，品質委員會將從每一個零部件開始檢驗小米手機採購物料的品質，從而真正抓住品質的關鍵問題。這種對品質的嚴格把控，曾經讓公司內部的供應鏈部門叫苦連天。品質委員會一名叫許多的員工，曾經在小米的一家螢幕供應商那裡蹲守了兩個星期，經過評估，他認為一批螢幕中有10%不能出貨，這讓供應商非常煩惱，直接把申訴電話打到了小米供應鏈負責人時東禹那裡，希望對方通融通融。時東禹向許多求情：「多哥，我們現在一個月才出200萬臺貨，你這一下就卡我10%，有點不合適吧。」許多則告訴時東禹：「品質問題沒辦法通融，如果現在不處理，將來咱們出貨1000萬臺的時候，有問題的就不是這點數字了。」

就這樣，小米全員的品質意識不斷被強化，小米也真金白銀地加大了對品質管控的投入，這是小米團隊和代工廠之間不斷磨合的結果。

一開始，小米派員工許多蹲守在代工廠，還讓他把代工廠出現的各種問題記在小本子上督促廠長們改進，這讓廠長們哭笑不得。最後，代工廠廠長告訴許多，要貫徹在業內看來堪稱「不講理」的小米新品質標準，會讓工廠的效率有所降低。如果想要代工廠完全配合小米的品質理念，每部手機的代工成本需要增加幾元。小米毫不猶豫地同意了。

讓顏克勝深感安慰的是，他並沒有遭遇當初想像的人際關係問

題。在品質把關的過程中，他感受到更多的是支持的聲音。當所有人都把品質放在首位的時候，共識是大家共事的基礎。尤其是在工程師文化濃重的小米公司，這激發了工程師解決 bug 的本能。

在品質委員會成立的當年，小米一共召開了 254 次品質會議，小米的產品質量也取得了長足的進步。到了年底，有關小米手機當機問題的投訴率下降超過 60%，小米售後維修率也下降了 40%。

更讓人欣喜的是，2017 年 4 月，小米發布了年度旗艦手機——小米手機 6。這款產品被稱為是無懈可擊的「水桶機」，由於它品質非常好，一些米粉在很長時間裡都沒有產生換機需求，因此小米 6 被戲稱為「手機界的釘子戶」。

2017 年 4 月初，雷軍約了小米其他六位創始人一起「重走長征路」，七位合夥人一路回訪他們曾經一起戰鬥過的辦公地點——保福寺橋銀谷大廈、望京的卷石天地大廈和清河的華潤五彩城，在每一個地點他們都駐足了一會兒，感觸良多。這一天，大家都穿著印有金色的「小米 7 週年」字樣的黑色 T 恤，在依然微寒的 4 月陽光中拍了幾張合照。在帶領這家企業向前奔跑的過程中，歲月留給了他們很多的課題，而他們的眼神，都比七年前深邃了許多。

接下來，幾位合夥人來到臥佛寺開了一個持續兩天的重要會議，在這次會議上，雷軍發了一些預算表格給幾位創始人，讓大家分別填寫。當他把表格彙整梳理之後重新發給大家時，幾個人低頭一看，發現了一個令他們驚奇的數字——1000 億元。是的，小米創始人們在此刻就已經看到了 2017 年小米集團的預估總營收，按照所有業務的營收計算，小米集團的營收數字將在 2017 年超過 1000 億元。其實，雷軍正是希望用這個獨特的方式告訴各位合夥人一個事

實──在經歷了一段時間的重挫以後，這家公司已經重新回到了高速成長的軌道。

這個春天似乎在此時已經散發出特別的暖意，小米在激烈的市場競爭中不但很好地應對了外部的壓力，也順利地完成了階段性的組織修復。其實，一家創業公司，往往都要經歷這樣的過程，一開始勇往直前、激情四射、感性至上，隨後就會出現一段規模擴大之後的疲憊期，在這個時期，許多問題會暴露出來，整個組織都需要恢復。而一段關係、一個組織，往往經過一段沉潛的修復之後，就會爆發出那種一往無前的態勢。

小米之家探索線下

在手機部門不斷地修復自己的問題、彌補自己的弱點之際，小米的管道政策也在做著同樣的事情。到 2016 年年底，小米的線上銷售額占了總銷售額的 75.16%，線下銷售則占 24.84%。增強線下陣地，毫無疑問是 2017 年小米管道政策的重點。簡單而言，除了在互聯網上，小米希望能讓更多人在商場裡和其他銷售網站購買到小米產品。

小米之家五彩城店，真正驗證了小米之家直營店這個商業模式的成功。在很短的時間內，小米之家成為小米公司的一張名片。在北京華潤五彩城地下一樓川流不息的人群裡，人們偶爾可以看到小米創始人雷軍的身影。那一年，對於來訪小米總部的客人來說，雷軍陪著他們參觀公司樓下的小米之家，成為一個新的固定環節。

　　林斌帶領的線下銷售團隊也開始了迅速複製、同時開店的模式。如果把 2016 年定義為小米之家的模式探討年，那麼 2017 年則是小米之家的壓力測試之年。

　　擴張的基礎是堅實的線上線下協同機制，對管理的要求非常嚴格。張劍慧和王海洲不斷在新零售這個領域進行著各種探索。兩個年輕人都遇到了需要不斷突破自己邊界的挑戰。「做新零售的細節特別繁雜，你不僅需要懂供應鏈，懂資訊化，懂線下市場，也要懂電商。」張劍慧說。

　　張劍慧不斷拆解底層數據，然後分析如何獲取這些數據，再把它們分成產品維度、門市維度和管道維度等數據模組，最後總結出她的營運需求。王海洲則帶領產品經理將這些需求產品化，再開發出資訊管理的工具。可以說，這套工具的便利性和實用性非常良好，它可以讓管理人員在手機上看到一個小時內小米之家店裡接受訂單的情況以及物流資訊。

　　在林斌的提議下，小米有了很多線上線下協同的機制，最簡單的一種協同就是店內的「掃碼購」功能。對於一些體積過大或者回購率不高的商品，小米之家的備貨率也不會很高。但是如果消費者看中了展示的商品，可以透過手機掃碼購買這個商品，然後讓快遞直接送貨，消費者可以選擇一小時送到家或者正常物流配送兩種送貨方式。

　　在商業模式不斷被驗證和資訊化建設不斷優化的同時，小米之家在擴張之路上也摸索出一套在全國同時開多家店的方法和流程。那段時間，小米之家全國同時開店的消息不斷出現在媒體上，人們開始感受到，小米把它的互聯網速度帶到了傳統零售行業。而這種

速度，其實依賴於整個團隊將開店當成了一種程序來管理。從選址開始，到室內設計、店鋪裝修、工程進場、人員培訓，一整套「工作流程」逐漸被固定下來，工作週期也保持一致。這套方法後來被張劍慧笑稱：我們做出了「開店流水線」的程序。

這個流水線的流程基本上沿用了「過店會」的方式在小米總部進行。這樣的工作場景通常會異常緊張和狂熱。在「過店會」上，小米總部的人員、地區的一線人員以及職能部門三方會坐在一起。首先，由地區一線人員把要選址的小米之家所在的城市概況、商圈的位置、商鋪的規模、樓層和整個樓層的平面分布圖、動線設計、客流量情況做一個綜合彙報。然後，他們會向總部展示店鋪的照片和影片。其中，照片分別包含店鋪前後左右的各個角度，而影片裡也會有不同時段的人流狀況展示。透過這些素材，團隊會進行討論，綜合分析，然後對要不要開這個店得出「過」或「不過」兩種結論。一旦選址位置通過，團隊就進入下一環節的討論——讓設計團隊和工程團隊溝通進場條件和進場裝修時間。最後，小米會根據工程的工期，提前準備人員培訓提綱，對人員招聘和培訓做準備。

「在這個過程中，選址是最重要的，如果選址出了問題，就會影響整間店的未來，因此我們對選址的討論時間是最長的。」張劍慧說。而工程這樣相對標準的工作被拆解成了模組。一開始，工程團隊一聽到每間店23天的施工時間都感覺是天方夜譚，但是經過很多次練兵和實戰，他們在會上驕傲地和張劍慧彙報，他們把工程週期縮短到了18天。

從2016年到2017年，小米之家透過自身的探索，將線上的模式帶到了線下，而這套高頻產品組合的方式，經受住了考驗。經過

測算,每間小米之家平均的營業流水大概在 7000 萬元左右,第一批店沒有虧損的。用張劍慧的話說,只是有個別店回收成本較慢。外界開始解讀小米之家這個現象級的成功案例,人們說,這個時代已經開始成全高效率的龐然大物的線下連鎖了。而小米之家最終證明了一件事情:當線上線下成本趨同時,線下店也是流量生意。

小米之家極大地提升了小米的品牌勢能。經過壓力測試的小米之家,最終讓小米在線下也獲得了信心,雷軍向這個團隊下達了新的工作指標:3 年開 1000 間小米之家。

2016 年到 2017 年這段時間,在小米探索線下模式的過程中,一個十分具有傳奇色彩的世界級人物再次走進小米公司的視野,他就是蘋果旗艦店的御用設計師——廷畝·寇比(Tim Kobe)。廷畝曾經和賈伯斯一起工作,設計出了不同版本且美輪美奐的蘋果體驗店,他也被稱為與賈伯斯一起影響世界的空間美學大師。廷畝·寇比一直相信,一家零售店的情感,應該永遠大於功能和形式,而一個好的零售設計應該激發非理性的品牌忠誠。正是秉持著這種設計理念,廷畝·寇比讓蘋果店充滿了一種以用戶為中心的體驗感。他打造的蘋果店內外部環境和商品擺設,都貫穿著一種以人為本的氛圍。人們說,廷畝·寇比是對蘋果精神理解最深的人之一。

毫無疑問,小米之家建立之初,小米員工透過對蘋果店的不斷探訪和學習,完成了對廷畝·寇比的致敬。他們在打造小米之家店鋪的過程中,深入地研究了蘋果體驗店,發現了很多令人嘆為觀止的「魔鬼一般的細節」,尤其在整間店的燈光系統使用上,讓小米員工對蘋果體驗店產生了一種膜拜的感覺。

很多人並不知道,廷畝·寇比其實在 2012 年就和小米有過不

淺的交集。賈伯斯去世之後，廷畝・寇比將自己的工作室搬到了新加坡。2012 年，他感受到了小米的品牌勢能，曾經主動拜訪過小米公司，希望能和小米進行線下商店的合作，而當時接待這位大師的，正是小米的聯合創始人林斌。

在會談中，林斌饒有興趣地向廷畝請教了蘋果建造紐約第五大道旗艦店的過程。廷畝也愉快地透露了很多有趣的細節。當時賈伯斯要求紐約店的巨大建築外立面只採用一塊玻璃材質，而不是兩片玻璃拼接。設計師為此頭疼不已，很長時間都沒有想出解決方案。一直等到玻璃工藝進步後，設計師才重新裝修這家蘋果店，達到了賈伯斯的要求。蘋果為此可以說是不計代價，花費的美元以千萬計。

廷畝還告訴林斌，蘋果店的設計理念是受到貝聿銘設計的羅浮宮廣場的玻璃金字塔所啟發。賈伯斯希望人們站在蘋果店裡和站在玻璃金字塔中的感受是一樣的。在他看來，藝術與設計一脈相通。

在當時的這場談話中，林斌帶來的兩名小米設計師李寧寧和陳露坐在一邊兩眼發光，她們像兩個追星族一樣激動雀躍。這可是廷畝・寇比！在工業設計領域，他可是大神級的人物。更何況，他還是她們在美國畢業的院校──美國藝術中心設計學院的校董。

在廷畝來訪的 2012 年，小米還是堅定的電商主義信仰者，對線下開店暫時沒有規劃。但當時光走過五年，整個市場已經風雲變幻，小米的線下策略也已經清晰可見。此時，小米建立全球第一家旗艦店的需求也湧現了出來，廷畝・寇比和小米終於可以再續前緣。

2017 年初，廷畝・寇比承擔了小米之家旗艦店的設計工作，小米由此迎來了一場中國產品與世界級設計的對話。經過很多波折，小米旗艦店最終選址在深圳南山區的萬象天地，這裡是深圳最具體

驗感的國際化社交、消費、休閒、創作天地，物業團隊希望小米的進駐能替這裡增添一些科技感。廷畝・寇比派出了一個設計師在小米常駐，他自己則每一兩週就和林斌對一次設計方案。

　　一直到今天，他的設計手稿還在小米總部留存。為了和林斌描述深圳旗艦店的設計理念，廷畝帶著林斌親自去日本銀座的蘋果旗艦店走了一趟。站在這家旗艦店不遠處，蒂姆用手指著這家店告訴林斌，銀座店和深圳旗艦店的結構很像，同樣是多層結構，其中二樓被設計成中空的樣子。其實這個設計當時賈伯斯是不同意的，因為東京銀座的地價極貴，蘋果希望盡可能保留銷售面積。但廷畝還是堅持打掉了樓板，為消費者帶來了更寬闊的視野。

　　在深圳旗艦店裡，廷畝也採用了同樣的設計手法，奢侈地打掉了足足有 150 平方公尺的樓板。而這樣的挑高設計，確實為人們增添了一種壯觀的視覺衝擊——人們在二樓可以看到一樓，縱觀全域。

　　一些創新的設計也被實驗性地應用到了這家店裡，比如展示的桌子使用水泥材質。廷畝決定放棄蘋果的原木風格，而採用水泥材料作為展臺，對此小米團隊欣然同意。當一張 4 公尺長、1 公尺寬的水泥展示臺被製作出來時，一種後工業的酷炫風格躍然眼前。但是，林斌發現造價這麼昂貴的水泥臺無法在其他店進行複製，而且它的重量讓其難以在店內挪動，怎麼清理也成了令人頭疼的問題。最終，廷畝採用了折衷的方案——僅展示臺檯面採用水泥材質。

　　林斌還提出了一些具有科技感的元素，使這家店令人耳目一新。比如，研發團隊用兩個月的時間開發出由五塊 80 英寸的螢幕組合而成的互動購物牆，人們可以透過手勢操作來瀏覽大螢幕內的產品，還可以直接實現全自助式購物，先鋒感十足。當人們走過店

內的互動牆，螢幕上的指示鍵會跟著滑動，效果十分酷炫。

做這家旗艦店的工期緊張、過程辛苦，每一個人都在和時間賽跑，極限能力都被激發了出來。就在旗艦店試營運的前一天，五塊大螢幕才終於被工程師調試通暢，幾千張圖片的組合變幻讓人目不暇給，一種未來感迎面而來。當消費者站在這些比人還高的螢幕前點點看看時，這個場景成為中國新零售演進歷史中獨特的一幕。

2017 年 11 月 5 日，小米深圳旗艦店如期開業了。和蘋果旗艦店的全玻璃結構類似，從外觀上看，這家店充滿了晶瑩剔透的現代感。雷軍和很多小米高管一起出席了開業活動，他們在現場感受到了米粉的空前熱情，店外的隊伍一直排到了大街上。

這一天，人們看到在這家叫作小米的中國公司的體驗店裡，處處充滿黑科技的元素，而它的創始人雷軍，也在這一天充當了營業員的角色——他面帶微笑地站在店門口，用收銀神器為前來購買商品的米粉們結帳。這一幕，被很多在現場的觀眾用小米手機捕捉了下來。

2017 年這一年，小米之家最終覆蓋了 170 個城市，新增了 235 家，平均 1.65 天就新開一家門市。

就在深圳旗艦店的開業儀式開始之前，雷軍把創始人們集結在一起，他們需要就一個關鍵事件做出重要的投票。

直供體系突圍

小米之家的不斷拓展代表小米自營管道取得了成功。然而，線

下拓展卻不能只依靠自營管道。畢竟，小米之家只能覆蓋到市縣一級的市場，如果品牌想要繼續下沉，還需要多種管道的深耕細作。

在全國代理這種模式逐漸崩盤的情況下，小米一直探索著自己獨特的線下發展之路。與此同時，為了配合線下戰略的推進，小米公司開始研發針對線下市場的機型，小米 5X 就是其中之一。這款手機預留出了不錯的利潤空間，就是希望讓核心客戶有動力進行銷售。然而，就在 2017 年，在各種線下試驗進行得順風順水的時候，林斌卻遇到了他接管銷售營運工作以來最大的危機。

此前一直負責電商銷售的朱磊成為公司銷售營運的操盤手以後，也面臨著很多小米人曾經面臨的挑戰：她需要涉足一個自己從未涉足過的領域──分貨給線下。小米的線下戰略逐漸形成後，她需要調配線上線下的銷售比例，讓整個公司更加良性地營運。這個過程讓她一度非常擔憂，偶爾她會有這樣的顧慮：「自己會不會成為公司的瓶頸？」她請求林斌多招聘一些線下銷售人才來協助她進行工作，于澎就是這個時候進入小米公司的。

于澎進入小米公司的經歷非常有趣。 2014 年，他還在負責三星手機華南區的營運商業務，和當時主要在線上進攻的小米手機交集不多。但是在那一年的年底，小米在中國電信廣東公司的訂貨會現場，給了他相當震撼的感受。

當時，于澎作為三星業務大區的負責人，每個月手裡會有幾百萬元到一千萬元不等的市場費用，為了搶下歲末年初的銷售業績，他在訂貨會上「豪放地」投放了很多資源。當他在臺上宣布完自己的投放額後，臺下只是響起了幾聲稀稀落落的掌聲。而在他之後，小米在廣東地區唯一的員工上臺了。他只簡單地說了一句話就讓現

場沸騰起來。這名小米員工聲音洪亮地表示：「今天，我們小米拿出了 3000 臺現貨供大家現場訂購。」現場掌聲雷動，有的管道商直接從座位上站起來歡呼！

管道商對小米的瘋狂讓于澎印象深刻。2016 年 8 月，他加入了這家讓他心嚮往之的公司，和朱磊一起負責銷售營運的工作。入職後，他特地找到訂貨會那天上臺的小米同事交流，于澎對他感嘆道：「那一幕你留給我的印象太深刻了！」

于澎加入小米時正好是小米最低谷的時候。2016 年 5 月，雷軍剛剛接管手機研發和供應鏈的工作，每天都是凌晨 2 點回家。但是作為創始人，他依然在戰略上思考著小米的線下拓展工作。當時，雷軍交給于澎一個課題：去走訪各地的零售商，調研小米在線下的真實銷售情況。

于澎走了一圈後發現，真實情況不容樂觀。小米品牌在線下的銷售在市場上只能排到第十位。不但魅族、金立超過了小米，就連百利豐這樣不為人所知的小品牌都排在小米前面。他對雷軍總結道：「在線下我們很薄弱，沒有管道，沒有陣地，沒有團隊。」

在這樣的情況下，小米建立自己的陣地就顯得十分重要了。2017 年，雷軍成立了線下銷售部，由于澎負責該部門。他的任務是建立除了小米之家以外的整個線下管道，重點建構小米的核心零售客戶體系，也就是業內通稱的 KA（Key Account）體系。當時業界通行的一個做法是，除了傳統的國包、省包，廠商還透過資金物流平臺（National Fulfillment Distribution，簡稱 NFD）與核心零售商展開合作。資金物流平臺在廠家和零售商之間充當對接平臺，一邊承接廠家的商品，一邊為零售商提供周轉資金，賺取物流和資金的服

務費用。按照于澎的說法，資金物流平臺會按照廠家指定的要求和流程分貨，相當於一個搬運工的角色。它本身獲得的利潤比代理商更低，但只要有足夠的銷售量支撐，依然可以立足於自身的商業模式。在 2017 年小米的客戶關係和客戶服務能力都不夠的情況下，找到一家全國知名的資金物流平臺和小米進行銷售合作，成為一個自然而然的選擇。

2017 年，小米手機 6 的銷售從線上到線下一直都供不應求。而小米歷史上第一款充分考慮線下管道需求的機型小米 5X 也展現出了巨大的潛力——它的產品力很強，外觀也相當漂亮。為了聚焦核心客戶，用小米 5X 做出一個銷售標竿，林斌帶著于澎跑了廣東、浙江、江蘇、四川等 10 個省分，親自洽談核心客戶。他們帶著小米 5X 向零售商進行現場展示，告訴他們產品的配置是什麼、賣點是什麼以及大致的利潤空間。在積極跑動的過程中，小米做足了這次小米 5X 的首銷籌備工作，為 68 家零售商制定了獨家授權原則和獨占期：在一個省分內，最少選擇一家，最多選三四家零售商合作，並且承諾讓他們首賣 15 ～ 30 天。可以說，一系列的政策有力地激發了零售商的積極性。

2017 年 7 月 26 日，小米 5X 上市了。這一次，小米將宣傳重點放到了攝影功能上。這款手機搭載變焦雙攝，拍人更美，還配備高通驍龍 625 處理器，擁有 4GB 運行記憶體加上 64GB 機身記憶體的組合，這些都讓這款手機在市場上獲得足夠的關注。

因為做了充分的準備，小米 5X 在線下一炮而紅。首發當天，全國線下管道就出貨 20000 部。于澎到浙江參加品鑑會時，一個零售商一手拿著酒杯一手拍著于澎的肩膀說：「我特別感謝小米，首

賣 10 天，我感覺出貨的速度就和火箭一樣！」于澎站在零售商的中間，彷彿回到了 2014 年那場訂貨會的現場，那個令管道商家瘋狂的小米，又回來了。小米 5X 在零售商體系已經賣瘋了的消息在線下不脛而走，更多的客戶紛紛來尋求合作。很快地，小米的合作零售商從 68 家擴展到 120 家，還有很多零售商在洽談中。

誰也沒有想到，正是在這樣的「高光時刻」，一場災難降臨了。

一天晚上，于澎出差回到北京，合作方資金物流平臺的老闆約他吃晚飯，于澎滿心愉悅地去了。本來他以為這將會是一場慶功活動，大家又要「不醉不歸」了。然而，沒有想到的是，對方卻在飯桌上告訴他一個不好的消息：今後不能再和小米合作了。于澎的心「碰」地一聲爆炸了。他最擔心的事情終於發生了。

在合作初期，于澎就有過隱隱的擔心，資金物流平臺並非只服務於小米，而是服務於所有的手機廠商，這其中當然也包括小米的競爭對手。由於小米起步較晚，與資金物流平臺的合作總量要比競爭對手少很多。一旦其他友商提出不能和小米合作的要求，資金物流平臺很難抵抗住壓力。這是殘酷競爭最真實的體現，在消費電子這個競爭環境裡，這甚至成為很常見的一幕。資金物流平臺的合作者是于澎的朋友，他雖然有能力幫助小米，但是在重壓之下，資金物流平臺單方面撕毀了合約。

這件事帶來的心理打擊可想而知，于澎難過得好幾天沒睡。後續工作怎麼進行的問題已迫在眉睫。對於林斌來說，他同樣遭遇了一次從喜悅到沮喪的心理重擊。而且一個清晰的現實就是，即便再換一家資金物流平臺，同樣的劇情可能還會反覆上演。小米只能想一條絕殺之路，跳出對手的圍追堵截。

　　經過幾天的思考，林斌帶給小米一個破天荒的解決方案，那就是——全面直供。其終極思路是，小米將去掉中間商，和零售商進行一對一的合作，這樣做既規避了競爭，也不用再支付中間商的利潤。在零售行業，這個想法史無前例，對團隊成員來說，有些石破天驚。小米的團隊成員很多都是在通訊行業工作多年的老手，他們服務過的企業有三星、摩托羅拉、華為、OPPO、vivo 等，沒有任何一家企業嘗試過全面直供的模式，這將為整個團隊帶來前所未有的管理壓力。

　　最初聽到這個解鎖線下的方式時，于澎團隊的第一反應是震驚。大家紛紛討論——這怎麼可能做得來呢？但是很快地，于澎明白了這其實不是一道選擇題，而是一條必選之路。自 2010 年以來，小米的團隊已經習慣了這樣那樣的「不可能」和「沒見過」，習慣了挑戰眾多行業「慣例」和「常識」，在巨大的壓力之下，他們強烈的好勝之心往往會衝出思維的枷鎖，替行業帶來前所未聞的全新打法。

　　所謂創新，多半是被逼出來的。

　　從提出全面直供到下一代產品的發布，只有一個月的時間了，小米必須利用這段時間，完成從資金物流平臺到全面直供的轉換。這意味著小米要建立自己的系統，與所有核心零售商直接簽訂合約，一對一地協商溝通，要做的工作是大量的。

　　于澎開始了對管理幹部的宣講，告訴大家這次管道切換的重要性，他還把小米面臨管道封鎖的現實一五一十地告訴了所有人，讓大家認識到形勢的嚴峻。而這樣的現實很快就激起了所有人的鬥志，大家群情激奮，以一種必勝的心態開始了這場戰役。于澎的團

隊成員都成了不回家的人，他們天天拿著電話，沒日沒夜地敦促各地分公司去和當地客戶簽署直供合作合約，然後將合約寄回小米總部蓋章，再進行系統登錄、輸入訂貨位址等後續工作。于澎更是每天駐守在辦公室裡，焦急地詢問合約簽署的進度。最終，這個團隊完成了對 400 多家零售商的談判和系統登錄工作，而令人驚訝的是，這個過程一共只用了 7 天。

2017 年 9 月，小米 MIX 2 和小米 Note 3 如期上市，小米的這套直供體系在首賣一週前就收到了 7 ～ 8 億元的預付款，這個結果驗證了小米品牌在零售商中的影響力，也證明了這個因為形勢所迫而做出的戰略調整的可行性。整個團隊忽然意識到，在最困難的情況之下，幾乎是對手逼迫著小米提前完成了自己的革命理想。在最低谷的時刻，小米完成了一次涅槃重生。

在收到預付款之後，發貨、物流等工作由小米公司直接進行。于澎坦言：「直供體系確實會帶來巨大的管理壓力，一直到今天，服務好客戶依然是我們要不斷強化的能力，但回過頭看，走出那一步，真的很需要勇氣。」

在完成這次管道封鎖的突圍後，「全面直供」成為小米管道創新的一枚標籤，它帶來的是線下零售系統最「膽大妄為」的一次效率革命。

從億元俱樂部到有品電商

從 2016 年開始，生態鏈負責人劉德每隔半年就要和生態鏈企

業召開一次閉門會議，解決現有的問題並商討未來的發展。到 2017
年，生態鏈兄弟企業裡有了很多銷售額超過 1 億元的企業，在小米
生態鏈企業內部，它們被稱為「億元俱樂部」。

這一天，當劉德想和「億元俱樂部」的 CEO 們在自己的酒店
房間召開一個短會時，生態鏈的同事告訴他：「德哥，酒店房間恐
怕裝不下了。」

那一天，劉德的酒店房間擠滿了人。在他印象中，年銷售過億
的小米生態鏈企業應該不過七、八家，但是此時，這個數字顯然已
遠遠超過他的預期。劉德意識到，擁有小米對產品定義的把握和銷
售管道的加持，年銷售過億元不再是生態鏈企業的一個門檻，一些
企業很容易就能達到這個「小目標」，比如生態鏈企業石頭科技
2016 年 8 月發布的米家掃地機器人，翻過年來銷售額就已經過億
了。在後來的生態鏈企業年會上，小米繼「億元俱樂部」之後又組
織成立了「十億元俱樂部」。

從 2014 年開始，在生態鏈企業持續孵化爆品的同時，每一個
生態鏈產品都載入了用於 IoT 平臺的 Wi-Fi 模組。經過幾年時間的
累積與沉澱，小米智慧設備的品類越來越多，這讓 IoT 和生態鏈企
業之間發生了奇妙的化學反應，小米智能家庭上可以用手機控制的
設備也越來越多。透過這些連接，小米將手機打造成了智慧家居的
核心，而這個核心也逐漸成為最大的 IoT 平臺。

在當年的平臺策略失效的情況下，第三方廠商開始饒有興趣地
進駐小米的 IoT 系統，比如歐普照明的很多燈具都開始安裝小米的
智慧系統，飛利浦照明的一些產品也載入了小米的 Wi-Fi 模組。可
以說，隨著時間的推移，雷軍當初幫高自光設計的萬物互聯的路

徑——由自家產品開始，慢慢推向第三方企業，就這樣慢慢地變成了現實。

隨著小米智能家庭的日活躍數量的上升，它逐漸成為一個流量入口。高自光開始嘗試在小米智能家庭中開出一個一級功能表，將流量導向小米商城。其實，這個做法最初只是為了給用戶提供一些方便，比如當淨化器的濾網需要更換時，手機會做出相應的提示，並將使用者導向小米商城的購買介面，這樣，用戶透過幾步跳轉，就可以完成濾網購買。

很快地，大家發現透過小米智能家庭連結起來的用戶，對於新奇酷的產品有著天然的好奇和很高的接受度，它足以容納並驗證小米工程師們其他的奇思妙想，小米眾籌就是其中之一。

小米眾籌是 2015 年 7 月 13 日正式在小米智能家庭上線的，當時很多平臺都在做眾籌，這個形式對大眾來說並不陌生。在工廠還沒有正式生產某款產品之前，大家可以先把產品定義拋出來測試一下消費者的購買欲望，讓大家來預購。這個產品會不會是爆品，放到眾籌平臺上一試便知。小米第一款眾籌的產品是小米萬能遙控器。此後，小米眾籌一發不可收拾，各種帶有小米獨有的參與感的眾籌層出不窮。

在成功眾籌了很多智慧硬體商品之後，一個大膽的想法在高自光的腦海裡冒了出來：既然是好的流量平臺，它不應該只局限於眾籌智慧硬體產品，這是一種浪費，畢竟智慧硬體產品的購買頻率較低，而其他的非智慧硬體商品，尤其是生活消費品，也可以在這個平臺上進行眾籌嘗試，這可以探測出平臺的真正潛力。

然而這個想法卻在小米內部遭到了反對。在一次內部會議上，

高自光第一次向管理層提出想在小米智能家庭平臺眾籌一款床墊的想法。高自光發現的這款床墊，是由一家叫作趣睡科技的公司推出的產品，和傳統的床墊不同，這款床墊不用一滴膠水黏合，原料不含甲醛，最有意思的一點是，這款床墊可以透過真空卷壓縮打包到一個小盒子裡，不僅將運輸成本從 200 元降低到 40 元，也讓床墊進出電梯變得非常容易。儘管只是一個床墊，但它符合小米眾籌產品「新、奇、酷」的特點。但高管們對這個想法不以為意，只是對高自光說了一句：「好好賣你的智慧產品，別折騰了。」

但是高自光並沒有死心，他用兩個月的時間來思考消費品眾籌做還是不做這個問題。兩個月之後，他下定決心，還是要「偷偷折騰一下」。高自光聯繫了趣睡科技的 CEO 李勇，告訴他這次眾籌並沒有得到高層認可的事實，高自光說：「小米不一定會讓你們上線這次眾籌，但是你們先準備 1000 張床墊吧，我自己會頂住壓力。」而李勇的回答是：「899 元的價格史無前例，我覺得怎麼也能賣 3000 張，我就先備 3000 吧。」

從 2015 年 12 月 1 日起到 2015 年 12 月 8 日結束，一場為期 7 天的床墊眾籌在小米智能家庭平臺上默默地進行著。這次未經允許的眾籌，最後竟獲得了意想不到的成功。7 天之內，1 萬張床墊被訂購一空，創造了家居行業的眾籌紀錄。而李勇後來查看訂單的發貨位址，發現有近一百張床墊是不同的床墊廠商買回去做研究用的。

這次嘗試給了高自光非常大的信心，也讓他認定小米智能家庭從電子產品向生活消費品轉移的邏輯是沒有問題的，只要這個平臺堅持出售最創新、最奇特、最酷的產品，就會得到米粉的認可。此後，關於生活消費品的眾籌開始頻頻出現在小米的這個平臺之上。

雷軍後來也關注到這次試水，開始笑意盈盈地在各種會議上對床墊這個案例提出表揚：「高自光的嘗試不錯！」

2016 年 3 月，小米發布米家壓力 IH 電子鍋，與此同時，小米推出了「米家」這個品牌，小米智能家庭同時更名為米家 App。雷軍做出這個決定，是因為生態鏈的產品品類已經很多了，必須要和小米做出區隔，這是對小米品牌進行保護的一種舉措。劉德正式對外披露，小米生態鏈不僅要捕捉萬物互聯的風口，還要捕捉消費升級的風口。無獨有偶，一個月後，網易上線了「網易嚴選」精品電商平臺，並提出了「好的生活，沒那麼貴」的品牌口號，這和小米高端產品大眾化的理念非常相近，消費升級很快成為這一年的年度詞彙。

消費升級，就是指人們的消費需求指向更高的品質、更好的設計、更完善的體驗、更強的功能。在小米公司看來，消費升級不是東西越賣越貴，而是同樣的價錢，消費者能買到的東西越來越好。

網易嚴選的誕生觸動了小米管理層敏銳的神經，在他們的商業判斷裡，儘管此時的嚴選看上去是一個和小米業務沒有關係的精品生活類電商，但是雷軍知道，網易嚴選一步一步做下去，就有可能聚集大量的用戶，然後就可以慢慢地向小米的市場進行滲透，最後和小米直接形成競爭。小米必須有進一步的動作來防止這種危險發生。

此時高自光進行的生活消費品眾籌實驗，已經顯現出它的價值。在雷軍的建議之下，電商真正從米家 App 專案中分拆出來的時機已經到來。在床墊眾籌試驗正式進行一年之後的 2016 年年底，高自光從 IoT 團隊拆分出三十人的開發團隊，開始單獨進行精品電

商的開發。對於小米來說，這既是一種戰略防禦，也是一種戰略進攻。

2017 年 4 月，小米有品電商正式發布，高自光全力以赴新的業務，小米早期員工范典開始帶領 IoT 團隊。對於高自光來說，一扇新世界的大門已經打開。他後來回憶，他進入的這個新世界太過複雜，和他以前接觸的領域全然不同。

小米有品最開始是以一種「無知者無畏」的狀態進入電商世界的。在高自光的商業考慮中，凡是太重的東西，他都不想做。因此，在有品電商最初運行之際，他只希望管理好商品品質和流量，把物流和售後服務這些環節留給商家自己負責。然而，高自光很快就發現，這個做法並不可行。儘管有品出售的很多商品都是生態鏈企業的產品，和小米多少都有一些關係，但是無論大家平時的關係有多麼融洽，一旦發生物流倉儲或者售後的問題，矛盾就會發生。一個商品出了問題，要不要退貨？如果從有品的角度來看，為了用戶的體驗，小米通常希望盡快幫助用戶退貨。但是商家往往會有相反的情緒，畢竟，退貨會產生利潤損失，也會產生物流費用，商家總是有些勉強。高自光意識到，退貨機制不通暢，傷害的其實是小米有品的口碑。在有品早期售後體驗糟糕時，就連雷軍都來問高自光：「有品下面怎麼全是吐槽？」答案是，沒有售後服務。

高自光是以二次創業的態度來對待這次有品電商的建立的。從 2017 年起，他開始小心翼翼地重新定義這個事業，這個階段，小米有品幾乎不做對外推廣，全靠自然流量支持這個新物種的運轉。而高自光開始組織團隊重新定義商品，這個時候，設計師出身的產品經理陳波，花費了巨大的精力進行了有品的產品規劃，讓所有產品

的品質能夠相對統一到一個較高的水準。從 2017 年下半年開始，有品組建了物流、售後等服務團隊，希望賦予有品全套的系統支撐。高自光知道，精品電商勢必要有精品服務，這是一個電商必須要把基礎業務做「重」的原因。

這也是有品修練內功的開始。雷軍透過規劃一個全新的業務，為小米建立了一條較深的護城河，而一個看似邊緣的業務，此時慢慢生長成為公司的重要戰略補充。有品電商在雷軍的心中代表著未來的一個方向，站在新經濟的浪潮中，他知道，從 2016 年開始，消費升級的概念已經不斷升溫，中國的經濟結構也在不斷優化。 2016 年，消費支出對經濟增長的貢獻率已經達到 64.6%，人們對高品質的商品提出了更高的要求。總體來說，品味、格調更高的產品潛力將是巨大的。不但如此，供給側改革的措施也頻頻發布，政府有關部門希望透過增加消費領域的有效供給來滿足升級了的消費需求，從而達到促進消費的目的。關注到新的趨勢，看到生活消費品將成為未來新的增長點，雷軍對高自光的期望是 —— 未來五年，有品電商衝擊成交額 1000 億元。

《成為賈伯斯》裡有一句話：公司的每個角落裡都充滿了可能性，史蒂夫最重要的任務是甄別這些業務的可能性，分析如何才能利用這些可能性打造全新的產品。對於雷軍來說，或者對於任何公司的創始人來說，甄別這些業務的可能性都是一個非常重要的本領。對小米而言，有品的誕生，正是從龐雜的業務中生長出來的可能性，並得到甄別的一塊寶藏。它讓小米的未來增添了有益的希望，也增添了很多的想像空間。

人工智慧和小愛同學

　　2016 年 3 月 16 日，小米聯合創始人黃江吉帶領著一位叫王剛的電腦博士推開了雷軍辦公室的門。他們希望和雷軍分享那場剛剛發生不久、舉世矚目的對決──AlphaGo 在圍棋上第一次取得了和人類對弈的重大勝利，它和韓國傳奇棋手李世石展開的對抗吸引了超過 2.8 億中國人觀戰。比賽結果也令人驚嘆──AlphaGo 五局四勝一負。

　　作為全國人大代表的雷軍在兩會召開間隙也關注了這場特別的比賽。原本他以為人工智慧可以贏一局，沒有想到，人工智慧在比賽中呈現出壓倒性優勢。

　　按捺不住激動的心情，雷軍利用兩會時的休息時間寫了兩篇文章，標題分別是〈這局棋，我站在人工智慧這邊〉和〈這局棋後，我們走向全新紀元〉。他感慨道：

　　過去科技帶來的人類能力的延展基本上是物理性的，遠的有紡織機代替手工作坊、汽車代替馬車，近的有 GPS 實現全球定位，通訊加智慧終端實現即時資訊傳輸、互動等，但眼下則是完全不同的維度。這應該是人工智慧第一次進入真正的思維領域，它將為人類帶來分析、判斷、決策思維的直接效率提升。

　　的確如此，這場對決對於全球科技的發展有重要的意義。驅動 AlphaGo 的核心技術──深度學習，有了人工智慧領域的突破性進展，大大增強了機器的認知能力。如同《AI 新世界》裡所講述的那

樣，使用深度學習的程式，在人臉識別、語音辨識、核發貸款等工作上超越了人類。在過去長達數十年的時間裡，人工智慧革命總像是「再過五年」才會到來，而五年復五年，直到深度學習在過去幾年裡有了長足的發展，這場革命才終於真正到來。

這樣重大的全球性科技進步，一經發生，就攪動了小米公司裡這些極客的內心。在比賽進行的當天，小米的工程師就像迎接一個節日一樣，他們在辦公室裡一邊做著日常的開發工作，一邊開著新浪直播的小視窗觀看比賽，並就每一局的比賽局勢進行著即時的交流。

AlphaGo 戰勝李世石的當天晚上，黃江吉便迫不及待地找到小米公司裡最資深的機器學習專家王剛，想請他深度講解一下 AlphaGo 背後的原理。而在王剛的辦公室，黃江吉碰到了同樣興奮地前來討論的技術高管崔寶秋。三個人就人工智慧這個話題展開了一場酣暢淋漓的討論。

畢業於香港科技大學電腦科學系，曾在微軟亞洲研究院和騰訊工作，長期從事機器學習和搜尋引擎方向研發工作的王剛，深刻地理解人工智慧將會為人類的生產力帶來怎樣的爆發式增長，也知道人工智慧對勞動力市場的顛覆能力。

進入小米公司以來，王剛在小米的雲平臺、大數據和機器學習三大技術板塊裡，負責大數據和機器學習相結合的專案，他帶領技術團隊打造出了小米的使用者畫像，並制定出了精準的推薦政策。可以說，借助小米的大數據能力，這個團隊讓更多的互聯網業務成為可能。短短一兩年時間，王剛團隊打造的精準推薦的資訊流技術，使小米的互聯網收入接近翻倍。

　　這一天，他在辦公室裡對黃江吉和崔寶秋講解了 AlphaGo 戰勝李世石這個事件的前因後果。他介紹道，深度學習其實很早就得到了廣泛應用，隨著計算力的提升，模型可以越來越複雜，再加上大數據的加持，它造就的將是快速的技術進步，尤其是在語音和圖像方面，這兩個領域的深度學習將取得非常大的進展，行業應用也會更加廣泛。

　　王剛還講到除了 AlphaGo 之外，人工智慧的進步還有一個重大標誌，那就是早在幾年前，在一個叫 ImageNet 的人臉識別大賽上，深度學習的技術取得了前所未有的進展，在接下來幾年的比賽中，機器識別的錯誤率逐漸下降到幾個百分點，已經超過了人類的視覺識別能力。這個事件當時也在行業裡引發了高度的關注，只不過它並沒有演繹成為一個公眾事件。

　　三位技術專家都意識到 AlphaGo 是一個顛覆性的里程碑，而這樣的技術進步，對小米來說，其重要性不言而喻。崔寶秋分析，小米如果發展人工智慧，至少有三個方面的優勢。第一，小米具有天然的硬體優勢，其他互聯網公司雖然擁有技術，但是產品很難落地，而小米已經擁有了大量的手機和生態鏈產品。第二，小米擁有大數據的優勢，此前黃江吉和崔寶秋都非常重視大數據和雲技術，小米在雲端上累積數據已經有幾年歷史，而大數據已經成為人工智慧的燃料。第三，小米擁有 IoT 場景的優勢，經過三年的默默耕耘，小米智慧家居此時已規模初現。

　　黃江吉讓王剛當天晚上就做出一份簡報，準備第二天一早和雷軍就這個重大事件進行一次溝通，而這個討論會一開，就持續了三個小時。

　　雷軍對 AlphaGo 的出現也激動不已。從高中起，他就多次獲得圍棋業餘組的冠軍，對圍棋有深刻的理解。他知道機器要把圍棋下好難度有多大。在大學期間，他就學習過人工智慧的相關課程。那個時候，同學就和他打過一個賭——數十年後，機器能不能像人類一樣進行自然語言的處理；而今天，這個討論言猶在耳。雷軍還從品牌的角度對 AlphaGo 戰勝李世石這件事情進行了評價，他很讚賞 Google 巧妙地把技術的進步變成了一個公眾事件，它用一種有趣而新奇的方式，把好的技術傳播給了公眾，在這一點上，Google 向全世界的科技公司做出了示範。

　　大的趨勢已經來臨，黃江吉和崔寶秋以及王剛的團隊，都在不同的領域展開了技術小組討論，討論的主題是：人工智慧在小米的應用以及人工智慧如何在小米落地。經過多輪討論，大家不約而同看到了一個方向——智慧音箱。在這個方向上，亞馬遜已經透過音箱實現了較為流暢的語音互動，這給了小米團隊成員很多啟發。

　　早在 2014 年 11 月，亞馬遜公司的第一批智慧音箱就出貨了，貝佐斯聽從員工的建議，把這款產品命名為 Echo（回聲）。這款產品可以播放音樂，也可以回答普通的問題，使用者使用喚醒詞就可以透過語音與 Echo 互動。隨著技術的不斷演進，Echo 的使用者可以利用它對房間的照明設備進行開關控制，還可以讓它幫忙訂購披薩。可以說，透過研發智慧音箱，亞馬遜走在了語音識別的前沿。兩年之後的 2016 年，Echo 已經成為亞馬遜最暢銷的產品，到 2016 年 4 月，它的銷量已經超過 300 萬臺。

　　小米團隊經過討論認為，從觸控螢幕到語音的轉換將是顛覆性的，這是一次重新洗牌的機會。巨頭在研發自己的智慧語音技術的

背後，是要搶占最新的人機互動入口。隨著深度學習的發展，當時科技界已經達成共識：語音對話的模式更符合人類自然互動的方式，智慧語音將打造互聯網的新的「操作系統」。未來，如果智慧語音設備的使用量不斷提高，各大公司有可能擺脫對蘋果和安卓生態的依賴。

小米的另一位聯合創始人王川也在這個時期思考了小米如何在人工智慧時代立足的問題，他也看到了智慧音箱的潛力。其實，關於語音互動，王川很早就在小米的電視團隊開始進行實踐了。就在亞馬遜推出智慧音箱的同一年，王川主導的小米電視也推出了語音搜片功能，人們拿著遙控器說出自己想看的電影，小米電視就可以將這部影片搜尋出來。經過一段時期的探索，小米的電視團隊已經累積了大量的訓練語料。因此，此時推出智慧音箱的想法，基本上屬於水到渠成。

在 2016 年的國慶假期之後，雷軍召開了一次高管會議。在這個會議上，大家取得了共識——小米必須全力投入人工智慧。雷軍對技術團隊說：「小米認為路由器會是智慧家庭樞紐的這個判斷在人工智慧時代必須進行修正了，發布智慧音箱刻不容緩。」

2017 年元旦剛過，雷軍再次重構團隊，他明確了一件事情——智慧音箱將是小米公司的戰略級產品。

王剛團隊等幾個團隊在人工智慧方面的布局和努力，在這一刻正式躍上全集團最核心的戰略舞臺。

在這樣的決策之下，小米電視、小米大腦和小米探索實驗室共同開啟了對小米智慧音箱的研發工作。這就是後來在市場上出現的「小愛同學」。王川帶領小米電視的一支十人小團隊負責硬體，崔

寶秋和王剛的雲端平臺負責軟體。面對各大科技公司的競爭，小米希望用六個月時間推出新品。又一次，激烈的行業競爭讓小米的各個團隊發揮出了能力極限。

智慧音箱產品研發過程的困難程度不言而喻。在專案早期還沒有硬體音箱實體時，王剛團隊都是在小米電視上進行軟體調試。王川每天都會親自試驗產品的語音互動能力，不停地對電視變換各種指令，各種技術難題也不斷出現。當語音辨識率還不盡如人意的時候，王川總是對王剛發出靈魂三問：能不能搞定？什麼時候搞定？用什麼方法搞定？王剛只能反覆解釋，語音互動需要時間累積，單就技術而言，他完全有信心。

其實，那段時間王剛壓力很大。當智慧音箱逐漸成為一種潮流和趨勢時，獵豹移動專門成立了一家名為獵戶星空的人工智慧公司，組建了上百人的團隊，他們不僅開發自己的人工智慧產品，還希望成為小米智慧音箱背後的中樞和大腦。當時，獵豹移動的 CEO 傅盛三天兩頭來找王川交流，希望能和小米達成合作，而這給了王剛團隊一種巨大的危機感。想一想，如果小米的智能音箱竟然啟動的是外部大腦，這將讓王剛的團隊情何以堪？

最終，頂著巨大的壓力，王剛團隊完成了「小愛同學」的語音互動研發。「小愛同學」無論在喚醒率、回應速度，還是在聲音的甜美程度上，都做到了市面上的最佳。而傅盛在此過程中也並非全無收穫，當時獵戶星空採用的一項叫作 TTS（Text To Speech，文語轉換）的技術比小米的更強，因此最終被「小愛同學」採用。

2017 年 7 月 26 日，小米正式發布了「小愛同學」智慧音箱，售價只要 299 元。這款音箱採用 360 度遠場語音控制，使用者只要

說出「小愛同學」四個字，即可喚醒音箱。「小愛同學」不僅可線上聽音樂，還是使用者的智慧管家，用戶可以透過音箱向家中的小米產品下達指令，比如控制小米電視，開關掃地機器人、空氣淨化器等，也可透過小米插座、延長線來控制第三方產品。

「小愛同學」的銷售成果最終超出了預期，人們不知道的是，王川已經開了五套模具，仍然滿足不了市場的需求。後來，「小愛同學」成為小米歷史上供不應求時間最長的產品，尤其有趣的是，當其他公司的智慧音箱開始瘋狂的補貼大戰時，「小愛同學」仍顯示缺貨，並且還是登上了當年中國國內智慧音箱市場排行的前三名，開啟了小米對未來的想像。

研發團隊的內心充滿喜悅。他們知道，一個偉大的公司不應該只盯著銷售額、銷量和利潤，而是應該聚焦於產品，只有做出最棒

的產品，才能得到使用者的喜愛和擁護。

在小米研發智慧音箱的過程中，雷軍和高管團隊清楚地看到了在這場人工智慧的大浪潮到來之際，小米屹立於浪潮之巔的必要性——在小米的戰略版圖上，人工智慧將平行於手機，逐漸上升為公司的兩大戰略之一。小米對人工智慧板塊的研發投入，很快將上升到百億元量級。

印度登頂

可以說，在 2016 年年底這個時間點，外部看小米還是迷霧重重。那一年，雨果‧巴拉最終提出了離職，而這也成為外部解讀小米不被看好的信號之一。

然而，透過一年多的潛心調整，小米的復甦之路已經悄悄開啟。只不過這個時候，很多人還沒有關注到這些積極的信號，尤其是當小米屏氣凝神地在國內市場進行內功修練之際，小米的海外市場已經悄悄地起飛了。

雷軍是從 2015 年開始管理印度市場的，從那個時候開始，每個季度，他都會率領高管飛往邦加羅爾，每次至少待 7 天。邦加羅爾與北京沒有直飛航班，每次雷軍都要從香港轉機後再飛一個通宵。但是，雷軍通常是下了飛機就直奔印度辦公室，幾乎不給自己留休息的時間。

每天的會議會從早上 9 點持續到次日凌晨 2 點，中間一有時間，他還會拉著中印混合團隊「上山下鄉」，走進印度的大街小巷

和田間地頭，去了解印度用戶真正的需求。

雷軍和高管們深知海外市場的重要性，尤其是印度市場，很多競爭對手都已經開始在這片土地上搶奪市場。小米確定了境外市場「印度優先」（India First）的戰略，在所有的海外市場裡，產品線和供貨全部向印度傾斜，給這個市場最大程度的支持。

這個戰略得益於小米團隊對於印度市場的判斷：2016 年，印度人口規模為 13.2 億，中國的人口規模為 13.8 億，兩者已經十分接近；而 2016 年，中國 GDP 的總量為 11.2 兆美元，印度僅為 2.3 兆美元，約為中國的五分之一。印度的手機出貨量不到 3 億部，而中國手機市場的出貨每年穩定在 5 億部左右，二者存在約 2 億部的出貨差。從 2013 年到 2015 年，智慧型手機在印度市場快速滲透，而從 3G 到 4G 的換機大潮，也在 2014 年到來。從這些根據公開資料整理出來的數據可以看出，印度市場蘊含著巨大市場潛力。

2015 年之後，小米在印度市場很多產品的操盤，都是雷軍帶著產品經理們在黑板上反覆演練後最終做出決策。經過實地考察後，一些產品針對印度市場做了客製化，目的是讓產品越來越符合當地的使用者需求。比如，印度的濕度和灰塵比較大，充電線的插頭很容易損壞，因此，小米為印度客製化的手機產品的充電線插頭採用了特別的材質，不易損壞。另外，印度的電壓不穩，所以充電電源的電壓不能做成常用的 220V，而是改用 380V。最後，因為經常停電，印度使用者對電池的容量格外在意，小米也對這個市場的產品上多採取了大容量電池的方案。在很長一段時間裡，都是先由中國團隊提出一些改進的方法，再由印度團隊進行可靠性試驗，以保證差異化產品的品質。

除了在產品定義方面投入大量精力之外，小米在印度的本土化製造之路也從 2015 年開始了。

小米公司的手機產品開發部的許多團隊負責了與在印度的富士康工廠的合作事宜。第一家小米的代工廠位於印度的安得拉邦省，這是一家富士康的代工廠，原本做的是諾基亞的手機業務。儘管工廠不錯，但是裡面各種組裝功能機的設備與智慧型手機需要的設備相去甚遠，小米的工程師們必須把它改造成適合小米手機的生產基地，這裡面有太多需要跨越的障礙。

比如，工程師郭金保為了讓印度的工人熟悉改造後設備的操作規程，特意編寫了一份英文教程，但是當他把這些教程發下去之後才知道，印度的官方語言眾多，很多工人其實根本不會英語，這些教程他們也看不懂。再比如，印度的雨水太多，每當雨季來臨的時候，倉庫的木棧板下面全都是水，小米的工程師只能第一時間把木棧板更換成塑膠棧板，再把底層墊高，確保貨品和雨水徹底隔離。與此同時，小米加速了工業用貨架的使用，從根本上解決了以往棧板不適合存貨的問題。

印度的基礎設施跟國內有較大差距，這帶來了很多生活上的不方便。有一次，許多和同事的車壞在半路，他們打了半天電話卻怎麼也叫不到救援。於是，他們只能在酷暑之下自己把車子推到了附近的修理店。

此外，很多中國同事不適應印度當地的飲食和衛生狀況，經常有人生病。一個小夥伴曾經拉著郭金保的手哭笑不得地說：前一天晚上拉肚子已經拉到虛脫，難受到準備寫遺書的地步。還好，第二天他吃了特效藥，很快康復了。

克服重重困難後，2015 年 8 月，首批在印度組裝的小米手機正式下線了。2016 年，這家工廠的出貨量達到 100 萬臺。小米後續在泰米爾納德邦又有了自己的兩家工廠。這些在印度的本土工廠不僅節省了小米的關稅費用，也縮短了物流週期，且具有更加貼近本地市場的靈活性，他們給印度市場的手機出貨提供了相當大的便利。

2015 年，得益於亞馬遜和 Flipkart 兩家電商瘋狂的補貼大戰，小米在印度線上市場成為雙方爭搶的重點，這讓小米的業務推進異常順利。隨著印度工廠的建立，2016 年，紅米 Note 3 的銷量在印度取得巨額增長，這款手機也被稱為小米在印度的騰飛之作。2016 年，小米手機在印度市場的出貨量比 2015 年增長了一倍，達到了650 萬部，這讓小米完全走出了 2014 年初入印度時的陰影。

2017 年的第一季度，小米在印度距離市場榜首只差最後 1% 的份額，超過三星已經指日可待，小米在印度成為所有人矚目的品牌。

在印度線上市場取得勝利的情況下，小米吸取了在國內市場進攻線下市場較慢的教訓。從 2015 年開始，雷軍就在思考印度市場的線下布局問題。每個季度在印度出差的一週裡，雷軍總要花三天時間走訪印度的線下市場。最初，雷軍的心情很沉重。2015 年，OPPO 和 vivo 已經把在國內的打法完全照搬到了印度，在印度鄉村，藍綠色的店鋪鋪天蓋地，比在中國的鄉鎮還要誇張。在一個小村子裡，雷軍甚至看到了一個 200 多平方公尺的巨幅看板，從這種壯觀的廣告投放量上，普通人都可以感受到 OPPO 和 vivo 搶占這個市場的決心。

與此同時，印度線下店主對於出售小米手機還有顧慮。有一次，在新德里的一家街頭小店，店主不停地向雷軍推銷友商的手

機，卻不建議他購買小米手機。店主甚至還誇張地介紹：「儘管這款手機後蓋是塑膠的，但是它不會發熱，而且這款手機的返修率是零。」這讓拿著金屬後蓋小米手機的雷軍哭笑不得：「返修率不可能是零！」在雷軍的一再追問之下，店主才終於承認：「銷售小米手機沒有利潤，因此一般情況下，我不會建議顧客購買小米手機。」

在切身感受到商家的顧慮之後，雷軍堅信，大水漫灌式的線下管道效率不高，小米必須在印度探索一條適合自己的線下發展之路。

首先，自營管道肯定是最便於管理的方式。於是，小米之家的模式被複製到了印度市場，而這個品牌直營體驗店完全沒有讓人失望，它受到的追捧程度幾乎和國內無異。

2017 年 5 月，印度第一家小米之家在邦加羅爾的鳳凰商場開業了。開業當天，排隊的人群就造成了商場外的道路擁堵。一天的時間內，小米之家賣掉了 5000 多部手機。雷軍在微博上發布了現場的盛況和銷售數字——有超過 1 萬名小米粉絲到店，來自印度的 10 個邦；12 小時的銷售額達到 5000 萬盧比，達到一家優秀的印度傳統手機零售店單店全年的收入。小米在印度正式進軍線下市場。

就在這一天，小米全球副總裁、印度業務負責人馬努在新店開幕時表明了小米在線下擴張的野心——兩年內，小米將在印度開設 100 家零售店，遍布德里、孟買、海德拉巴、清奈等大都市，小米之家不僅出售手機系列產品，也將出售耳機、空氣淨化器等智慧設備，還有健身產品、行動電源以及自拍棒等配件，每個體驗店都有單獨區域供米粉體驗。可以說，來自小米的「中國製造」，逐漸走進了海外用戶家庭。

除了品牌直營店，單獨為印度設計的管道策略也在緊鑼密鼓地

制定當中。經過總部和印度團隊的不斷商討，2017 年 6 月，一份叫作 PPP（Prefer Partner Program）的優選合作夥伴計畫被制定出來。這個計畫的核心是，在一個商區內只授予一家合夥夥伴經營權，目的是用效率換取盈利。在同一條街上，其他品牌用幾十家甚至上百家小店分食客流，儘管利潤空間不錯，實際盈利卻差強人意；而小米在一條街上只用一家店來吸引客流，透過銷售量的不斷累積，讓單品微小的利潤得到疊加。

PPP 計畫實施一個季度之後，就被驗證是完全可行的方式。到 2017 年 12 月，小米已經與 11 個城市的 37 家中小分銷商達成了合作，這些分銷商主要為手機零售店，儘管同時售賣多個品牌手機，但是他們的店頭都有醒目的 MI 字 LOGO。就在這一年，小米在印度市場的線下銷售的比例達到了 7.7%。

2017 年 1 月 19 日，小米在印度市場發布了一款備受追捧的「千元機」——紅米 Note 4。這款手機裝載高通驍龍 625 晶片、4GB 運行記憶體、64GB 機身記憶體，配置金屬外殼，續航時間最長可達兩天，而它的售價只有 13000 盧比。這款手機在 Flipkart 進行閃購時，因為搶購者的暴增，一度讓網站陷入了癱瘓。

根據 IDC 智慧型手機市場數據顯示，2017 年第三季度，小米憑藉 820 萬部手機的出貨量，占據了印度智慧型手機 23.5% 的市場份額，小米第一次超過三星，成為印度第一大智慧型手機品牌。

指數級的增長在第四季度得到了持續，在這個季度當中，小米在印度市場出貨 920 萬部手機，市場份額達到了 25%。與此相對應的是，同期的三星手機的市場份額降至 23%。

就這樣，小米手機在印度市場登頂了。

　　經過整整一年多的調整，小米在全球市場的勢頭得到了回歸。小米在印度的銷售，占據了小米集團全球市場的 28%。不但印度市場高歌猛進，國內市場的出貨量也走上了逆襲之路。2017 年 10 月，小米全年 7000 萬部手機出貨量的目標被提前完成。與此同時，小米管理層在公司年會上提到的 2017 年力爭收入破千億元的小目標，也提前完成了。

　　到 2017 年結束時，小米一共銷售了 9141 萬部手機，總收入為 1146.25 億元，同比增長 67.5%，經營利潤為 122.15 億元，同比增長 222.7%。此時此刻，小米終於回歸了全球智慧型手機出貨前五名的陣營。

　　這一年還有很多值得銘記的時刻，比如，小米自主研發的澎湃 S1 晶片正式發布。這是一款 64 位八核處理器，採用 4xA53 大核＋4xA53 小核設計，最高主頻 2.2GHz，內置的 GPU 為 MaliT860 MP4。從配置上看，澎湃 S1 是一款相當於驍龍 6 系列的中端處理器，而首款搭載澎湃 S1 晶片的手機小米 5C 也在這一年發布了。澎湃 S1 為小米贏得了一片讚譽，人們評價 S1 晶片是「中國創造和中國智造的生動體現」。對於關心小米這家公司前途命運的人來說，澎湃 S1 猶如一顆定心丸一樣讓人安下心來，它證明了一件事情——小米在核心技術探索之路上從未停步。

　　2017 年 8 月，小米 MIX 獲得了美國 IDEA 設計獎金獎，正在亞特蘭大遊學的劉新宇代表小米公司領取了這個獎項。領獎時，80 後的劉新宇回想起了小時候電視上播放的「勁歌金曲」頒獎典禮，當主持人念到最佳歌手的名字時，獲獎者總是站起來跟身邊的人擁抱一下，然後向全場觀眾致意。萬萬想不到，這一套兒時的記憶，

此時此刻將由自己出演。當設計委員會宣布小米 MIX 獲得金獎時，劉新宇緩緩站起來，和身邊的 Google 團隊握了一下手，並且調皮地「安慰」對方：「你們做得也不錯。」這一刻，是小米設計再次登上世界舞臺的巔峰時刻。

現實是此岸，理想是彼岸，中間隔著湍急的河流。 2016 年到 2017 年，小米跨越了湍急的河流。

可以說，小米從 2016 年的低谷時刻到 2017 年的重新逆襲，雷軍就像他的商業偶像 —— 英特爾的 CEO 安迪·葛洛夫（Andrew Grove）一樣，完成了管理上的進階蛻變。葛洛夫曾經啟動過一場壯士斷腕的變革，讓英特爾完成了從生產存儲晶片到生產微處理器的轉換。雷軍在內部演講時總是說，葛洛夫讓英特爾在還沒有走到崩潰的邊緣時，就完成了一場鳳凰涅槃。對於雷軍來說，這一次他也完成了管理上的重要一課 —— 他帶領著一家在陣痛邊緣徘徊的公司，成功走上了逆轉回歸的榮光之旅。

第十章 ∵ 一波三折的上市之旅

正式啟動上市之旅

2017 年，小米公司又回到了高歌猛進的節奏，它再次成為媒體競相報導的對象。有媒體以〈雷軍的黃金歲月〉為題，報導了小米的逆襲過程。雷軍對小米勢能的回歸，發出了這樣的感嘆：世界上沒有任何一家手機公司銷量下滑之後還能成功逆轉，除了小米。

在多次被唱衰後，小米用事實證明了它的生命力——它依然是全球領先的手機品牌之一。

2017 年下半年，有了前三季度公司的業績回歸和成長，又感受到風調雨順的節奏，小米的創始團隊開始探討一個重要的問題：小米是不是已經到了登陸資本市場，給股東回報和給員工激勵的時間節點？在雷軍的心目中，上市的時期已經來臨，它將成為小米公司新征程的起點。

此時，距離中國行動互聯網的黃金歲月已經過去了五、六年的時間，在這段時間裡，中國的創業生態圈漸漸成熟，阿里巴巴、百度和騰訊的發展，證明了中國互聯網的巨大潛力。一波又一波的風險投資和創新人才湧入互聯網行業，市場如火如荼，創業公司的數量呈幾何級數增長。

在這個過程中，資本的目光都集中於估值在 10 億美元以上、

被市場稱為獨角獸的初創公司上。那些估值超過百億美元的超級獨角獸——螞蟻金服、今日頭條、美團點評，更是備受關注；而小米作為一個新物種，毫無疑問也是資本投以熱切目光的一家公司。

2017 年年底，胡潤研究院首次發布的《2017 胡潤大中華區獨角獸指數》顯示，大中華區獨角獸企業在 2017 年已經達到 120 家，估值總計超 3 兆元。這些數字背後，是一部資訊技術不斷進步的中國科技生態系統的進化史。

作為這部進化史的深度參與者，小米也敏銳地感覺到了市場熱切的目光。2017 年 10 月底，在小米的深圳旗艦店開業儀式前，小米召開了唯一一次在北京之外舉行的高管會議，其中最核心的一個議題就是上市事宜。和想像的不一致，並不是每位創始人都同意上市。

小米創始人之一王川表達了對上市的顧慮。他說：「從資金的角度出發，小米沒有一定要上市的緊迫性，因為小米並不缺錢。」王川擔心小米成為上市公司後，可能會受到股價等因素的影響，對小米保持長期戰略定力造成一定壓力。王川的顧慮並非沒有道理，一些企業上市後，確實會因為顧及每季度財報是否亮眼而用一些短期行為來營運企業，從而對企業的長期戰略部署產生不好的影響。雷軍也發表了自己的觀點：「上市固然有它的缺點，但是，一家公司只要能保持長期戰略決策的能力，這些缺點都可以被管理。除了缺點，上市的好處也顯而易見，它是公司組織發展健全的機遇，一家公司可以借助上市，把組織結構、品牌戰略等問題一次性理順。」

其他創始人也表達了對上市這個決定的贊成，他們認為對於一些長期在小米工作的員工來說，七年的時間已經過去，他們的辛苦

付出應該得到回報，這也是小米鎖定優秀人才、保持公司核心競爭力的一大關鍵。

在這次討論之後，小米高管就上市事宜進行了最後一輪投票表決。雷軍和王川投了棄權票，周受資作為上市執行人選擇不參加投票。雖然有兩票棄權，但是按照多數通過原則，小米準備上市的決定最終獲得通過。

2018 年 1 月 13 日，周受資發了一則微博：「我特別喜歡我們內部一張特別紅的圖。」下面的配圖上有一句話：「未來一年，連睡覺都是浪費時間。」這句話毫無疑問就是周受資未來 365 天的真實寫照。媒體人士隨即做出解讀：這則微博相當於小米官方正式宣布小米開啟上市之路。

就在一個月之前，香港上市制度的調整，讓小米在選擇上市地點時有了比較明確的傾向性。2017 年 12 月 15 日，香港證券交易所（後面簡稱港交所）宣布，港交所將允許「同股不同權」的公司在香港主板上市。這種結構，將有利於成長性企業直接利用股權融資，同時又能避免股權被過度稀釋，從而導致創始團隊喪失公司話語權的情況，保障此類成長性企業能夠穩定發展。百度、阿里、京東等均為同股不同權的「AB 股」結構。

在「AB 股」這種結構中，B 類股一般由管理層持有，管理層普遍為創始股東及其團隊，A 類股一般為周邊股東持有，此類股東看好公司前景，因此甘願犧牲一定的表決權作為入股籌碼。在互聯網科技公司崛起的浪潮中，多數公司都採取了同股不同權的架構，這個制度有利於管理層掌握對公司的決策權，不受短期利益的影響。在國際上，由於美國納斯達克可以實現「同股不同權」的股權結

構，因此成為新經濟企業上市的首選地。而港交所在此之前一直堅持同股同權的政策，以保護中小股東的權益，這使得港交所在多年前錯失了阿里巴巴。

在考慮赴美上市還是赴港上市時，小米高層因為港交所的新政策而普遍支持小米在香港上市。周受資說，在二者資本流通性都差不多的情況下，香港更靠近內地市場，且與北京沒有時差，便於管理。在同股不同權的設置當中，創始人們共同決定：雷軍擁有55.7%的投票權，可決定普通事項；雷軍和林斌共同擁有85.7%的投票權，可決定重大事項。

這對於小米的意義非同小可，不僅僅關乎大股東的控制權，更是小米能夠始終保持其商業模式的獨特性、價值觀不受外力影響的關鍵保證。

從周受資發布微博的那一天開始，小米要上市的消息在資本市場便不脛而走。券商、投行和律所紛紛前來拜訪周受資，這讓周受資的日程表一下子變得瘋狂起來，每天工作十五個小時成了他的常態。有趣的是，在高科技公司習慣了穿休閒裝的周受資，此時因為每天要接待各種投行、律所人士，被迫穿上了西裝。周受資說自己每天忙得暈頭轉向，從內部工作完全變成了外部工作。

2017 年 12 月 19 日，周受資帶領小米 IPO（首次公開募股）團隊舉辦了一個非常簡單的啟動儀式，來自財務、法務、公關等部門的成員終於聚在了一起，他們為這個專案擬定了一個樸實的代號——Milestone（里程碑）。

2018 年 1 月，小米對投資銀行進行了選美（Beauty Parade）程序，即不同投行來競標，企業從中挑選其上市承銷商。周受資整理

收到的標書後發現，已經有近 100 份。周受資像以往研究創業企業一樣，一一會見了前來接洽的投行，他們如同在市場上競價一般，都給小米出具了極高的估值。

小米上市前的最後一輪估值還是在 2014 年進行的那次巨額融資上，價值為 450 億美元，而第一波約見小米的券商就把估值鎖定在 750 億美元，此後估值又被抬高到 1000 億美元，最後，在一份標書裡，周受資赫然發現，券商已經給出 2000 億美元的天價估值。

抬高欲上市公司的價值以爭取入圍 IPO 發行，是投行的常見行為。雷軍和周受資對此都心知肚明，但是公眾並不知曉，小米超高估值的傳聞很快見諸媒體。

就在投行不斷向小米投遞標書的這兩個月當中，一項新的政策突然「襲擊」了小米。2018 年 3 月 30 日，中國國務院發布《關於開展創新企業境內發行股票或存托憑證試點的若干意見》，一種新的上市形式 —— 中國存托憑證（Chinese Depository Receipt，簡稱 CDR）正式開啟了。這給了眾多以前註冊在開曼群島的優秀互聯網企業接觸中國 A 股投資者的機會。早前這些優秀的互聯網公司，儘管立足於中國市場並依靠中國消費者成長，但是因中國的證券法只允許在中國註冊的公司在 A 股上市而無法在國內發行股票。為了改變這個狀況，開展 CDR 試點的呼聲越來越高。

在小米透露出上市意願後，證監會就透過券商找到了小米公司，希望小米參與 CDR 創新試點。小米對此邀請做出了積極回應，成為首批 CDR 試點公司。如果小米憑藉中國存托憑證上市成功，它就將成為史上首個港股「同股不同權」的上市公司，同時也是史上首個在中國 A 股市場上透過 CDR 方式上市的公司。這樣的

創新試點對於整個上市團隊，既是機遇，也是巨大的挑戰。在接受這個邀請之後，小米就從簡單的香港上市，變成了香港、內地兩地上市。這其中的準備工作，可不僅僅是乘以二那麼簡單。

周受資在知曉公司接收了 CDR 邀請之後，同時開始了三個層面的工作。第一，他抽出大部分的精力，準備兩地上市的招股說明書。第二，他要和香港證監局做不間斷的溝通，參與一個相當於立法討論的工作，因為小米是第一家在香港上市之同股不同權的公司，周受資的團隊要和證監局探討如何保護小股東，以及同股不同權的界限在哪裡。第三，理順同步創新的工作，研究 CDR 的規定和在香港上市的規則，並進行對比，從而讓兩地上市沒有阻礙。

即使是對經常創造歷史的小米來說，同時遭遇這麼多第一次的情況也不多見。

周受資對於那段時間的記憶只有四個字——昏天黑地，很多記憶變成了模糊的片段。他只記得，為了確認招股說明書上的一個數字，他晚上 12 點半打電話給同事耿帥，而耿帥毫無怨言地幫他計算推演了兩個小時，然後告訴他準確的答案。他只記得，他在證監會附近的酒店租了一個房間，但是每次都忙到只能去洗個澡就折返回來。他只記得，他每個六日都在辦公室裡，和財務、法務、公關團隊以及一眾投行、律所等機構一起反覆修改招股說明書，寫完中文的再寫英文的，並和公關部總經理徐潔雲一個人看中文，另一個人看英文，做文本校準。周受資說：「招股書裡的每一個字，我都想過好幾遍。」要知道，那份港交所 H 股版本的招股說明書，足足有六百頁。

與此同時，小米公司的股權架構也被暫時固定，小米公司透過

一封內部信件做出了一項重要聲明：聯合創始人周光平和黃江吉辭去了公司的職務。在這封內部信件中，雷軍這樣表示：他們都為小米做出了卓越的貢獻，是小米奇蹟的締造者。

可以說，處理如此繁雜而龐大的業務，是周受資有生以來面臨過的最大挑戰。這個新加坡男孩在回憶這一切時說，自己是新加坡的「國家富二代」，他的父親曾經在 1960 年代創立一家建築公司並取得了巨大成功。然而，由於管理不善，這家企業後來遭遇了困境。從一夜暴富到一無所有，這個過程曾經為年輕的周受資帶來巨大的心理衝擊。他暗暗下定決心，這一生一定要參與建設一家偉大的企業，並要讓它立於不敗之地。雷軍曾經對他說：「你這是想對這段童年經歷復仇！」周受資想了想說：「復仇二字，好像過於強烈了。」

終於，在小米 IPO 的準備階段，這個年輕人有了一個機會去引領一家公司，做一件他認為非常偉大的事情。儘管辛苦，但他覺得暢快淋漓，彷彿這樣就可以撫平童年的那段傷痛。

硬體淨利潤率永不超5%

在周受資團隊為上市做著各項準備的同時，雷軍正在思考一個嚴肅的問題，那就是如何解決上市後的一個擔憂。王川投棄權票時的那番表述並非沒有道理，雷軍其實也在擔心，在資本的遊戲規則中，公司盈利沒有最多，只有更多，資本永遠希望一家公司利潤比以前更多。上市之後，小米會迎來眾多的外部股東，他們如果不了

解小米的業務，就會對管理層施加巨大的盈利壓力。在這種情況下，小米能不被這種意見左右嗎？其實此時雷軍關注的問題的本質是──如果有一天他不做 CEO 了，繼任者能不能繼續堅持小米的價值觀？

這關係到小米創辦時的初心問題。小米是雷軍在四十歲之後、早已實現財務自由的情況下創辦的。這家企業關乎他年少時的夢想，更關乎他聚集數十年的商業洞察──什麼樣的企業才能基業長青？在創辦小米之初，雷軍就曾經問過自己，怎樣才能創辦一家百年企業？為了尋找答案，他首先想到的就是，在中國，哪家企業做到了一百年？

雷軍第一個想到的企業是同仁堂。在研究同仁堂這家企業的過程中，他發現同仁堂最重要的準則是它的司訓：「品味雖貴必不敢減物力，炮製雖繁必不敢省人工」，意思是，做產品，材料即便貴也要用最好的，過程雖然繁瑣也不能偷懶。換句話說，做產品要真材實料。另外，同仁堂還有另一句話來保證這句話的執行，那就是「修合無人見，存心有天知」。意思是，你所做的一切，只有你自己的良心和上天知道。這讓雷軍深受震動。他堅信他找到了讓企業持久營運的密碼──做產品就必須真材實料，而想要讓企業堅持下去，就要把真材實料當成信仰。

雷軍推崇的公司還有美國的好市多和沃爾瑪。2014 年在小米創辦五週年之際，雷軍受原君聯資本（前聯想控股）總裁朱立南的邀請，在聯想控股份享他創辦小米的創新思考。他說：「沃爾瑪和好市多這樣的零售企業給我的經驗就是，低毛利是王道。只有低毛利，才能逼著你提高運作效率。而小米按照接近成本的價格定價，

營運高效率就是王道。我們既然不想坑用戶，又要賺錢，就只能用所有的智慧來想辦法提高效率。」

有了這些對公司的研究理論，小米一出生就帶有創始人的認知。「感動人心，價格厚道」從第一天開始就是小米的信條。這也是小米從一代手機到現在的所有手機產品，以及各種生態鏈產品的定價準則。在很多次內部宣講會上，雷軍都和公司高管反覆強調公司價值觀，他說：「這樣的公司其實滿足了古今中外用戶對商品最本質的期待，所以只要公司選擇了與用戶站在一起，小米就立於了不敗之地。」

在小米公司的發展過程中，雷軍曾經多次收到周圍人的勸說，希望小米大幅度提高產品的定價。在小米 MIX 手機即將發布之際，行業分析師孫昌旭就曾花了幾個小時勸說雷軍，希望他能制定一個相對高一些的價格，以符合這樣一款帶有突破性技術的手機，但是雷軍還是堅持自己的想法。他說，他要防止小米變成他曾經憎恨的那類公司。

克制貪婪，其實一直是小米公司成長過程中的主題。2017 年 8 月，在小米的財務分析會上，雷軍甚至提出了一個方案——用返券的形式將多賺的利潤返還給用戶。小米商城負責人隨後仿照其他電商「雙十一」活動的規則，設計了多種返券形式。沒有想到，這些方案遭到了雷軍的批評。他說：「返券形式太複雜了，用戶會看不懂，所有的返券不要設置門檻。」於是，2017 年年底，小米以無門檻現金券的形式送出了 1.5 億元現金。對於大多數公司來說，這幾乎是聞所未聞的事情，這 1.5 億元可全部是實打實的利潤啊！

在上市程序啟動之後，如何約束小米的淨利潤被提上了議程。

雷軍希望推動以法律文件的形式來約束小米的未來之路，他的目標是將淨利潤比率寫入公司章程。這是一個向他尊敬的企業好市多致敬的舉動，也是一個讓很多人覺得不可思議的舉動。好市多規定，任何商品的毛利潤率不得超過14％，如果超過，需要CEO和董事會批准。雷軍甚至比好市多還要激進和理想主義，他希望做出一項規定：小米硬體產品的稅後淨利潤率永遠不超過3％，一旦超過，就要返還給用戶。

這個提議讓很多一路跟隨雷軍的外部董事和投資人目瞪口呆。不少人提出了異議或表示反對。這些人對小米的價值觀已經爛熟於心，但是他們依然難以理解，為什麼小米要永遠放棄自己的可能性，關閉高額利潤的大門？

此時已是4月上旬，距離提交IPO申請只有半個多月的時間。而這樣一則重大資訊，必須在提交IPO申請之前塵埃落定並在招股書中進行披露，從時間上看，這個消息的最佳披露節點就是這個月底的一場產品發布會了。

此時，離發布會的召開只剩下不到兩週的時間了。

財務團隊負責提供這項決議的可行依據，市場團隊在緊張籌備發布會事務，公開信的草擬工作已經開始，而另一邊，小米的幾位高管還在分秒必爭地努力進行說服股東們的工作。

2018年4月23日深夜，在小米管理層最後一次與股東們溝通的電話會議上，股東們仍有疑慮異議，以至黎萬強在電話會議中站起來大聲提醒大家：「幾十年後回頭看，這將是商業史上一項了不起的決議。」

4月24日0時1分，股東們最終批准了董事會的決議，只是做

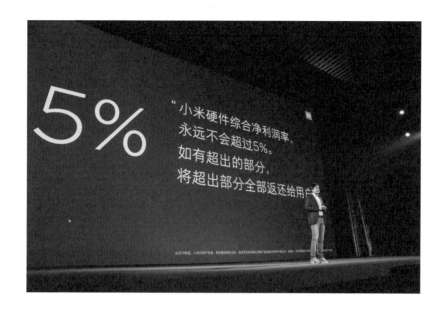

了一個數值上的修改。他們認為，小米已經發展成一家全球化企業，會受到各個市場的匯率影響，如果把利潤鎖定在3%，微小的匯率波動就會造成虧損，股東們希望把這個數字再上調一些，以保證微利。最後，這個數字被鎖定在了5%。

2018年4月25日，小米公司在武漢大學召開了小米手機6X發布會。在這一天，雷軍回到了自己的母校，也回到了珞珈山下。正是在這個會上，雷軍宣布了董事會通過的最新決議──從4月23日起，小米向用戶承諾，每年整體硬體業務（包括手機及IoT和生活消費產品）的綜合稅後淨利潤率不超過5%，如超過，將把超過的部分用合理的方式返還給小米使用者。

當天發布的小米手機6X便是這個利潤率的堅定執行者。小米手機6X採用高端晶片驍龍660，搭載最新的人工智慧技術，當競爭

對手的性能、工藝同級產品，甚至配置還不及小米 6X 的產品都定價在近 3000 元時，小米還是堅持緊貼成本定價，只賣 1599 元。

雷軍在會上闡述，小米奉行的策略是薄利多銷，除了硬體利潤，還會依靠內容和互聯網服務盈利。劃定 5% 的綜合淨利潤率紅線，不會制約小米的發展，同時也是小米鞭策自我、遏制貪婪的一種手段。

這樣的做法讓人們感到驚奇。一些媒體評論：企業公開限制自家產品的淨利潤率，小米可能是頭一家。有人說，縱觀世界性的大公司，這種做法十分罕見。傳統的商業思維都以追求利潤最大化為目標，以不斷從消費者身上獲取最大價值為導向，而雷軍正在反其道而行之。

當然，也有一些「是情懷還是套路」的猜測在媒體間流傳。一些人認為，小米不是上市公司，不會公布具體的財務數據，因此所謂淨利潤也就無從核實。也有一種聲音認為，小米從事的硬體行業本身利潤就很薄，其實小米根本沒有賺到高於 5% 利潤的能力。

其實普通公眾並不知道，在這場發布會召開的 8 天之後，也就是 2018 年 5 月 3 日，小米將正式向港交所遞交上市申請書。幾個月後，小米就會成為一家上市公司，而財務報表的披露會成為一項日常工作。這將是世界商業史上首次，一家公司以董事會決議檔的形式規定了硬體淨利率不超過 5%，無論是現在還是未來，小米都已經放棄了在硬體上獲取高於 5% 淨利潤的權利。

這是小米可以安心上市的前提。

2018 年 5 月 3 日，是小米一波三折的上市之旅的開局之日。此時周受資和團隊成員已經兩三天沒有睡覺了，他們終於完成了第一

個版本的招股說明書。這一天，一行人穿上西裝，在香港的一個印刷社把招股說明書列印完畢之後，興高采烈地來到香港證券交易所，正式遞交了招股說明書。港交所的工作人員遞給周受資一張紙條，上面寫著一行字——恭喜你公司的招股說明書已經被港交所受理。

那一天，小米招股說明書中那封雷軍的公開信傳遍了互聯網，這封信向人們解釋了兩個問題：小米是誰？小米為什麼而奮鬥？這封信既像是小米對外界的自我介紹，也像是小米對自己這些年創業生涯的總結。小米利用這個機會，再一次向公眾闡釋了自己的價值觀：

創新科技和頂尖設計是小米基因中的追求，我們的工程師醉心於探究前人從未嘗試的技術與產品，在每一處細節都反覆雕琢，立志拿出的每一款產品都遠超使用者預期。我們相信打破陳規的勇氣和精益求精的信念，才是我們能一直贏得用戶欣賞、擁戴的關鍵。

目前，我們是全球第四大智慧型手機製造商，並且創造出眾多智慧硬體產品，其中多個品類銷量第一。我們還建成了全球最大的消費類 IoT 平臺，連接超過 1 億臺智慧設備。與此同時，我們還擁有 1.9 億 MIUI 月活躍用戶，並為他們提供一系列創新的互聯網服務。

真正讓我們自豪的並非這些數字，而是中國智慧型手機和智慧設備等一系列行業的面貌因為我們的出現而徹底改變。

優秀的公司賺的是利潤，卓越的公司贏的是人心。更讓我們自豪的是，我們是一家少見的擁有「粉絲文化」的高科技公司。被稱

為「米粉」的熱情用戶不但遍及全球、數量巨大，而且非常忠誠於我們的品牌，並積極參與我們產品的開發和改進。

這封公開信一經發出，就引起了大量關注，而「小米是誰？小米為什麼而奮鬥？」一時間成為熱門話題。它甚至引發了眾多中國企業家發出「xx 是誰，xx 為什麼而奮鬥」的跟隨問，江湖一片迴響。比如，復星集團董事長郭廣昌率先發文〈郭廣昌回覆雷軍：復星是誰，復星為什麼而奮鬥〉，再比如，真格基金創始人徐小平在看了這封信後也發文〈徐小平回覆雷軍：真格是誰，真格為什麼而奮鬥〉，等等。這句創業天問，又一次成就了「雷軍體」。徐小平在公開信裡說，雷軍改變了中國製造業的潮水方向。

從這一刻開始，小米公司的上市路演之旅正式開啟，所有人都信心百倍，興致高漲。

路演風雲和小米上市

周受資和投行一起遞交招股說明書的第二天，雷軍從深圳趕到了香港。那一天的行程對於他來說也是史無前例的。在深圳，雷軍和三星電子副會長李在鎔見了面，還邀請他參觀了小米之家。在香港，雷軍率領高管拜訪了九十歲高齡的商界傳奇人物李嘉誠，在午飯的飯桌上，李嘉誠決定透過個人的基金會認購 3000 萬美元小米股票，這個消息轟動了香港。晚上，雷軍拜會了香港地產大亨李兆基的長子、恆基兆業地產主席兼董事總經理李家傑。李家傑在這之前

擔任了小米的獨立董事，為小米上市傳遞出積極的市場信號。

很快地，雷軍會見「三李」的消息輪番登上各種媒體。這讓一直跟在雷軍身邊的周受資也不禁感嘆——像做夢一樣，一覺醒來，全世界都在報導小米！那天晚上，雷軍站在四季酒店 30 樓的行政酒廊，俯瞰著燈光燦爛的維多利亞港灣，創業幾年來的一幕幕歷程，如同電影鏡頭一樣在他腦海裡重播著。

最美好的時刻總是宿命一般隱藏著危機，這讓很多人即使在最順利的時刻都保持著最虔誠的敬畏。在這看似風光的時刻，一輪接一輪的波折已經在慢慢接近小米。這些波折讓其中的當事人飽受折磨。

2018 年 6 月 11 日，小米通過港交所聆訊的同一天，小米向中國證監會遞交了 CDR 的招股說明書。小米確定了高通、中國移動、順豐、中投中財等 7 家基石投資者，一切看起來都如此順利。宏觀大環境看起來也尚可，就在小米遞交 CDR 招股書的前三天，富士康工業互聯網（工業富聯）在上交所上市，首日大漲 44%，一躍成為 A 股市值最高的科技公司。富士康是全球最大的手機代工廠，也是一家深受全球化貿易影響的公司，它作為風向標向人們表明，整個市場依然看好全球化趨勢。

然而，就在徐潔雲買了四條煙，把自己和財務、法務的同事關在一個專門辦公區裡，昏天黑地地分頭逐條回答證監會的十二輪問題之時，重大的資本市場震動已經在暗流湧動之中。唐納・川普（Donald Trump）就任美國總統之後，中美貿易摩擦接連不斷。從 2018 年 1 月開始，美國政府先後宣布對中國鑄鐵汙水管道配件、鋁箔產品、鋼製輪轂等產品發起反傾銷調查，並擬對 1000 億美元的商

品加徵關稅。2018年6月15日，美國政府再次發布了加徵關稅的商品清單，將對從中國進口的約500億美元的商品加徵25%的關稅，其中360億美元將在7月6日開始實施。中國隨即反擊，實行了反制裁措施。累積的矛盾終於到達一個臨界點。最終，中美貿易摩擦升級。這個歷史事件將對小米上市產生重大影響。

正如晨興資本董事總經理劉芹後來所說的那樣，小米上市撞上了中美貿易摩擦的黑天鵝。只不過彼時，沉浸在緊張準備上市過程中的小米團隊，對這場貿易摩擦掀起的波瀾會有多大，感受還不深刻。

6月16日至18日端午節小長假期間，雷軍把一些高管召集到小米五彩城辦公室，大家這一次的工作是修改小米上市路演的簡報。此前數天，他們已經開始感受到市場的整體溫度在變冷，在貿易摩擦的陰霾之下，一些原先瘋狂開出高估值並且爭取份額的機構開始變臉，此時小米只有把自己的模式和價值講得更明白才行。

這一次，雷軍的完美主義再次發揮得淋漓盡致，他對各種細節的要求甚至到了走火入魔的程度。這三天，是具體執行撰寫工作的團隊刻骨銘心、痛不欲生的三天。除了凌晨回家睡幾個小時的覺，他們全都在五彩城15樓雷軍的辦公室裡。怎麼讓境外投資者很快理解小米的商業模式，是大家大腦風暴的主要內容。晨興資本的劉芹提議，一定要把小米的價值觀演繹成一個好萊塢式的劇本，小米要用西方人聽得懂的方式來和投資人進行對話和溝通。他說：「小米的上市路演應該像馬丁・路德・金恩的演說一樣激動人心。小米的故事實際上是一個科技平權的故事，我們不分膚色、年齡、性別，讓每個人享受科技帶來的樂趣。」為了讓人們更深刻地了解小

米模式，大家設計了一系列巧妙的小細節替路演助力，還挑選了幾件「道具」，以便在路演時展示。

此時為上市準備忙碌了幾個月的雷軍和周受資已經累得筋疲力盡。雷軍在這段時間更是和各種事件憤然抗爭，其中還包括來自外界的一些誤解。在修改簡報的這三天三夜裡，一貫以精力超級充沛、有超長待機著稱的雷軍，也會有撐不住的時候，這時他會到辦公桌後面的地板上小睡一會兒。

在為 CDR 做了所有的努力之後，宏觀環境已經發生變化，而一些莫名其妙壓低小米估值的輿論也在互聯網上瘋傳著，這一切都造成了小米人極大的心理壓力，也讓聞風而動的投資者受到了影響。也許正是從那個時候開始，市場的風向真正轉變了，在輿論的影響之下，一些看衰或者質疑小米的聲音開始出現，這也讓人對此前傳聞的小米如同雲霄飛車一般的估值更覺霧裡看花。

在黑雲壓城一般的壓力以及資本市場形勢不明朗的情況之下，綜合各種因素，2018 年 6 月 18 日晚間，小米做出了一個艱難的決定──暫緩 CDR 上市。次日晨間，證監會的官網對這個決定做出了回應──尊重小米的選擇，已經取消第十七屆發審委 2018 年第 88 次發審會議對該公司發行申報文件的審核。這看似簡單的資訊裡，包含了太多小米管理層審慎的思考，也包含了太多難以言說的波折。

此時，中美貿易摩擦產生的連鎖反應已經開始在資本市場顯現了，就在這一天，內地股市全線大跌。上證指數報 2907 點，創下兩年來最低，兩市跌停的個股近 1000 支，1600 支個股跌幅超過 9%，沒有一個板塊翻紅。

　　這一切對市場的信心和小米的估值產生了重大影響。

　　2018 年 6 月 21 日早間，小米集團在港交所網站更新了招股說明書。這份近七百頁的招股說明書的披露，意味著小米將開始正式全球招股，離港股上市只差「臨門一腳」。公眾也因此看到了更多的公開信息——招股說明書上顯示，小米公司法定股本總面值 67.5 萬美元，由 700 億 A 類股（價值 17. 萬美元）和 2000 億 B 類股（價值 50 萬美元）組成，公司上市後將成為「港股同股不同權的第一股」。而外界一直猜測的估值問題也終於揭開面紗——此次小米在香港 IPO 擬融資 61 億美元，根據小米每股 17 ～ 22 港元的定價，小米香港 IPO 的估值為 550 億～ 700 億美元。

　　很顯然，小米香港 IPO 的估值，遠低於此前高盛、摩根士丹利、摩根大通銀行、中信里昂證券、瑞信等多家機構給出的 800 億～ 940 億美元估值。一些分析人士稱，雷軍選擇主動調低價格，是為了給小米上市後留足上漲空間。然而，從客觀上分析，這其實更像是一個宏觀大環境忽然逆轉、經濟下行、CDR 過程中屢次受挫，以及市場對資本信心不足等因素綜合造成的結果。小米上市團隊面對現實，重新調整了預期。大家一致認為，在這樣的大環境下，小米只要能夠完成上市之旅，就可以完美收官了。

　　2018 年 6 月 21 日，小米在香港舉辦了投資者見面會，周受資對這次會議的印象是場面依然非常火爆。投行認購的環節很快就大幅超募，而且一家主承銷商的份額在當天午後就已全部認購完畢。周受資心情大好，這種感覺一直持續到 2018 年 6 月 23 日小米舉行全球發售股份的新聞發布會時。

　　這個重要的新聞發布會被安排在香港的四季酒店舉辦，而非常

有趣的是，出於安全考量，小米的高管們需要從酒店的廚房進入會場。一行人西裝革履地從廚師、桌子、灶火間穿過，這讓周受資突然有了一種香港老電影的既視感——幫派社團裡的江湖兒女在廚房間進行大戰，然後衝上街頭開始追逐戰。

而此時此刻，一場和他有關的大戰就要開始了。幾個小時之後，他將飛往紐約，小米的全球路演正式拉開帷幕，小米的高管將兵分三路前往世界各地。在全球路演的過程中，雷軍和周受資任務最重，他們將奔走於紐約、波士頓、舊金山和芝加哥等幾個城市。另外兩路是林斌一路，洪鋒和劉德一路。

那些精心準備的細節和道具，在紐約派上了用場。在美國路演的第一站，除了小米手機以外，雷軍和周受資還帶來了三件小米生態鏈產品，分別是小型無人機、彩虹電池和米家螺絲起子。為了更好地呈現「感動人心，價格厚道」這個理念，周受資在紐約一家路邊的便利商店購買了普通的電池。面對投資者時，他一邊展示普通的 5 號電池，一邊拿出五顏六色的小米彩虹電池。當他告訴投資者，小米的彩虹電池不僅做工更精良，售價也只有 9.9 元時，投資者震驚了。小型無人機也在路演的會議室飛了起來。有時，操作者會故意將無人機向牆壁撞去，使其跌落在地上。就在投資者以為這是一場事故時，無人機卻完好無損再度起飛，這帶給人們驚喜的感受。投資者在這個「小劇情」中，理解了小米的產品品質。

紐約的路演非常順利，在這場路演之後的週日，一行人終於迎來了一個久違的休息日。他們選擇去紐約的中央公園跑步。跑累了，大家饒有興趣地玩起了自家的小米無人機，這甚至引起了紐約警局的注意。而這將是整個路演過程中，大家最後一次感受到放鬆

和幸福的時刻。

第二天早上，壞消息傳來，投行的朋友告訴周受資：中美貿易摩擦再次升級，有人開始撤單了，而市場熱度也因為貿易摩擦徹底冷卻下來。市場情緒此時已如雪崩，各種壞消息接連傳來。當風險來臨時，所有人都停下腳步開始觀望。這讓周受資感到了空前的壓力。

歷史就是這樣充滿了各種出其不意和巧合，這也是小米團隊最終決定以最低價上市的最重要原因。在美國西海岸開完會，做了這個最後的決定後，雷軍回到自己的房間，和衣睡著了。在跟隨雷軍多年的人眼中，雷軍一直是個精力無敵旺盛的人，續航能力很強，這是第一次，他們看到雷軍因為工作原因睏到直接倒下，大家知道——他徹底沒電了。而更深層次的原因也許是——在創業的過程中，他最初滿懷激情，卻受到了深重的消磨，他需要自我療癒一下。

在經歷了這一系列堪比好萊塢大片一樣跌宕起伏的劇情之後，2018 年 6 月 29 日，周受資終於在洛杉磯收到了最後一份來自投行的訂單，這次命運多舛的 IPO 終於可以畫上句號了。旁邊的人拍了拍他的肩膀，輕聲地跟他說：「恭喜你，結束了。」周受資則一個人呆呆地坐在椅子上，愣了有好幾分鐘，一種恍如隔世感油然而生。對於他來說，這一切的一切，太像一場不真實的大夢了。

7 月 6 日，小米集團在港交所公告了發行價和 6 月 24 日至 28 日的散戶認購情況以及基石投資者的認購情況。小米將香港 IPO 價格定在了每股 17 港元，淨籌資 239.75 億港元；共收到約 10.35 億股認購申請，相當於超額認購約 9.5 倍。以定價估算，小米上市估值為 539 億美元。

　　時間終於走到了 2018 年 7 月 9 日。這一天，小米手機 8 的巨幅戶外廣告鋪天蓋地出現在這個被人們稱為東方之珠的地方。這一天的香港，對於小米這家公司來說，有著極不平凡的意義。為了這一天，小米已經等待了太久。

　　早上 10 點，平時僅容納幾十人的香港聯交所大廳裡擠進了大約六百人，小米的上市儀式在這裡正式舉行。此前，為了滿足小米公司的嘉賓來參加敲鐘儀式的要求，港交所將四個展廳打開連通，開闢出一塊空前大的區域。但是即便如此，當天參加上市儀式的人數也幾乎超出了大廳的承載能力。展廳裡目光所及之處，全是喜慶的紅色布置。在場的人全都面帶微笑，為親歷這樣的時刻感到幸運。而港交所也專門為小米上市訂製了一面重達 200 公斤的大銅鑼，雷軍親手敲響了它，現場歡聲雷動。

小米的高管們都來到了現場，他們每人都特地佩戴了一條橙色的領帶，與在場的工作人員及媒體人士一起見證了這個值得銘記的時刻。同時，小米的「100個夢想贊助商」的米粉代表洪駿也來到了現場。在雷軍敲響大鑼的瞬間，這個性格沉穩的中年男子壓抑不住內心的激動，雙手握拳揮舞起來。多年來，小米在中國經歷的所有跌宕起伏的故事，都讓人感慨萬分。

現場的鎂光燈閃耀成了燦爛的海洋。這個時刻如同雷軍在內部員工公開信裡所說的那樣：「在如此動盪的市場中，小米的上市已經創造了巨大成功，它躋身全球科技公司前三大IPO，並成為香港資本市場第一家同股不同權的上市公司，小米已經創造了歷史。」

儘管小米上市之後的微微破發讓雷軍的心情受到了很大的影響，但是第二天，他選擇了一個非常娛樂性的方式來紀念這次與眾不同的經歷——他第一次買了一條破洞牛仔褲穿上，並在微博上留下了文字和圖片。他說：「今天特地穿了件破洞褲，紀念一下昨天IPO的首日表現，（這讓我）時刻提醒自己：革命尚未成功，同志仍需努力！」

言語間，雷軍幽默依舊，但是很少有人知道，對雷軍和小米來說，這確實是一場充滿傷痛的旅程。然而，無論對公司還是對個人來說，傷痛和暴風雨都是必須經歷的，只有經歷了這些，個體和組織才能變得更加強韌，才能增長足夠面對未來的智慧。這些經歷是讓人和組織變得更加鮮活的必需品。就像史蒂芬·褚威格在《昨日世界》（*Die Welt von Gestern*）裡說的那樣：「不管怎麼說，每一個影子畢竟還是光明的產物，而且只有經歷過光明和黑暗、和平和戰爭、興盛和衰敗的人，才算真正生活過。」

撕裂性成長和組織結構調整

上市是小米的重要里程碑，這家公司用八年時間打造了一個市值 539 億美元、年收入突破千億元的公司，這在世界商業史上也是絕無僅有的故事。它的成功上市也為早期投資人帶來了豐厚的回報。晨興資本、啟明創投、順為資本這三家創投機構，這一次成為創投領域的最大贏家。

以晨興資本為例，它早期投資小米的 500 萬美元，在八年的時間裡獲得了 866 倍的投資回報，平均速度是每年 2.3 倍，晨興資本一共收穫了 290 億元，打造了一個經典的中國創投時代的偉大故事。而這樣的故事，即便是放在矽谷這樣的創業聖地，也會讓人眼前一亮。根據《矽谷百年史》（*A History of Silicon Valley*）的記載，截至 2012 年年初，風險投資行業回報多於收入的情況，已經十四年未曾出現了，而且在這十年間，幾乎沒有大型退出的案例。在 Facebook 的股票上市前，Google 仍是投資者獲得回報最大的案例。

晨興資本共同創始人劉芹也在小米上市後寫下了一篇長文〈相信「相信」的力量〉，闡述了風險投資者是如何與企業家一同保持信仰，在企業發展的道路上與企業一起前進的，尤其是在公司面對困難和挫折之際。

他說，具備企業家精神的投資人，要相信公司的長期價值，因為公司的短期波動常常帶來巨大的雜訊，但不會影響長期價值的創造。投資人要和創業者建立高度互信的夥伴關係，用成熟的心態面對公司接踵而至的壞消息。當公司進入負面循環的時候，不因為短期雜訊和壓力對創業者形成放大的壓力。

在這篇文章裡，劉芹也闡述了作為風險投資家需要具備的素質——如果我們致力於投資那些具備真正企業家精神的創業者，我們必須成為同樣具備企業家精神的投資人！

除了風投機構獲得巨額回報之外，小米這場 IPO 也為很多個體帶來重大影響。在結束 IPO 的那一刻，那些為小米而奮鬥的年輕人，也都實現了個人財富的重大突破，他們塑造了這個時代裡令人神往的勵志故事。人們估算，在持有小米股票的七千人當中，將會誕生數十個億萬富翁，上千個千萬富翁，而小米上市也直接導致創始人雷軍身價暴漲，這也是繼百度、阿里上市之後的又一場互聯網造富運動。而劉芹在上市晚宴上去尋求合影的管穎智，就是這些人中一個非常有趣的代表。

在 2010 年唯一一次早期員工認購小米股票時，管穎智拿出了自己的全部嫁妝錢，而當時連小米手機 1 都還沒有發布，當時只有二十六歲的她笑著說自己嫁給了小米，而今天，劉芹把管穎智稱為一個真正有信仰的投資者。

除了獲得金錢財富，人們在這個過程中也收穫了更多的個體經驗，這才是這個時代最值得銘記的故事。黎萬強後來用「撕裂式成長」這個詞來形容小米人創業至今的感受。幾乎每一個身處小米這片版圖上的人，都能感受到在這場創業長跑中那種被推動的劇烈成長。小米在一片荒蕪中建立起自己的天地，而那些早期的拓荒者無一不是被迫在自己完全不熟悉的領域進行跨界學習。今天，他們已經成為這個領域的專家。比如，雷軍開始學習管理上萬人的公司，林斌從銷售營運到管理手機部，黎萬強從一個設計師到可以從無到有創建電商平臺小米網，劉德從一個大學系主任完成了一系列生態

鏈公司的商業打造，洪鋒將 MIUI 的活躍用戶帶到了 1.9 億，而王川則開啟了中國智慧電視時代的新篇章。每個人的每個故事，細細品味，都是充滿張力、破繭而出的故事。他們就像童話故事中的魔笛手，人們享受著他們演奏出的美妙音樂。

對其他的管理者來說，人生的變化也是巨大的。王翔、張峰、崔寶秋、周受資、朱印、高自光、王海洲、朱磊、張劍慧等，他們每一個人幾乎都在這種接近極限的工作強度中獲得了他們的人生智慧。創業的代價也顯而易見。張劍慧曾經非常感慨地說，她兒子的最大夢想就是每個星期至少能見一次媽媽。手機部的員工郭峰在提到自己五歲的兒子時潸然淚下，他遺憾地表示，自己陪伴孩子的時間實在太少。被小米員工稱為「大師」的朱印，形容他負責手機工業設計的這兩年，如同過了二十年一樣漫長。他深有感觸地說：「做硬體的設計，你會感覺自己越來越渺小，隨著你做這件事情的時間延長，你會解鎖很多你不懂的東西，但是越是這樣，你就越會有敬畏之心。」在剛剛接手手機工業設計的時候，朱印為了保留些許藝術氣息而留的小鬍子還是黑的，現在，剛剛四十歲的他，那撮鬍子已經接近全白。而曾經是全美業餘組拉丁舞冠軍的宋嘉寧自從進入小米之後，就放棄了自己的拉丁舞愛好，體重也直線上升了 7 ～ 8 公斤。

今天，這些年輕人在回望自己的人生時，都無比感慨，在這個撕裂般成長的過程中，在很多的得與失之間，他們收穫了一個嶄新的自己。正如在《矽谷生態圈》（ *The Rainforest* ）這本書裡，作者維克多・黃（Victor W. Hwang）以及格雷格・霍洛維茲（Greg Horowitt）指出的：

企業家帶領人們去做的事情並不總是可以用金錢來計算，正如（史丹佛大學教授）阿德·馬卜貢傑（Ade Mabogunje）所說的那樣：「你只有感動了他們，才能領導他們。企業家是一個講故事的人，他幫助人們為了信念冒險。」、「如果你去詢問矽谷或者其他類似地方的初創團隊的成員，問他們為什麼選擇了現在的工作，你會發現，驅使他們行為的，是超理性動機。」

小米人的這些收穫證明了很重要的一點：雷軍帶領人們去做的事情，並不總是可以用金錢衡量的。他用一個又一個的願景，讓人們參與這項偉大的事業，體驗勝利的喜悅和失敗的沮喪，同時又可以獲得大量的金錢。雷軍知道，成功的企業，在於人與人之間的互動。只有人們渴望體驗生活的雲霄飛車時，創新才能繁榮。這就是《矽谷生態圈》裡所說的，創業需要一個熱帶雨林般的氛圍。

在實現了上市這個目標之後，更加龐大和繁雜的任務在等待著小米。雷軍知道，小米有著更加遠大的使命和願景。如果小米十年後的目標是成為一家營收過兆元、員工過十萬人的全球化公司，那麼組織結構的調整將成為現階段一個最重要的目標。就如同小米高管在分析上市對一家企業的好處時說的那樣，上市其實是小米走向成熟化、正規化的契機，還可以倒逼企業建立一系列的制度和規範。

可以說，在上市前的八年裡，小米一直是互聯網思維的模範生，其崇尚的扁平化管理被認為是保持高速增長的寶貴經驗。在很長一段時間裡，小米的管理只有三級：合夥人 —— 總監 —— 工程師。在早期的高速增長期，小米也確實是用產品來驅動公司的。在那個時候，產品好就是制高點，就能得到整個公司的支持。因此，

小米在過去一直以速度、扁平化、沒有 KPI 著稱，也創造出「爆品策略」、「風口上的豬」、「首戰即決戰」這樣風靡行業的概念。但是，隨著公司市值上升到 3000 億港元左右、擁有兩萬多員工和將近 2000 億元的營收時，單個產品已經不足以調動公司的系統資源了，業務的增長也開始衝擊組織的天花板。

根據小米集團公布的 2018 年第二季度財報，小米手機銷量為 3200 萬部，同比增長 43.9%，小米 8 系列開賣當月銷量即超過 110 萬部。根據市調機構 Canalys 的數據，2018 年第二季度小米手機在印度市場同比增長 106%，連續四個季度穩居市場份額第一，截至 2018 年第二季度，小米手機在西歐的出貨量同比增長超過 2700%。

在手機業務取得了不俗成績的同時，小米 IoT 和互聯網服務也一路高歌猛進。2018 年第二季度，小米已建成全球最大的 IoT 消費物聯網平臺，聯網智慧設備（不含手機、平板和筆記型電腦）達 1.15 億臺，同期 MIUI 月活躍用戶達 2.07 億，互聯網服務收入 39.58 億元，同比大漲 63.6%。

在這樣的業務發展中可以看出小米公司越來越強勁的互聯網屬性。公司的管理層現階段的想法自然是——將 IoT 和互聯網兩大戰略領域打穿、打透。

但是，當生態鏈部門之下的小米有品電商變成了一個年銷售額數十億元的電商平臺，當小米 IoT 業務也就是物聯網平臺成為全球最大的消費級物聯網平臺後，這兩個業務如果還是二級部門，就不可能得到公司的系統性支持，它們的發展就會受限。因此小米的組織再造工作，到了必須啟航的時刻。

在確定小米要在香港上市的幾個月後，2018 年 5 月，小米管理

層經過通宵達旦的討論，決定正式開始組織結構的重大調整。

雷軍將這個任務交給了劉德來主持。這個重大決策背後的核心思想是，改變以前合夥人各管一攤的模式，把合夥人層級的高管集中到總部，增強總部決策層的力量，包括建立一個新的、以80後為主的總經理階層，重新對業務進行梳理，同時推動內部的經營目標管理以及集團治理的規範化。

當外界觀察並感嘆「小米變了」的時候，劉德用「階段性正確」來解釋這種變化：「所有的事情都是階段性正確的，就像經濟學家凱恩斯那句著名的話：當事實改變之後，我的想法也隨之改變。」

2018年9月13日，小米進行了公司成立以來最具深度的一次組織結構調整，在集團層面成立了組織部和參謀部。此前負責生態鏈業務的劉德任組織部部長，此前負責電視業務的王川任集團總參謀長，此前負責MIUI業務的洪鋒轉而負責小米金融。此舉將在外開疆拓土的合夥人調回了集團，一來降低中央大腦的負擔，讓經驗豐富的核心高管從戰略層面和管理層面為年輕管理者引路護航；二來透過組織部的建立，集中負責中高層管理幹部的人事管理，解決了與幹部相關的三個問題：創造出管理職位，創造出上升通道，形成組織意識。

總體而言，調整組織架構的終極目標是，讓小米從過去每個板塊各自狂奔的狀態，向一個能建立集團系統優勢的公司轉變，把公司做成一臺「戰爭機器」。

對於創始人此時需要放下自己曾打下的江山，會有不捨情緒的問題，劉德面臨著擔任組織部部長後最真實而艱難的工作——說

服。他坦誠地說：「創始人要知道不同的階段公司需要什麼樣的管理者。在不同的階段，必然要改變自己的身分。在這個改變中，可能有些工作不是自己擅長的，也不是自己喜歡的，但是作為創始人，有責任為公司的不同階段而改變自己。」

自此，一場轟轟烈烈的改變在小米內部發生了。電視部、生態鏈部和 MIUI 部以及互娛部重組為十個新的業務部門。一大批 80 後年輕人走上了業務一線，成為小米的前線團隊。屈恆、范典、金凡、李偉星、劉新宇這些當年加入小米的年輕人，被任命為各個業務部門的總經理，被賦予了真正的決策權。這些年輕人的平均年齡為三十八點五歲，且對小米有著罕見的忠誠度，到此時，小米創立只有八年時間，而他們在小米任職的平均時間達五點九年。

如果說，在小米的前八年，他們已經經歷了一次撕裂式成長，那麼現在，他們承擔起的大都是百億規模的業務盤子，這將是又一次深度學習的機會，也是他們的人生面臨的又一次在奮鬥中飛躍的機遇。

對於組織幹部年輕化這個問題，組織部副部長金玲頗有感觸，她說：「銳氣對於企業來說，真的是戰鬥力。」互聯網公司是有生命力的公司，這種生命力是靠年輕人去支撐的，人到一定年齡之後，很難再去冒險做一些事情。

接管電視部的 80 後李肖爽還清楚地記得從王川手裡接過電視部那天的心態變化。其實從 2017 年 4 月開始，李肖爽就已經開始承擔小米電視部的硬體研發工作，相當於王川的副手。因此，當劉德讓他準備擔任電視部總經理一職的時候，他認為只不過是一個稱謂上的變化，自己的工作和以前並無實際差異。但是，從真正接手

的那一天開始，所有的資訊都開始彙整到他這裡，很多決策需要他來簽字，李肖爽這才明白，確實和以前不一樣了，「以前，天塌下來，還有川總扛著。而現在，真的就只能靠自己了。」

這是這些年輕人走上管理一線之後非常典型的心理變化。

從此時開始，組織架構調整和一系列新的任命是小米的一個長線進程，用劉德的話說，這將是一個新常態。而每一次調整和每一次任命都成為這家公司模式進化的注腳。比如，當 AIoT 戰略越發凸顯時，大數據、雲端運算和 AI 技術三個部門都進行了獨立編制，季旭、馮宏華、葉航軍三位年輕的業務領頭人被提拔為部門總經理。

一個有趣的現象是，小米創始人在轉換賽道之後，時常也會釋放出前所未有的潛能，在新的領域做出頗具創意的創新。比如，洪鋒自從掌管小米金融之後，再次獲得了工程師解構新事物的強烈自信。2018 年，小米金融開始建立智慧製造行業的供應鏈金融大數據系統，這讓小米供應鏈金融可以直接為企業提供急需的資金和供應鏈支持。當一家企業很難從金融機構獲得融資時，小米供應鏈金融透過和合作夥伴的數據互聯互通，可以即時線上追蹤並驗證這家企業的上下游交易，從而可以透過交易數據為其提供供應鏈的金融解決方案，解決企業的燃眉之急。到 2020 年，小米金融的這個新業務已經累計為企業提供融資 453.28 億元。在洪鋒看來，「這裡面新的玩法層出不窮」。

一家公司未來將如何發展，組織結構的重要性不言而喻，反過來，從組織結構上也不難發現一家公司對未來的謀篇布局。小米成了繼華為和阿里之後，第三家專門設立組織部的大型公司。在接下來的幾年內，組織結構的調整將以更高的頻率到來。

拓荒歐洲市場

2016 年 6 月，波蘭首都華沙的街頭，一個戴眼鏡的寸頭青年拖著行李箱在尋找酒店。他叫吳松，一週前剛剛加入小米國際部，連部門的人都還沒全部認識，就拎著箱子飛到華沙，獨自一人開始了小米在東歐市場的拓荒。

如果說，雷軍帶領的印度市場從 2015 年起逐漸摸索出一條適合小米發展的道路和打法，那麼此時這個畫面則說明，小米全球化擴張的道路真正拉開了序幕。這是王翔在 2015 年年底正式接手國際部以來，決定進軍的第一個市場——東歐。

小米在印度的成功，很大程度上驗證了小米在中國摸索出的商業邏輯：產品在線上大幅度提高了商業效率，透過口碑傳遞給了消費者。當產品在線上獲得一定流量後，再把銷售拓展到線下。這一切得益於印度電商的發展和逐漸成熟，讓小米充分享受了電商崛起的紅利。然而，王翔憑藉他多年的商業經驗知道，發展全球市場必須尊重本地特色。在全球範圍內，只有中國和印度有著不錯的電商市場，而在其他國家，電商占整體零售的份額只有 2%～ 10%，最多的地方也不會超過 20%，因此絕大部分地區還是以線下市場為主。小米的全球化擴張之路不可能照搬一個公式，尤其在歐洲市場，開放市場和營運商市場占據著最大的市場份額，因此踏踏實實做好零售陣地的建設，同時加強與營運商的合作，才是小米在海外發展的機會。

在部署國際市場時，王翔制定了「先近後遠，先易後難」的逐步推進戰略，在一個市場成功後再進入另一個市場，完全摒棄了之

前小米在多個地區同時進攻的策略。在團隊搭建上，王翔也採取了「循序漸進」的方法，採用的策略通常是，派出熟悉小米理念又有國際化背景的中國員工去當地市場進行拓荒，在擴大規模的同時，再逐步吸收本地人才來擴充本地團隊。因此，王翔首先建立了總部的核心團隊。早期清理小米手機 4 國際庫存的劉毅成為其中的重要領導者之一，他和年輕的團隊一起開始了海外拓展的征程。

與聯想進行的併購式海外擴張不同，小米在當地現有的系統裡讓自己的文化和當地的文化進行碰撞。小米的海外擴張之路，意味著將新的文化直接導入當地市場，這就要求那些成為先鋒部隊的年輕人必須獨當一面，吳松就是一個自己闖蕩的典型例子。

2016 年吳松來到波蘭時，蘋果、三星、華為、LG 等眾多品牌已經在這裡運作多年，他們的成功多是依靠投入巨額市場費用，快速堆積起品牌勢能。而小米卻要用較少的費用撕開市場的一道裂口，這符合小米效率優先的一貫理念。尤其是，小米還提出了分銷商要 100％預付費用的條件，讓海外擴張顯得格外艱難。但是在跑遍了波蘭的零售商之後，吳松發現，波蘭的消費者在公開市場有一個特點，那就是喜歡自己比價。這裡的消費者並不太會受廠商對市場投放的影響，而是習慣在反覆比價後對產品做出自己的判斷，而這正是一個重要的突破口。

在確定了當地消費者的消費習慣之後，小米確定了兩家當地的分銷商 ABCD Data 和 Ingram Micro 成為小米的合作夥伴，然後迅速和他們打成了一片。王翔部署的重要商業策略也在此時此刻發揮出了效應，小米這次直接把利潤讓給分銷商，讓他們用成本價進入這個市場。在簽訂合約之後，小米把「參與感」透過分銷商帶給了零

售商,和他們一起策劃店面促銷活動,國際公關部會幫助他們一起制定本地公關策略,一起大腦風暴,分析如何觸及更多的消費者。「拓荒者」會把小米的經驗和以往的案例直接提供給分銷商,一改以往分銷商只是一個搬箱子的角色,大大激發了他們的積極性。在這個過程中,吳松發現,分銷商已經逐步參與到小米的品牌建設中。而小米的產品,一旦和當地消費者見面,就會因為其年輕、新奇和高性能的特點吸引他們,尤其是小米產品的價格在同等配置下比競爭對手低很多。

以這樣的打法進入當地市場之後,小米很快建立起自己的品牌形象——年輕、酷和時尚,市場份額也一點點得到了提升。很快地,波蘭模式被證明是成功的,這讓小米在東歐市場得以繼續擴張。繼波蘭之後,小米在 2016 年耶誕節進入烏克蘭市場,三個月時間就成為當地市場第三名。在解鎖東歐市場之後,王翔在 2017 年 11 月做出了進軍西歐市場的決定。

這一次,他選擇突破的國家是有著不錯的群眾基礎的西班牙。一個叫歐文的年輕人,成為西歐市場的拓荒者之一,他對這段經歷有著非常奇幻的記憶。

第一天到西班牙報到時入住的是公司的宿舍,宿舍地處貧民區,推開門就是一張不寬的床,牆面和天花板的牆皮有點搖搖欲墜。

這就是小米在一個國家剛剛起步時的真實狀況,它保持了一家在創業初期公司對成本敏感的特點。在沒有辦公室時,大家經常在咖啡廳開會,幾個人點杯咖啡討論事情,一坐就是一天。在選擇辦

公地點時，小米團隊的海外駐地往往要求避開繁華的市中心，同時又要交通便利。這樣篩選下來，小米人往往都是住在老舊的住宅區。初到的同事只會英語，對於西班牙語一竅不通，遇到被偷、被搶這類事情，都不知道怎麼報案。

歐文的工作是在一邊做業務，一邊盯辦公室裝修的過程中起步的。而開啟業務時，他發現了一個讓人啼笑皆非的現象：在小米進入西班牙之前，不少小米產品已經透過各種非正規的管道流入了西班牙。在零售商只是自行銷售小米手機的情況下，小米 2017 年在西班牙的市場份額竟然達到了 8% 左右，這也正是小米在西班牙群眾基礎不錯的很好體現。

然而，就因為這樣，一些商家在小米進入這個市場之前，已經打著小米的旗號做起了生意，他們甚至印出了像模像樣的名片。歐文的出現讓分銷商真偽難辨。「剛開始時，我被當成了騙子，我只能反覆地對他們說，我是真的小米員工，你看，我的郵箱是以 xiaomi 為尾碼的。」

鑑於小米在西班牙已經有了一定的知名度，王翔決定為這個市場制定與東歐市場不同的打法，採取線上線下雙管齊下的方式，在最短的時間內取得品牌決勝。因此，在馬德里的發布會現場，當王翔宣布小米開啟西歐市場的征程時，他也將自己的戰略公諸於世，小米的商業模式——「硬體＋新零售＋互聯網」三部分內容將同時在西班牙落地。

除了小米自己營運的小米網以外，另一家出海的中國企業——阿里巴巴全球速賣通，對小米的海外擴張也發揮出了巨大的助力作用。全球速賣通是阿里巴巴旗下面向全球市場打造的一個線上交易

平臺，被人們稱為「國際版的淘寶」。海外買家可以透過支付寶國際帳戶進行擔保交易，並使用國際快遞收貨。從 2010 年建立開始，速賣通逐漸成為全球第三大英文線上購物網站，這讓全球 220 個國家和地區的買家可以買到來自中國的商品。它的流量也是驚人的，每天有 2000 萬訪客訪問這個網站。可以說，小米對西班牙線上市場的切入，就是和阿里巴巴全球速賣通合作的開始，在這個沒有阻力的管道裡，小米很快就在線上嶄露頭角，速賣通也被人們稱為小米的「神助攻」。

兩家中國企業，用這樣的方式聯手開拓海外市場，應該是中國企業在海外擴張過程中非常意味深長的一幕。速賣通逐漸成為小米擴張海外市場的一個重要陣地，透過這個跨境電商平臺，小米後來進入了 80 多個國家，成為速賣通最大的品牌之一。

小米在速賣通上的成功，也吸引了電商平臺亞馬遜的目光。在和亞馬遜合作之後，小米再次把擅長線上營運的特點發揮到淋漓盡致，員工透過線上社區的營運、社交媒體的打造、線上引流等多種方式，讓在亞馬遜出售的小米手機僅用幾個單款機型就直接衝到了第一名的位置，這讓亞馬遜建立了對小米品牌的信心。到現在，小米每發布一款產品，速賣通和亞馬遜都希望爭取到小米的首發來奪取網上的流量。就這樣，小米在西班牙的電商市場份額直線上升。在一年的時間內，小米就在西班牙做到了電子商務的第一名。

對於市場份額更大的線下市場，小米則用授權店的方式來獲得消費者對品牌的認知。2017 年 11 月，小米在馬德里開啟的兩家授權店，成為小米在西班牙開啟線下市場的序曲。歐文負責的分銷商市場，最初也遇到了和東歐市場一樣的困難。當地客戶對於小米的

低毛利策略完全不認同，並且要求小米給出非常長的帳期。與在東歐市場採取的策略相似，小米用「出血」的方式來獲取和分銷商合作的第一單。歐文提高了給分銷商第一單的利潤，並且承諾，如果手機賣不掉，小米將負責解決庫存。而分銷商透過第一次的銷售嘗試見證了小米品牌的威力，當第一批貨被一搶而空時，他們建立起了對小米品牌的信心。更多的合作，也在公開市場漸漸展開。在這個過程中，王翔也親自跑了無數的零售店，最後促成了小米和歐洲最大的 3C 零售集團 Media Market 的合作。一個有趣的事情是，Media Market 一開始不同意在他們的陣地建立小米的專區，因為這樣的資源對於他們來說非常昂貴。於是，王翔推薦了他們喜歡的小米平衡車作為合作開端，就是從這個產品開始，小米在 Media Market 從一個專櫃，逐漸拓展到整個歐洲地區的專櫃。和這樣的大型連鎖店合作的一大好處是，產品在一個國家做好了，鄰國很快就會關注到，他們之間有自己的溝通管道。

可以說，對於小米這樣從零開始進入一個海外市場的品牌來說，困難是不言而喻的。比如，拓荒團隊最初連給分銷商展示用的樣品機都沒有，經常要託同事從國內帶過來，因此，一有人過來出差，行李箱裡一定有半箱樣品機。再比如，歐洲團隊因為要和總部保持高密度的溝通，所以經常要扛著時差和總部開會。不僅僅是歐文，幾乎所有人在晚上 12 點前都無法睡覺。歐文說：「到了小米，我就養成了只睡四個小時的習慣。」而吳松因為工作繁忙，只用一個週末的時間匆匆舉行完自己的婚禮，就又飛回了歐洲進行談判。他苦笑著和經銷商說：「我的蜜月是和你過的。」在海外拓荒的過程中，辛苦是一個創業團隊的標準配置。

從宏觀管理上，王翔也逐漸總結出一些海外團隊的管理方法。比如，在人員招募上，拓荒者把市場打開之後，就要把本地人員的招募提上議程。現在，小米海外員工的比例越來越高。從經驗來看，只有深諳本地文化的人才能做出更加貼近本地市場的傳播方案。而且本地人員在和分銷商洽談時，通常也更能得到對方的理解。王翔對此的總結是，拓展新市場要把小米的文化與本地的文化融合起來，然後結合本地的實際來生根。

另外，海外團隊和中國總部保持高密度的溝通十分重要。在外部充分溝通之後，內部的溝通被視為頭等大事。除了每週的例會外，王翔要求，海外市場負責人每半年必須回來述職，而述職過後，他們必須要和每個業務部門的領導者開一對一的會議，這樣做耗費的精力顯而易見，但王翔認為，這樣的方式會讓團隊和總部捆綁得更緊，有利於發現問題迅速解決。

事實證明，西歐市場的拓展非常成功，小米後來也把西班牙的成功經驗複製到了法國、義大利等國家。2018 年 5 月，小米在巴黎開出首家小米之家，開業當天雖然下著冰冷的雨，還夾雜著冰雹，但門口一直有消費者排隊。小米之家在法國的第二家店鋪開業的時候，更是迎來了「千人瘋搶」的盛況。

也許數字更能說明問題。2018 年，歐洲手機市場出貨量的三分之一來自中國廠商，旗艦機型的價格也大幅下降。而中國手機廠商在歐洲出貨量最大的是華為和小米，華為以 23.6％的市場份額排在第三，小米以 6％的市場份額緊隨其後。小米在歐洲市場上同樣堅持自己的性價比模式，展現出其價值觀的一致性。而挺進歐洲市場，也為小米的國際化營收貢獻了力量。2018 年財報顯示，小米

國際市場營收全年達到 700 億元，占比達到 40％，最高一個季度達到 43.9％，而在 2017 年，這個數字還僅僅是 28％。

小米正在攻克的，是占據歐洲 50％ 市場份額的營運商管道，更多跌宕起伏的故事正在發生。這裡包含的一種新趨勢非常令人深思。要和歐洲的營運商合作，就必須達到它們的測試標準。剛開始的時候，一些營運商會拿出三百多頁的標書，小米需要回答的問題多如牛毛。而現在，小米可以和營運商討論他們的標準，然後一起做出更動。在小米品牌的感召之下，沿用多年的測試標準可以被調整，這是一個品牌甚至國家力量崛起的體現。

正像歐文感慨的那樣：「有了小米這樣的品牌，我們才有了談判的本錢。」在很多年前，這樣的情景是很難想像的。

在小米進軍國際市場時，這個中國製造的品牌以全新的形象出現在世界市場。當地的媒體敏銳地捕捉到了這一點：「西班牙消費者開始享受像小米這樣的中國科技公司帶來的巨大研發成果，這是一家以創新、品質和設計著稱的公司。」[21]、「智慧型手機和科技公司小米不斷對新產品進行著革新，自從它進入市場以來，小米不斷因為它的創新科技、傑出的設計、使用的友好性而脫穎而出。」[22]

小米產品在國際市場上的良好表現，與創始人雷軍在多年前設計小米這家公司時的理想一致。它讓世界範圍的消費者意識到中國品牌的巨大潛力，中國設計和製造的產品也有征服世界市場的能力。

---

21 EUROPA PRESS 2020.1.02 Ou Wen (Xiaomi): Spanish consumers have appreciated Xiaomi's R&D efforts, https://www.europapress.es/portaltic/empresas/noticia-ou-wen-xiaomi-consumidor-espanol-sabido-apreciar-esfuerzo-id-xiaomi-20200102134056.html.

22 Xiaomi advances positions thanks to its development in technological innovation, EL MUNDO. https://www.elmundo.es/promociones/native/2019/12/17/.

進擊AIoT

AlphaGo 的出現標誌著人工智慧浪潮的到來，政府對人工智慧的支持和風險投資的追捧也接踵而至。當各大公司都開始把人工智慧作為新的產業週期到來的標誌時，新一輪的競爭開始了。

深度學習讓人工智慧回暖，研究人員、未來學家、科技公司的 CEO 也開始討論人工智慧的巨大潛力和應用——識別人類語言、翻譯文件、識別圖像、預測消費者行為、辨別欺詐行為、批准貸款、無人駕駛。

李開復在《AI 新世界》一書中講道：

柯潔向阿爾法狗投子認輸不到兩個月，中國國務院公布了《新一代人工智慧發展規劃》，這是中國國家發展人工智慧的遠景規劃，明確提出未來將對人工智慧發展給予更多資金、政策支援，以及國家級的統籌規劃。該計畫明確提出了 2020 年及 2025 年的發展目標，並希望到 2030 年中國成為人工智慧領域的全球創新中心，在理論、技術及應用等方面領先全球。而嗅覺靈敏的中國風險投資人在 2017 年這一年，給予人工智慧創業公司的風險投資占到了全球人工智慧投資的 48％，中國在這個數據上首次超越了美國。

當人工智慧浪潮來臨之際，各個巨頭都開始了自己的布局。小米早期布局的雲端存儲技術和大數據的累積，讓小米有了平滑無縫地切換到人工智慧時代的可能性。小米技術高管崔寶秋說：「這也正是小米的人工智慧走出的技術路線——CBA。這比那些直接走

ABC 路線的公司，有著不可想像的優勢。」[23]

正是因為有了小米早期部署的雲端存儲和在手機、生態鏈產品上累積的大數據，小米進入人工智慧的姿態才從容不迫，特別是大數據的作用不容小覷。「大數據和人工智慧融合起來，才能發揮出巨大的價值，而融匯大數據，打通數據孤島，將產生核融合一般的效果。小米在 IoT 時代累積的大數據資源，將成為小米進軍人工智慧的巨大優勢。比如，小米在生態鏈方面的布局、小米做硬體的經驗累積，都讓小米在智慧場景方面的創新機會遠多於其他公司。」崔寶秋說。

自從進入 IoT 領域以來，小米對大數據的累積就不遺餘力。2018 年的兩款 IoT 爆品再度讓人們看到了小米在萬物互聯領域的巨大潛力。其中一款產品，就是從 2017 年開始崛起的入口級產品——小米電視。

小米電視自從誕生以來，就和市場上非常激進的對手——樂視電視有著激烈的競爭。但是，在 2013 年到 2017 年的四年時間裡，小米奉行的都是微利但並不補貼的策略。在雷軍眼中，硬體產品和純互聯網服務不同，後者的補貼程度是可控的，不僅能夠精確地測量，而且可以隨時止損。而硬體產品只要沒有交付到用戶手中，其虧損就會隨著時間的延長一天天擴大。這個預測也精準地被樂視的結局所驗證。

2017 年，樂視資金鏈轟然斷裂，創始人賈躍亭遠走美國，競爭對手的敗局讓小米電視在市場上輕鬆晉級。2018 年，小米電視的

23這裡的 A 指 AI，B 指 Big Data，C 指 Clouding。

優勢進一步擴大，全球出貨量達到 840 萬臺，同比增長 225％。此時，用投資方式聚合的互聯網電視的內容（此前小米先後投資了優酷與愛奇藝），也開始吸引更多的用戶，這讓小米電視產生了越來越多的互聯網收入。2018 年第四季度，小米來自電視的互聯網收入占到互聯網收入的 8％，同比增長 119％。可以說，2017 年～2018 年，互聯網電視已經在中國崛起。而小米電視和人工智慧結合的探索早在這個過程中就已啟程。小米的 AI 大腦——「小愛同學」就是在這樣的探索路徑中產生的。

眾所周知，這個大腦後來又經過升級打磨，裝進了小米的智慧音箱、手機等設備當中，成為一套跨平臺的完整 AI 系統。在推出小愛同學智慧音箱後，2018 年，小愛音箱的新產品陸續推出有小愛同學 mini、小愛同學藍牙音箱等，售價進一步降低，這讓小愛同學的語音請求量不斷攀升。

在「小愛同學」不斷成熟之後，由它來喚醒眾多小米生產鏈產品的訴求也成為小米人工智慧版圖裡最順理成章的部分。當米家 App 裡裝載了「小愛同學」以後，語音控制小米生產鏈的產品就可以輕鬆實現。這樣簡單的聯動，讓崔寶秋也十分感嘆——小愛同學天生就是含著金湯匙出生的。

2018 年上半年，小米 MIX 2S 發布，小愛同學正式被應用於手機上。在 2018 年下半年發布的小米 MIX 3 裡，小愛同學還擁有了獨立的 AI 按鍵，這讓 AI 賦能小米產品的節奏越來越鮮明。

2018 年下半年，小米高層再度討論了 AI 戰略，AI 賦能萬物互聯的圖景已經被小米初步實現，此時此刻，一個新的公式正在雷軍腦中醞釀，它有關小米新的戰略版圖。2018 年 11 月，在烏鎮舉辦

的世界互聯網大會上，雷軍首次將這個公式公布於眾，他說：「過去十年是行動互聯網的時代，未來是萬物智慧互聯的時代，因此，AI ＋ IoT ＝ AIoT。」

這一年的小米開發者大會（MIDC）也被命名為「小米 AIoT 開發者大會」。籌備這次會議的崔寶秋還深深記得，當他請雷軍參加這個會議時，雷軍的助理遺憾地告訴他，雷軍這個時間計畫去印度出差，因此不可能出現。這讓崔寶秋以及大會其他的組織者都有些洩氣，其他部門對這個會議的支持力度也沒有想像的大了。然而，就在會議即將召開的前一天晚上，轉機出現了，雷軍的印度行程被取消了，空出來的時間，他希望來助力這次小米準備已久的開發者大會。可想而知，這個消息一出，會議組織者和參加者的熱情都陡然升高。

雷軍當天的演講是自然而充滿趣味的。首先，他說小米要感謝歷史進程，感謝行動互聯網時代，讓小米從一開始就站在了 AIoT 產業的最高處。早在 2014 年，小米就成立專門部門做 IoT 連接模組，後來又成立小米生態鏈部，孵化投資 IoT 領域的創新創業公司。不到五年時間，小米投資和孵化了 220 家生態鏈企業，其中 100 多家專注於智慧硬體和生活消費產品。華米、雲米等品牌均已獨立上市。在運動手環、空氣淨化器和平衡車等消費品類領域，小米生態鏈創造了多個世界第一。

接著，雷軍公布了一系列數字——小米 IoT 平臺現在已經支援 2000 款設備，智慧設備連接數超過 1.32 億臺，AI 智慧助理小愛同學累計啟動設備約 1 億臺，累計喚醒次數超 80 億，月活躍用戶數超 3400 萬。

　　有意思的是，雷軍在大會現場演示一款 49 元的藍牙音箱時，小愛同學未能準確識別雷軍的語音，當他提出問題：「小愛同學，你能做什麼？」時，小愛同學給了他一個令人笑場的答案：「人家還小嘛，這個問題太難了。」而這樣的一幕也展現出互聯網公司輕鬆隨意的一面。在小愛同學的語音辨識準確率高達 90% 以上的情況下，雷軍從未想到為這個場合做任何提前預演，因此，他把最真實的一面給了現場觀眾。

　　事後，技術人員分析，當時大會現場有上千人，導致舞臺音響環境太複雜，才有了這個花絮。

　　在這次開發者大會上，「開放」成為一個關鍵字。 IoT 部門總經理范典介紹，過去一年，小米 IoT 平臺接入了一千多款第三方產品，2018 年小米 IoT 還將進一步開放，為第三方提供接入服務、海外服務和行業解決方案。

　　同時開放的還有小米 AI 平臺。崔寶秋認為，未來 AI 的競爭，最終是開放生態的競爭。目前，小愛開放平臺已有一千多家企業開發者和七千多名個人開發者進駐，在眾多開發者的參與下，小愛同學擁有了一千三百多項技能。

　　2018 年 6 月 28 日，小米將行動端深度學習框架 MACE 開源，如今小米 AI 已廣泛應用於拍照、場景識別、翻譯、語音等場景。

　　值得注意的一個細節是，在前一年的小米開發者大會上，雷軍曾經宣布，小米要力爭把高品質的 Wi-Fi 模組售價降到 10 元以內，而在此次大會上，小米最新推出的 Wi-Fi 模組售價最終降到了 9.9 元，這將讓硬體設備的智慧化成本急劇降低。

　　在行雲流水一般的戰略版圖上，雷軍宣布：「未來十年，AIoT

將是小米的核心戰略。」

　　這次大會引發了媒體的報導熱潮，人們說，小米介紹了接入設備可繞地球幾圈的 IoT 平臺。人們還說，雷軍放了一個大招，一場演講拉動了 100 億元的市值。事實上，這次會議，雷軍帶領小米 AIoT 核心成員崔寶秋和范典上臺一共演講了 75 分鐘，小米的市值確實上漲了約 108 億元，相當於每分鐘的演講拉動市值 1 億餘元。而當小米 IoT 和宜家宣布達成全球戰略合作後，小米股票再次應聲上漲。

　　大會當晚，崔寶秋興奮地傳了一則訊息給雷軍，他說：「如果 2010 年，你說抓住行動互聯網窗口可以飛起一頭豬來，我覺得今天可以飛起一頭大象。」電話那頭的雷軍也頗感振奮，他回覆崔寶秋：「以後這樣的會應該多開一些。」

　　這次開發者大會對小米的 AIoT 戰略來說，有著「發現新大陸」一般的意義。在接下來的一年裡，雷軍做出了五年投入 100 億元進軍 AIoT 的決定。小米核心戰略的變化也呼之欲出。

　　在開發者大會創造的熱度還未消散時，一些人已經開始悄悄地關注起小米公司的全年財報發布時間表，一個人們等待五年的「10億賭約」就要揭曉了。對小米和格力誰主沉浮這個問題的討論，將讓人們再次回顧五年以來行動互聯網和製造業的快速發展。

第十一章 ∷ 新時代，新征程

盧偉冰加盟

《創業維艱》一書中的一句話精準地描述了創業者所感受到的那種情緒：

你知道創業公司的最大好處是什麼嗎？

是什麼？

就是讓你體驗兩種情緒：歡樂和恐懼。我發現睡眠不足會令這兩種情緒更加強烈。

在強烈的情緒起伏中完成上市歷程的小米公司，此時已經蛻變成一家公眾公司，而這樣一家在行動互聯網時代幾乎以橫空出世的姿態進入近百個傳統行業的公司，恰逢與社交媒體的崛起同步，這讓小米不按常理出牌的打法、用硬體帶動的互聯網模式以及它的一切誓言，都被放置到公眾的目光之下。上市後的小米成了一家更透明、更具話題性的公司。

剛剛經歷了風調雨順的 2017 年，小米在 2018 年第四季度又開始面臨強大的市場壓力。曾經希望「用十個季度回到中國第一」的小米，又回到了人們審慎的目光之中。作為行動互聯網時代一名具

有網紅性質的創始人，雷軍又一次面臨著市場上的拷問，尤其是上市後，小米股價在短暫上升之後進入了下行通道。雷軍在上市晚宴上情之所至脫口而出的那句「讓所有的投資者至少賺一倍」的豪言壯語，再次成為極具爭議性的話題。

2018 年 12 月，華為首席財務官、華為創始人任正非之女孟晚舟在加拿大溫哥華被捕。中美貿易摩擦的不確定性在那一刻加劇了，幾乎所有人都確信，中美關係將發生根本性的變化。美團董事長王興對此預言道：「2019 可能會是過去十年最差的一年，但卻是未來十年最好的一年。」

幾乎所有的創業者都確信，一個漫長的經濟寒冬即將到來。

而正處在一系列轉折過程中的小米，不可避免地處在競爭最激烈之行業的最中心。

2019 年 1 月 2 日，雷軍的一則微博引發了互聯網上的熱議，一個流傳了大半個月的傳言最終被證實——金立集團前總裁盧偉冰加盟了小米公司。普通公眾對此的解讀大多停留在高管空降的層面。而對於手機行業的資深人士來說，這一刻頗讓人有「敢教日月換新天」的感慨。7 年前，盧偉冰和雷軍相識於深圳歡樂海岸的手機局，那時候雷軍創立的小米還是手機行業裡一個橫空出世的「新秀」，小米手機 1 和小米手機 2 的成功正讓傳統的手機品牌開始感覺到驚訝和新奇；而今天，那個局裡所有企業和企業家的命運都已經被時空改寫。在那一次相聚的企業裡，只有小米、OPPO 和傳音三家公司依然存在，其他的企業，離場的方式各有不同，但最令人驚奇的，還是 2018 年年末，金立公司的「非正常死亡」。

經歷了市場上消費電子產品最激烈競爭的金立公司，在 2017

年之後，出貨量出現斷崖式下跌，逐漸被歸類到「其他廠商」的行列，而此前一直在互聯網上流傳的傳言被最終證實——金立資金鏈斷裂是董事長劉立榮參與賭博導致的。後來，劉立榮公開向媒體承認，自己在塞班島參與賭博，「借用」了公司的巨額資金。

可以說，金立的消亡，如同一顆深水炸彈一般，在產業界激起層層浪花。

此時，金立前總裁盧偉冰創立的誠壹科技已經成立一年多了，這是一家專注於海外市場的硬體公司。在自己創業的這一年多時間裡，盧偉冰終於體會到作為創業者最深刻的痛苦，「最艱難時，我時常會在凌晨三、四點鐘驚醒。」他說。

雷軍想邀請盧偉冰加盟小米的想法早在 2014 年就萌生了，而最終打動盧偉冰的卻是兩個人在 2018 年 8 月 31 日深夜的一次長談。當時，雷軍在常州出差，他拉著盧偉冰在下榻的酒店大堂聊到凌晨 3 點。對於誠壹科技面臨的困境，雷軍以一個朋友的身分直言不諱地對盧偉冰說：「我覺得你不應該在一個錯誤的方向上繼續浪費時間了，還是加入小米吧。你的公司，我來收購。」

在小米的歷史上，為了一個人而直接收購一家公司的事情，已經發生過三次了。第一次是收購多看閱讀，王川成為小米公司的聯合創始人；第二次是收購瓦力科技，尚進成為小米互娛的總經理；第三次是收購 RIGO Design 工作室，朱印成為 MIUI 和手機工業設計部的負責人。總體來說，這代表了雷軍對於人才的一種思路——如果看中了，就不惜一切代價。那晚之後，小米負責了誠壹科技所有的解散事宜，這相當於一次變相收購，而盧偉冰也正式加盟小米。

盧偉冰直到 2019 年 1 月 2 日去小米報到的那一天，都不知道

自己的具體工作職責是什麼。他其實一直希望能夠回到技術和研發的行列。到了 2019 年 1 月 2 日晚上，雷軍才告訴他在小米公司未來的職責和定位，出乎意料的是，他將負責一個全新品牌的操盤和打造，而這個品牌，就是從小米獨立出來的 Redmi（紅米）。

這個戰略部署對於小米來說是至關重要的一步。實際上，2018 年，全球手機行業已經陷入集體萎縮狀態，全球手機出貨量下降了 4.4%。一方面，由於 5G 時代已經臨近，消費者開始對手機市場持觀望態度，這拉長了換機週期。另一方面，手機行業的競爭日益殘酷，三星基本上退出了中國市場，一線軍團中國際品牌只剩下蘋果一家，國產手機僅有華為、小米、OPPO 和 vivo 四家，這五家共同占據了中國 90% 以上的市場份額。對於最終進入決賽圈的四家國內廠商來說，已經到了刺刀見紅的階段，而小米的形勢不容樂觀。

2018 年第四季度，小米以 10% 的市場份額險居中國第五大智慧型手機品牌。然而，2017 年第四季度它的排名還是第四，一年間小米的市場份額跌去了 3.49%。而小米此次市場份額下降的原因，再次讓管理層陷入了深刻的自省當中。

2018 年，OPPO、vivo 率先推出彈出式全螢幕和螢幕下指紋辨識的解決方案。這讓小米在當年 10 月 16 日發布的 MIX 旗艦手機失去了石破天驚的優勢。而小米 MIX 3 採用滑蓋式全螢幕的解決方案，市場表現也比較一般。這說明，當時小米的創新還不具有穩定性。

這一年在管道策略上，小米也出現了重大失誤。2018 年上任的銷售營運主管在線下採取了極為激進的進攻策略，對線下市場進行了瘋狂擴張。一方面，小米向經銷商大舉壓貨，讓經銷商在前三

季度承擔了巨大的銷售壓力，而流轉不暢的惡果終於在第四季度顯現出來。另一方面，小米之家的擴張速度也明顯加快。在這個過程中，商圈、人口流速等標準一度被降低。這樣一來，小米之家追求效率的營運模式未能被忠實執行。而「小米小店」這個讓下沉市場的賣家直接向小米進貨的直供模式，也被證明在當前的管理和營運能力之下無法達到理想的效果。

經過一系列戰略思考，小米創始人一致認為，小米和 Redmi 品牌進行拆分已經到了刻不容緩的時候。這樣做的總體思路就是讓 Redmi 繼續承擔極致性價比的使命，直接對標那些模仿小米、以性價比為目標的品牌。而小米則再次創業，擺脫價格的束縛，走極致體驗和探索黑科技的道路。表面上，新創的品牌是 Redmi，但在內在邏輯裡，獲得新生的則是小米。

這裡其實包含一個普通公眾很難深入了解的商戰邏輯，在 2011 年到 2014 年小米品牌上升勢頭最猛的時候，競爭對手透過對標小米品牌的方式側面幫助小米進行了定位，現在讓 Redmi 與競爭對手重新對齊，可以讓小米這個品牌從纏繞中解放出來，獲得自己真正的成長空間。

2019 年，國內外通訊行業「洗牌之戰」的 5G 大幕徐徐拉開。面對技術升級下的增量市場比拚，媒體評論：這是一場 Redmi 的「獨立戰爭」。

盧偉冰雖然對自己將被交付之任務的難度早有準備，但聽到自己的工作職責之後，還是感覺責任重大，壓力也非比尋常。但是，他沒有表示出任何遲疑。他說：「自己在創過一次業之後已經明白，其實所有的老闆都希望自己的幹將指哪打哪，毫無怨言。」對

於小米公司來說，他的崗位幾乎是小米內部最重要的崗位之一。

這一天，「盧偉冰」三個字作為關鍵字第一次被百度指數收錄。

事實證明，這個名字在接下來的一年時間裡，在手機這個江湖上異常活躍。用盧偉冰自己的話來說，他是一個在技術、產品、供應鏈、銷售、市場這五個環節都親自挽起褲腿幹過的人，並且摔過很多跟頭，如果一個品牌操盤手之前沒有這樣的摸爬滾打並且繳過10億元以上的學費，是不可能真正了解這個市場的複雜度的。他說：「我就是那個被經驗教訓餵出來的操盤手。」

盧偉冰扛起 Redmi 的大旗，而且很快就在小米這片戰場上找到了專業選手的感覺。這是小米公司歷史上第一次將品牌決策權交到一個人手上──雷軍賦予了盧偉冰這個大權。從 Redmi Note 8 開始，盧偉冰一次又一次地幫助 Redmi 梳理未來的產品線，定下了未來產品的基石。

很多時候，在操盤的層面，盧偉冰依靠的是多年對市場的經驗和判斷。比如透過上游供應鏈的一些蛛絲馬跡，他就能預知市場的變化。這些經驗也增強了公司對新技術判斷的完整性和準確性，從而糾正了之前 Redmi 產品規劃上連續性和穩定性不足的問題。這種自信為公司內部帶來了巨大的信心。而盧偉冰這個本來在業界比較模糊的形象，到了小米之後也風格突變。媒體人士評論：盧偉冰已經化身為社交網路達人，其風格也變得很「小米」。他敢於衝上一線直面各種爭議，並把各種互聯網元素運用到了爐火純青的程度。人們形容他好鬥，能折騰，進入角色就會「張牙舞爪」。

很有代表性的一個例子是，盧偉冰向網友科普充電效率，接連指出競品的充電功率常年只有 10 瓦，網友因此給他冠以「盧十瓦」

之名，並且調侃發明了「1 盧＝ 10 瓦」的計量單位。在發布會上，盧偉冰欣然笑納這個外號，並頻頻製造話題，贏得了很多人的好感。

在講解 Redmi K20 Pro 前置拍照廣角無縫拼接功能時，場下觀眾問小米 9 有沒有這個功能，盧偉冰回答說「這個要問雷總」，他調侃小米是 Redmi 的「友商」——「希望友商盡快跟上」。而雷軍則在自己的社交媒體上表示：「Redmi K20 Pro 支援全景自拍，自拍角度擴大一倍，團隊合影特別方便。」盧偉冰則在轉發這則微博時稱：「歡迎友商抓緊跟進。」

在這樣的一問一答中，兩人引發了人們對一個公司兩個獨立品牌的好奇；也是在這樣的對話中，公眾感受到了「小米」與「Redmi」兩個品牌相互區隔的決心。

在一整年的時間裡，人們看到 Redmi 的產品接連不斷地發布，Redmi 的品牌目標也越來越清晰——極致性價比和高品質一個都不能少。因此 Redmi 不只要做千元機，還要做高端旗艦甚至任何高品質和極致性價比的產品。Redmi 品牌的產品線要比以前清晰許多，三大系列分別是旗艦的 K 系列、中端的 Note 系列，以及入門級的數位系列。其中 K 系列覆蓋 2000 ～ 3000 元檔位，Redmi Note 覆蓋 1000 ～ 2000 元的售價範圍，數位系列則在千元以下。

獨立營運不到一年，Redmi 不負眾望。Redmi Note 7 全球銷量 11 個月達 2600 萬部，後續的 Redmi Note 7 Pro 用時三個月全球銷量達到 1000 萬部。Redmi K20 系列的推出，幫助 Redmi 完成了從入門級到高端的全線產品布局。隨後，一系列 Redmi 生態鏈產品，比如 Redmi 電視和小愛音箱 Play，以及路由器 AC2100 也陸續登場。

在人們看到的一次又一次裹挾著段子和詼諧元素的產品發布背後，其實包含著一些嚴肅的戰略思考。盧偉冰的操盤策略中最重要的一條原則就是——下游之戰要在上游解決。他認為，手機的上游才是一場「人們看不到的戰爭」，也是手機競爭的主戰場，因此在手機做完之前，就要取得戰爭的勝利。在具體的戰略執行中，盧偉冰把這個思維運用到了極致。

在規劃 Redmi Note 8 Pro 時，盧偉冰提出，這款手機要改變以前一直採用高通處理器的慣例，讓 Redmi 首次嘗試使用聯發科 MTK 的 G90T 處理器。這個決定最初遭到小米全球銷售團隊的反對。大家普遍認為，MTK 的處理器不好賣，一旦採用就會影響 Redmi 的銷售。而盧偉冰認為，採用 G90T 勢在必行，一方面，從幾個供應商相互制衡的角度來說，同時和兩個以上的供應商合作更加符合成本優勢。另一方面，在中美存在貿易摩擦潛在風險的宏觀環境下，從戰略安全角度考慮，採用不同地區的處理器其實是一種更合理的策略。最後，MTK 的處理器性能不錯，只是市場行銷能力不足，盧偉冰堅信，只要做好市場推廣，消費者是可以認識到它的產品力的。

在和雷軍溝通並取得高度共識之後，盧偉冰頂著壓力在公司內部宣布：Redmi Note 8 Pro 將採用聯發科 MTK G90T 晶片。之後，在 Redmi 手機的預熱和行銷過程中，盧偉冰作為新生代的科技網紅，不遺餘力地掀起了晶片科普和討論狂潮。他連續發出微博，解釋 Redmi 這次採用聯發科晶片的原因：

現在的手機用戶大多數是比較年輕的，而且這些用戶有一個共

同的愛好，就是玩遊戲。雖然現在市面上確實有一些專門用來玩遊戲的電競手機，但是價格普遍在 3000 元以上，所以 Redmi 想要打造一款千元價位的遊戲手機。

不少用戶在我微博底下評論 12nm，擔心 G90T 的功耗和發熱問題。的確，經過我們的實測，12nm 處理器在功耗方面有 10％左右的差距，為了解決這個問題，Redmi Note 8 Pro 配備了 4500mAh 的大電池和液冷散熱雙重保障。

Redmi Note 8 安兔兔最新 v8 版本綜合跑分 283333，可以說遠超目前友商 3000 元手機上還在用的驍龍 710，比友商 810 也只是差一點點，可以說是旗鼓相當，一個等級。

盧偉冰製造的話題取得的成效，很好地闡釋了一款科技產品誕生之前互聯網預熱的重要作用：互聯網的民主性可以將產品性能透明地展示給民眾，讓大家自己做出判斷。

可以說，正是由於這種互聯網精神的極致發揮，人們逐漸認識到這款晶片的定位和真實能力。而這款在內部備受爭議的產品最終獲得了成功。從 2019 年 8 月 29 日 Redmi Note 8 系列發貨以來，它的全球出貨量已經超過 1400 萬部。「這種成功是全球性的。」盧偉冰說。

面對競爭更加白熱化的 5G 時代，盧偉冰部署了 Redmi K30 這樣的產品來迎接激烈的挑戰。這款手機 1999 元的價格給了網友們一個巨大的驚喜——當眾多 5G 手機還處在 3000 元的價位時，雷軍設計的超前商業模式，又給了市場重重的一擊。在 Redmi K30 發布會上，產品代言人王一博跳的「流速舞」，讓在場觀眾熱血沸騰。

大家彷彿再次回到 2011 年 8 月 16 日小米手機 1 誕生的那一天。

　　這個場景似乎也預示 5G 時代的競爭真正拉開了帷幕。 2020 年，對於所有手機廠商來講，都是決勝之年。

　　而對於盧偉冰來說，加入小米這樣的創業隊伍，使他在創業之外找到了一種超越世俗的力量，還有在自己的陣地全情出擊的刺激感。人們也非常好奇，在這一年裡，究竟是什麼魔力迅速地改變了盧偉冰，讓他迸發出職業生涯裡與以往全然不同的力量。

　　在總結自己這一年的小米生涯時，盧偉冰說：

　　小米是一家簡單的公司，這種簡單讓我比較喜歡。以前的公司太複雜了，複雜到作為二股東二老闆有很多事情都無法解決。而小米的商業模式是超前的。在幾年的拚殺過程中，你可以知道它有非常強勁的東西，也有相當薄弱的環節。現在把薄弱的環節補齊，很多價值很快就被放大出來。目前的我，特別享受這個工作。

格力賭約

　　和 Redmi 手機大放異彩不同，很多人注意到，小米手機這一年發布的產品並不多。很多人並不知道，小米品牌砍掉一些旗艦產品，實際是為了在 4G 時代和 5G 時代的切換過渡中做充足的準備。作為經歷過產業週期的幾次更迭，也經歷過手機制式兩次更替的創業老兵，雷軍知道，從 4G 轉向 5G 的過渡期無疑是一個巨大的機遇。有權威機構預測，2020 年，全球 5G 智慧型手機市場規模將超

過 2 億部，是前一年的 20 倍以上。在這種過渡期，產品戰略將直接影響即將到來的增量市場的比拚，而這也是對各大廠商綜合能力的考驗。

2019 年，小米在國內發布了兩款 5G 智慧終端機，分別是小米 9 Pro 5G 和 Redmi K30 5G，另外，小米 MIX3 的 5G 版本在西歐發售。小米 9 Pro 5G 採用水滴螢幕的設計方案，搭載高通驍龍 855 Plus 處理器，並透過外掛驍龍 X50 機頻支援 5G 網路。它搭配 40W 功率的超級快充，還支持 10W 的無線反向快充，發售價格為 3799 元，比同期的 5G 手機價格更有競爭力。

在內部決策上，雷軍、林斌和盧偉冰都逐漸意識到在 5G 的雙模時代來臨之前採取戰略收縮的必要性。在研究了政策和電信營運商的 5G 網路建設進度後，小米內部普遍認為，手機要體現最好的 5G 性能，就需要依靠獨立組建的 5G 網路（SA），而不是基於 4G 核心網的非獨立組網產品（NSA）。而營運商正式大規模投入建設獨立組網的 5G 網路的時間也是在 2020 年。在這個過程完成之前，小米的產品發布節奏需要控制和調整，這就需要砍掉過渡性的產品，直接部署支持獨立組網和非獨立組網的產品。

在這種情況下，眾人期待的一批高端旗艦產品的發布也被刻意延後。盧偉冰在回憶這個決定時說：「我們認為，用過渡性的技術來支撐一款旗艦產品是有風險的。從產品週期的角度考慮，跳過單模 5G，直接研發雙模 5G，更符合小米的產品戰略。」

事實證明，這個預判是準確的。2019 年 9 月 20 日，中國工信部部長苗圩在國新辦發布會上表示，自 2020 年 1 月 1 日起，申請進網的 5G 終端，原則上應該支持獨立組網和非獨立組網，也就是大

家所說的「雙模 5G」。小米砍掉 MIX4 的決定，讓這款未出世的產品避免了「短命」的命運。

此時，並不為外人所知的是，在小米內部，一個代號為 J1 的重磅專案已經在 2019 年 2 月正式成立。這個專案不同於以往的是，除了採用雙模 5G 技術、高通最新的驍龍 865 晶片外，研發工程師在相機模組、記憶體、Wi-Fi、螢幕、對稱式立體聲等各個維度上都採用了市場上最為先進的技術，它將是一部集合了小米十年研發力量的「夢幻之作」，而這樣一個產品，定價也將衝破小米以往的束縛和羈絆，在 4000 ～ 6000 元這個價格區間上。它將是小米公司十週年到來之際，一部代表其自我突破精神的產品。它展示出來的小米對屹立於高端市場的野心不言而喻。

隨著 5G 元年的到來，中國線下零售管道的變化初現端倪。全國範圍內，通訊一條街、手機大賣場式的業態正在消亡。隨著中國城市化的推進，居民消費地點越來越轉向購物中心這樣的場所，而小米已經在這條戰線上耕耘了四年。要在購物中心建設品牌店，單一手機產品無法承載，而小米琳琅滿目的生態鏈產品就成了優勢。另外，隨著 5G 時代來臨，營運商的補貼政策將進一步擴大到 AIoT 產品，而這正是小米的強項，可以說，小米的戰略前瞻得到了回報。

小米在 2019 年採取的另一個戰略收縮決定，與小米放緩高端產品的發布相輔相成，那就是加速 4G 產品的出貨流速。 2019 年的「雙十一」人們沒有看到小米像往年那樣在「雙十一」戰場上進行大火猛攻，雷軍在 2019 年 11 月於南寧舉辦的核心供應商大會上，回答了這個問題：「很多人問我，今年小米為什麼不猛了，因為我家沒庫存，猛個啥？」這段影片後來也在網路上被廣泛流傳。到

2019 年 11 月，小米 4G 手機產品已經逐漸清庫，收攏現金成為小米工作的重心。

從 2019 年 1 月到 11 月，在這個幾乎貫穿了一年的時間線內，小米的庫存策略也因為 5G 時代的到來而發生了重要改變。不囤貨、不過度生產、保持正常的流速，成為這家公司的主旋律。這些舉動，都是在為至關重要的 2020 年鋪路。

對於已經有眾多生態鏈產品的小米來說，5G 時代的到來，對小米的手機、IoT 生活消費產品以及互聯網服務三大業務都會有重要影響。可以想見的是，隨著數據傳輸速度的驟然加快，各種設備將不再受限於網速，萬物互聯將不再是一個概念，它將生發出無限的可能性。早在 2019 年年初，手機＋ AIoT 的雙引擎戰略就被確定下來。雷軍判斷，有了 5G 的助力，小米的 AIoT 會插上翅膀。這將對小米商業戰略的閉環發揮重要的助推作用。

為了實現這一系列戰略調整，小米公司的組織架構在這一年也發生了幾乎讓人應接不暇的變化。上市後，小米改組電視部、生態鏈部、MIUI 部和互娛部為十幾個一級部門，業務部門陡然增多。而之前的一些組織結構調整也成效顯著，比如，金凡擔任互聯網一部的總經理之後，其部門的職能已經和負責 MIUI 商業化的部門完全分開。作為負責 MIUI 體驗的部門，金凡專門成立了廣告整治小組，把去除低俗廣告放在了工作首位。而他最大的勇氣是，設計開發了 MIUI 一鍵關閉廣告系統的功能，把自主權完全交給了用戶。這在互聯網商業史上也是一次令人不可思議的決定。雷軍對這位年輕人的「壯舉」頗為感慨：「非常偉大，尤其在 2019 年我們業績壓力如此之大的情況下，這種做法勇氣可嘉。」後來，這個行動被

內部命名為「摘帽行動」——金凡帶領團隊做了一系列「外科手術」，最終幫助 MIUI 去掉了「ADUI」的綽號。可以說，類似這樣的組織結構調整，把像金凡這樣的年輕人的鬥志充分展現了出來，也發揮了他們的優勢。金凡曾在 Google 工作多年，在他眼裡，能夠盈利的互聯網公司才是成熟的互聯網公司。Google 就是一個典型的代表，它在盈利的同時，也保持了人格上的獨立和對價值觀的堅守。

2019 年，為了配合自身的戰略版圖，小米公司更大的組織結構調整仍在不停地進行。小米在集團層面成立了三大委員會，分別是品質委員會、技術委員會和採購委員會，這使小米完成了三部三委的組織結建構設。如果說，集團的組織部、參謀部和財務部的職責是直接管理小米總經理層面的幹部，三大委員會則在小米關鍵的品質、技術和採購三個層面對各個部門實現縱向把關，以保證小米死守品質，挖掘行業核心技術，不斷優化採購的競爭力。

2019 年小米公司組織架構調整的另一大重點是強化中國區。2019 年 5 月，面對手機大盤下滑，雷軍親自出任中國區總裁，把控中國區的戰略調整。另外，隨著線下成為未來幾年小米將重點建設的管道，小米將拿出 50 億元資金追加管道建設。

在看似漫長又寒冷的 2019 年，很多公眾並不能解讀出小米戰略收縮和頻繁調整組織架構的內涵，而隨著中美貿易摩擦的陰雲越發濃重，年輕人周受資終於開始面對那個他並不想面對的情況——人們對於小米股價的質疑。

早在上市之前，周受資和阿里巴巴聯合創始人蔡崇信就有過一次交流，蔡崇信告訴他：「你一定要有短期內股價低於發行價的承受能力。」事實上，阿里在美股上市後，股價也一度破發，但在股

價變化前後，阿里沒有發生任何重大變故，所有的變化都來自市場的波動；而幾年之後，阿里巴巴的估值一路攀升，最終到達 4000 億美元的高點。

儘管有「前輩」的告誡，小米的股價波動還是出乎周受資的預期。雖然小米的業績一直在穩健增長，但是針對小米的空頭勢力依然大得驚人。對於小米的市值是否被低估的問題，市場產生了嚴重的分歧。當然，在小米內部，大家普遍認為，小米已經被嚴重低估。

在這段時間裡，小米董事會幾次做出回購股票的決議。而最重要的工作——鼓舞士氣、重燃信心，則由創始人雷軍擔負起來。在千人幹部大會上，雷軍告訴大家：在公司價值被嚴重低估的情況下，小米的未來沒有捷徑，技術立業，苦練內功，是小米唯一的出路。雷軍還用自己多年創業的經歷現身說法，講述了他對股價的看法：他接手金山時，是金山最為困難的時候，金山股價僅為每股 2.7 港元，而經過一系列改革，金山拿到了行動互聯網的船票，最終成功實現逆轉。雷軍用自己的實例證明，股價的波動只是短期的。對小米的觀察，要放在更長的時間裡，細細品讀。

一些媒體人士也觀察到雷軍這幾乎沒有休息日的一年——推行「手機＋AIoT」戰略，推動手機、IoT、互聯網三大主業平衡，落實小米與 Redmi 兩個品牌的獨立營運，調整公司組織架構，雷軍幾乎馬不停蹄，人們再次把他稱為科技圈的「勞動模範」。但是知情人明白，所有這一切的調整，是一個相當大的工程，雷軍的長征還沒有結束。

2019 年，雷軍和董明珠五年前在央視的賭約終於要揭曉答案了。一種莫名興奮的情緒在互聯網上蔓延。這場賭約最大的看點在

於，這是一場關於傳統製造業和互聯網行業之間的競賽，這是一份關於「未來」和「趨勢」最好的回答。

2013 年，這兩家公司的營收起點差距很大，格力營收約 1200 億元，小米營收只有 265.8 億元，僅僅相當於前者的零頭。但是從 2018 年年底的數據看，兩者的業績已經沒有非常巨大的懸殊，因此人們只能依靠兩家公司披露的財報得出準確的結果。一些人在等待結果時說「勝負只在一線間」，讓人們對這場賭約的結果更加充滿好奇。

有趣的是，每年都有「好事者」根據數據預測兩家的勝率。比如 2015 年、2016 年，小米營收分別相當於格力的 68％和 63％，趕超的希望看似比較渺茫。然而到了 2017 年，小米突然發力，營收達到 1146.2 億元，已經相當於格力的 77％。2018 年上半年，小米、格力營收分別為 796.5 億和 909.8 億元，小米已追至格力的 88％。但是由於兩家公司 2018 年上半年營收增速分別為 75.4％和 31.5％，因此，到了 2018 年年底，最終的勝負反而不能一眼可見了。

在小米野蠻生長的增速下，人們都在觀望兩家企業誰會是最終的贏家。當然，也有人說，這樣的賭約其實很考驗格力的「財技」。

終於，答案在 2019 年的春夏之交揭曉。2019 年 3 月 19 日，小米集團正式公布 2018 年度財報，集團 2018 年全年營收為 1749 億元，同比增長 52.6％，調整後淨利潤 86 億元，同比增長 59.5％。其中智慧手機總收入占比 65％，共計 1138 億元。在 3 月 20 日小米的業績發布會上，「賭約」的話題再次被記者們問及，而雷軍則笑著回答：「我一直在等格力正式的財報。」

此前，格力電器 2018 年度業績預告顯示，格力在報告期內預計實現營業總收入 2000 億～ 2010 億元。

終於，格力 2018 年財報於 2019 年 4 月 28 日發布。與預計的 2000 億差不多，格力電器 2018 年營收最終為 1981.23 億元，同比增長 33.61％，淨利潤 262 億元，同比增長 16.9％。至此，雷軍與董明珠的「10 億賭約」正式揭曉，格力總營收超過小米 232 億元，董明珠贏下了此次「賭約」。

雖然結果已經很明確，但是產業的深入觀察者在對兩家公司的商業模式進行全面剖析後指出，儘管小米在營業額上與格力仍有距離，但格力在近五年間電器銷售以空調為主，2018 年，格力電器空調業務營收規模達到 1556.82 億元，占總營業額的 78.58％，而小家電等生活電器占比僅為 1.91％，智慧裝備的營收占比只有 1.57％。

而小米作為新物種，它的生態布局正慢慢完成閉環。從 2015 年到 2018 年的 4 年中，IoT 與生活消費產品分別貢獻了小米總收入的 13％、18.1％、20.5％、25.1％，呈現出清晰的逐年遞增態勢，說明小米已建構出屬於自己的市場生態體系。小米擁有全球最大的消費級 IoT 平臺，有著在未來不輸於格力的可能性。另外，小米的互聯網基因也在不斷地凸顯：2018 年，小米的互聯網收入為 160 億元，同比增長 61.2％，爆發出迅猛的增長態勢。而且，小米也最終進入了格力的「領地」——白色家電，並逐步推出空調和電冰箱等產品。人們透過反覆、深入的比對，挖掘出了小米這個新物種的特徵和優勢。可以說，更加多元的布局和更完整的戰略，讓小米的未來空間更為廣闊。因此，從營收增速和淨利潤增速角度來看，並不能說小米處在落後的位置。

在各種數字解讀中，人們充分認可了小米模式的先進性。

在長達五年的競賽中，格力和小米兩家企業在媒體上共同製造出一個又一個話題，贏得了空前的關注，因此可以說這個過程其實沒有輸家。而整場「賭約」的真正贏家其實是廣大的中國消費者。在小米創業的這幾年，高端手機的降價與山寨手機的消失漸次發生，而格力也在空調的核心技術上不斷進步。與其說「10 億賭約」是一個玩笑，倒不如說是人們對兩家企業的勉勵，希望小米與格力能帶給人們更好的科技生活。從這樣的賭約當中，人們也可以更直觀地目睹中國製造業和國力的崛起。

在 2019 年的一次會議上，有人問雷軍：「有沒有想過和董明珠再賭五年？你覺得五年之後，你的勝算是否很大？」雷軍笑而不答。而在私下的場合，當有人提出這個問題時，雷軍則表現出了絕對的自信，他說：「下個五年，我想應該沒有懸念了。」[24]

改變中國製造業

2017 年年底的一天，一個叫王曉波的中年人來到小米五彩城的一間辦公室裡等待小米創始人雷軍的到來。此時他還是一家叫作亦莊國投的國有企業總經理，這次可以算是他人生中的第一次面試。在國企工作了多年的他並不清楚互聯網公司的穿衣風格是什麼，因此那天他破天荒地穿了一套深藍色的西裝。身材高大的他一路穿

---

24 2020 年 4 月 15 日，格力電器公布了 2019 年業績快報，其年度總營收為 2005.08 億元，同比增長 0.24%。在 4 月初，小米公布了 2019 年財報，總營收為 2058 億元。在眾所周知的「10 億賭約」結束之後，小米僅用了一年便超過了格力。

行，一直到走過小米工程師的位子，他才感覺到，自己的著裝在這樣的氛圍中，多少顯得有些奇怪。

雷軍走進自己的辦公室，為遲到了半個小時而誠懇道歉。他向王曉波介紹了自己參加的上一個會議的具體內容，並解釋了一下自己遲到的原因。這讓略微有些拘謹的王曉波一下子放鬆了下來。在他眼裡，這不太像是一次面試，而更像是一次深入的探討和交流。雷軍向王曉波詳細地介紹了小米公司鐵人三項的商業模式和成立七年以來的重大事件，並提出了一個讓王曉波印象深刻的概念：中國製造業的黃金十年。

如果說，雷軍從創業之初始終抱有改變製造業的夢想，那麼創業幾年之後，一些目標已經陸續達成。雷軍認為，小米改造製造業的夢想，此時已經到了從 1.0 版本上升到 2.0 版本的時候。這個 2.0 版本，就是向中國製造業的上游拓展。這也是小米達到 1 兆營收的基石──深度參與中國的製造業。在內部討論時，雷軍說：「我們可不可以透過產業投資的方式，真正參與製造業上游的研發？這樣不但對上游製造業有真正的貢獻，也可以和小米眾多下游生態鏈公司有一定的互動協同。」

和在 2010 年敏銳地捕捉到行動互聯網的機會一樣，雷軍從 2017 年就開始聚焦中國製造業發展的未來。雷軍的戰略視點和整體宏觀環境密不可分。近些年來，美國一直在大張旗鼓地搞「製造業回歸」，希望改寫當前全球製造業的格局；而老牌工業製造強國德國，更是提出「工業 4.0」戰略，提出以互聯網和大數據為手段、以知識為核心的智慧智造。毫無疑問，製造業是國家綜合國力的體現，也是決定民眾生活品質的重要條件。

　　當人們還在津津樂道小米的鐵人三項模式並見證諸多小米生態鏈公司的崛起時，雷軍的視野已經投向更長遠的未來。在他心中，深度參與中國製造業的戰略已經清楚地勾勒出來，和當初制定進軍行動互聯網的思路一樣，既然看到了前景，雷軍就要馬上付諸行動。和王曉波的交談，正是踐行這個野心和夢想的一部分 —— 他需要一個懂投資的管理合夥人，來幫助他觀察製造產業並落地執行。在和王曉波交談之前，他已經將明星分析師孫昌旭和潘九堂拉入小米的艦隊，製造業專案的考察和研究已經開始。而建立一隻產業基金的想法已經得到湖北省政府的支援，湖北省政府承諾，將作為國有背景對基金進行部分出資。王曉波面試的職位 —— 新的產業基金管理合夥人，將會幫助小米進行下一步的資金募集和基金營運管理。

　　在那一天兩個小時的會面裡，王曉波從雷軍眉飛色舞的講話中，充分了解了小米如何參與中國製造的 1.0 版本，也了解了雷軍鍾情於改變製造業的原因。其實，從讀到《矽谷之火》開始，雷軍從十八歲到今天所做的事情，基本上一脈相承。

　　小米參與中國製造業變革的步驟非常清晰。第一步，小米和競爭對手們透過製造手機，與大量的行業製造商深度溝通交流，在和供應商長達七年的磨合中，行業的工藝水準和工廠的製造能力得到整體提升。以 2013 年小米公司推出的 Redmi 手機為例，它給了當時氾濫的山寨手機市場致命一擊，大量做山寨手機的企業被迫轉型。與此同時，一大批正規的國產手機供應商成長起來。在日益激烈的競爭中，國產手機供應鏈不斷優化自己的製造能力，逐漸完成了對日韓企業的反超。

　　2011 年加入小米手機部的工程師郭峰，早期幾乎每個月都要到

日本談判，因為當時在中國做手機，不論是採購螢幕還是相機模組，都依賴於日本廠商。而到 2019 年，小米在南寧召開供應商大會時，郭峰面對滿場的中國供應鏈公司猛然意識到，自己已經有好長一段時間沒有去日本了。在螢幕領域，中國出現了以京東方、維信諾、深圳天馬、華星光電為代表的四大天王企業，而在相機模組方面，本土的歐菲光、舜宇也已經全面崛起。

小米手機在追求不斷創新的同時，不但提供了大量的訂單給供應鏈，也用創新促進了供應鏈的技術進步。比如 2016 年橫空出世的小米 MIX 手機，不但開創了手機的全螢幕時代，也把一些技術創新演變成為行業趨勢，這讓整個供應鏈都因趨勢所需而提升了自己的製造能力。比如，MIX 手機要實現螢幕占比最大化，必須實現相機模組的小型化，小米工程師第一次在 4.6 毫米 x5.5 毫米的面積上做到了 500 萬畫素。今天，相機模組的小型化已經成為整個行業的慣例。而 MIX 手機採用的陶瓷學名叫氧化鋯陶瓷，此前僅被用於補牙等醫療領域，透過小米與生產商潮州三環的合作，氧化鋯陶瓷開始在工業領域大規模應用。

如果說用手機帶動製造業是小米參與中國製造的第一階段，那麼小米加上順為的投資思路，以及由此打造的諸多小米生態鏈企業，則是用鯰魚的方式，促進了中國相關製造業的進步。小米透過對產品的重新定義和設計，提升了中國產品的品質，讓生產製造商逐漸提升了生產工藝。

沿著行動電源、空氣淨化器、延長線誕生的邏輯，小米每進入一個行業，都試圖以最好的品質和價格組合給這個市場帶來衝擊。這種追求極致的風格，也在生態鏈公司裡形成了一種「MI-Look」

（米家風）。2016 年誕生的另一個經典產品——米家壓力 IH 電子鍋，設計生產它的生態鏈企業純米為了製造出中國最好的電子鍋，請來了壓力 IH 電子鍋的發明人內藤毅做顧問。為了蒸出口感最好的米飯，純米在研發過程中消耗掉了好幾噸白米。

在小米的帶動下，國產小家電在短短幾年裡取得了長足進步。可以說，中國消費者不遠萬里前往日本購買電子鍋、馬桶蓋的情況，得以改變。到 2020 年初，米家電子鍋甚至反向進入日本市場，實現了內藤毅四年前的願望。雷軍指出，到 2017 年，小米「用 5 年時間投資 100 家生態鏈企業，影響 100 個傳統行業」的目標已經提前達成。

在讓智慧設備相互連接的過程中，小米還順勢而為扶植起了一些國有製造業企業，比如芯原微電子和樂鑫科技。當雷軍對高自光提出將 IoT 模組的價格降到 10 元以下的要求時，高自光帶領團隊在國內各個城市尋找晶片公司，這兩家企業就是這樣被發現的。

芯原微電子和樂鑫科技是兩家擁有較強科技實力的公司，但是當時它們卻無法融入中國製造業崛起的大潮。這是因為傳統的家電企業缺乏對晶片行業的了解，只能根據品牌知名度來進行選擇。出於安全考慮，它們寧可使用較貴的國際品牌晶片，也不敢冒險選擇小品牌創業公司的優質產品。

當高自光找到樂鑫科技時，他發現這家企業的晶片技術實力並不弱，而且公司已經達到每年產出 1000 萬片晶片的產能。但令人不可思議的是，樂鑫當時在國內毫無市場，產品只供給小廠或者出口日本。

高自光立刻意識到，樂鑫科技對於小米有巨大的潛在價值。小

米工程師擁有敏銳的技術判斷能力，同時對於價格又非常敏感，如果樂鑫的晶片可以用於小米的 IoT 模組，將大幅度降低模組的成本，這對小米的物聯網策略將有很大的促進作用。一番交談之後，雙方一拍即合。樂鑫成了小米的物聯網晶片供應商，自此，小米 IoT 模組的成本逐年下降。而對於樂鑫科技這樣的企業來說，小米則發揮了品牌背書的作用。當樂鑫的產品在小米完成大規模驗證和應用後，前來尋求合作的企業絡繹不絕，他們對樂鑫晶片的成熟度和可靠度深信不疑。從此，樂鑫科技進入發展的快車道。

雙方合作之後，小米預見到物聯網晶片的廣闊前景，隨即對樂鑫進行了戰略投資。

可以說，諸如此類的案例，為小米進入上游製造業提供了無限的靈感。

在與雷軍做了全面的交流之後，王曉波義無反顧地離開了服務近三十年的國企，成為湖北小米長江產業基金的管理合夥人。那一天，他用很短的時間就消化了和雷軍交談的內容，他知道，小米接下來將準備做一類更慢的投資 —— 對中國的上游製造企業進行投資，而這種投資，將不期待短期的財務回報，而是用十年以上的耐心陪伴製造企業成長。這就是小米投資的 2.0 版本的實質，這一切充滿了想像力。

2018 年 9 月，湖北小米長江產業基金正式成立，募集資金 120 億元，是當時中國民營企業產業基金中規模最大的一隻。王曉波在資本的寒冬中，幫助小米完成了艱巨的募資任務。長江產業基金成立後，雷軍選定了四大核心領域進行投資，分別是先進製造、智慧製造、工業機器人和無人工廠。其中又細分出顯示、觸控、攝影、

材料、機頻、電源管理、MCU、積體電路等賽道。從投資節奏上看，從 2019 年開始，小米平均每個月會宣布一項投資，而 2020 年前兩個月，小米已經宣布了 10 項投資。

目前，該基金所做的投資多半集中在積體電路，也就是晶片上。根據產業基金投資合夥人孫昌旭的說法，目前小米投資的這十幾家晶片大多是純設計的 Fabless（晶片設計公司）企業。投資這類企業的意義是，小米將在這個賽道上彙集更多一流的選手到供應鏈和生態的大旗之下，這些公司可以幫助小米以及生態鏈企業進行晶片客製化，小米只要定義晶片的核心功能，這些公司就可以幫助實現。這對小米的上游競爭力的提高不言而喻。在這些被投企業裡，新原電子就是一個重要代表。

「中國晶片企業在國產替代方面的空間巨大，現在能找到的公司就有 1000 多家，對於優質的標的，我們正在密切跟進。」孫昌旭說。

小米是以坐十年冷板凳的心態投入製造業上游的投資的，正如雷軍所說的，這些行業回報週期很長，與資本天生喜歡快錢的調性不符。因此基金沒有任何短期盈利的要求。小米帶給這些企業的，也絕非短期的訂單生意，而是從終端和未來的角度出發，對被投企業的未來發展提供建議和指引方向。

在投資這些企業時，小米總是會問兩個問題，第一是五年之後你能做成什麼樣子？第二是小米可以如何幫到你？實際上，小米希望可以和被投企業共同成長，並且幫助被投企業判斷未來技術發展的方向。而科創板的出現，竟然讓小米的這些投資獲得了意想不到的快速回報。

2019 年 7 月 22 日，科創板正式開市，首批上市的 25 家公司全線上漲。科創板的開通為創投企業帶來巨大的利好，它的推出將為科技企業的高技術、高創新帶來更多展示的機會，也為它們快速募集資金、快速推進科研成果資本化帶來便利性。

截至 2019 年 12 月，已上市和在申報的科創板企業超過 180 家。在這 180 家企業中，小米參與持股的企業就有 9 家，因此，小米也被稱為科創板推出後的最大贏家。在這 9 家企業中，既有小米的生態鏈企業，如九號智慧、石頭科技，也有雷軍三十年前奮鬥過的金山辦公，而最多的還是小米的上游供應鏈，如樂鑫科技、晶晨股份、聚辰股份、創鑫激光、芯原微電子、方邦電子。其中，最後 3 家都是小米在 2019 年上半年完成投資的。

令人感慨的是，小米布局開始時，這些企業都還沒有上市的計畫，科創板也沒有誕生。有人感嘆小米的「幸運」，而雷軍卻說：「我們不是任何形式的投機主義者，只是命運更青睞有準備的人，僅此而已。」

「有時候快就是慢，慢就是快，這個結果也讓我們出乎意料。」雷軍說。縱觀小米十年來的發展，一切的一切，其實都和剛開始的小米故事有關——一切的機遇，向來只是留給有準備的人。

最年輕的世界500強

2019 年 12 月 16 日是雷軍的五十歲生日。那一天，他告訴助理，在日程表上幫他留出兩個小時的時間。在這個特殊的日子裡，

他需要自己安靜一會兒，寫一寫關於過去一整年，甚至過去十年的感受。其實從十年前開始使用智慧型手機起，雷軍就練就了一個本領──用手機打字的速度比用電腦還快。而今天，他決定用紙和筆來書寫。這個具有儀式感的行為，是一種讓他放空大腦進行思考並展望未來的方式。

創辦小米的最初想法，其實是從雷軍四十歲生日那一天開始萌生的。2009 年 12 月 16 日，早已實現財務自由的天使投資人雷軍步入不惑之年，他意識到，自己不想就這樣「庸庸碌碌」地過完餘生，他想做一件以後回想起來一直能為之自豪和激動的事情、一件偉大的事情。而這件事情，在飛躍了時間之海後，就是今天人們看到的小米。

如今，小米已經成為一個在行動互聯網時代有著自己獨特故事的公司，人們無數次透過各種消息、報導和「野史」來回顧這家公司令人稱奇的成長故事。在行動互聯網崛起的時代，絕少有人有勇氣嘗試從硬體加軟體切入的逆向思維去創業，或者說，在安德森的免費理論被奉為「聖經」的年代，人們普遍認為，用軟體免費獲取使用者是一個通用的思路。在這個黃金十年崛起的諸多中國互聯網獨角獸公司，如滴滴、美團、今日頭條，無一不是用這個思路創生的。而從 2010 年小米希望用硬體加軟體的切入方式獲取增值的互聯網服務的思路來看，這確實是一個充滿風險的「壯舉」。它的關鍵前提是，硬體必須取得首要的成功。而在十年前，雷軍是一個從未參與過硬體製造的創業者。

就連雷軍今天回想起當初的這種嘗試時，也驚嘆於自己當年的勇氣。這樣的商業模式，需要有強大的資金輸血能力，對團隊實力

也有非常全面的要求，一眼看去，這是一個堪稱鴻篇巨制的戰略。可以說，這樣的思路其實容錯率非常低。就算今天的小米已經成長為一家全球化的公司，並且每年能夠創造 2000 多億元的營業收入，雷軍在回憶這段創業之旅時，還會情不自禁地唏噓感嘆：「2011 年年底之前敢投資小米的股東幾乎都是瘋子，即便是我自己，如果當時有現在對硬體的了解，絕沒有勇氣開始。」他還用互聯網語言半開玩笑地說：「創辦小米，靠的全是革命浪漫主義情懷和一種無知無畏的精神，當時的自己，一定是有了梁靜茹贈予的『勇氣』。」

十年以來，小米的發展超越了人們的想像。

2019 年 9 月 23 日舉行的一場新品發布活動，可以被視為濃縮了小米九年歷史的一個場景。首先值得注意的，是這個新品發布活動的地點——北京海澱區安寧莊路的小米科技園。這是小米公司在「北漂」九年之後購置的新家。從 2019 年 9 月開始，小米的一萬多名員工分批搬到了這八座高挺的、擁有銀灰色玻璃鋼外表結構的建築群裡。這些建築從上到下全部採用落地玻璃，遠遠看去，整個科技園擁有一種玲瓏剔透的壯觀。而巨大的橙色背景的 MI 字標誌位於建築的頂部，和銀灰色鋼鐵人一般的外觀形成了鮮明的對比。這個耗資 52 億元、可以容納 1.6 萬個工位的科技園區由全球知名的設計師設計，充滿了後現代風格。

此刻，一場極具先鋒性的高科技發布會正在地下一樓的籃球場舉行。來自世界各地的員工，也在各個樓層裡忙碌著。可以說，這個動態場景，是今天小米公司實力的直觀呈現，也是小米十年成長的一種見證。它讓小米人結束了在八個園區來回遊走的辦公狀態，也讓一家和世界發生即時聯繫的公司，最終有了匯聚之地。

　　就在兩個月前的 2019 年 7 月 23 日，《財富》雜誌發布了當年全球 500 強公司的榜單，小米公司首次進入這個榜單，並且創造了一項紀錄——從開始創業到上榜，小米只用了九年的時間，就成為歷史上最年輕的全球 500 強。

　　《財富》全球 500 強名單中的公司營收門檻為 1500 億元。2017 年，小米的營收已經達到 1146 億元，只要保持正常的增速，進入世界 500 強就沒有懸念。2018 年，小米的營業收入達到 1749 億元，淨利潤達到 86 億元，這個成績讓其位列 2019 年《財富》全球 500 強名單的第 468 位。這個 1500 億元營收的門檻，華為花了二十三年，騰訊花了十九年，阿里巴巴花了十八年，京東也花了十八年才到達。雖然外界質疑小米的成長之路，但是它依然能夠在世界範圍內取得這樣的成績，不得不說，它創造了一個商業歷史上的

奇蹟。有人這樣評論小米：「無論小米曾經遭遇過多少質疑，都無法否認其商業價值及其對中國互聯網發展的積極促進作用。」

另外重要的一點是，《財富》雜誌的排名還將小米歸為互聯網服務與零售行業。這讓之前「小米是一家硬體公司還是互聯網公司」的爭論，有了一個塵埃落定的回答。尤其是，隨著小米商業戰略的推進執行，它的財務數據也可以越來越堅實地證明其越來越強大的互聯網基因。近十年中，小米透過 MIUI 聚集的上億活躍互聯網使用者和智慧家居設備使用者，與未來的人工智慧時代，有著密不可分的連結。

從 2014 年開始，在小米的 AIoT 的藍圖中，形成了「1 ＋ 4 ＋ X」的品類戰略，1 指傳統控制中心智慧型手機，4 指電視、智慧音箱、筆記型電腦和路由器，X 則是小米大量的 IoT 產品。當所有的設備互相連接時，大數據和演算法的力量終將顯現，它們最終會對現有的科技世界進行某種顛覆和重構。小米正行走在摸索更加豐富的智慧場景的道路上。到 2020 年第一季度，小米 IoT 平臺設備連接數超過 2.52 億臺（不含手機、筆記型電腦），擁有 5 個以上智慧設備的使用者數在小米 IoT 平臺達到 460 萬。在 2019 年的 MIDC 小米開發者大會上，IoT 平臺部總經理范典宣布，小米智慧家居產品已服務家庭數達 5599 萬，智慧場景每日執行次數為 1.08 億次。

截至 2019 年 12 月 31 日，小米集團在全球範圍內共擁有 14000 多件授權專利，有 16000 多件專利正在審核中，累計申請專利數超過 33000 件，其中 AI 領域專利申請數量已經進入全球互聯網企業第一陣營。

在這個藍圖中，除了小米手機在 5G 時代進行的備戰外，小米

中國區銷售營運二部的總經理（負責電視和大家電）蔣聰，也在2019 年 12 月 30 日的微博上宣布，小米電視已經提前完成 2019 年中國市場銷售 1000 萬臺的目標，成為中國市場出貨量第一的電視品牌。在四十多年的電視發展歷史當中，只做了六年電視的小米是第一家年出貨量突破 1000 萬臺的企業，這對小米的硬體即流量入口的戰略，是一個極為重要的助推。

由於小米在 2019 年作為互聯網公司成為世界 500 強公司，這使得中美互聯網公司的力量對比變為了 4：3。人們說，這反映出中國互聯網產業與經濟的活力和實力。而雷軍希望將這個事件變成小米從成功走向偉大的起點。他說：「歲月讓小米成長為一棵參天大樹，但年輕才是小米最不一樣的地方，也是小米的巨大優勢所在。」所謂年輕無極限，雷軍希望九歲的小米「從過去的成功，真正走向偉大」。

而 9 月 23 日這場發布會之所以成為具有濃縮意義的場景的另一個原因，在於小米所展示出的技術實力。這一天，小米發布了一款來自未來的產品——MIX Alpha。這是自 2016 年小米引領了世界範圍內的手機全螢幕革命後，再一次做出引領全球趨勢的突破。它代表的是一種探索精神——MIX Alpha 機身正面、側面、背面都被一整塊螢幕所環繞，螢幕占比高達 180.6%，是一款顛覆性的新品。當螢幕點亮時，它就像浩瀚的宇宙，沒有終點，也沒有邊界。

在這款產品近乎殘酷的研發過程中，小米的工程師展示出了傑出的能力和超強的毅力。如何做好 MIUI 互動？如何卸載掉柔性螢幕的應力？如何做大容量電池以應對 5G 和大螢幕的耗電量？這都是小米從未碰到過的難題。尤其是在研發的途中，本來就無比艱難

的過程還被雷軍加上了一個新的要求 —— 加入 1 億畫素的相機模組。這讓工程團隊和工業設計團隊同時陷入了失眠的痛苦，而最終這些困難都被一一攻克。小米為此組建了一千人的專案團隊，投入了 5 億元研發費用。這個案例可以代表在世界範圍之內，中國工程師手機研發能力的大幅提高。十年前，如果說中國工程師將引領某款手機的未來形態，看似還有些天方夜譚，那麼在經過這些年的創業與創新之後，這樣的事實已經發生了不只一次。

小米正在越來越頻繁地進入全球各地人們的視野中。除了小米的產品正在進入世界各地的千萬家庭外，它的行業理念也開始被全世界的科技產業所矚目。而小米進入全球 90 多個市場，除了創造就業、促進當地市場的繁榮和引領創新以外，還把「科技平權」的理念帶給了當地的消費者。當雷軍在 2018 年公布小米的硬體綜合利潤率不高於 5％並將適用到全世界範圍內，他已經把新的商業文明和一種新的商業哲學引薦到企業家的世界觀裡。正如烏邁爾·哈克在《新商業文明》一書中所指出的：

　　未來的競爭優勢取決於公平性，而不是不公平性，有彈性的企業不會用不公正的手段和策略來保護昔日的商業模式、產品和服務，而是盡可能地將自己暴露於自由、公正的交易環境，從而創造出厚價值。這樣的企業明白，不公正、反競爭手段的代價就是無法產生飛躍式的發展，因此企業會持續選擇公正而非暴力的手段，選擇哲學而非競爭戰略。

　　而這正是十年時光，小米留給時間最寶貴的東西。

　　一路走來，小米成長為一個被媒體人稱為「有圖騰意義」的公司，也成了一個值得研究的時代樣本。如果用深刻的眼光去剖析小米是如何完成那個鴻篇巨制的戰略，就會發掘出背後許多錯綜複雜的因素。但是終究，它和這個時代崛起的很多企業一樣，是人物的命運、時代的命運和國家命運相互交織的產物。

　　從人物的命運來看，小米的誕生和雷軍的個人經歷息息相關。生於 1969 年的雷軍於 1987 年進入武漢大學，接受的是中國最好的電腦教育。如果說，《矽谷之火》賦予了他一顆家國情懷的種子，也讓他把追尋偉大和改變世界變成了自己的原始衝動，那麼，衝破羈絆和喜歡勝利則是一直流淌在他血液中的元素。

　　雷軍曾經這樣表達自己這一代的成長歷程：「我們從小接受的是集體主義教育，但是轉過頭，滿眼看見的都是自我。」在成長的過程中，內部世界和外部世界的強烈衝撞一直是一個主旋律，而個性的表達則一直裹挾在對秩序和服從的外部要求下，雷軍一直在尋找安放自我的方式。很少有人知道，在武漢大學軟體二班裡，雷軍除了具有「三好學生」的典型特質外，還是全班第一個到交誼舞培訓班報名的人，他不但自己學會了交誼舞，還帶領很多同學前去學習。而畢業之後，他也是班上第一個脫離體制、在 90 年代初嘗試自己創業的年輕人。可以說，中國市場經濟的開啟，市場逐漸對外開放，電腦產業的崛起，與雷軍解放生命中強烈自我的那一部分是同步的──當承載這樣鮮明個性、有內驅力的年輕人的土壤一旦形成，這些曾經無處安放的戰鬥欲和奮鬥欲就有了施展的可能性。而這些，都成為後來的企業家精神的基石。

　　這樣的例子其實是一代企業家的時代縮影。他們都是在劇變的

社會發展和時代洪流中找到了承托理想和自我個性的空間的人，而那些衝破體制的時代故事，時常在這樣的人身上發生。比如丁磊離開寧波電信局的故事；再比如，1995 年，馬雲從杭州電子工業學院辭職，自己湊了 2 萬元準備創業的故事。可以說，當一些條件慢慢成熟，就是這些「超級冒險家」登場的時刻。而這一批人，就如同在美國出生於 1955 年的比爾·蓋茲和史蒂夫·賈伯斯一樣，是自己的天賦和時代碰撞的產物。

不可否認，創辦小米的初衷，也和雷軍從小擁有的那種「一直想贏、不服輸」的心態有關。雷軍在金山擔任職業經理人十幾年之後，互聯網世界對個人電腦產業發起了第一輪衝擊，這讓幾個和他同輩的創業者實現了對他的暫時趕超。這讓「出道」很早，一直在提供各種資源和幫助給這些同輩創業者的雷軍一度很痛苦，也讓他開始深入思考一個問題：「他們為什麼會成功？」他認為，這些同輩創業者的成功，正是源於對趨勢的準確把握，他們當時正行走在趨勢的風口浪尖上。而擁抱趨勢對他後來的創業也至關重要。雷軍至今都記得那種「挫敗感」，他和某個互聯網公司創始人在珠海的一家酒店進行了兩天一夜的漫漫長談之後，他為沒有抓住互聯網的機遇深感落寞，而這也成為一個激發起他強烈鬥志的時刻。

2010 年，當雷軍選擇再次創業時，他最終擁有了擁抱趨勢、駕馭「鐵人三項」這個宏大戰略的能力。金山十六年的經歷給予了他商業判斷的能力和足夠的管理經驗，以及豐富的互聯網業務的操盤能力。而做天使投資人的成功經驗，又賦予了他對產業深入觀察的能力和廣泛的風險投資圈的人脈，這讓小米後續持續融資的能力得到了保證。可以說，集創業者和天使投資人的雙重身分於一身的雷

軍，具有其他創業者不具備之得天獨厚的優勢，他的名字就是小米創業的品牌背書。

這也是小米後來始終能夠吸引優質團隊一起打拚的重要基礎。

而最關鍵的一點是，當一個財富早已自由的人開始創業時，他可以真正放下對賺錢和利潤的執念，把克制貪婪的理念融會貫通在自己的創業過程中，這讓企業家可以大膽放手去追尋商業的本質。這是小米能夠成功最關鍵的因素，也是雷軍設計的「鐵人三項」的理論能夠被執行的終極原因。因此，當我們再次回顧小米的故事時會發現，如果換一個人在當年去操盤同樣的商業模式，則很難保證這個戰略在執行的過程中不會動作變形。因此可以說，小米這個故事的獨特性，大部分來自雷軍。

從這一點看，雷軍在金山時期的痛苦、離開金山時那種鳳凰涅槃的感受、做天使投資人的觀察，甚至那場讓他有些落寞的交談，都好像是催生小米這個嶄新物種的前期準備，這裡面充滿了某種宿命的味道。

一個企業的成功和時代的承托密不可分。2010 年，中國的網路用戶數量為 4.57 億，智慧型手機的銷量只有 0.27 億部；而 2019 年，中國網路用戶的數量達到 8.54 億，智慧型手機銷售為 3.69 億部。中國不但是全球最大的互聯網市場，也是全球最大的智慧型手機使用地，這裡面蘊含的機會無限。和諸多獨角獸公司一樣，小米成長的黃金十年，依託的正是中國行動互聯網蓬勃發展的十年。人口紅利對於智慧型手機的增長有著至關重要的作用——2010 年中國正處在行動互聯網爆發的前夜，智慧型手機的升級換代凸顯出前所未有的增長紅利。在很多傳統人士的眼中，小米幾乎是這種紅利的

最大受益者之一。小米在 2011 年的出世，幾乎是一種瞬間的騰飛，它成為中國製造業最閃亮的「新星」。而從 2G 到 3G 再到 4G 的兩次升級，智慧型手機從硬體和軟體每個技術量級的進步，從行動互聯網到「5G + AIoT」都蘊藏著巨大的機會，小米成為抓住這個風口，成長為巨型公司的典型代表。

商業模式的創新和風險投資在這個階段的融合，讓科技與資本發揮了雙引擎的效果，催生了行動互聯網這十年的創業投資熱潮。當中國成為全世界風險投資基金最多的國家，其中的創業者也成了最活躍的一個群體。他們為社會帶來了不可思議的變化。

回顧這十年，很多大公司和新的業態都在這個階段誕生。比如，2009 年誕生的微博徹底改變了人們獲取資訊的方式，而 2011 年誕生的微信則徹底改變了人們的社交生活，尤其是微信 5.1 版本發布後，「掃一掃」將線上和線下、人和機、物和網完美地結合了起來，人們可以用手機購買電影票、機票，進行各種支付。這催生了 O2O 大潮的誕生，也促成了中國行動支付市場的興起。根據 2016 年的統計數據，中國行動支付市場當年的規模差不多是 790 億美元，而美國只有不到中國的十分之一。微信支付和支付寶按照單筆數據單量來看，已經超過了 VISA 全年的單量。當交通運輸類的巨頭滴滴、消費類的美團以及資訊服務類的今日頭條紛紛崛起時，人們的生活方式已經發生了翻天覆地的改變。

眾多創業者奮勇前行，一個十年已是滄海桑田。過去十年催生出許多獨角獸公司，它們在龐大的消費市場中歷經磨練，又將其收穫的經驗複製到其他市場去。人們發現，「Copy to China」（中國複製）已經逐漸減少，「To copy China」（複製中國）卻漸漸成風。矽

谷創投教父彼得‧泰爾（Peter Thiel）在 2015 年來華接受媒體採訪時就說，「Copy to China」模式已經到達極限。小米在印度市場的成功，就是一個將自身的商業模式成功複製到海外的典範。在小米進入的 90 個國家中，在 30 個市場中處於前五。

當小米漸漸在全球樹立起自己的品牌，不僅很多高管，比如林斌、劉德、洪鋒、崔寶秋、王翔等人從多年打拚的海外職場回歸到本土創業，曾經進行過海外併購的一些中國公司的高管，例如聯想公司的常程也跳槽到小米公司。而高手從競爭對手的公司進入小米的現象，也成為非常常見的一幕。比如 2017 年從中興離職加入小米手機供應鏈的李俊，後來成為小米手機部主管供應鏈的副總裁。先後供職於三星、華為、TCL、魅族的楊柘也在 2020 年 6 月加入了小米，並擔任中國區首席行銷官一職，很多這樣的職場老兵開始不約而同地用一個成語來形容和小米公司的緣分——情投意合。

最有趣的一個現象是，一些頂級的國際技術人才也開始流向中國。就在 2019 年 10 月 19 日，小米技術委員會主席崔寶秋在微博上宣布：在人工智慧語音領域被稱為「天才學者」的丹尼爾‧波維（Daniel Povey）教授加入小米。波維教授是著名語音辨識開源工具 Kaldi 的主要開發者和維護者，被稱為「Kaldi 之父」。此前，他從美國約翰‧霍普金斯大學離職後拒絕了 Facebook 的加盟邀約，開始在中國尋找工作機會。在看到小米對開源軟體的熱愛和在人工智慧領域的優勢後，經過幾個月的考慮，丹尼爾‧波維最終選擇了小米。而他在寒冷的 10 月中旬穿著一雙拖鞋走進小米園區的樣子，也瞬間傳遍了互聯網。波維教授的加入，只是眾多國際人才加入中國頂級互聯網公司的案例之一。

這在某種程度上佐證了中國這十年的國力成長。不管是人工智慧還是物聯網革命，技術的進步正在加速疊代。對於世界經濟格局來說，中國崛起已經成為最大的變數。從 1978 年到 2018 年，中國 GDP 從 3679 億元增長到 90 多兆元，增長了 243 倍，GDP 平均增速達到 9.8%。繼 2010 年超過日本之後，中國經濟總量開始坐二望一。2018 年中國 GDP 總量占全球的 16.1%。而龐大的網路用戶規模優勢，支撐著「互聯網＋」的趨勢一騎絕塵。中國擁有全球最大的電子商務市場，占到全球電商交易總額的 40% 以上。而在十年前這個比例還不足 1%。中國也擁有全球三分之一的獨角獸企業，十年以來，這使得中國成為塑造全球化格局的重要力量。[25]

可以說，這個宏觀大背景，正是如同小米這樣的中國公司可以崛起的時代大背景。正如本書的序言裡說的那樣，這不僅僅是一個人和一家公司的故事，這是一個關於中國崛起的故事。這是一個在風投系統逐漸成熟、行動互聯網全面崛起、產業正在奮力追趕以及消費升級時代來臨之時，一個國家和一個時代如何綜合成就創新者的故事。這不是中場戰事，這只是另一個剛剛開始。

2019 年 12 月 16 日，許多老朋友發了生日祝賀給雷軍，祝願他「出走半生，歸來仍是少年」。而雷軍並沒有告訴別人，他自己在紙上書寫的具體內容是什麼。這一段的思考成了一個謎。但是對於他來說，在五十年的人生裡，他早就已經重新定義了「勝利」，在商業競爭中同樣如此。正如 Nike 創始人菲爾·奈特所說的那樣：「當你創造了某項事物，當你改進了某項東西，當你傳遞了某種思

25 王德培 (2020)。中國經濟 2020〔M〕。北京：中國友誼出版公司。

想，當你為陌生人的生活增添了一些新事物或服務，讓他們更加開心、健康、安全和滿意，當你乾淨俐落地按照理所應當的方式解決上述問題，你就會更多地參與到宏觀的人類大舞臺上。」

過去的沸騰的黃金十年已經結束，新的十年正在開啟。

對於科技工作者來說，5G + AIoT 的新的技術時代已經來臨，科技的價值也將被指數級發揮出來。中國的優勢是複雜產品的大規模開發製造能力。像小米這樣的中國公司，其實就是站在科技與製造的一個黃金交匯點上。

2019 年的最後一天，小米的第一家智慧工廠在北京亦莊開始首批手機的生產，這是小米進軍智慧智造的開端。在雷軍看來，個人電腦互聯網是 10 億級設備的規模，行動互聯網是 50 億設備規模，而超級互聯網則是 500 億級別設備的規模。未來的小米有著無限的可能，機遇和挑戰並存。

凡是過往，皆為序章。此時此刻，年輕的工程師們正在小米科技園區裡熱烈地進行著各種討論，這家只有十歲的公司，更好的征程，其實才剛剛開始。

後記
邁向下一個十年

　　2020 年 4 月 6 日是小米公司誕生十週年紀念日。這本書就像是送給小米這家公司生命前十年的一份禮物。這份禮物的核心是記錄、總結、回顧和反思。小米希望將過去十年的經驗、商業戰略的演進和自省記錄下來，從而朝氣蓬勃地走向下一個十年。

　　在撰寫本書這長達一年的時間裡，我和百餘位小米的高管以及員工，做了兩百個小時的口述歷史和採訪記錄，可以說，每一場訪談都充滿了豐富的情感和強大的張力。每一場採訪結束時，我們都能感受到人物命運和時代命運的交織，我和採訪對象都心潮起伏，不由得對時間心生感嘆。很多人在回憶中表示，十年創業歷程，發生的事情太多太快，每一天都過得如同打仗一樣，而每一年卻又如同過了好幾年那樣漫長。

　　在訪談過程中，小米人最大限度地敞開了自己的心扉，將自己十年創業歷程中最幸福、最掙扎也最攝人心魄的故事和盤托出。這需要非比尋常的勇氣，也和我這段時間親身感受到的小米文化很有一致性。作為一個十歲的行動互聯網公司，這裡的創業者普遍比較年輕，他們用十年的時光把最有誠意的產品帶給了這個時代，也帶給了全球多個市場。同時，他們也把一種可貴的特質融入了這家公司，從而形成了一種公司氣質，那就是以年輕工程師為核心，以產

品為導向，以不眠不休的奮鬥精神為底色，在行動互聯網時代融入民主精神、自由開放的氛圍、追求新銳又務實落地的氣質。這也決定了他們把一種類似的氣質帶到了我對他們的訪談中，那就是有一說一，不裝和真實。

在一遍又一遍地聽這些口述錄音的同時，我非常感慨。很少有一家企業能夠如此坦誠地面對自己的愛與痛、成長和失誤，以及在複雜多變的競爭環境中的每一次商業思考。在這本書裡，你可以看到一家企業初生時的奮不顧身、彪悍生長時的暢快淋漓，戰略轉變當中的小心嘗試和大膽求證，還有一段蹉跎歲月裡的漫漫求索，以及衝出重圍時的那種重見天日感。這些篇章裡最具有跌宕起伏特徵的，應該是雷軍作為小米創始人，在 2016 年小米最為幽暗漫長的一段低谷期裡，如何化解供應鏈危機，全面改革核心部門，提升整體技術力量，引領小米破局的故事。這一年，可以說是小米十年發展中承上啟下的一年，是一家初創公司走向巨型公司的轉捩點。

雷軍非常坦誠地說，重新談及這一年的具體細節讓他痛苦不堪，就像一道傷口本來已經癒合，又不得不重新打開一樣。但是，創業不僅僅只有高歌猛進，也時常泥沙俱下，他承認，能夠誠實才是強大的基礎。

這本書被賦予了最充足的故事性，很多個人的真實情感展現在這本書裡，也讓這些創造歷史的個體得到了尊重，甚至療癒。與那些簡單的新聞報導和只喜歡結論的載體不同，這本書不僅僅關注結果，更關注達成結果的那些來之不易的過程，以及創造歷史過程中的那些喜怒哀樂，當這些情感得到釋放，生命個體的重要性便得到了凸顯。這讓我時不時想起口述歷史與非虛構寫作的意義，正如白

俄羅斯作家斯維拉娜‧亞歷塞維奇在創作《二手時代》時所說的那樣：「歷史只關心時事，而情感被排除在外，人的情感是不會被納入歷史的。」而非虛構寫作的一個重大意義是「樂此不疲地探究無邊無際、數不勝數的人性真相」，從而讓人的情感，被納入歷史。

因為有了最真實的情感和最豐盈的故事，這本書不僅僅是屬於小米人的一份禮物，也是給同時代的企業家以及創業者的一份禮物。在商業文明的演進當中，小米是一家非常獨特且成長迅速的公司，這家公司每一天和每一年發生的故事，都是很難在商學院的教材上看到的真實案例。小米的員工說，小米自己就是一家開在真實戰場上的商學院。它承載的商業故事和商業案例，以及其中關於商業道德的思考，都是這個時代值得銘記和仔細研究的範本。

隨著寫作的推進，當整本書在 2020 年 1 月底完成之際，小米這家公司在我心中越來越像一個有情感的生命個體，而每每當我希望用一個詞語來描述這個生命個體時，思想者納西姆‧尼可拉斯‧塔雷伯（Nassim Nicholas Taleb）所說的那個詞——反脆弱，就會出現在我的腦海。是的，當小米的十年故事天然地成為一個破繭而出、在異常殘酷的競爭中戰勝自己的弱點，在各種不確定的因素中迅速成長的樣本時，小米本身就成了一個「反脆弱」的經典案例。

按照塔雷伯的說法，不確定也有有益的一面，甚至有其存在的必要性。反脆弱是一個超越復原力和強韌性的概念。復原力只是事物抵擋衝擊並在受到重創後復原的能力，而反脆弱性則進一步超越了復原力，讓事物在壓力下逆勢增長，蒸蒸日上。

2016 年，小米在遭遇供應鏈危機和創始人調整事件之後，於低谷中完成了這個反脆弱的過程。其中最顯著的一個變化表現為小米

的組織修復能力不斷進化以及不斷追求新技術，這不僅僅讓小米的元氣得到恢復，更讓其遠期能力的提升得到了保證。

在研發團隊的人數上，到 2016 年底，小米手機部的硬體研發人員還只有五百九十五人，到了 2019 年年底，就發展到三千兩百一十八人。另外，軟體、互聯網、人工智慧等研發部門還有七千多人，這讓小米的整體研發隊伍超過了一萬人。

2016 年，小米研究相機模組的人員只有二十六人，而到了 2019 年，相機團隊已經發展到六百二十四人。 2018 年，相機已經作為一個獨立的部門分拆出來，並引入了影像領域的大批專家，研究深入到各個細分領域，也讓小米在海內外都有了多個研發團隊。

可以說，正是 2016 年的那次危機，讓小米對技術的重視提升到了一個前所未有的高度。 2019 年，小米在技術研發上的投入是 70 億元；而到了 2020 年，這個數字將達到 100 億元。而且，對於格外重視研發效率的小米來說，它的技術產出速度也大大提升，從而讓今天的小米有了可以在市場最前沿的領域和競爭對手比拚的能力。

2019 年年初， Redmi 品牌和小米品牌進行了分拆。在這之後，小米的品牌進階之路已經在緊鑼密鼓地策劃當中。其中 2020 年小米的開年之作，那個讓米粉翹望已久的小米手機 10，也就是那個內部代號為 J1 的產品，已經進入春節之前的量產備貨環節，這個研發投入達到 10 億元，在技術指標上全面超越競爭對手，價格也第一次衝擊 4000 ～ 6000 元的產品，將在 2020 年 2 月 11 日正式發布。

按照慣例，小米已經為它提前預訂了會場——能容納兩千人的中國國家會議中心。

　　在小米工程師的眼中，小米手機 10，以及它的高配版本小米手機 10 Pro，是劃時代的產品，它們不僅僅是 5G 元年到來之際，小米用自己的技術累積研發出的有眾多突破的代表作，也將劃分小米自己的時代，它們關乎小米自身使命的一部分，那就是在市場上衝擊高端市場，彌補幾年前小米 Note 留下的缺憾。在長達一整年大火猛攻似的研發過程中，小米人把小米手機 10 稱為一部為自己的十年獻禮、「集大成」的「夢幻之作」。

　　在小米內部，小米手機 10 的成敗還關乎團隊的信心。當一部分人信心滿滿的時候，另一部分人依然心存疑慮，4000 ～ 6000 元這個價格區間是小米以前從未涉足的，銷售團隊的一些同事擔心這個價格是否能夠被米粉們接受。因此可以說，小米手機 10 不僅僅關乎小米的品牌區隔，它還關乎小米人打破自己觀念束縛的一次心靈解放。

　　本來這本書就是要終結在這樣一個時間點上，剩下的故事將由時間來繼續講述。然而，一場意外，讓我再一次有機會見證了小米「反脆弱」的時刻。

　　2020 年 1 月 21 日，大年二十八，下午 3 點，雷軍在辦公室裡開了一個長達三個半小時的會議，在這個會議的中途，他還被同事叫出去與仍在堅守崗位的小米工程師合了一張影。結束這一天的工作後，雷軍的計畫是第二天飛離北京度過春節假期。等春節回來以後，小米手機 10 的發布準備工作將正式啟動。

　　然而，2020 年 1 月 23 日，大年三十，「黑天鵝」突然飛來。武漢宣布封城，新冠肺炎的蔓延最終演變成一個全國性的公共衛生事件，這讓全國人民都陷入了震驚當中。而此刻遠在外地的雷軍，

立即開始遠端指揮小米有品商城展開武漢的捐助行動，有品運送到武漢的防疫物資包括 N95 口罩、防護衣、體溫計等。後來，雷軍又聯合調度生態鏈公司一起持續捐款捐物資給武漢，加上他本人 2000 萬元的捐款，小米公司、小米基金會和個人的捐贈累計金額超過 5000 萬元。

疫情意味著生活的停擺，也意味著經濟活動的暫停。對小米來說，這意味著已經箭在弦上的小米手機 10 發布會，面臨重大的不確定性。在疫情之下，公司的安排該怎樣調整？此時此刻，這個問題急需回答。小米公司主管行政和政府關係的高管何勇提出了對舉辦大型線下活動的最大擔心。可以說，這是雷軍和整個小米管理層最為焦灼的時刻。

整個春節期間，在小米的很多工作群裡，各種各樣的預案被提出，討論也一直在進行。隨著時間的推移，疫情對春節之後經濟活動的影響已經顯而易見。接下來，推遲復工的消息接連傳來，中國經濟遭遇了前所未有的劇烈衝擊，而企業界的焦慮指數也隨著疫情的發展逐步升高。

關於是否如期發布小米手機 10，此時成為小米公司的一個重大話題。因為它是一款如此與眾不同的產品，小米渴望透過它實現突破的願望又是如此強烈，因此發布時間的選擇成了一個艱難的決定。公眾會對一家企業在疫情期間發布產品做何反應？小米要在無序和混亂中，做出一個充滿風險的決策。這個決策幾乎押上了小米手機 10 的全部命運，也考驗著決策者的膽識。

最終，在整個行業陷入沉寂的時候，在上下游供應鏈廠商「行業需要一場旗艦發布會」的呼聲之中，在諸多電商平臺的期許之

下，小米的管理層做出了一個載入公司史冊的決定。歷史上第一次，小米手機發布會將採用純線上的直播發布，時間也從 2 月 11 日調整到 2 月 13 日。這意味著，在場下幾乎沒有觀眾的情況下，雷軍將獨自上臺，完成所有產品的「雲端發布」。做出這樣的決定，其實也源自雷軍的初心。在全國人民陷入恐慌，並且隔離在家的情況下，小米希望能夠給普通人信心和一絲正常生活的氣息，也希望在這個特殊時期傳遞一個重要的信號——生活可以被疫情影響，但是人絕不能被疫情打敗。

以一種前所未有的形式，發布一個對小米如此重要的產品，這種臨時大規模的變更，其實加大了某種不確定性。然而，這麼多年來，第一個和第一次做歷史性嘗試的重擔，總是悄然落在這家年輕公司的身上。小米又一次面臨著破局的危與機。

準備一場純線上發布會的艱辛不言而喻。在推翻小米市場團隊之前花了一個月所做的所有線下方案之後，重新制定方案的工作量是巨大的。所有的資料作廢重新修改，而發布的重點從偏技術轉向了更偏體驗。雷軍在一個星期的時間裡，每天都是白天戴著口罩在辦公室開會、看資料，凌晨 2 點回家休息。在疫情期間，他要指揮整個產品發布的作戰，也要熟悉整個發布會的技術指標，其中關於高通驍龍 865 的資料，就足足有幾百頁。在準備發布會的那幾天，為了把這個技術指標描述得更為精準，雷軍把高通和競爭對手的資料反覆看了好幾遍，而這僅僅只是他發布會上簡報的四頁。

2020 年 2 月 13 日下午 2 點，疫情來臨之後的第一場中國企業的發布會，就這樣以「雲端」的形式召開了。在雲端，數家直播平臺悉數到場，深圳衛視的超級發布會節目也進行了現場直播。在臺

下，小米少數高管間隔就座，嚴密監控著整個發布會的進程；而臺上，小米手機 10 和小米手機 10 Pro 的一個個技術指標被雷軍放送出來，每一個技術指標輸出的時刻，似乎都在奪取著米粉的呼吸。無論是高通驍龍 865、1 億畫素、DXO 排名獨居榜首、新一代 Wi-Fi6、雙揚聲器和對稱式立體聲、50W 無線快充，都以搶占市場制高點的姿勢出場。一些互聯網上的即時評論發出了彈幕：這些指標以鋼鐵般的事實證明，小米的這些產品已經超越了對手。這確實是一個新品牌破繭而出的時刻。

因為疫情，這場發布會意外地吸引了全國觀眾的關注度，它幾乎成了疫情之外的另一個焦點事件，當經濟活動在特殊時期依然正常進行時，這成了一種對焦慮情緒的撫慰和一種對正常生活的嚮往。直播中各種層面的討論接連不斷。在發布會進行到一半時，小米已經進入微博熱搜指數。這也是第一次，很多米粉有機會召集全家人一起在電視機或者手機螢幕之前觀看小米的發布會，從而讓一些人第一次有機會認識小米這個品牌。很多人說此刻竟然有一種天涯共此時的感覺。

這場看似波瀾不驚的發布會，其實濃縮了太多期許、勇氣、冒險以及企業家精神，這是一家公司在無序狀態下的一種終極考驗，而小米順利通過了這次考試。雷軍從舞臺上下來之後，同事告訴他效果不錯。而此時他並不知道，這次特殊時期的發布會，已經在各種平臺上吸引了 3 億粉絲觀看，這個數字是史無前例的，這充分表明，人們對新產品的渴望已經超過了以往。

新機發布之後，小米集團股價迅速攀升，由發布會之前的每股 12.86 港元，飆升至 13.58 港元。漲幅達到 5.6%，隨後一直保持漲

勢，收市報 13.38 港元。這一天，小米的市值增加了 110.46 億港元。同一天，小米的微信指數比上一週增加了 4500 萬。一時間，小米成了全民都在討論的品牌。

銷售結果證明了小米這次在特殊時期的勇氣。人們最終理解，在疫情之中，企業有進行正常經營活動的需要，也有更多的行業正希望從疫情的陰霾中走出來，恢復本來的生活。

2 月 14 日，小米手機 10 全通路首賣，開賣 1 分鐘後，全平臺的銷售額突破 2 億元。2 月 18 日，小米手機 10 Pro 首銷日，這款 4999 元起價的手機，55 秒就突破了全平臺銷售 2 億元的門檻。

新十年的里程碑，小米手機 10 的發布最終讓小米這個品牌破繭而出，成為一個區別於以往的全新品牌。而這是小米公司在十年發展的歷程中，又一個反脆弱的經典時刻。在《反脆弱》（*Antifragile*）這本書裡，作者塔雷伯說：「風會熄滅蠟燭，卻能使火越燒越旺。對隨機性、不確定性和混沌也是一樣，你要利用它們，而不是躲避它們，你要成為火，渴望得到風的吹拂。」、「有些事情能從衝擊中受益，當暴露在波動性、隨機性，壓力、風險和不確定性中時，它們反而能茁壯成長和壯大」、「我們不只希望從不確定性中活下來，或僅僅是戰勝不確定性。除了從不確定性中存活下來，我們更希望像羅馬斯多葛學派的某一分支，擁有最後的決定權，我們的使命是馴化、主宰那些看不見的、不透明的和甚至難以解釋的事物。」

疫情使本書的出版延遲了一段日子，也讓這段本來無法寫進書裡的小米手機 10 的故事，有了呈現的可能性。其實，能夠見證和書寫小米在這個新十年開端經歷的反脆弱經典時刻，本身意義就是

非凡的。從某種層面上說，破繭而出的遠遠不只是小米這個品牌，很多事情的意義遠遠超過商業戰略、競爭力、銷售額甚至短期的市場變化和枯燥的數字。更重要的一件事情是，在這個重大事件中，小米人在精神層面的破繭而出。在危與機到來的時候，他們潛心前行、勇於突破，並獲得從未如此強大的自信。他們獲得了在任何無序和不確定的狀態中，戰勝自己的能力。而這種精神成長，才是小米人奉獻給自己的，一份飽含自我超越氣息、真正有價值的十週年禮物。從這個角度來說，這甚至是一個中國企業留給這個時代的，一份不平凡的紀念。

在充滿不確定的日常中，這家企業已經如同塔雷伯所說的那樣：「如果意外總會發生，那麼，我們唯一希望能夠實現的一個最終的理想，就是學會如何愛上風。」

致謝

　　《一往無前》是我人生中的第四部作品，也是完成起來最艱難的一部。它的艱難，並不在於訪談和寫作層面，而是在於我當時正處在人生中一個比較艱難的階段。在專案啟動的 2019 年 2 月，我的女兒只有兩歲，這個階段我還在適應母親這個角色，而且已經兩年沒有好好一覺到天亮了。在這樣的情況下，怎樣忠實記錄和呈現小米這家公司在行動互聯網時代的崛起？怎樣將宏大敘事和那些歷史中豐富的細節有機融合？如何再現一家公司在資訊時代和人工智慧時代的思考與發展？對我來說，各方面的挑戰都是巨大的。

　　但是經過一年艱苦的工作，我還是完成了這部作品，這離不開身邊眾多朋友對我的幫助和巨大的支持。在這裡，我想對他們表示感謝。

　　感謝雷軍先生以及所有小米創始人的坦誠，正是這些無私的分享和深度的交流，讓小米創立十年的故事以最生動的方式呈現了出來。感謝接受訪談的所有的投資人和小米人，你們不僅回顧了這家公司的誕生和成長路徑，還讓我感受到了跟隨時代浪潮奮鬥的那種蓬勃精神和內心力量。

　　感謝我的朋友蔡芫，我的每一本書你都是第一讀者，這一本當然也不例外。每當我有不確定的感受時，你都會告訴我你閱讀之後的良好感受，並屢屢在我信心不足的時刻扶我一把，讓我有勇氣重

新上路。這種支持已經持續了十年，你幾乎已經成為我情緒的壓艙石。

感謝照顧我女兒的馮麗，你是我見過的最用心、最有責任心並且學習能力極強的人。說實話，你也是這本書能夠成功的重要因素之一。當我每天看見你用愛來協助我養育我的孩子，帶著孩子讀繪本、上游泳課並且關注她的每一種情緒時，我才能放心投入到我的工作當中。我非常感謝上天賜給了我這樣一個你。

最後，我要感謝自己。感謝自己十年以來對這一份事業的堅持，現在看來，打造中國頂級的商業傳記更像是一次逆風而行的冒險。在短影片和直播崛起的年代，這樣「重」的事業做起來絕不輕鬆。但是，我相信，在這樣一個快的時代做一份慢的事業，依然有著無可比擬的價值。用文字記載人類商業文明的演進，讓思考被知曉，讓人物被銘記，讓歷史被記錄，這個過程始終魅力無限。這樣定格歷史的工作，讓我覺得，可以抵擋一切容易破碎的時光。

小米是一家對世界充滿純情的公司，儘管一路走來跌宕起伏，但是它從來都是百分之百地努力。非常有幸，和這樣一家劃時代的公司，這樣一群一往無前的人，有過一段同行時光。

2020 年 6 月 15 日

高寶書版集團
gobooks.com.tw

RI 353
一往無前：雷軍親述小米熱血十年（小米官方授權傳記）

作　　者	范海濤
責任編輯	林子鈺
封面設計	走路花工作室
排　　版	賴姵均
企　　劃	鍾惠鈞

發 行 人	朱凱蕾
出　　版	英屬維京群島商高寶國際有限公司台灣分公司 Global Group Holdings, Ltd.
地　　址	台北市內湖區洲子街 88 號 3 樓
網　　址	gobooks.com.tw
電　　話	（02）27992788
電　　郵	readers@gobooks.com.tw（讀者服務部）
傳　　真	出版部（02）27990909　行銷部（02）27993088
郵政劃撥	19394552
戶　　名	英屬維京群島商高寶國際有限公司台灣分公司
發　　行	英屬維京群島商高寶國際有限公司台灣分公司
初版日期	2022 年 2 月

國家圖書館出版品預行編目（CIP）資料

一往無前：雷軍親述小米熱血十年（小米官方授權傳
記）/ 范海濤著 . -- 初版 . -- 臺北市：英屬維京群島
商高寶國際有限公司臺灣分公司, 2022.02
　　面；　　公分 .--（致富館；RI 353）

ISBN 978-986-506-302-3(平裝)

1. 雷軍　2. 小米集團　3. 電腦資訊業　4. 企業經營

484.67　　　　　　　　　　　　110019123

xiaomi 11T 系列 | 5G
影院級視聽 精彩隨時上映

林柏宏
Xiaomi 11T 系列 產品大使